国家精品课程配套教材

机械设计考研指导及实战训练

闫　辉　姜洪源　主编

哈爾濱工業大學出版社

内 容 简 介

本书是为高等学校机械类各专业本科生课程复习和考研学习编写的应试指导书。本书每章内容包括必备知识与考试要点、典型范例与答题技巧、精选习题与实战演练、精选习题答案 4 部分内容。精选习题与实战演练中给出了部分重点院校近年来的研究生入学考试试题。

本书主要是针对宋宝玉、王黎钦等主编的《机械设计》教材内容编写的，并涵盖了国内同类教材的重点内容。本书既可作为高等学校机械类各专业本科生考研的辅导材料，也可作为高等学校机械类各专业本、专科学生课程复习的参考书，还可供有关教师参考。

图书在版编目（CIP）数据

机械设计考研指导及实战训练/闫辉，姜洪源主编．—哈尔滨：哈尔滨工业大学出版社，2021.8

ISBN 978-7-5603-9569-2

Ⅰ.①机… Ⅱ.①闫… ②姜… Ⅲ.机械设计-研究生-入学考试-自学参考资料 Ⅳ.TH122

中国版本图书馆 CIP 数据核字（2021）第 129128 号

策划编辑　黄菊英　王桂芝
责任编辑　张　荣　陈雪巍
出版发行　哈尔滨工业大学出版社
社　　址　哈尔滨市南岗区复华四道街 10 号　邮编 150006
传　　真　0451-86414749
网　　址　http://hitpress.hit.edu.cn
印　　刷　哈尔滨市颉升高印刷有限公司
开　　本　787 mm×1 092 mm　1/16　印张 16.5　字数 378 千字
版　　次　2021 年 8 月第 1 版　2021 年 8 月第 1 次印刷
书　　号　ISBN 978-7-5603-9569-2
定　　价　46.00 元

前　　言

目前,“考研热”持续升温,这体现了时代的需求、社会的进步和广大莘莘学子的热切愿望,而研究生入学考试则是通向研究生之路的第一关。现在国内高等学校机械类各专业的研究生入学考试科目除全国统一命题的外语、数学和政治三门基础课外,都将“机械设计”或“机械设计基础”课程列为必考的科目之一。为了帮助广大考生进行有效的复习备考,以便在较短的时间内掌握课程的内容,提高分析问题、解决问题的能力,掌握解题的方法和技巧,我们在总结近10年来哈尔滨工业大学和有关重点院校考研命题经验的基础上,特编写了本书。

本书每章内容包括必备知识与考试要点、典型范例与答题技巧、精选习题与实战演练、精选习题答案4部分。在必备知识与考试要点中对考生应掌握的基本知识、基本理论和基本方法进行了总结性、规律性的分析和一般性指导;在典型范例与答题技巧中,通过示范解题给考生以解题思路和技巧;在精选习题与实战演练中,按填空题、判断题、选择题、问答题、计算题、结构题和综合题等多种题型,给出了多道考题供考生练习,其中还给出了部分重点院校近几年的研究生入学考试试题,以供使用者检查自己的备考复习情况。

本书既可作为报考硕士研究生人员的考前复习辅导材料,还可作为本、专科学生学习“机械设计”及“机械设计基础”课程的参考书,也可供有关教师参考。

参加本书编写工作的有:翟文杰(第1章)、闫辉(第2章、第7章、第8章)、任玉坤(第3章)、姜洪源(第4章)、王瑜(第5章)、宋宝玉(第6章)、于东(第9章、第10章)。全书由闫辉和姜洪源担任主编。

本书在编写过程中,得到了哈尔滨工业大学机械设计系诸多老师的支持与帮助,编者在此表示由衷的感谢。

限于编者的能力和水平,书中难免存在疏漏之处,欢迎使用本书的读者提出宝贵意见。

编　者

2021年5月

目　　录

第1章　机械零件设计概论

1.1　必备知识与考试要点 …… 1

1.2　典型范例与答题技巧 …… 2

1.3　精选习题与实战演练 …… 4

1.4　精选习题答案 …… 7

第2章　螺纹连接(含螺旋传动)

2.1　必备知识与考试要点 …… 10

2.2　典型范例与答题技巧 …… 13

2.3　精选习题与实战演练 …… 29

2.4　精选习题答案 …… 43

第3章　挠性件传动

3.1　必备知识与考试要点 …… 59

3.2　典型范例与答题技巧 …… 63

3.3　精选习题与实战演练 …… 68

3.4　精选习题答案 …… 75

第4章　齿轮传动

4.1　必备知识与考试要点 …… 86

4.2　典型范例与答题技巧 …… 93

4.3　精选习题与实战演练 …… 100

4.4　精选习题答案 …… 112

第5章　蜗杆传动

5.1　必备知识与考试要点 …… 128

5.2　典型范例与答题技巧 …… 130

5.3　精选习题与实战演练 …… 139

5.4　精选习题答案 …… 147

第6章　轴及轴毂连接

6.1　必备知识与考试要点 …… 156

6.2　典型范例与答题技巧 …… 159

6.3　精选习题与实战演练 …… 163

6.4　精选习题答案 …… 172

第 7 章 滚动轴承

7.1 必备知识与考试要点 …………………………………………………… 180
7.2 典型范例与答题技巧 …………………………………………………… 184
7.3 精选习题与实战演练 …………………………………………………… 188
7.4 精选习题答案 ………………………………………………………… 207

第 8 章 滑动轴承

8.1 必备知识与考试要点 …………………………………………………… 229
8.2 典型范例与答题技巧 …………………………………………………… 231
8.3 精选习题与实战演练 …………………………………………………… 235
8.4 精选习题答案 ………………………………………………………… 238

第 9 章 联轴器、离合器和制动器

9.1 必备知识与考试要点 …………………………………………………… 244
9.2 典型范例与答题技巧 …………………………………………………… 244
9.3 精选习题与实践演练 …………………………………………………… 245
9.4 精选习题答案 ………………………………………………………… 247

第 10 章 弹簧

10.1 必备知识与考试要点 ………………………………………………… 250
10.2 典型范例与答题技巧 ………………………………………………… 250
10.3 精选习题与实践演练 ………………………………………………… 251
10.4 精选习题答案 ……………………………………………………… 252

参考文献 …………………………………………………………………… 254

第1章　机械零件设计概论

1.1　必备知识与考试要点

1.1.1　主要内容

（1）机械零件常见失效形式和设计计算准则。

（2）应力的种类性质及许用应力、安全系数的确定方法。

（3）机械零件接触强度、摩擦磨损、极限与配合、表面结构的粗糙度和工艺性等基本知识，机械零件工艺性及标准化的意义。

（4）机械制造中常用材料的种类、性能及选用方法。

1.1.2　重点与难点

1. 机械设计（又称机械零件设计）的主要任务

（1）运用基本理论和基本知识解决一般零件的设计问题。

（2）运用通用机械零件的结构特点和工作原理，零部件的选用或设计计算方法，结构设计和使用维护知识，分析机械零件失效原因并提出改进措施。

（3）运用手册、标准和规范等有关资料，设计通用机械零件和简单传动装置。

2. 机械零件设计的分析内容及步骤

（1）工作原理。

（2）失效形式。

（3）常用材料。

（4）承载能力计算。

（5）参数选择。

（6）结构设计。

3. 本章的重点及难点

本章的重点及难点是机械零件的失效形式及设计计算准则、应力的种类与性质及极限应力的确定、安全系数的选取等。本书的难点是确定变应力下零件的许用应力，以及合理选择制造机械零件的材料、极限与公差配合和表面结构的粗糙度。

（1）判别机械零件的危险截面是否安全的基本依据：

$$工作应力 \leqslant 许用应力 = \frac{材料的极限应力}{许用安全系数}$$

材料的极限应力是根据工作应力的类型来选择的。工作应力是静应力时，脆性材料的极限应力为强度极限，塑性材料的极限应力为屈服极限。工作应力是变应力时，极限应力为材料的疲劳极限。上式也可用于机械零件的表面强度计算，如工作应力为接触应力时,极限应力为接触疲劳极限。

(2) 零件的应力类型与零件所受载荷的类型不是一回事,不可混淆。应特别注意,有些静载荷作用下的零件却产生变应力,例如,受径向力的回转轴的弯曲应力。

(3) 疲劳曲线是研究材料疲劳强度的基本曲线,该曲线分有限寿命区和无限寿命区。在有限寿命区,随着循环次数 N 的减小,疲劳极限增大。若 $N<10^3$(或 10^4),疲劳极限接近或超过屈服极限时,疲劳曲线就不适用了,此时应按静强度来处理。在无限寿命区,疲劳极限为常数,与循环次数无关。有限寿命区和无限寿命区的分界点处的循环次数为循环基数 N_0,其值与材料的品种、强度等因素有关。(对 HB(布氏硬度)≤350 的钢材,$N_0=10^7$;对 HB>350 的钢材,$N_0=25\times10^7$)

因此,疲劳曲线方程式仅适用于 $N=10^3$(或10^4) ~ N_0 的范围。

(4) 摩擦、磨损和润滑统称为摩擦学,它是研究相对运动表面摩擦行为的一门科学。相互接触的两表面有相对运动或运动趋势时产生摩擦现象。磨损是摩擦所造成的后果,也是机械零件最常见的失效形式之一。润滑则是减小摩擦和降低磨损的主要技术措施。

本章内容为机械零件设计中的一些共性问题,初学时容易感到抽象,抓不住重点,不知道如何应用,在以后各章节的学习中,若注意复习本章的有关内容,可加深理解,提高学习效果。

1.2 典型范例与答题技巧

【例 1.1】 什么是零件的标准化?标准化的意义是什么?下列标准代号各代表什么意义?

GB　　GB/T　　JB　　YB　　ISO

【答】 设计机械时,必须考虑标准化问题。

根据国家标准 GB/T 3935.1—1996 的规定,“为在一定的范围内获得最佳秩序,对实际的或潜在的问题制定共同的和重复使用的规则的活动”被称为标准化,显然标准化是一个活动的过程,包括制订、贯彻、修订标准,循环往复,不断提高,其中贯彻标准是标准化的核心环节。

标准化的意义是:

(1) 减小设计工作量,减少设计中的差错,把主要精力用在关键部件设计工作上。

(2) 标准化后,同型号零件加工数量大大增加,有利于采用先进工艺进行大规模生产或组织专业化生产,减少材料消耗,降低成本,提高产品质量。

(3) 缩短产品试制周期,加速新产品开发。

(4) 便于维修。

GB——国家标准;GB/T——国家标准的推荐性标准;JB——机械行业标准;YB——黑色冶金行业标准;ISO——国际标准化组织标准。

【例 1.2】　按运动和动力传递的路线对机械各部分功用进行分析，机械可由哪几个基本部分组成？试举例说明。

【分析】　从功能上分析，机械由原动机、传动装置、工作机等基本部分组成，如图 1.1 所示的带式运输机，电动机为原动机，输出运动和动力；V 带和齿轮为传动装置，负责把电动机的运动和动力经变换后传送给带式运输机——工作机。

随着机械功能的增多，现在机械还应包括控制部分、辅助部分及支承和连接部分，各部分关系如图 1.2 所示。

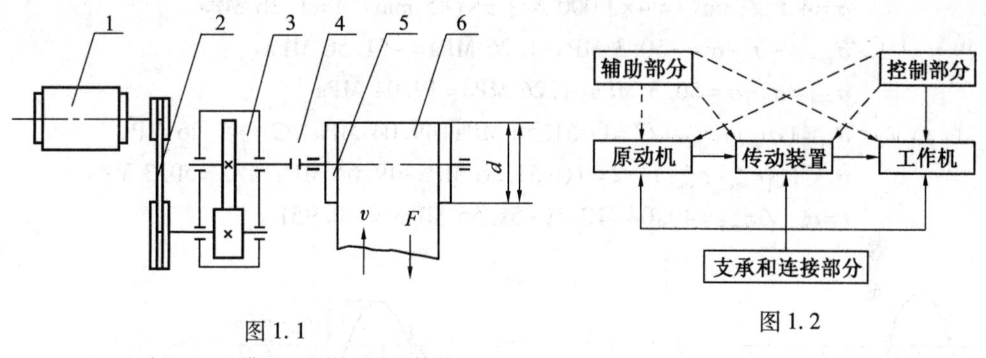

图 1.1

1—电动机；2—V 带；3—齿轮；4—联轴器；5—卷筒；6—输送带

图 1.2

【例 1.3】　一受拉伸杆的直径 $d=17$ mm、长度 $l=1\ 000$ mm、拉伸载荷为 $F=30\ 000$ N。已知：45 钢的 $\sigma_s=355$ MPa、$\sigma_B=600$ MPa，ZG 270-500 的 $\sigma_s=270$ MPa、$\sigma_B=500$ MPa，HT300 的 $\sigma_B=300$ MPa。试分别判断用 3 种材料制成拉杆的强度。

【解】　杆的受拉应力 $\sigma=3\ 000/(8.5^2\text{MPa}\times\pi)=132.17$ MPa。

(1) 45 钢是塑性较好的塑性材料，应取屈服极限为极限应力，安全系数为 $S=1.5\sim2.5$，由此可得 $[\sigma]=142\sim236.67$ MPa，即 $\sigma<[\sigma]$，可用。

(2) ZG 270-500 为塑性较差的塑性材料，极限应力也为屈服极限，安全系数为 $1.5\sim2.5$，可求得 $[\sigma]=112\sim187$ MPa，可知 112 MPa$<\sigma<$187 MPa，113 MPa$<\sigma<$181 MPa，此时视具体情况而定。

(3) HT300 为脆性材料，极限应力为强度极限，安全系数为 $3\sim4$，可求得 $[\sigma]=75\sim100$ MPa，即 $\sigma>[\sigma]$，强度不够，不可用。

【例 1.4】　已知某钢材在无限寿命区对称循环的疲劳极限 $\sigma_{-1}=260$ MPa，若此钢材的循环基数 $N_0=5\times10^5$，指数 $m=9$，试求循环次数为 30 000 时的有限寿命疲劳极限。

【解】　$$\sigma_{-1(30\ 000)}=\sigma_{-1}\sqrt[9]{\frac{N_0}{N}}=260\ \text{MPa}\times\sqrt[9]{\frac{5\times10^5}{3\times10^4}}=355.41\ \text{MPa}$$

【例 1.5】　如图 1.3 所示，作用在转轴上的轴向力 $F_a=2\ 000$ N、径向力 $F_r=6\ 000$ N，两支点间距 $L=300$ mm，轴为等截面轴，直径 $d=45$ mm。试求轴的危险截面上的应力 σ_{max}、σ_{min}、σ_m、σ_a 及 r 值，并画图表示。

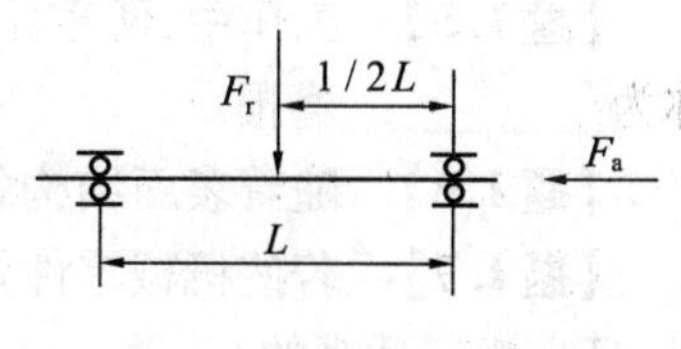

图 1.3

【解】　如图 1.4 所示，轴的中间截面弯矩最大，是危险截面。

弯矩 $M_{max}=\frac{F_r}{2}\times\frac{L}{2}=\frac{6\ 000\ N}{2}\times\frac{300\ mm}{2}=4.5\times10^5\ N\cdot mm$

抗弯截面系数 $W=\pi d^3/32=\pi\times(45\ mm)^3/32=8\ 946.2\ mm^3$

弯曲应力 $\sigma_b=\frac{M_{max}}{W}=\frac{4.5\times10^5\ N\cdot mm}{8\ 946.2\ mm^3}=50.3\ MPa$

轴向载荷产生的压应力

$\sigma=4F_a/(\pi d^2)=4\times2\ 000\ N/[\pi\times(45\ mm)^2]=1.26\ MPa$

$\sigma_{max}=-\sigma_b-\sigma=-50.3\ MPa-1.26\ MPa=-51.56\ MPa$

$\sigma_{min}=\sigma_b-\sigma=50.3\ MPa-1.26\ MPa=49.04\ MPa$

$\sigma_m=(\sigma_{max}+\sigma_{min})/2=(-51.56\ MPa+49.04\ MPa)/2=-1.26\ MPa$

$\sigma_a=|(\sigma_{max}-\sigma_{min})|/2=|(-51.56\ MPa-49.04\ MPa)|/2=50.3\ MPa$

$r=\sigma_{min}/\sigma_{max}=49.04\ MPa/(-51.56\ MPa)=-0.951$

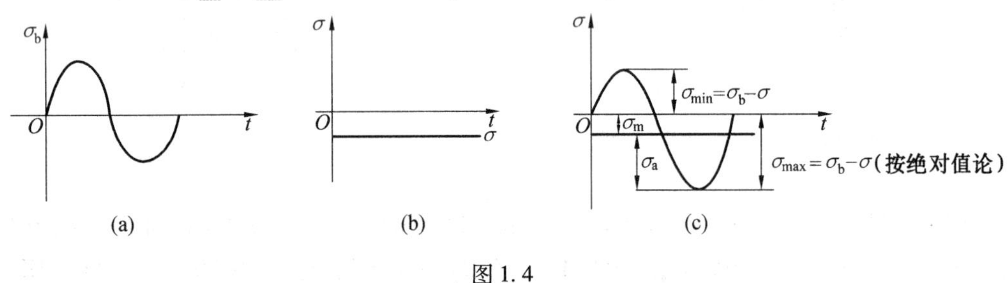

图 1.4

1.3 精选习题与实战演练

一、填空题

【题 1.1】 计算载荷 P_c、名义载荷 P 和载荷系数 K 的关系式为________,强度计算时应用____________。

【题 1.2】 稳定循环变应力的 3 种基本形式是________、________、__________循环变应力。

【题 1.3】 当一零件受脉动循环变应力时,则其平均应力是其最大应力的__________。

【题 1.4】 高副元件表面接触产生的应力是________应力。

【题 1.5】 工作中,两零件接触表面因温度升高而黏接,并发生材料转移,这种现象称为__________磨损。

【题 1.6】 随着表面结构的粗糙度增加,零件的实际接触面积____________。

【题 1.7】 若使机械零件具有良好的工艺性,除要求合理选择毛坯和结构简单合理外,还应规定适当的____________和____________。

【题 1.8】 在静强度条件下,塑性材料的极限应力是____________,而脆性材料的极限应力是________。在变应力作用下,塑性材料的极限应力为__________。

【题 1.9】 综合分析__________、__________和__________ 3 方面因素来进行安全系数计算。

【题 1.10】 影响疲劳极限的主要因素有________、________和__________。

【题 1.11】 当载荷重复作用时,零件表层金属呈片状剥落,表面形成小坑,这种现象为________磨损。

二、选择题

【题 1.12】 在应力变化中,如果周期、应力幅和平均应力有一个不同,则称为____。

A. 稳定变应力　　B. 非稳定变应力

C. 非对称循环变应力　　D. 脉动循环应力

【题 1.13】 循环特性 $r=-1$ 的变应力是____应力。

A. 对称循环变　　B. 脉动循环变

C. 非对称循环变　　D. 静

【题 1.14】 在静拉伸应力作用下,塑性材料的极限应力为____。

A. σ_B　　B. σ_s

C. σ_0　　D. σ_{-1}

【题 1.15】 在循环变应力作用下,影响疲劳强度的主要因素是____。

A. σ_{max}　　B. $\sigma_{平均}$

C. σ_{min}　　D. σ_a

【题 1.16】 零件表面结构的粗糙度增加,其疲劳强度____。

A. 降低　　B. 提高

C. 不定　　D. 不变

【题 1.17】 某零件受稳定的对称循环变应力,其塑性材料有限寿命 N 的疲劳极限应力 σ_{-1N}是通过____求得的。

A. 疲劳曲线图　　B. 极限应力

C. 曼耐尔假说

三、判断题

【题 1.18】 选择安全系数时,尽量选择较大的安全系数。(　　)

【题 1.19】 由于变应力作用下疲劳极限应力较小,选取安全系数时应比静应力时大得多。(　　)

【题 1.20】 塑性材料在变应力作用下的主要失效形式是疲劳破坏。(　　)

【题 1.21】 合金结构钢有良好机械性能,设计零件时应优先选用。(　　)

【题 1.22】 由于钢材的热处理方法对其弹性模量影响甚小,采用热处理方法来提高零件的刚度并无实效。(　　)

【题 1.23】 凡零件只要受静载荷,则都产生静应力。(　　)

【题 1.24】 设计计算零件的工作安全系数 S,必须大于许用的最小安全系数 S_{min},即

$S>S_{min}$,则零件工作才安全。( )

【题 1.25】 一般材料的疲劳极限 σ_{-1} 是在 N_0 和可靠度 $R=0.9$ 下实验得到的。( )

【题 1.26】 只有静载荷产生静强度破坏,只有变载荷产生疲劳损坏。( )

【题 1.27】 机械零件的剖面形状一定,若剖面的绝对尺寸增大,则其材料的疲劳极限将增大。( )

【题 1.28】 当零件尺寸由刚度条件决定时,为了提高零件刚度,应选用高强度合金钢制造。( )

四、重点思考题

【题 1.29】 什么是静载荷、变载荷?什么是名义载荷、计算载荷?计算机械零件强度时,使用名义载荷还是计算载荷?

【题 1.30】 什么是静应力、变应力和稳定循环变应力?试举出 3 个零件,它们在工作中分别产生对称循环变应力、脉动循环变应力和非对称循环变应力。

【题 1.31】 表示变应力的基本参数有哪些?它们之间的关系式是什么?

【题 1.32】 什么是极限应力、许用应力?许用应力与极限应力有何不同?试述选用安全系数的原则。

【题 1.33】 什么是疲劳极限?当 $N>N_0$ 时,σ_{-1N}为何?影响零件疲劳极限的主要因素有哪些?在疲劳强度计算时,如何考虑这些因素的影响?

【题 1.34】 什么是承载能力?机械零件的主要失效形式有哪些?防止机械零件发生失效的设计准则有哪些?

【题 1.35】 设计的机械零件应满足哪些基本要求?设计机械零件时应从哪几方面考虑其结构工艺性?

【题 1.36】 机械设计中零件材料选用的一般原则是什么?指出下列符号各代表什么材料?

35 Q235 65Mn ZG310-570 20CrMnTi HT200 QT600-2

【题 1.37】 摩擦有哪几种类型?

【题 1.38】 边界摩擦、液体摩擦及混合摩擦各有什么特点?实现液体摩擦有几种方法?

【题 1.39】 什么是磨损?按机理不同,磨损主要有哪几种形式?零件磨损过程分哪几个阶段?为减少磨损,使用机器时应注意什么问题?

【题 1.40】 常用润滑剂有哪几类?

【题 1.41】 润滑油黏度的意义是什么?黏度单位有哪几种?动力黏度和运动黏度如何换算?黏度与温度、压力有何关系?

【题 1.42】 润滑油和润滑脂的主要性能指标有哪些?

【题 1.43】 简述实现机械零件静连接(提示:包括可拆连接和非可拆连接)的各种方法,并举例说明其应用。

【题 1.44】 简要说明材料硬度高低、表面粗糙度大小、油黏度大小等因素对疲劳磨损的影响。

1.4　精选习题答案

一、填空题

【题 1.1】 $P_c = KP$　计算载荷

【题 1.2】 对称循环变应力　脉动循环变应力　非对称

【题 1.3】 一半(或 1/2)

【题 1.4】 表面接触

【题 1.5】 黏着

【题 1.6】 减小

【题 1.7】 精度　表面结构的粗糙度

【题 1.8】 屈服极限　强度极限　疲劳极限

【题 1.9】 计算精确性　材料均匀性　零件重要性

【题 1.10】 应力集中　绝对尺寸　表面状态

【题 1.11】 疲劳

二、选择题

【题 1.12】 B 【题 1.13】 A 【题 1.14】 B 【题 1.15】 D

【题 1.16】 A 【题 1.17】 A

三、判断题

【题 1.18】 × 【题 1.19】 √ 【题 1.20】 √ 【题 1.21】 × 【题 1.22】 √

【题 1.23】 × 【题 1.24】 √ 【题 1.25】 × 【题 1.26】 × 【题 1.27】 ×

【题 1.28】 ×

四、重点思考题

【题 1.29】 不随时间变化或变化缓慢的载荷称为静载荷;随时间变化的载荷称为变载荷。在理想平稳工作条件下由工作机或原动机的额定功率计算出的作用于机械零件上的载荷称为名义载荷。设计计算时,计及冲击、振动或载荷分布不均匀等因素的影响而确定的使之趋于零件实际所受载荷的载荷,称为计算载荷。计算机械零件强度时,应使用计算载荷。

【题 1.30】 大小和方向不随时间变化或变化缓慢的应力称为静应力;大小和方向随时间变化的应力称为变应力。周期、应力幅和平均应力均不随时间变化的应力称为稳定循环变应力。仅受径向载荷作用的,减速器转轴的表面受对称循环变应力;滚动轴承不动圈滚道表面承受脉动循环变应力;既受径向载荷作用又受轴向载荷作用的减速器转轴的剖面上承受非对称循环变应力。

【题1.31】 表示变应力的基本参数有最大应力、最小应力、平均应力、应力幅和应力循环特性数5个参数,知道其中任意2个参数,就可以得出其他参数。

$$\sigma_{m}=\frac{\sigma_{max}+\sigma_{min}}{2}$$

$$\sigma_{a}=\frac{\sigma_{max}-\sigma_{min}}{2}$$

$$r=\frac{\sigma_{min}}{\sigma_{max}}$$

【题1.32】 按照强度准则设计零件时,根据材料性质及应力种类而采用的材料的某个应力极限值称为极限应力。设计零件时,计算应力允许达到的最大值称为许用应力。许用应力等于极限应力与安全系数的比值。选择安全系数的原则是:在保证工作安全可靠的前提下,尽可能选择较小的安全系数。根据长期累计的设计实践经验,安全系数通常用表格法和经验数据法计算。

【题1.33】 在一给定的循环特征下,应力循环达到规定的循环次数而不发生疲劳破坏的最大应力称为疲劳极限。疲劳极限分为无限寿命疲劳极限和有限寿命疲劳极限。当$N>N_0$时,σ_{-1N}取无限寿命对称循环疲劳极限σ_{-1}。影响零件疲劳极限的主要因素有应力集中、绝对尺寸和表面状态。在计算疲劳强度时,分别用应力集中系数、绝对尺寸系数和表面状态系数考虑其对疲劳极限的影响。

【题1.34】 承载能力指零件在工作时不发生失效的能力。机械零件的主要失效形式有包括断裂、塑性变形、过大的弹性变形等在内的整体失效;包括磨损、点蚀、胶合、塑性流动、腐蚀等的表面失效以及由打滑、共振等破坏正常工作条件引起的失效。防止机械零件发生失效的设计准则有强度准则、刚度准则、寿命准则、振动稳定性准则以及可靠性准则等。

【题1.35】 设计的机械零件应满足的基本要求有:工作可靠要求、结构工艺性要求和经济性要求。设计机械零件时,应注意零件的结构与生产条件、批量及尺寸大小相适应,应从毛坯制造、切削加工、热处理和装拆等几方面来考虑其结构工艺性。

【题1.36】 机械设计中零件材料选用一般依据要求、尺寸、批量、来源等综合考虑使用性、工艺性和经济性原则。材料35是碳的质量分数为0.35%的优质碳素结构钢;Q235是屈服极限为235 MPa的碳素结构钢;65Mn是碳的质量分数为0.65%的较高含锰量优质碳素钢;ZG310-570是屈服极限和强度极限分别为310 MPa、570 MPa的铸钢;20CrMnTi是一种低碳(碳的质量分数为0.20%)合金结构钢;HT200为强度极限在200 MPa的灰铸铁;QT600-2为强度极限在600 MPa的球墨铸铁,延伸率为2%。

【题1.37】 摩擦有干摩擦、边界摩擦、液体摩擦和混合摩擦等类型。

【题1.38】 边界摩擦的特点决定于有润滑剂和固体在摩擦接触表面形成的边界膜,即材料的物理化学性质影响边界膜的性质和摩擦行为。通常形成的物理吸附膜强度不高,载荷、温度增高时易破坏,化学反应膜高温下性能较好。液体摩擦下,固体不直接接触,因此可避免固体的磨损。此时摩擦是发生在润滑剂流体间的内摩擦,该摩擦阻力大小取决于黏度。混合摩擦是干摩擦、边界摩擦和液体摩擦同时存在的现象,不能避免磨损。

实现液体摩擦的方法有依据自身工作条件形成的流体动压润滑、弹性流体动压润滑和借助外供液压源提供压力的流体静压润滑。

【题 1.39】 运动副表面材料不断损失的现象称为磨损。按机理不同,磨损分为黏着磨损、磨粒磨损、疲劳磨损和腐蚀磨损等。零件磨损过程分为跑合磨损、稳定磨损和剧烈磨损几个阶段。使用机器时,应力求缩短跑合期、延长稳定磨损期,以保证其具有一定的使用寿命;进入剧烈磨损阶段时,应及时更换零件,以免造成事故。

【题 1.40】 常用润滑剂可分为润滑油、润滑脂和固体润滑剂 3 大类。

【题 1.41】 润滑油黏度是平行板间单位速度梯度下流体层间产生的剪切应力,反映润滑油在外力作用下抵抗剪切变形的能力,因而是内摩擦力大小的标志。

黏度单位有动力黏度、运动黏度和相对黏度。流体的动力黏度与同温度下的密度的比值即为运动黏度。一般地,润滑油的黏度随温度升高而降低,符合指数关系;而润滑油的黏度随压力升高而增大,这近似地表示为幂函数关系。

【题 1.42】 润滑油的主要性能指标有黏度、黏温指数和黏压指数,还有油性、闪点和燃点、凝点、极压性和酸值等;润滑脂的性能指标主要有针入度、滴点、析油量、机械杂质、灰分水分等。

【题 1.43】 可拆连接包括键连接、销连接、过盈连接和螺纹连接等;不可拆连接包括铆接、焊接、粘接等。

主要应用如下。

键连接:应用极其广泛,例如减速器齿轮和轴的连接。

销连接:较常见的一种连接方式,例如减速器上下箱体间的定位销。

过盈连接:例如轴承和轴的连接,是过盈配合的过盈连接。

螺纹连接:是应用最普遍的连接方式,例如减速器上下箱体的连接。

铆接:通过铆钉将两片或两片以上的工件连接起来,例如三环锁上的铭牌。

焊接:应用极其普遍,例如汽车车身的焊接。

粘接:例如螺栓连接的粘接防松。

【题 1.44】 疲劳磨损又称疲劳点蚀,材料硬度越低,接触应力越大,越容易出现点蚀;表面粗糙度较大时,容易发生疲劳点蚀;油黏度较大时,有利于减轻疲劳磨损。

第2章　螺纹连接(含螺旋传动)

2.1　必备知识与考试要点

2.1.1　主要内容

1. 螺纹的基本知识

螺纹的基本参数,常用螺纹的种类、特性(主要指牙根强度、效率与自锁)和应用。

2. 螺纹连接的基本知识

(1) 螺纹连接的基本类型、结构特点和应用场合。

(2) 螺纹连接件的类型、结构特点、应用场合、常用材料和强度级别。

(3) 螺纹连接的预紧与防松。

3. 螺栓组连接设计的基本内容、基本理论和基本方法

(1) 螺栓组连接的结构设计原则,包括:确定接合面的形状、连接结构类型及防松方法、螺栓数目及其在接合面上的布置、提高螺栓连接强度的结构措施等。

(2) 螺栓组连接的受力分析,包括:

① 螺栓组连接受力分析的目的和简化假设条件。

② 螺栓组连接4种典型受力状态(轴向力、横向力、旋转力矩和倾覆力矩)下的受力分析。

③ 螺栓组连接复杂受力状态下的受力分析。

(3) 单个螺栓连接的强度计算理论与方法。

① 螺栓连接的主要失效形式和设计计算准则。

② 受拉螺栓连接的强度计算理论与方法,特别要记住:受预紧力和轴向工作载荷的紧螺栓连接的受力-变形图、螺栓所受总拉力的确定及紧螺栓连接强度计算公式中系数1.3的物理意义。

③ 受剪螺栓连接的强度计算理论与方法。

④ 螺栓连接的许用应力$[\sigma]$、$[\tau]$和$[\sigma]_p$的确定。

4. 提高螺栓连接强度的措施

添加改善螺纹牙上载荷分布不均匀现象的装置,减小螺栓受力、降低影响螺栓疲劳强度的应力幅度和应力集中,添加避免螺栓受附加弯曲应力作用的结构等措施。

5. 滑动螺旋传动的设计

滑动螺旋传动的主要失效形式、设计准则和常用设计或校核计算公式等。

2.1.2　重点与难点

1. 重点

从考研辅导角度出发,根据近几年各校考题内容范围,本章的重点内容如下。

(1) 螺纹的基本知识。

螺纹的基本参数,常用螺纹的牙型、特性和应用,螺纹副的受力分析,影响螺纹副效率和自锁性的主要参数。

(2) 螺纹连接的基本知识。

螺纹连接的类型、特点、应用,防松的原理,防松装置。

(3) 螺栓组连接的受力分析。

复杂受力状态下螺栓组连接的受力分析。

(4) 单个螺栓连接的强度计算。

紧螺栓连接的强度计算。

(5) 螺栓组连接的综合计算。

① 校核螺栓组连接螺栓的强度。

② 设计螺栓组连接螺栓所需的直径尺寸。

③ 确定螺栓组连接所能承受的最大载荷。

2. 难点

本章的难点主要有以下几方面。

(1) 螺纹连接的结构设计与表达。

螺纹连接的结构设计与表达问题成为本章的难点,绝不是因为它有高深的理论使学生难以理解,而在于很多学生不重视它,一旦考题中有这方面的内容就显得束手无策,既不会选择连接类型,也不能正确地绘制出其连接结构图,或找不出连接结构图中的错误。因此对于考生来说,必须把这部分内容当成重点和难点来对待,要多看实物,多看连接结构图,多问为什么,多练习绘制。

(2) 复杂受力状态下的螺栓组连接受力分析。

由于复杂受力状态下的螺栓组连接,其螺栓受力既可能是预紧力或轴向工作载荷,也可能是预紧力和轴向工作载荷,还可能是横向载荷。而这既与螺栓组连接的受力情况有关,又与螺栓连接的类型有关。许多学生遇到此类问题时,不知如何着手解题,或者考虑问题不全面,得不出正确答案。对于这类问题,首先要把外载荷转移到接合面螺栓组的形心上,并利用静力分析方法将复杂的受力状态简化成4种简单受力状态,即轴向载荷、横向载荷、旋转力矩和倾覆力矩,然后根据螺栓组连接的受力情况和螺栓连接的类型,确定单个螺栓连接所受的力。当螺栓组连接受横向载荷或旋转力矩,或横向载荷与旋转力矩联合作用时,对于普通螺栓连接,则需要确定的是螺栓所受的预紧力,而对于铰制孔用螺栓连接,则需要确定的是螺栓所受的横向载荷;当螺栓组连接受轴向载荷或倾覆力矩或轴向载荷与倾覆力矩联合作用时(这时只能采用普通螺栓连接),则需要确定的是螺栓所受的轴向工作载荷。应该注意,当螺栓组连接既受横向载荷或旋转力矩或横向载荷与旋转力矩联合作用,又受轴向载荷作用时,在确定螺栓所需受的预紧力时,一定要考虑轴向载荷的影响,因为此时接合面间的压紧力不再是预紧力,而是剩余预紧力了。只要分别计算出螺栓组连接在这些简单受力状态下每个螺栓的工作载荷,然后将同类工作载荷矢量叠加,便可得到每个螺栓的总的工作载荷——预紧力或轴向工作载荷。若螺栓组连接中各个螺栓既受预紧力作用,又受轴向工作载荷作用,则最后要求出受力最大时螺栓所受的总拉力。

(3) 受倾覆力矩作用的螺栓组连接受力分析。

对受倾覆力矩作用的螺栓组连接进行受力分析时,首先要了解假设条件,如图 2.1 所示,认为机座底板是刚体,而地基与螺栓为弹性体,受倾覆力矩 M 作用机座欲倾覆时,底板不变形,接合面仍然为一平面,底板有绕对称轴 O–O 倾覆的趋势,使对称轴一侧的螺栓被拉紧,而对称轴另一侧的螺栓被放松,但其接合面间压力则增加。根据受 M 作用后对称轴线两侧接合面间变形对称的条件,以底板为分离体,可以判定对称轴一侧被拉紧的螺栓对底板的作用和对称轴另一侧地基对底板的支反力作用是相等的,因此可以把地基对底板的支反力(分布载荷)简化为数个集中力作用于螺栓所在位置,然后根据静力平衡条件和螺栓变形协调条件,求出受力最大时螺栓所受的轴向工作载荷。

要注意,对于受倾覆力矩作用的螺栓组连接进行受力分析和强度计算时,一定要考虑受压最大处不被压溃,而受压最小处不出现缝隙或保持某个压力的要求。

(4) 受预紧力和轴向工作载荷作用时,单个紧螺栓连接的螺栓总拉力的确定。

受预紧力和轴向工作载荷作用时,单个紧螺栓连接的螺栓总拉力的确定关键是转变解题思维方式,要由解静定问题转到解静不定问题上来。要从分析螺栓及被连接件的受力-变形关系入手,充分理解变形协调条件,深入掌握螺栓与被连接件的受力-变形关系图(图 2.2),从而得出以下几个重要结论:

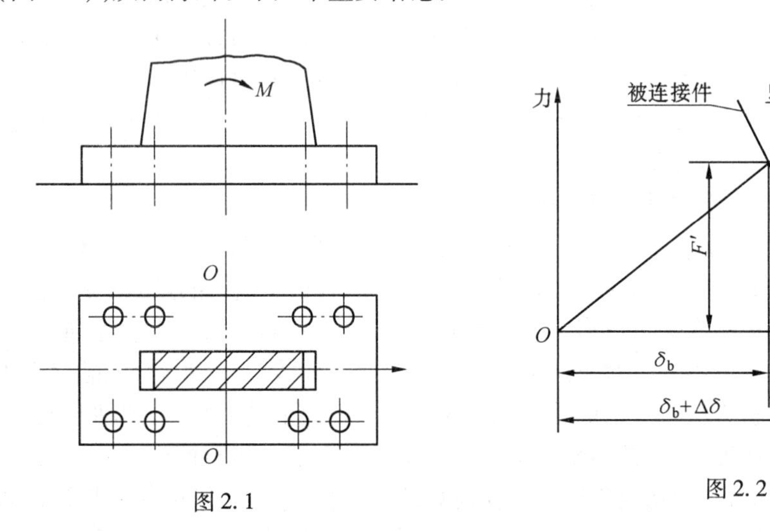

图 2.1

图 2.2

① 螺栓所受的总拉力 F_0 不等于螺栓的预紧力 F' 和轴向工作载荷 F 之和,即 $F_0 \neq F'+F$。

② 轴向工作载荷 F 的一部分 ΔF_b 用以使螺栓进一步伸长,而另一部分 ΔF_m 则用以恢复被连接件的部分压缩变形。因此:

a. 螺栓所受的总拉力 F_0 等于螺栓的预紧力 F' 和轴向工作载荷的一部分 ΔF_b 之和,

即 $F_0=F'+\Delta F_b$。

b. 接合面间剩余预紧力 F'' 等于预紧力 F' 减去轴向工作载荷的另一部分 ΔF_m，即 $F''=F'-\Delta F_m$。为保证连接的刚度和紧密性，F'' 应大于或等于某一数值，因此确定 F' 与 F 时要充分考虑连接对 F'' 的要求。

c. 螺栓所受的总拉力 F_0 等于剩余预紧力 F'' 和螺栓的轴向工作载荷 F 之和，即 $F_0=F''+F$。

③ 使螺栓进一步伸长的 ΔF_b 大小与螺栓刚度 C_b 和被连接件刚度 C_m 有关，即 $\Delta F_b=\frac{C_b}{C_b+C_m}F$，显然 C_b 越小，C_m 越大，则 ΔF_b 越小，反之亦然。在螺栓组连接设计中采用细长螺栓就是为了减小 C_b，在接合面间不加垫片或采用刚性大的垫片就是为了增大 C_m，从而减小 ΔF_b。

2.2　典型范例与答题技巧

【例 2.1】　厚度 $\delta=12$ mm 的钢板用 4 个螺栓固连在厚度 $\delta_1=30$ mm 的铸铁支架上，螺栓的布置有如图 2.3(a)(b)所示的两种方案。

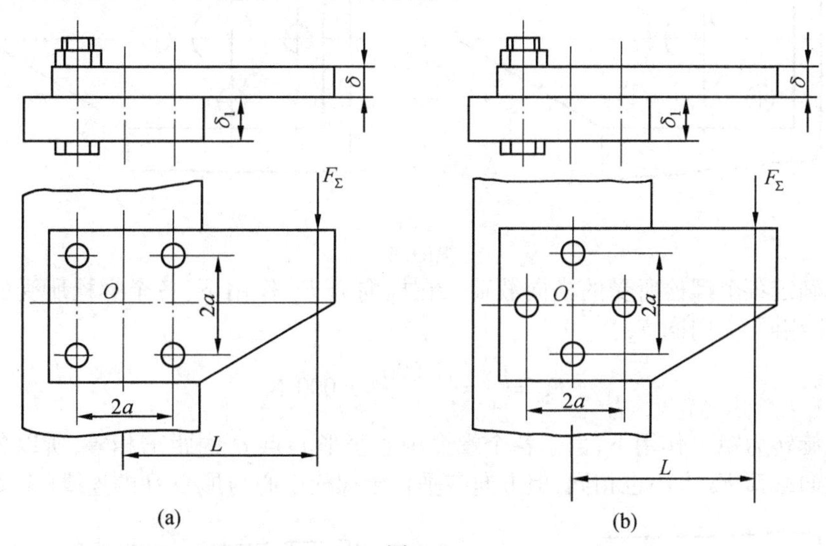

图 2.3

已知：螺栓材料为 Q235，$[\sigma]=95$ MPa，$[\tau]=96$ MPa，钢板 $[\sigma]_p=320$ MPa，铸铁 $[\sigma]_{p1}=180$ MPa，接合面间摩擦系数 $f=0.15$，可靠性系数 $K_S=1.2$，载荷 $F_\Sigma=12\ 000$ N，尺寸 $l=400$ mm，$a=100$ mm。

(1) 试比较哪种螺栓布置方案合理？

(2) 按照螺栓布置合理方案，分别确定采用普通螺栓连接和铰制孔用螺栓连接时的螺栓直径。

【分析】　本题是螺栓组连接受横向载荷和旋转力矩共同作用的典型例子。解题时首先要将作用于钢板上的外载荷 F_Σ 向螺栓组连接的接合面形心简化，得出该螺栓组连接受横向载荷 F_Σ 和旋转力矩 T 两种简单载荷作用的结论。然后将这两种简单载荷分配给各个螺栓，找出受力最大的螺栓，并把该螺栓承受的横向载荷用矢量叠加原理求出合成载荷。在外载荷与螺栓数目一定的条件下,不同的螺栓布置方案,受力最大的螺栓所承受的载荷是不同的,显然使受力最大的螺栓承受较小的载荷是比较合理的螺栓布置方案。若螺栓组采用铰制孔用螺栓连接,则靠螺栓光杆部分受剪切和配合面间受挤压来传递横向载荷,其设计准则是保证螺栓的剪切强度和连接的挤压强度,可按相应的强度条件式,计算受力最大螺栓危险剖面的直径。若螺栓组采用普通螺栓连接,则靠拧紧螺母使被连接件接合面间产生足够的摩擦力来传递横向载荷。因此设计时,应先按受力最大螺栓承受的横向载荷求出螺栓所需的预紧力,然后用只受预紧力作用的紧螺栓连接受拉强度条件式计算螺栓危险剖面直径 d_1,最后根据 d_1 查标准,选取螺栓直径,并根据被连接件厚度、螺母及垫圈厚度确定螺栓的标准长度。

【解】 1. 螺栓组连接受力分析

(1) 将载荷 F_Σ 向螺栓组连接的接合面形心点 O 简化,得一横向载荷 $F_\Sigma=12\ 000$ N 和一旋转力矩 $T=F_\Sigma \cdot l=12\ 000\ \text{N}\times 0.4\ \text{m}=4\ 800\ \text{N}\cdot\text{m}$,如图 2.4 所示。

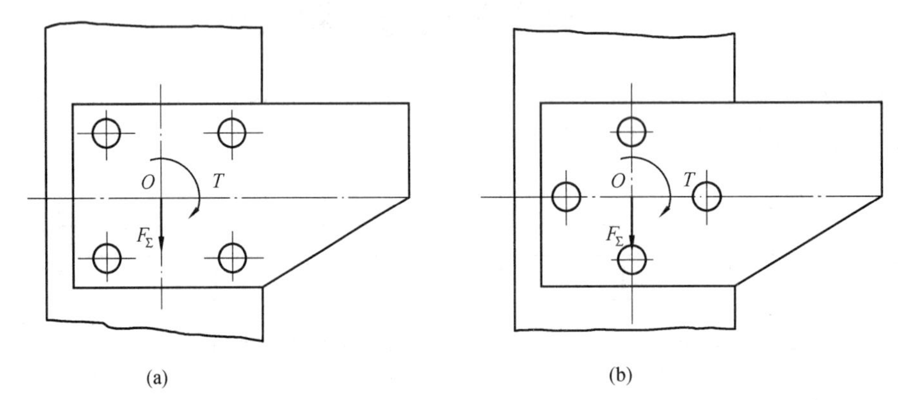

图 2.4

(2) 确定各个螺栓所受的横向载荷。在横向力 F_Σ 作用下,各个螺栓所受的横向载荷 F_{S1} 大小相同,方向同 F_Σ。

$$F_{S1}=\frac{F_\Sigma}{4}=\frac{12\ 000}{4}=3\ 000\ \text{N}$$

而在旋转力矩 T 作用下,由于各个螺栓中心至形心点 O 的距离相等,所以各个螺栓所受的横向载荷 F_{S2} 大小也相同,但方向各垂直于螺栓中心与形心 O 的连线(图 2.5)。

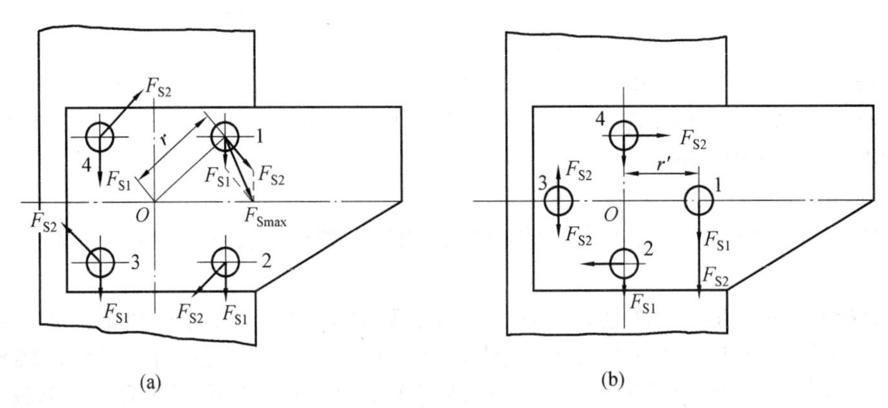

图 2.5

对于图 2.5(a)所示方案,各螺栓中心至形心点 O 的距离为

$$r=\sqrt{a^2+a^2}=\sqrt{(100\ \text{mm})^2+(100\ \text{mm})^2}=141.4\ \text{mm}$$

所以
$$F_{S2}=\frac{T}{4r}=\frac{4\ 800\ \text{N}\cdot\text{m}}{4\times 0.141\ 4\ \text{m}}=8\ 487\ \text{N}$$

由图 2.5(a)可知,螺栓 1 和螺栓 2 所受两力夹角 α 最小,故螺栓 1 和螺栓 2 所受横向载荷最大,即

$$F_{S\max}=\sqrt{F_{S1}^2+F_{S2}^2+2F_{S1}\cdot F_{S2}\cos\alpha}=$$
$$\sqrt{(3\ 000\ \text{N})^2+(8\ 487\ \text{N})^2+2\times 3\ 000\ \text{N}\times 8\ 487\ \text{N}\times\cos 45^\circ}=10\ 818\ \text{N}$$

对于图 2.5(b)所示方案,各螺栓中心至形心点 O 的距离为

$$r'=a=100\ \text{mm}$$

所以
$$F_{S2}=\frac{T}{4r'}=\frac{4\ 800\ \text{N}\cdot\text{m}}{4\times 0.1\ \text{m}}=12\ 000\ \text{N}$$

由图 2.5(b)可知,螺栓 1 所受横向载荷最大,则

$$F_{S\max}=F_{S1}+F_{S2}=3\ 000\ \text{N}+12\ 000\ \text{N}=15\ 000\ \text{N}$$

(3) 两种方案比较:在螺栓布置方案图 2.5(a)中,受力最大的螺栓 1 所受的总横向载荷 $F_{S\max}=10\ 818$ N,而在螺栓布置方案图 2.5(b)中,受力最大的螺栓 1 所受的总横向载荷 $F_{S\max}=15\ 000$ N,故方案图 2.5(a)比较合理。

2. 按螺栓布置方案图 2.5(a)确定螺栓直径

(1) 采用铰制孔用螺栓连接。

① 因为铰制孔用螺栓连接是靠螺栓光杆受剪切和配合面间受挤压传递横向载荷,因此按剪切强度设计螺栓光杆部分直径 d_s。

$$d_S\geqslant\sqrt{\frac{4F_S}{\pi[\tau]}}=\sqrt{\frac{4\times 10\ 818\ \text{N}}{\pi\times 96\ \text{N}\cdot\text{mm}^{-2}}}=11.98\ \text{mm}$$

查 GB/T 27—1988,取 M12 mm×60 mm($d_S=13$ mm>11.98 mm)。

② 校核配合面挤压强度。如图 2.6 所示配合面尺寸,螺栓光杆与钢板孔间

$$\sigma_p=\frac{F_S}{d_S h}=\frac{10\ 818\ \text{N}}{13\ \text{mm}\times 8\ \text{mm}}=104\ \text{MPa}<[\sigma]_p=320\ \text{MPa}$$

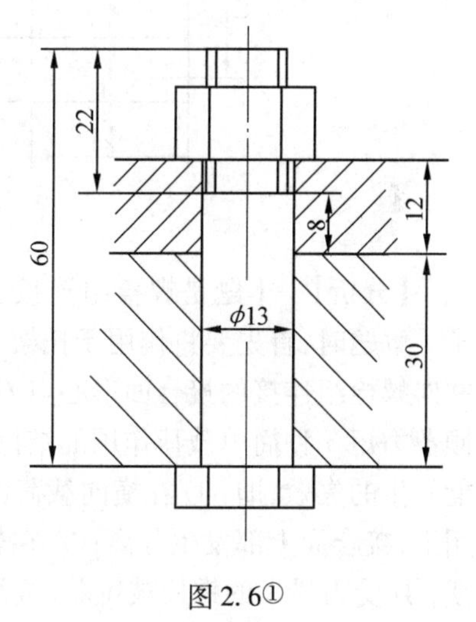

图 2.6①

螺栓光杆与铸铁支架孔间

$$\sigma_{p1}=\frac{F_S}{d_S h_1}=\frac{10\ 818\ \text{N}}{13\ \text{mm}\times 30\ \text{mm}}=27.7\ \text{MPa}<[\sigma]_{p1}=180\ \text{MPa}$$

故配合面挤压强度足够。

(2) 采用普通螺栓连接。因为普通螺栓连接是靠预紧螺栓在被连接件的接合面间产

---

① 全书机械图除有特殊说明的外,单位均为 mm。

生的摩擦力来传递横向载荷的,因此,首先要求出螺栓所需的预紧力 F'。

由 $fF'=K_SF_S$ 得

$$F'=\frac{K_SF_S}{f}=\frac{1.2\times10\ 818\ \text{N}}{0.15}=86\ 544\ \text{N}$$

根据强度条件式,可得螺栓小径 d_1,即

$$d_1\geqslant\sqrt{\frac{4\times1.3F'}{\pi[\sigma]}}=\sqrt{\frac{4\times1.3\times86\ 544\ \text{N}}{\pi\times95\ \text{N}\cdot\text{mm}^{-2}}}=38.84\ \text{mm}$$

查 GB/T 196—2003,取 M45($d_1=40.129\ \text{mm}>38.84\ \text{mm}$)。

【例 2.2】 有一轴承托架用 4 个普通螺栓固连于钢立柱上,托架材料为 HT150,许用挤压应力 $[\sigma]_p=60$ MPa,螺栓材料强度级别为 6.6 级,许用安全系数 $[S]=3$,接合面间摩擦系数 $f=0.15$,可靠性系数 $K_S=1.2$,螺栓相对刚度 $\frac{C_b}{C_b+C_m}=0.2$,载荷 $F_P=6\ 000$ N,尺寸如图 2.7 所示,设计此螺栓组连接。

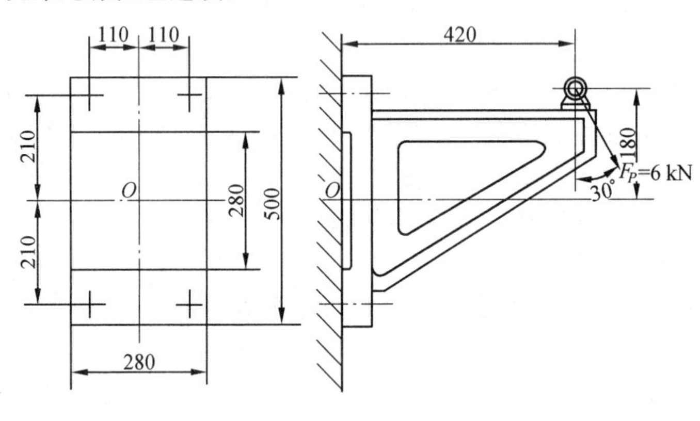

图 2.7

【分析】 本题是螺栓组连接受横向载荷、轴向载荷和倾覆力矩共同作用的典型例子。解题时,首先要将作用于托架上的载荷 F_P 分解成水平方向和铅垂方向的两个分力,并向螺栓组连接的接合面形心点 O 处简化,得出该螺栓组连接受横向载荷、轴向载荷和倾覆力矩 3 种简单载荷作用的结论。然后分析该螺栓组连接在这 3 种简单载荷作用下可能发生的失效,即:① 在横向载荷作用下,托架产生下滑;② 在轴向载荷和倾覆力矩的作用下,接合面上部发生分离;③ 在轴向载荷和倾覆力矩的作用下,托架下部或立柱被压溃;④ 受力最大的螺栓被拉断(或塑性变形)。由上述失效分析可知,为防止分离和下滑的发生,应保证有足够的预紧力,而为避免托架或立柱被压溃,又要求把预紧力控制在一定范围。因此在本题中预紧力的确定不能仅考虑在横向载荷作用下接合面不产生相对滑移这一条件,还应考虑接合面上部不分离和托架下部或立柱不被压溃的条件,同时要特别注意,此时在接合面间产生足够大的摩擦力来平衡横向载荷的不是预紧力 F',而是剩余预紧力F''。螺栓所受的轴向工作载荷是由螺栓组连接所受的轴向载荷和倾覆力矩来确定的,显然对上边两个螺栓来说,由螺栓组连接所受的轴向载荷和倾覆力矩所产生的轴向工作载荷方向相同,矢量叠加后数值最大,是受力最大的螺栓。最后就以受力最大的螺栓的

轴向工作载荷和预紧力确定螺栓所受的总拉力 F_0,根据螺栓的总拉力 F_0,计算螺栓的直径尺寸,以满足螺栓的强度。

【解】 1. 螺栓组受力分析

如图 2.7 所示,载荷 F_P 可分解为:

横向载荷　$F_{Py}=F_P\cos 30°=6\ 000\ \text{N}\cos 30°=5\ 196\ \text{N}$　(铅垂向下)

轴向载荷　$F_{Px}=F_P\sin 30°=6\ 000\ \text{N}\sin 30°=3\ 000\ \text{N}$　(水平向右)

倾覆力矩　$M=F_{Px}\times 180\ \text{mm}+F_{Py}\times 420\ \text{mm}=3\ 000\ \text{N}\times 180\ \text{mm}+5\ 196\ \text{N}\times 420\ \text{mm}=2.722\times 10^6\ \text{N}\cdot\text{mm}$

显然该螺栓组连接受横向载荷 F_{Py}、轴向载荷 F_{Px} 和倾覆力矩 M 3 种简单载荷的共同作用。

(1) 确定受力最大螺栓的轴向工作载荷。

首先确定在轴向载荷 F_{Px} 作用下,每个螺栓受到的轴向工作载荷:

$$F_F=\frac{F_{Px}}{4}=\frac{3\ 000\ \text{N}}{4}=750\ \text{N}$$

然后确定在倾覆力矩 M 的作用下,每个螺栓受到的轴向工作载荷为

$$F_M=\frac{ML_{\max}}{\sum_{i=1}^{4}L_L^2}=\frac{2.722\times 10^6\ \text{N}\cdot\text{mm}\times 210\ \text{mm}}{4\times(210\ \text{mm})^2}=3\ 240\ \text{N}$$

显然,上部螺栓受力最大,其轴向工作载荷为

$$F=F_F+F_M=750\ \text{N}+3\ 240\ \text{N}=3\ 990\ \text{N}$$

(2) 确定螺栓的预紧力 F'。

① 由托架不下滑条件计算预紧力 F'。该螺栓组连接预紧后,受轴向载荷 P_x 作用时,其接合面间压紧力为剩余预紧力 F'',而受倾覆力矩 M 作用时,其接合面上部压紧力减小,下部压紧力增大,故 M 对接合面间压紧力的影响可以不考虑。因此,托架不下滑的条件式为

$$4fF''=K_SF_{Py}$$

而

$$F''=F'-\Delta F_m=F'-\left(1-\frac{C_b}{C_b+C_m}\right)F_F$$

所以

$$4f\left[F'-\left(1-\frac{C_b}{C_b+C_m}\right)F_F\right]=K_SP_{Py}$$

$$F'=\frac{K_SF_{Py}}{4f}+\left(1-\frac{C_b}{C_b+C_m}\right)F_F$$

式中　F_{Py}——横向载荷,$F_{Py}=5\ 196\ \text{N}$;

F_F——螺栓所受的由 F_{Px} 引起的轴向工作载荷,$F_F=750\ \text{N}$;

f——接合面间摩擦系数,$f=0.15$;

K_S——可靠性系数,$K_S=1.2$;

$\frac{C_b}{C_b+C_m}$——螺栓的相对刚度,$\frac{C_b}{C_b+C_m}=0.2$。

所以 $$F'=\frac{1.2\times5\ 196\ \text{N}}{4\times0.15}+(1-0.2)\times750\ \text{N}=10\ 992\ \text{N}$$

② 由接合面不分离条件计算预紧力 F'。

由 $\sigma_{\text{pmin}}=\frac{zF'}{A}-\left(1-\frac{C_b}{C_b+C_m}\right)\frac{F_{Px}}{A}-\left(1-\frac{C_b}{C_b+C_m}\right)\frac{M}{W}\geqslant0$ 得

$$F'\geqslant\frac{1}{z}\left(1-\frac{C_b}{C_b+C_m}\right)\left(F_{Px}+\frac{M}{W}\cdot A\right)$$

式中 A——接合面面积，$A=280\ \text{mm}\times(500\ \text{mm}-280\ \text{mm})=61\ 600\ \text{mm}^2$；

W——接合面抗弯截面系数，$W=\frac{280\ \text{mm}\times(500\ \text{mm})^2}{6}\times\left[1-\left(\frac{280\ \text{mm}}{500\ \text{mm}}\right)^3\right]=9.618\times10^6\ \text{mm}^3$

z——螺栓数目，$z=4$；

F_{Px}——轴向载荷，$F_{Px}=3\ 000\ \text{N}$；

M——倾覆力矩，$M=2.722\times10^6\ \text{N}\cdot\text{mm}$；

$\frac{C_b}{C_b+C_m}$——螺栓的相对刚度，$\frac{C_b}{C_b+C_m}=0.2$。

所以 $$F'\geqslant\frac{1}{4}(1-0.2)\left(3\ 000\ \text{N}+\frac{2.722\times10^6\ \text{N}\cdot\text{mm}}{9.618\times10^6\ \text{mm}^3}\times61\ 600\right)=4\ 086.7\ \text{N}$$

③ 由托架下部不被压溃条件计算预紧力（钢立柱抗挤压强度高于铸铁托架）。

由 $\sigma_{\text{pmax}}=\frac{zF'}{A}\left(1-\frac{C_b}{C_b+C_m}\right)\frac{F_{Px}}{A}+\left(1-\frac{C_b}{C_b+C_m}\right)\frac{M}{W}\leqslant[\sigma]_p$ 得

$$F'\leqslant\frac{1}{z}[\sigma]_pA+\left(1-\frac{C_b}{C_b+C_m}\right)\left(F_{Px}-\frac{M}{W}\cdot A\right)$$

式中 $[\sigma]_p$——托架材料的许用挤压应力，$[\sigma]_p=60\ \text{MPa}$；

其他参数同前。

所以 $$F'\leqslant\frac{1}{4}(60\ \text{MPa}\times61\ 600\ \text{mm}^2)+(1-0.2)\left(3\ 000\ \text{N}-\frac{2.722\times10^6\ \text{N}\cdot\text{mm}}{9.618\times10^6\ \text{mm}^3}\times61\ 600\ \text{mm}^2\right)=912\ 453.3\ \text{N}$$

综合以上3方面计算，取 $F'=10\ 992\ \text{N}$。

2. 计算螺栓的总拉力 F

该螺栓是受预紧力 F'作用后又受轴向工作载荷 F 作用的紧螺栓连接，故螺栓的总拉力 F_0 为

$$F_0=F'+\frac{C_b}{C_b+C_m}F=10\ 992\ \text{N}+0.2\times3\ 990\ \text{N}=11\ 790\ \text{N}$$

3. 确定螺栓直径 d_1

$$d_1\geqslant\sqrt{\frac{4\times1.3F_0}{\pi[\sigma]}}$$

式中 $[\sigma]$——螺栓材料的许用拉伸应力。

由题给条件知,强度级别为 6.6 级,得 $\sigma_s = 360\ \text{MPa}$, $[S]=3$,所以

$$[\sigma]=\frac{\sigma_s}{[S]}=\frac{360\ \text{MPa}}{3}=120\ \text{MPa}$$

所以
$$d_1 \geqslant \sqrt{\frac{4\times1.3\times11\ 790\ \text{N}}{\pi\times120\ \text{MPa}}}=12.752\ \text{mm}$$

查 GB/T 196—2003,取 M16($d_1=13.835\ \text{mm}>12.752\ \text{mm}$)。

【说明】 该题也可先按托架不下滑条件确定预紧力 F',然后校核托架上部不分离和托架下部不压溃的情况。

【例 2.3】 有一气缸盖与缸体凸缘采用普通螺栓连接,如图 2.8 所示。已知气缸中的压力 p 在 0 ~ 2 MPa 之间变化,气缸内径 $D=500$ mm,螺栓分布圆周直径 $D_0=650$ mm,为保证气密性要求,剩余预紧力 $F''=1.8F$(F 为螺栓的轴向工作载荷),螺栓间距 $t\leqslant 4.5d$(d为螺栓的大径),螺栓材料的许用拉伸应力 $[\sigma]=120$ MPa,许用应力幅 $[\sigma]_a=20$ MPa,选用铜皮石棉垫片,螺栓相对刚度 $\frac{C_b}{C_b+C_m}=0.8$。试设计此螺栓组连接。

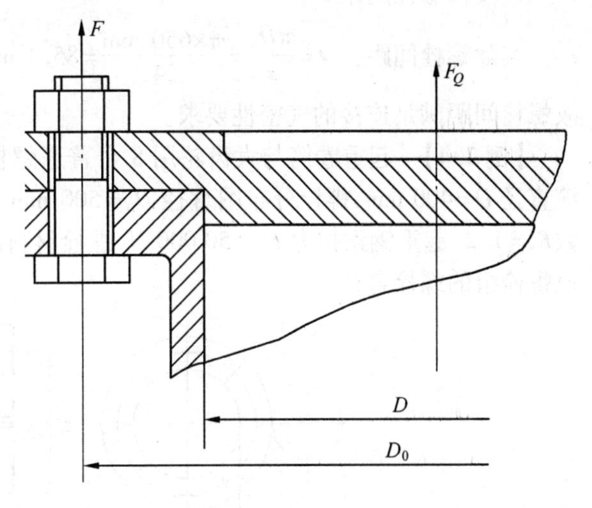

图 2.8

【分析】 本题是典型的仅受轴向载荷作用的螺栓组连接。但是螺栓所受载荷是变化的,因此应先按静强度计算螺栓直径,然后校核其疲劳强度。此外,为保证连接的气密性,不仅要保证足够大的剩余预紧力,而且要选择适当的螺栓数目,保证螺栓间间距不致过大。

【解】 1. 初选螺栓数目 z

因为螺栓分布圆周直径较大,为保证螺栓间间距不致过大,所以应选用较多的螺栓,取$z=24$。

2. 计算螺栓的轴向工作载荷 F

(1) 螺栓组连接的最大轴向载荷 F_Q。

$$F_Q=\frac{\pi D^2}{4}p=\frac{\pi\times(500\ \text{mm})^2}{4}\times2=3.927\times10^5\ \text{N}$$

(2) 螺栓的最大轴向工作载荷 F。

$$F=\frac{F_Q}{z}=\frac{3.927\times10^5\ \text{N}}{24}=16\ 362.5\ \text{N}$$

3. 计算螺栓的总拉力 F_0

$$F_0=F''+F=1.8F+F=2.8F=2.8\times16\ 362.5\ \text{N}=45\ 815\ \text{N}$$

4. 计算螺栓直径 d_1

$$d_1 \geqslant \sqrt{\frac{4\times1.3F_0}{\pi[\sigma]}}=\sqrt{\frac{4\times1.3\times45\ 815\ \text{N}}{\pi\times120\ \text{MPa}}}=25.138\ \text{mm}$$

查 GB/T 196—2003，取 M30（$d_1=26.211\ \text{mm}>25.138\ \text{mm}$）。

5. 校核螺栓疲劳强度 σ_a

$$\sigma_a=\frac{C_b}{C_b+C_m}\cdot\frac{2F}{\pi d_1^2}=0.8\times\frac{2\times16\ 362.5\ \text{N}}{\pi\times(26.211\ \text{mm})^2}=12.13\ \text{MPa}<[\sigma]_a=20\ \text{MPa}$$

故螺栓满足疲劳强度。

6. 校核螺栓间距 t

实际螺栓间距： $t=\dfrac{\pi D_0}{z}=\dfrac{\pi\times650\ \text{mm}}{24}=85.1\ \text{mm}<4.5d=4.5\times30\ \text{mm}=135\ \text{mm}$

故螺栓间距满足连接的气密性要求。

【例 2.4】 起重卷筒与大齿轮用 8 个普通螺栓连接在一起，如图 2.9 所示。已知卷筒直径 $D=400$ mm，螺栓分布图直径 $D_0=500$ mm，接合面间摩擦系数 $f=0.12$，可靠性系数 $K_S=1.2$，起重钢索拉力 $F_Q=50\ 000$ N，螺栓材料的许用拉伸应力 $[\sigma]=100$ MPa，试设计该螺栓组的螺栓直径。

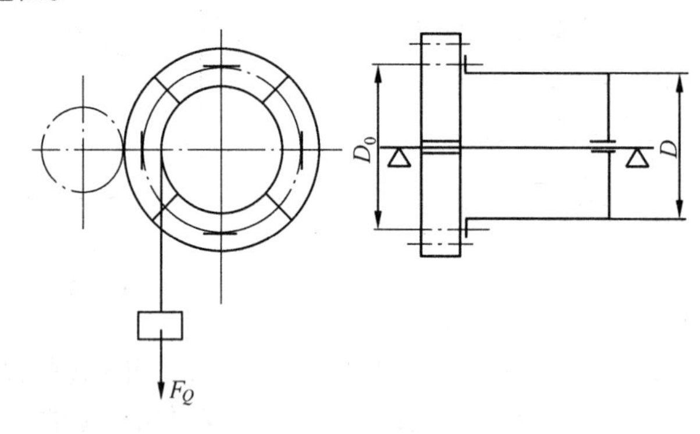

图 2.9

【分析】 本题是典型的仅受旋转力矩作用的螺栓组连接。由于本题采用的是普通螺栓连接，靠接合面间的摩擦力矩来平衡外载荷（旋转力矩），因此本题的关键是计算出螺栓所需要的预紧力 F'，而本题中的螺栓仅受预紧力 F' 作用，故可按预紧力 F' 来确定螺栓的直径。

【解】 1. 计算旋转力矩 T

$$T=F_Q\cdot\frac{D}{2}=50\ 000\ \text{N}\times\frac{400\ \text{mm}}{2}=10^7\ \text{N}\cdot\text{mm}$$

2. 计算螺栓所需要的预紧力 F'

由 $zfF'\dfrac{D_0}{2}=K_S T$ 得

$$F'=\frac{2K_S T}{zfD_0}$$

式中 T——旋转力矩，$T=10^7\ \text{N}\cdot\text{mm}$；

K_S——可靠性系数,$K_S=1.2$;

z——螺栓数目,$z=8$;

f——接合面间摩擦系数,$f=0.12$;

D_0——螺栓分布圆周直径,$D_0=500$ mm。

所以
$$F'=\frac{2\times1.2\times10^7\ \text{N}\cdot\text{mm}}{8\times0.12\times500\ \text{mm}}=50\ 000\ \text{N}$$

3. 确定螺栓直径 d_1

$$d_1\geqslant\sqrt{\frac{4\times1.3F'}{\pi[\sigma]}}$$

式中　$[\sigma]$——螺栓材料的许用拉伸应力,$[\sigma]=100$ MPa。

$$d_1\geqslant\sqrt{\frac{4\times1.3\times50\ 000\ \text{N}}{\pi\times100\ \text{mm}}}=28.768\ \text{mm}$$

查 GB/T 196—2003,取 M30($d_1=31.670$ mm>28.768 mm)。

【讨论】　(1) 此题也可改为校核计算题,已知螺栓直径,校核其强度,其解题步骤仍是先求F',然后验算 $\sigma_{ca}=\dfrac{1.3\ F'}{\dfrac{\pi d_1^2}{4}}\leqslant[\sigma]$。

(2) 此题也可改为计算起重钢索拉力 F_Q。已知螺栓直径,计算该螺栓所能承受的预紧力 F',然后按接合面间摩擦力矩与作用于螺栓组连接上的旋转力矩相平衡的条件,求出拉力 F_Q,即由 $z f F'\dfrac{D_0}{2}=K_S F_Q\dfrac{D}{2}$得

$$F_Q=\frac{z f F' D_0}{K_S D}$$

【例 2.5】　图 2.10 所示为两种夹紧螺栓连接,图 2.10(a)用一个螺栓连接,图 2.10(b)用两个螺栓连接。若 F_Q、L、d、f、K_S 皆相同,试计算图 2.10(a)和图 2.10(b)的螺栓预紧力各等于多少?

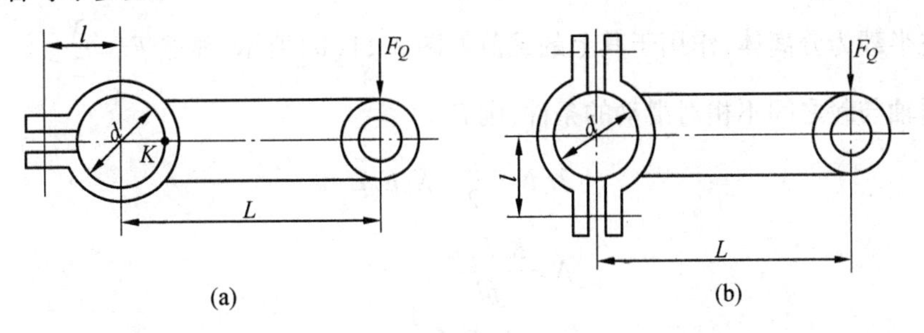

图 2.10

【分析】　夹紧连接是借助于螺栓拧紧后,毂与轴之间产生的摩擦力矩来平衡外载荷 F_Q 对轴中心产生的转矩,是螺栓组连接受旋转力矩作用的一种变异。因为螺栓组连接后产生的摩擦力矩要由毂与轴之间的正压力 N 来计算的,当然该正压力 N 的大小与螺栓的预紧力 F'大小有关,但若仍按照一般情况来计算,则会出现错误。在确定预紧力 F'与正压力 N 的关系时,对于图 2.10(a),可将毂上点 K 处视为铰链,取一部分为分离体;而对

于图 2. 10(b),可取左半毂为分离体。

【解】 1. 计算图 2. 10(a)的螺栓预紧力 F'

将毂上的点 K 视为铰链,轴对毂的正压力为 N,在正压力 N 处产生的摩擦力为 fN,如图 2. 11(a)所示。

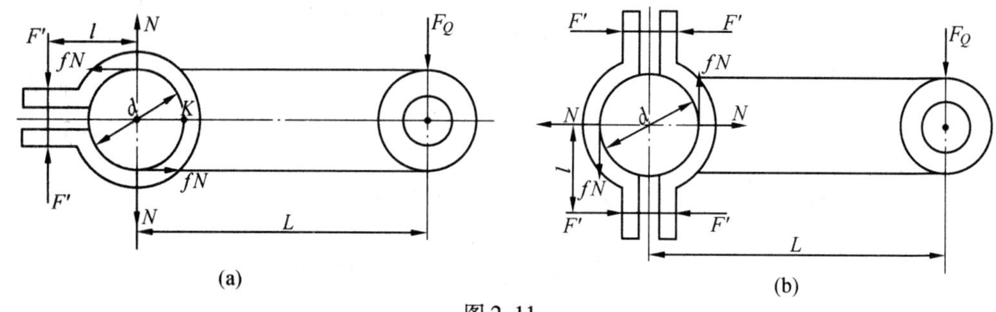

图 2. 11

对点 K 取矩,则有

$$F'\left(l+\frac{d}{2}\right)=N\cdot\frac{d}{2}$$

所以
$$F'=N\frac{d}{2l+d}$$

根据轴与毂之间不相对滑动的条件,则有

$$2fN\cdot\frac{d}{2}=K_S F_Q L$$

所以
$$N=\frac{K_S F_Q L}{fd}$$

$$F'=\frac{K_S F_Q L}{fd}\cdot\frac{d}{2l+d}=\frac{K_S F_Q L}{f(2l+d)}$$

2. 计算图 2. 10(b)的螺栓预紧力 F'

取左半毂为分离体,作用于其上的载荷如图 2. 11(b)所示,显然 $F'=\frac{N}{2}$。

根据轴与毂之间不相对滑动的条件,则有

$$2fN\cdot\frac{d}{2}=K_S F_Q L$$

所以
$$N=\frac{K_S F_Q L}{fd}$$

$$F'=\frac{K_S F_Q L}{2fd}$$

【讨论】 由题给条件可知,$2l>d$,$2l+d>2d$,因此,图 2. 10(a)螺栓的预紧力小于图 2. 10(b)螺栓的预紧力 F'。

【例 2. 6】 图 2. 12 所示弓形夹钳用 Tr 28 mm×5 mm 螺杆夹紧工件,已知:压力 $F=$ 40 000 N,螺杆末端部直径 $d_0=20$ mm,螺纹副和螺杆末端与工件间的摩擦系数 $f=0.15$。

(1) 试分析该螺纹副是否能自锁。

(2) 试计算拧紧力矩 T。

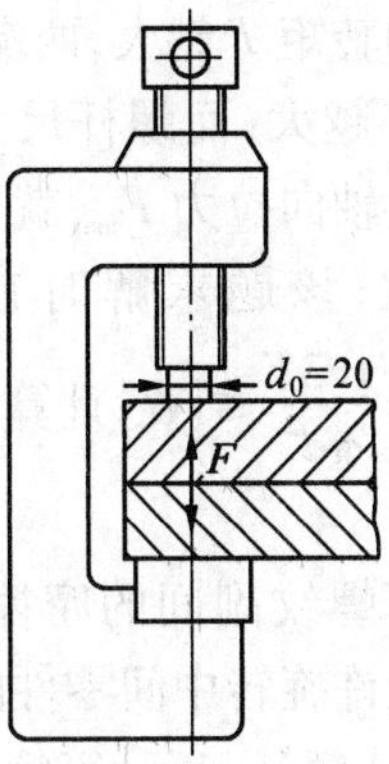

【解】 (1) 由 GB/T 5796.3—2005 查得,Tr 28 mm×5 mm 梯形螺纹大径 $d=28$ mm;中径 $d_2=25.5$ mm;螺距 $p=5$ mm。

又知该螺纹为单线,即线数 $n=1$,所以

螺纹升角　$\psi=\arctan\dfrac{nP}{\pi d_2}=\arctan\dfrac{1\times5\ \text{mm}}{\pi\times25.5\ \text{mm}}=3.571°=3°24'17''$

当量摩擦角　$\rho'=\arctan f'=\arctan\dfrac{f}{\cos\beta}$

已知式中 $f=0.15$,$\beta=\dfrac{\alpha}{2}=15°$,所以

$$\rho'=\arctan\frac{0.15}{\cos 15°}=8.827°=8°49'37''$$

d₀=20

F

图2.12

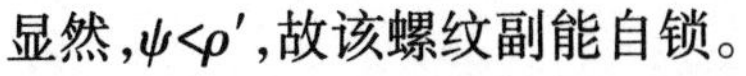

显然,$\psi<\rho'$,故该螺纹副能自锁。

(2) 因为拧紧螺杆既要克服螺纹副间的摩擦力矩 T_1,又要克服螺杆末端与工件间的摩擦力矩 T_2,故拧紧力矩 $T=T_1+T_2$。而

$$T_1=F\tan(\psi+\rho')\cdot\frac{d_2}{2}$$

式中

$$F=40\ 000\ \text{N}$$
$$d_2=25.5\ \text{mm}$$
$$\psi=3.571°$$
$$\rho'=8.827°$$

所以

$$T_1=40\ 000\ \text{N}\times\tan(3.571°+8.827°)\times\frac{25.5\ \text{mm}}{2}=112\ 112\ \text{N}\cdot\text{mm}$$

螺杆末端与工件间的摩擦相当于止推轴颈的摩擦,其摩擦力矩为

$$T_2=\frac{1}{3}f\,Fd_0$$

式中

$$F=40\ 000\ \text{N}$$
$$f=0.15$$
$$d_0=20\ \text{mm}$$

所以

$$T_2=\frac{1}{3}\times0.15\times40\ 000\ \text{N}\times20\ \text{mm}=40\ 000\ \text{N}\cdot\text{mm}$$

$$T=T_1+T_2=112\ 112\ \text{N}\cdot\text{mm}+40\ 000\ \text{N}\cdot\text{mm}=152\ 112\ \text{N}\cdot\text{mm}$$

【例2.7】 图2.13 所示为一螺旋拉紧装置,旋转中间零件可使两端螺杆 A 及螺杆 B 向中央移近,从而将两零件拉紧。已知螺杆 A 及螺杆 B 的螺纹为 M16($d_1=13.835$ mm),单线,螺杆 A 及螺杆 B 材料的许用拉伸应力$[\sigma]=80$ MPa,螺纹副间摩擦系数 $f=0.15$。试计算允许施加于中间零件上的最大转矩 T_{max} 为多少?并计算旋紧时螺旋的效率 η 为多少?

【分析】 由题给条件可知,旋转中间零件可使两端螺杆受到拉伸,施加于中间零件

上的转矩 T 越大，两端螺杆受到的轴向拉力 F 越大，而螺杆尺寸一定，所能承受的最大轴向拉力 F_{max} 就受强度条件的限制。因此，该题求解时首先按强度条件式 $\sigma_{ca}=\frac{1.3F}{\frac{\pi d_1^2}{4}}\leqslant[\sigma]$ 计算出 F_{max}；然后由 F_{max} 计算螺纹副间的摩擦力矩 $T_{1\,max}$，最后求出允许旋转中间零件的最大转矩 T_{max}。效率可按定义或公式计算。

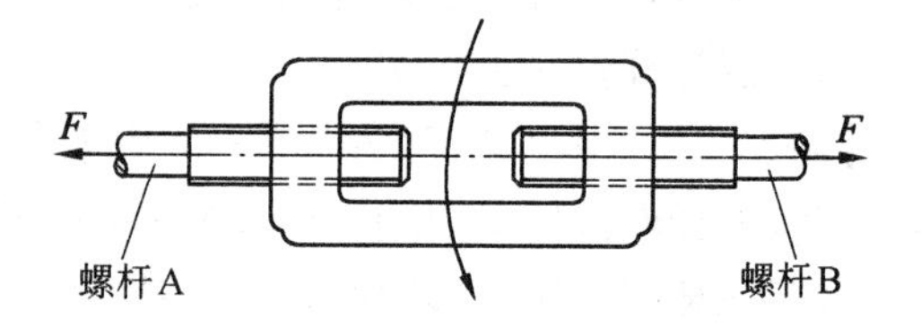

图 2.13

【解】 1. 计算螺杆所能承受的最大轴向拉力 F_{max}

由
$$\sigma_{ca}=\frac{1.3\ F}{\frac{\pi d_1^2}{4}}\leqslant[\sigma]$$

得
$$F\leqslant\frac{\pi d_1^2}{4\times1.3}[\sigma]$$

所以
$$F_{max}=\frac{\pi d_1^2}{4\times1.3}[\sigma]$$

式中
$$d_1=13.835\ \text{mm}$$
$$[\sigma]=80\ \text{MPa}$$

所以
$$F_{max}=\frac{\pi\times(13.835\ \text{mm})^2}{4\times1.3}\times80\ \text{MPa}=9\ 251.2\ \text{N}$$

2. 计算螺纹副间的摩擦力矩 $T_{1\,max}$

由 GB/T 196—2003 查得，M16 螺纹的大径 $d=16$ mm；中径 $d_2=14.701$ mm；螺距 $p=$ 2 mm；单线，即线数 $n=1$。所以

螺纹升角为
$$\psi=\arctan\frac{np}{\pi d_2}=\arctan\frac{1\times2\ \text{mm}}{\pi\times14.701\ \text{mm}}=2.480^\circ$$

而当量摩擦角为
$$\rho'=\arctan f'=\arctan\frac{f}{\cos\beta}$$

式中
$$f=0.15$$
$$\beta=\frac{\alpha}{2}=30^\circ$$

所以
$$\rho'=\arctan\frac{0.15}{\cos 30^\circ}=9.826^\circ$$

螺纹副间的最大摩擦力矩为
$$T_{max}=F_{max}\tan(\psi+\rho')\frac{d_2}{2}$$

所以
$$T_{1\,max}=9\ 251.2\ \text{N}\times\tan(2.480^\circ+9.826^\circ)\times\frac{14.701\ \text{mm}}{2}=14\ 833.6\ \text{N}\cdot\text{mm}$$

3. 计算允许施加于中间零件上的最大转矩 T_{max}

因为施加于中间零件上的转矩要克服螺杆 A、螺杆 B 两处螺纹副间的摩擦力矩，故有
$$T_{max}=2T_{1\,max}=2\times14\ 833.6\ \text{N}\cdot\text{mm}=29\ 667.2\ \text{N}\cdot\text{mm}$$

4. 计算旋紧时螺旋的效率 η

因为旋紧中间零件转一周,做功为 $T_{max} \cdot 2\pi$,而此时螺杆 A、螺杆 B 各移动 1 个导程(即$s=np=1\times2\ mm=2\ mm$),做有用功为 $2F_{max} \cdot s$,故此时螺旋的效率 η 为

$$\eta=\frac{2F_{max} \cdot s}{T_{max} \cdot 2\pi}=\frac{2\times9\ 251.2\ N\times2\ mm}{29\ 667.2\ N \cdot mm\times2\times\pi}=0.199=19.9\%$$

或按公式

$$\eta=\frac{\tan\psi}{\tan(\psi+\rho')}=\frac{\tan 2.48°}{\tan(2.48°+9.826°)}=0.199=19.9\%$$

【**例 2.8**】 有一升降装置如图 2.14 所示,螺旋副采用梯形螺纹,大径 $d=50\ mm$,中径 $d_2=46\ mm$,螺距 $p=8\ mm$,线数 $n=4$,支承面采用推力球轴承。升降台的上下移动处采用导向滚轮,摩擦阻力可忽略不计。设承受载荷 $F_Q=50\ 000\ N$。试计算:

图 2.14

(1) 升降台稳定上升时的效率 η,已知螺旋副间摩擦系数 $f=0.1$。

(2) 稳定上升时施加于螺杆上的力矩(设轴承效率 $\eta_{轴承}=1$)。

(3) 若升降台以 640 mm/min 的速度上升,螺杆所需转速和功率。

(4) 欲使升降台在载荷 F_Q 作用下等速下降,是否需要制动装置?若需要,则加于螺杆上的制动力矩是多少?

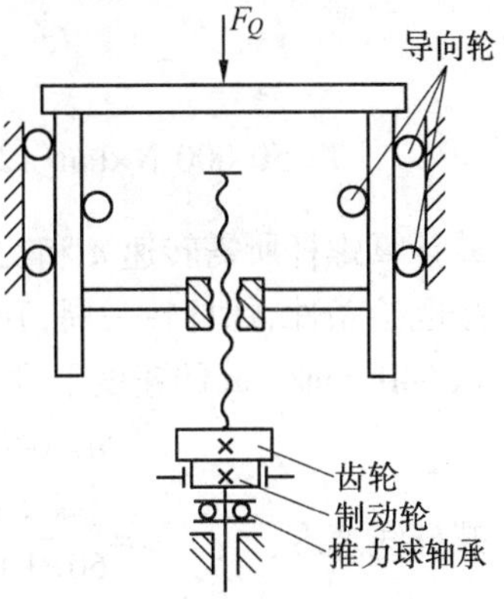

【**解**】 1. 计算升降台稳定上升时的效率 η

该螺纹的螺纹升角 ψ 为

$$\psi=\arctan\frac{np}{\pi d_2}$$

式中

$$p=8\ mm$$
$$n=4$$
$$d_2=46\ mm$$

所以

$$\psi=\arctan\frac{4\times8\ mm}{\pi\times46\ mm}=12.486°$$

螺旋副的当量摩擦角 ρ' 为

$$\rho'=\arctan f'=\arctan\frac{f}{\cos\beta}$$

式中

$$f=0.1$$
$$\beta=\frac{\alpha}{2}=15°$$
$$\rho'=\arctan\frac{0.1}{\cos 15°}=5.911°$$

效率

$$\eta=\frac{\tan\lambda}{\tan(\psi+\rho')}=\frac{\tan 12.486^\circ}{\tan(5.911^\circ+12.486^\circ)}=65.8\%$$

2. 计算稳定上升时施加于螺杆上的力矩 T

因为轴承效率 $\eta_{轴承}=1$，故施加于螺杆上的力矩就等于螺旋副间的摩擦力矩，所以

$$T=F_Q\tan(\psi+\rho')\frac{d_2}{2}$$

式中

$$F_Q=50\ 000\ \text{N}$$

$$d_2=46\ \text{mm}$$

$$\psi=12.486^\circ$$

$$\rho'=5.911^\circ$$

$$T=50\ 000\ \text{N}\times\tan(12.486^\circ+5.911^\circ)\times\frac{46\ \text{mm}}{2}=382\ 487.2\ \text{N}\cdot\text{mm}$$

3. 计算螺杆所需转速 n 和功率 P

按题给条件，螺杆转一周，升降台上升一个导程（即 $s=np=4\times8\ \text{mm}=32\ \text{mm}$），故若升降台以 640 mm/min 的速度上升，则螺杆所需转速 n 为

$$n=640\ \text{mm/min}\div32\ \text{mm/r}=20\ \text{r/min}$$

螺杆线速度 $$v=\frac{\pi d_2 n}{60\times1\ 000}=\frac{\pi\times46\ \text{mm}\times20}{60\times1\ 000}=0.048\ 2\ \text{m/s}$$

螺杆所受圆周力

$$F_t=F_Q\tan(\psi+\rho')=50\ 000\ \text{N}\times\tan(12.486^\circ+5.911^\circ)=16\ 629.88\ \text{N}$$

螺杆所需功率 P 为

$$P=\frac{F_t v}{1\ 000}=\frac{16\ 629.88\ \text{N}\times0.048\ 2\ \text{m/s}}{1\ 000}=0.8\ \text{kW}$$

或按同一轴上功率与转矩、转速的关系式，求得

$$P=\frac{Tn}{9.55\times10^6}=\frac{382\ 487.2\ \text{N}\cdot\text{mm}\times20\ \text{r/min}}{9.55\times10^6}=0.8\ \text{kW}$$

或根据升降台的输出功率及螺旋副的传动效率 η 来求得螺杆所需功率。

升降台的上升速度 $$v'=\frac{640\ \text{mm/min}}{60\times1\ 000}=0.010\ 7\ \text{m/s}$$

升降台承受载荷 $$F_Q=50\ 000\ \text{N}$$

升降台的输出功率 P' 为

$$P'=\frac{F_Q v'}{1\ 000}=\frac{50\ 000\ \text{N}\times0.010\ 7\ \text{m/s}}{1\ 000}=0.535\ \text{kW}$$

由于不计升降台与导向轮间的摩擦阻力，轴承效率 $\eta_{轴承}=1$，因此该传动链的总效率等于螺旋副的传动效率 η，所以螺杆所需功率 P 为

$$P=\frac{P'}{\eta}=\frac{0.535\ \text{kW}}{0.658}\approx0.8\ \text{kW}$$

4. 判断在平稳工作情况下是否需要制动装置，计算制动力矩 T'

因为

$$\psi = 12.486°$$
$$\rho' = 5.911°$$

即 $\psi > \rho'$,螺旋副不自锁,故欲使升降台在载荷 F_Q 作用下等速下降,则必须有制动装置。施加于螺杆上的制动力矩 T' 为

$$T' = F_Q \tan(\psi - \rho')\frac{d_2}{2} = 50\ 000\ \text{N} \times \tan(12.486° - 5.911°) \times \frac{46\ \text{mm}}{2} = 132\ 551\ \text{N} \cdot \text{mm}$$

【例 2.9】 试找出图 2.15 中螺纹连接结构的错误,说明原因并就图改正。已知被连接件材料均为 Q235,连接件均为标准件。图 2.15(a)为普通螺栓连接、图 2.15(b)为螺钉连接、图 2.15(c)为双头螺柱连接、图 2.15(d)为紧定螺钉连接。

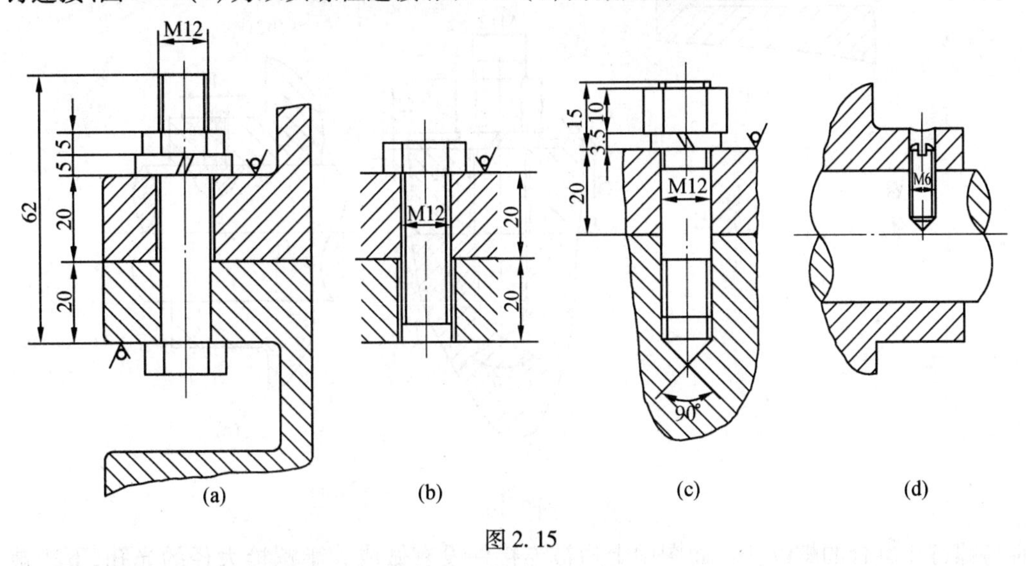

图 2.15

【解】

1. 普通螺栓连接(图 2.15(a))

主要错误有:

(1) 螺栓安装方向不对,装不进去,应掉过头来安装。

(2) 普通螺栓连接的被连接件孔要大于螺栓大径,而下部被连接件孔与螺栓杆间无间隙。

(3) 被连接件表面没加工,应做出沉头座孔,以保证螺栓头及螺母支承面平整且垂直于螺栓轴线,避免产生附加弯曲应力。

(4) 一般连接,不应采用扁螺母。

(5) 弹簧垫圈尺寸不对,缺口方向亦不对。

(6) 螺栓长度不标准,应取标准长 $l = 60$。

(7) 螺栓中螺纹部分长度不够,应取长 30。

改正后的结构如图 2.16(a)所示。

2. 螺钉连接(图 2.15(b))

主要错误有:

(1) 采用螺钉连接时,被连接件之一应有大于螺栓大径的光孔,而另一被连接件上应

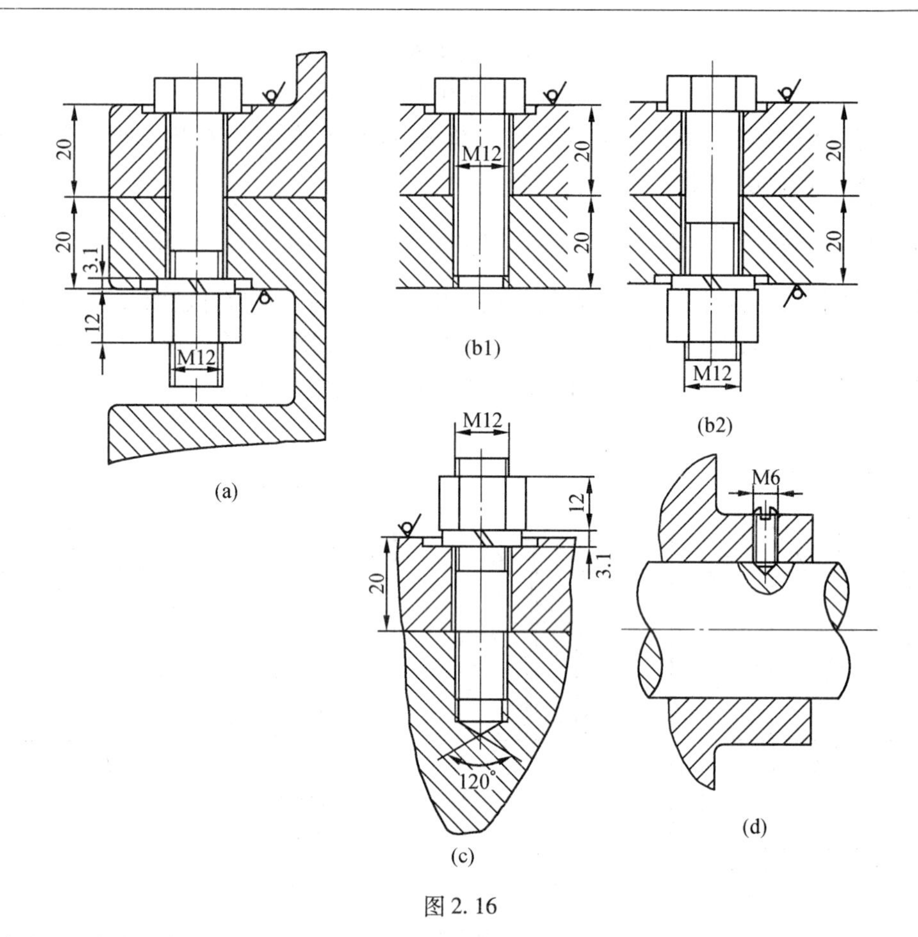

图 2.16

有与螺钉相旋合的螺纹孔。而图中上边被连接件没有做成大于螺栓大径的光孔,下边被连接件的螺纹孔又过大,与螺钉尺寸不等,而且螺纹孔画法不对,小径不应为细实线,剖面线应打到小径,而大径应为细实线。螺栓小径应为细实线。

(2) 若上面的被连接件是铸件,则少沉头座孔,表面也没加工。

(3) 由于被连接件较薄,应采用螺栓连接。

改正后的结构如图 2.16(b1)、图 2.16(b2)所示。

3. 双头螺柱连接(图 2.15(c))

主要错误有:

(1) 双头螺柱的光杆部分不能拧进被连接的螺纹孔内,M12 不能标注在光杆部分,剖面线应打到小径。

(2) 锥孔角度应为 120°,而且应从螺纹孔的小径处(粗实线处)画锥孔角的两边。

(3) 若上边被连接件是铸件,则少沉头座孔,表面也没加工。

(4) 弹簧垫圈厚度尺寸不对。

(5) 上被连接件光孔与螺柱应有间隙。

改正后的结构如图 2.16(c)所示。

4. 紧定螺钉连接(图 2.15(d))

主要错误有:

(1) 轮毂上没有做出 M6 的螺纹孔,现在是一个 $\phi 6$ mm 的光孔,没法使紧定螺钉顶紧轴。

(2) 轴上不应做螺纹孔,即使有螺纹孔,螺钉能拧入,画法也不对,而且需做局部剖视才能看得见。

改正后的结构如图 2.16(d)所示。

2.3 精选习题与实战演练

一、单项选择题

【题 2.1】 当螺纹公称直径、牙型角、螺纹线数相同时,细牙螺纹的自锁性能比粗牙螺纹的自锁性能(　　)。

A. 好　　B. 差　　C. 相同

【题 2.2】 用于连接的螺纹牙型为三角形,这最主要是因为普通(三角形)螺纹(　　)。

A. 牙根强度高,自锁性能好　　B. 传动效率高　　C. 防振性能好

【题 2.3】 若螺纹的直径和螺旋副的摩擦因数一定,则拧紧螺母时的效率取决于螺纹的(　　)。

A. 螺距和牙型角　　B. 螺纹升角和头数

C. 导程和牙型斜角　　D. 螺距和螺纹升角

【题 2.4】 对于连接用螺纹,主要要求是连接可靠、自锁性能好,故常选用(　　)。

A. 螺纹升角小,单线普通(三角形)螺纹

B. 螺纹升角大,双线普通(三角形)螺纹

C. 螺纹升角小,单线梯形螺纹

D. 螺纹升角大,双线矩形螺纹

【题 2.5】 用于薄壁零件连接的螺纹,应采用(　　)。

A. 普通(三角形)细牙螺纹　　B. 梯形螺纹

C. 锯齿形螺纹　　D. 多线的普通(三角形)粗牙螺纹

【题 2.6】 当螺栓组连接承受横向载荷或旋转力矩时,该螺栓组中的螺栓(　　)。

A. 必受剪切作用

B. 必受拉伸作用

C. 既可能受剪切作用,也可能受拉伸作用

D. 同时受到剪切与拉伸作用

【题 2.7】 计算采用普通(三角形)螺纹的紧螺栓连接的拉伸强度时,考虑到拉伸与扭转的复合作用,应将拉伸载荷增加到原来的(　　)倍。

A. 1.1　　B. 1.3

C. 1.25　　D. 0.3

【题 2.8】 采用普通螺栓连接的凸缘联轴器,在传递转矩时,(　　)。

A. 螺栓的横截面受剪切　　B. 螺栓与螺栓孔配合面受挤压

C. 螺栓同时受剪切与挤压　　D. 螺栓受拉伸与扭转作用

【题 2.9】 在下列 4 种具有相同公称直径和螺距,并采用相同配对材料的传动螺旋副中,传动效率最高的是(　　)。

A. 单线矩形螺旋副　　B. 单线梯形螺旋副

C. 双线矩形螺旋副　　D. 双线梯形螺旋副

【题 2.10】 在螺栓连接中,往往在一个螺栓上采用双螺母,其目的是(　　)。

A. 提高强度　　B. 提高刚度

C. 防松　　D. 减小每圈螺纹牙上的受力

【题 2.11】 在同一螺栓组中,螺栓的材料、直径和长度均应相同,这是为了(　　)。

A. 受力均匀　　B. 便于装配

C. 外形美观　　D. 降低成本

【题 2.12】 螺栓的材料性能等级标成 6.8 级,其数字 6.8 代表(　　)。

A. 对螺栓材料的强度要求　　B. 对螺栓的制造精度要求

C. 对螺栓强度和制造精度的要求

【题 2.13】 螺栓强度等级为 6.8 级,则该螺栓材料的最小屈服极限近似为(　　)。

A. 480 MPa　　B. 6 MPa

C. 8 MPa　　D. 0.8 MPa

【题 2.14】 不控制预紧力时,螺栓的安全系数选择与其直径有关,是因为(　　)。

A. 直径小,易过载　　B. 直径小,不易控制预紧力

C. 直径大,材料缺陷多

【题 2.15】 工作时仅受预紧力 F' 作用的紧螺栓连接,其强度校核公式为 $\sigma_{ca}=\dfrac{1.3F'}{\dfrac{\pi d_1^2}{4}}\leqslant[\sigma]$,式中的系数 1.3 是考虑(　　)。

A. 可靠性系数　　B. 安全系数

C. 螺栓在拧紧时,同时受拉伸与扭转联合作用的影响

【题 2.16】 紧螺栓连接在按拉伸强度计算时,应将拉伸载荷增加到原来的 1.3 倍,这是考虑(　　)的影响。

A. 螺纹的应力集中　　B. 扭转切应力

C. 安全因素　　D. 载荷变化与冲击

【题 2.17】 预紧力为 F' 的单个紧螺栓连接,受到轴向工作载荷 F 作用后,螺栓受到的总拉力 F_0(　　)$F'+F$。

A. >　　B. =　　C. <

【题 2.18】 一紧螺栓连接的螺栓受到轴向变载荷作用,已知:$F_{min}=0$,$F_{max}=F$,螺栓的危险截面面积为 A_c,螺栓的相对刚度为 K_c,则该螺栓的应力幅为(　　)。

A. $\sigma_a=(1-K_c)F/A_c$　　B. $\sigma_a=K_cF/A_c$

C. $\sigma_a = K_c F/2A_c$　　D. $\sigma_a = (1-K_c) F/2A_c$

【题2.19】 在受轴向变载荷作用的紧螺栓连接中,为提高螺栓的疲劳强度,可采取的措施是(　　)。

A. 增大螺栓刚度 C_b,减小被连接件刚度 C_m

B. 减小螺栓刚度 C_b,增大被连接件刚度 C_m

C. 增大螺栓刚度 C_b 和被连接件刚度 C_m

D. 减小螺栓刚度 C_b 和被连接件刚度 C_m

【题2.20】 若要提高受轴向变载荷作用的紧螺栓的疲劳强度,则可(　　)。

A. 在被连接件间加橡胶垫片　　B. 增大螺栓长度

C. 采用精制螺栓　　D. 加防松装置

【题2.21】 有一单个紧螺栓连接,要求被连接件接合面不分离,已知螺栓与被连接件的刚度相同,螺栓的预紧力为 F',当对连接施加轴向载荷,使螺栓的轴向工作载荷 F 与预紧力 F' 相等时,则(　　)。

A. 被连接件发生分离,连接失效

B. 被连接件即将发生分离,连接不可靠

C. 连接可靠,但不能再继续加载

D. 连接可靠,只要螺栓强度足够,可继续加载,直到轴向工作载荷 F 接近但小于预紧力 F' 的2倍

【题2.22】 对于受轴向变载荷作用的紧螺栓连接,若轴向工作载荷 F 在0~1 000 N之间循环变化,则该连接螺栓所受拉应力的类型为(　　)。

A. 非对称循变应力　　B. 脉动循环变应力

C. 对称循环变应力　　D. 非稳定循环变应力

【题2.23】 对于紧螺栓连接,当螺栓的总拉力 F_0 和剩余预紧力 F'' 不变时,若将螺栓由实心变成空心,则螺栓的应力幅 σ_a 与预紧力 F' 会发生变化,(　　)。

A. σ_a 增大,F' 应适当减小　　B. σ_a 增大,F' 应适当增大

C. σ_a 减小,F' 应适当减小　　D. σ_a 减小,F' 应适当增大

【题2.24】 在螺栓连接设计中,若被连接件为铸件,则往往在螺栓孔处做沉头座孔,其目的是(　　)。

A. 避免螺栓受附加弯曲应力作用　B. 便于安装

C. 便于安置防松装置

二、填空题

【题2.25】 普通(三角形)螺纹的牙型角 α=________,适用于________,而梯形螺纹的牙型角 α=________,适用于________。

【题2.26】 螺旋副的自锁条件是________________________。

【题2.27】 常用螺纹的类型主要有____________、____________、____________、__________和__________。

【题2.28】 传动用螺纹(如梯形螺纹)的牙型斜角(牙侧角)β 比连接用螺纹(如普

通(三角形螺纹))的牙型斜角(牙侧角)小,这主要是为了________________。

【题 2.29】 若螺纹的直径和螺旋副的摩擦因数一定,则拧紧螺母时的效率取决于螺纹的____________和____________。

【题 2.30】 螺纹连接的拧紧力矩等于________________________________和________________________之和。

【题 2.31】 螺纹连接防松的实质是________________________。

【题 2.32】 普通紧螺栓连接受横向载荷作用,则螺栓中受______________应力和________________应力作用。

【题 2.33】 被连接件受横向载荷作用时,若采用普通螺栓连接时,则螺栓受__________及__________载荷作用,可能发生的失效形式为____________。

【题 2.34】 有一单个紧螺栓连接,已知所受预紧力为 F',轴向工作载荷为 F,螺栓的相对刚度为 $\frac{C_b}{C_b+C_m}$,则螺栓所受的总拉力 $F_0=$______________,而剩余预紧力 $F''=$____________。若螺栓的螺纹小径为 d_1,螺栓材料的许用拉伸应力为 $[\sigma]$,则其危险剖面的拉伸强度条件式为____________________。

【题 2.35】 受轴向工作载荷 F 的紧螺栓连接,螺栓所受的总拉力 F_0 等于____________与____________________之和。

【题 2.36】 对受轴向工作载荷作用的紧螺栓连接,当预紧力 F' 和轴向工作载荷 F 一定时,为减小螺栓所受的总拉力 F_0,通常采用的方法是减小____________的刚度或增大____________的刚度。

【题 2.37】 采用凸台或沉头座孔作为螺栓头或螺母的支承面是为了________________________________。

【题 2.38】 在螺纹连接中采用悬置螺母或环槽螺母的目的是________________________________。

【题 2.39】 在螺栓连接中,当螺栓轴线与被连接件支承面不垂直时,螺栓中将产生附加________应力。

【题 2.40】 螺纹连接防松,按其防松原理,可分为__________防松、__________防松和__________防松。

三、问答题

【题 2.41】 常用螺纹按牙型分为哪几种?各有何特点?各适用于什么场合?

【题 2.42】 拧紧螺母与松退螺母时的螺纹副效率如何计算?哪些螺纹参数影响螺纹副的效率?

【题 2.43】 图 2.17 为螺旋拉紧装置,若按图上箭头方向旋转中间零件,能使两端螺杆 A、螺杆 B 向中央移动,从而将两零件拉紧。试判断该装置中螺杆 A、螺杆 B 上的螺纹旋向。

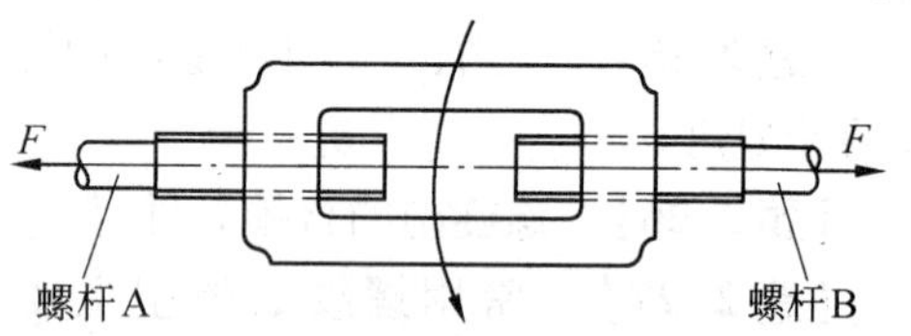

图 2.17

【题2.44】　螺纹连接有哪些基本类型？各有何特点？各适用于什么场合？

【题2.45】　为什么螺纹连接常需要防松？按防松原理，螺纹连接的防松方法可分为哪几类？试举例说明。

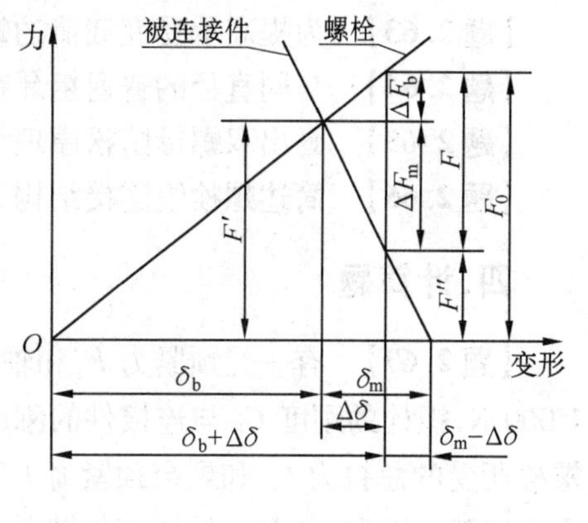

图2.18

【题2.46】　螺栓组连接受力分析的目的是什么？在进行受力分析时，通常要做哪些假设条件？

【题2.47】　图2.18为受轴向工作载荷的紧螺栓连接工作时力与变形的关系图。图中F'为螺栓预紧力，F为轴向工作载荷，F''为剩余预紧力，F_0为螺栓总拉力，C_b为螺栓刚度，C_m为被连接件刚度，$\Delta F_b=\frac{C_b}{C_b+C_m}$。试分析：

(1) 在F和F''不变的情况下，如何提高螺栓的疲劳强度？

(2) 若$F=800$ N，当$C_b \gg C_m$时，F_0为多少？当$C_b \ll C_m$时，F_0为多少？

【题2.48】　有一刚性凸缘联轴器用材料为Q235的普通螺栓连接，以传递转矩T。现欲提高其传递的转矩，但限于结构，不能增加螺栓的直径和数目，试提出3种能提高该联轴器传递的转矩的方法。

【题2.49】　提高螺栓连接强度的措施有哪些？这些措施中哪些主要是针对静强度？哪些主要是针对疲劳强度？

【题2.50】　为了防止螺旋千斤顶发生失效，设计时应对螺杆和螺母进行哪些验算？

【题2.51】　对于受轴向变载荷作用的螺栓，可以采取哪些措施来减小螺栓的应力幅σ_a？

【题2.52】　为什么对于重要的螺栓连接要控制螺栓的预紧力F'？控制预紧力的方法有哪几种？

【题2.53】　螺钉连接和双头螺柱连接的应用场合有什么区别？

【题2.54】　简述螺纹连接控制预紧力的方法和防松的方法。

【题2.55】　螺纹连接的主要类型有哪几种？各用于何种场合？

【题2.56】　拧紧螺纹连接为什么要考虑防松？防松方法分为哪几种？

【题2.57】　承受横向载荷的普通螺栓连接，其预紧力是如何确定的？螺栓将受什么力？该连接的缺点是什么？可采用哪些方法克服？

【题2.58】　试简述如何提高普通螺栓连接的疲劳强度。

【题2.59】　与粗牙螺纹相比，细牙螺纹有什么特点？

【题2.60】　在螺旋微动装置中，为了提高灵敏度，如何改变手轮和螺距的参数？这一改变，对使用有什么影响？

【题2.61】　一个滑动螺旋传动，如果这是自锁机构，请问其机械效率的极限值是多少？并请给予简单的证明。

【题2.62】　试根据螺纹牙型分析比较普通螺纹、矩形螺纹和梯形螺纹的自锁性能及传动效率的高低。

【题2.63】 为提高承受变载荷的螺栓连接的强度，试给出4种具体的结构措施。

【题2.64】 与同直径的普通粗牙螺纹相比，说明细牙螺纹的性能与应用特点。

【题2.65】 画出双螺母防松原理结构图，并简要说明防松原理。

【题2.66】 简述螺栓组连接结构设计应考虑的主要问题是什么？

四、计算题

【题2.67】 有一受预紧力F'和轴向工作载荷作用的紧螺栓连接，已知：预紧力F'=1 000 N，螺栓的刚度C_b与连接件的刚度C_m相等，轴向工作载荷F=1 000 N。试计算该螺栓所受的总拉力F_0和剩余预紧力F''；在预紧力F'不变的条件下，若保证被连接件间不出现缝隙，该螺栓的最大轴向工作载荷F_{max}为多少？

【题2.68】 图2.19为一圆盘锯，锯片直径D=500 mm，用螺母将其夹紧在压板中间，已知：锯片外圆上的工作阻力F_t=400 N，压板和锯片间的摩擦因数f=0.15，压板的平均直径D_0=150 mm，可靠性系数K_S=1.2，轴材料的许用拉伸应力$[\sigma]$=60 MPa。试计算轴端所需的螺纹直径。

由GB/T 196—2003查得数据如下。

M10：d_1 = 8.376 mm；M12：d_1 = 10.106 mm；M16：d_1 = 13.835 mm；M20：d_1 = 17.294 mm。

【题2.69】 图2.20为一支架与机座用4个普通螺栓连接，所受外载荷分别为横向载荷F_R=5 000 N和轴向载荷F_Q=16 000 N，已知：螺栓的相对刚度$\frac{C_b}{C_b+C_m}$=0.25，接合面间摩擦系数f=0.15，可靠性系数K_S=1.2，螺栓材料的机械性能级别为8.8级，安全系数S=2。试计算该螺栓的小径d_1。

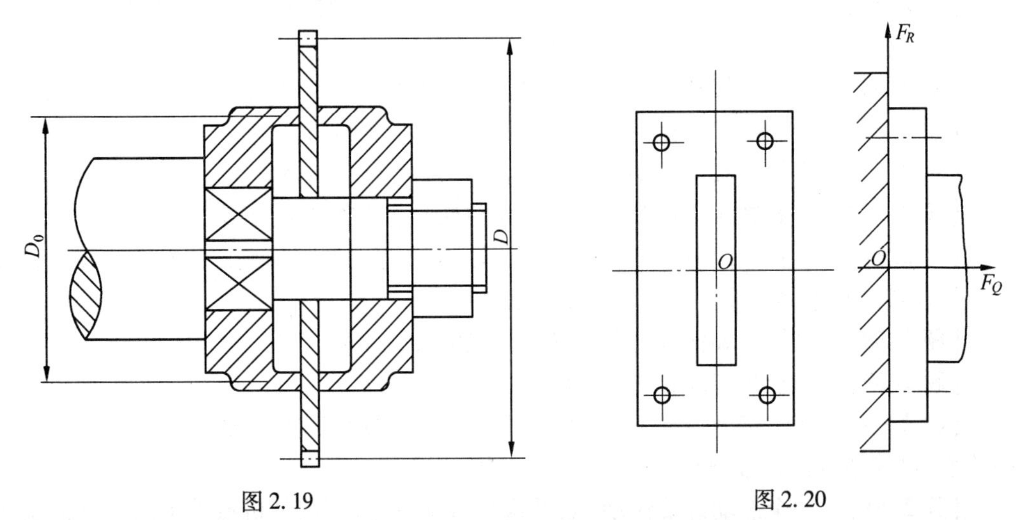

图2.19　　图2.20

【题2.70】 图2.21为夹紧连接采用两个普通螺栓，已知：连接柄端受力F_R=240 N，连接柄长l=420 mm，轴的直径d=65 mm，夹紧接合面摩擦因数f=0.15，可靠性系数

$K_S=1.2$,螺栓材料的许用拉伸应力$[\sigma]=80$ MPa。试计算螺栓的小径 d_1。

【题 2.71】　一牵曳钩用 2 个 M10($d_1=8.376$ mm)的普通螺栓固定于机体上,如图 2.22 所示,已知:接合面间摩擦因数$f=0.15$,可靠性系数 $K_S=1.2$,螺栓材料强度级别为 6.6级,安全系数 $S=3$。试计算该螺栓组连接允许的最大牵引力 $F_{R\max}$。

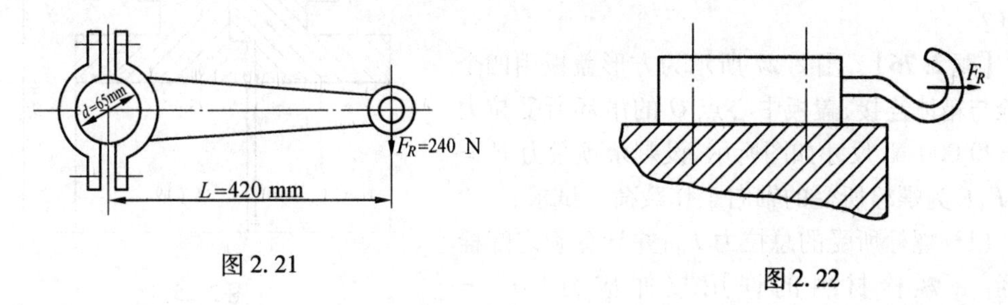

图 2.21　　图 2.22

【题 2.72】　图 2.23 所示为一钢板用 4 个普通螺栓与立柱连接,钢板悬臂端作用一载荷$F_P=20\ 000$ N,接合面间摩擦因数$f=0.16$,螺栓材料的许用拉伸应力$[\sigma]=120$ MPa,试计算该螺栓组螺栓的小径 d_1。

【题 2.73】　图 2.24 所示为一压力容器盖螺栓组连接,已知容器内径 $D=250$ mm,内装具有一定压强的液体,沿凸缘圆周均匀分布 12 个 M16($d_1=13.835$ mm)普通螺栓,螺栓材料的许用拉伸应力$[\sigma]=80$ MPa,螺栓的相对刚度$\dfrac{C_b}{C_b+C_m}=0.5$,按紧密性要求,剩余预紧力$F''=1.8\ F$,F为螺栓的轴向工作载荷。试计算该螺栓组连接允许的容器内液体的最大压强 $p_{\max}$,以及此时螺栓所需的预紧力 F'。

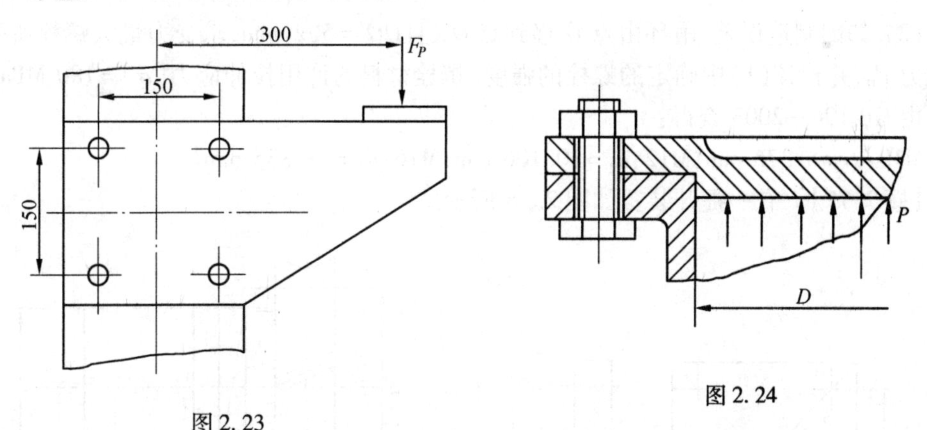

图 2.23　　图 2.24

【题 2.74】　图 2.25 为一凸缘联轴器,用 6 个 M10 的铰制孔用螺栓连接,结构尺寸如图 2.25 所示。两半联轴器材料为 HT200,其许用挤压应力$[\sigma]_{p1}=100$ MPa。螺栓材料的许用剪应力$[\tau]=92$ MPa,许用挤压应力$[\sigma]_{p2}=300$ MPa,许用拉伸应力$[\sigma]=120$ MPa。试计算该螺栓组连接允许传递的最大转矩 $T_{\max}$。若传递的最大转矩 $T_{\max}$不变,改用普通螺栓连接,试计算螺栓的小径 d_1。(设两半联轴器间的摩擦因数$f=0.16$,可靠性系数 $K_S=1.2$)

【题 2.75】 图 2.26 所示为螺栓组连接的三种方案，其外载荷为 F_R，尺寸 a、L 均相同，$a=60$ mm，$L=300$ mm。试分析计算各方案中受力最大螺栓所受横向载荷 F_S，并分析比较哪个方案好？

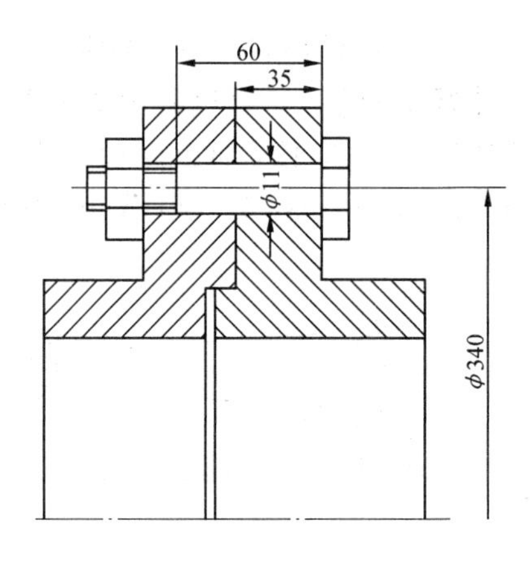

图 2.25

【题 2.76】 图 2.27 所示为方形盖板用四个螺栓与箱体连接，盖板中心点 O 的吊环所受拉力 $F_Q=20\ 000$ N，尺寸如图所示，设剩余预紧力 $F''=0.6F$，F 为螺栓所受的轴向工作载荷。试求：

(1) 螺栓所受的总拉力 F_0，并计算确定螺栓直径。（螺栓材料的许用拉伸应力 $[\sigma]=180$ MPa）

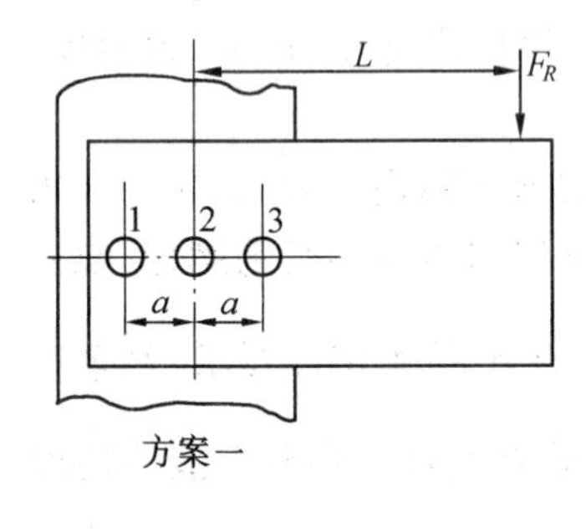

方案一

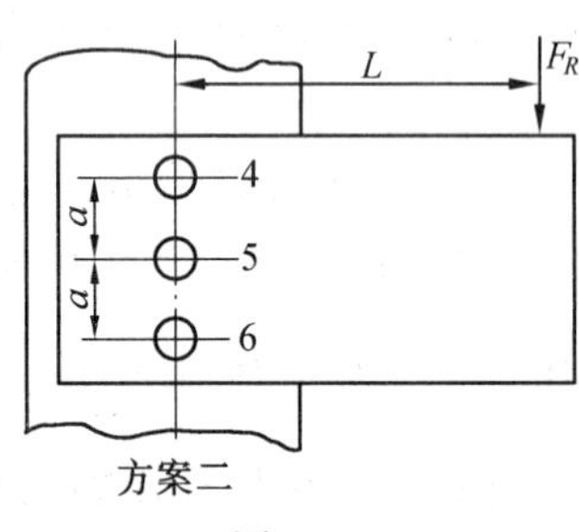

方案二

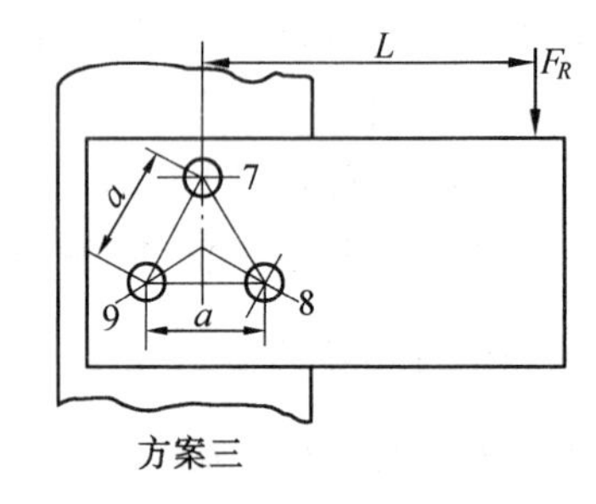

方案三

图 2.26

(2) 如因制造误差，吊环由点 O 移到点 O'，且 $\overline{OO'}=5\sqrt{2}$ mm，求受力最大螺栓所受的总拉力 F_0，并校核(1)中确定的螺栓的强度（螺栓材料的许用拉伸应力 $[\sigma]=180$ MPa）。

由 GB 196—2003 查得：

M10：$d_1=8.376$ mm；M12：$d_1=10.106$ mm；M16：$d_1=13.835$ mm。

【题 2.77】 有一提升装置如图 2.28 所示。

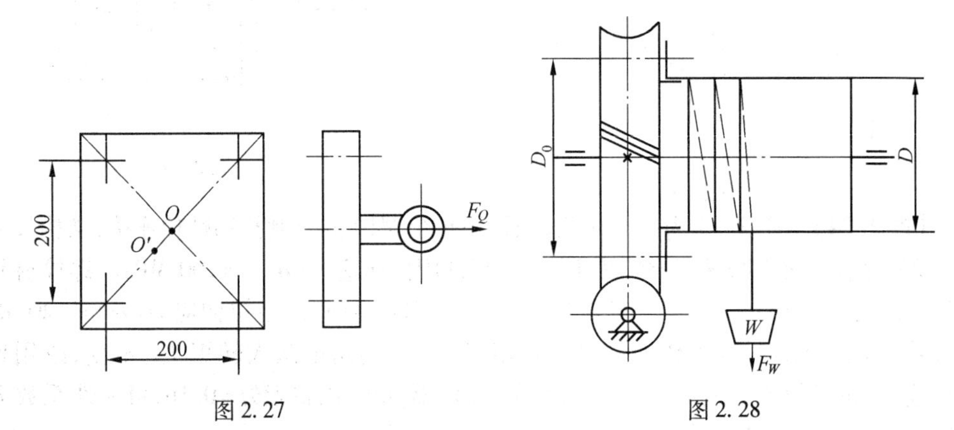

图 2.27　　图 2.28

(1) 卷筒用 6 个 M8（$d_1=6.647$ mm）的普通螺栓固连在蜗轮上，已知：卷筒直径 $D=150$ mm，螺栓均布于直径 $D_0=180$ mm 的圆周上，接合面间摩擦因数 $f=0.15$，可靠性系数

$K_S=1.2$,螺栓材料的许用拉伸应力$[\sigma]=120$ MPa。试求该螺栓组连接允许的最大提升载荷$F_{W\max}$。

(2)若已知 $F_{W\max}=6\ 000$ N,其他条件同(1),但 d_1 未知,试确定螺栓直径。

由 GB 196—2003 查得:

M8:$d_1=6.647$ mm;M10:$d_1=8.376$ mm;M12:$d_1=10.106$ mm;M16:$d_1=13.835$ mm。

【题 2.78】 如图 2.29 所示,有一轴承座,由 4 个螺栓连接,每个螺栓上的预紧力 $F'=6\ 000$ N,被连接件刚度为螺栓刚度的 4 倍($4C_1=C_2$),试求:

(1)接合面不产生间隙时,轴承座上能承受的极限载荷 Q;

(2)螺栓直径 d_1(螺栓许用应力$[\sigma]=150$ MPa)。

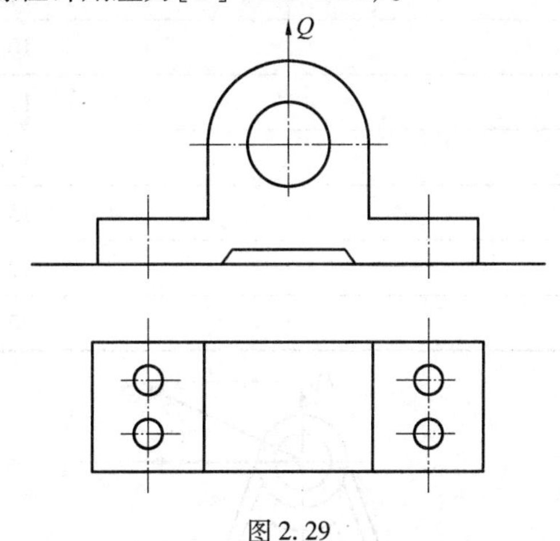

图 2.29

【题 2.79】 已知汽缸内的工作压力 $p=0.1$ MPa,缸盖与缸体均为钢质,直径 $D_1=350$ mm、$D_2=250$ mm,上、下凸缘厚均为 25 mm,假设不控制预紧力,安全系数取 8.5,螺栓标准长度系列:…,55,60,65,70,80,90,100,…,要求残余预紧力不小于 1.5 倍工作载荷,假设螺母和垫片厚度分别为 8 mm 和 4 mm。试根据表 2.1、表 2.2、表 2.3 设计此连接。

表 2.1　螺栓力学性能等级

性能等级	3.6	4.6	4.8	5.6	5.8	6.8
屈服极限 σ_s/MPa	180	240	320	300	400	480

表 2.2　螺纹小径

公称直径 d/mm	16	18	20	24	24	30
螺纹小径 d_1/mm	13.835	15.294	17.294	20.752	400	26.211

表 2.3　螺栓间距

工作压力/MPa	
≤1.6	>1.6~4
螺栓间距 t_0/mm	
$7d$	$4.5d$

【题 2.80】 图 2.30 为一铸铁支架固定在水泥地基上，受静载荷 $F=5\ 000$ N，水泥地基的许用挤压应力$[\sigma]_p=1\sim1.2$ MPa，支架与地基间的摩擦系数 $\mu_s=0.4$，设螺栓材料为 35 钢，许用应力$[\sigma]=81$ MPa，因是刚性连接，可取相对刚度系数$\frac{C_b}{C_b+C_m}=0.3$，可靠性系数取 $K_S=1.3$，其尺寸如图所示，试根据表 2.4 计算此普通螺栓组连接螺栓直径，不需校核挤压强度。

表 2.4　普通螺纹基本尺寸

普通螺纹基本尺寸(GB/T 196—1981)	
d/mm	d_1/mm
12	10.106
14	11.835
16	13.835
13	15.296
20	17.294
24	20.752

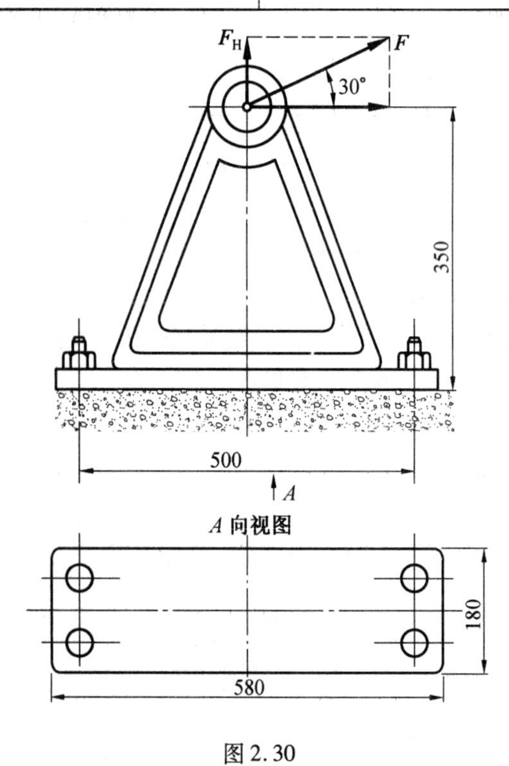

图 2.30

【题 2.81】 一钢质压力容器如图 2.31 所示，已知其内径 $D=280$ mm，容器与盖子用 16 个 M16($d_1=13.835$ mm)的钢质普通螺栓连接；螺栓的许用应力$[\sigma]=300$ MPa，为保证气密性要求，残余预紧力$F''=1.4F$(F 为单个螺栓连接轴向工作载荷)。试求：

(1)若接合面处分别用铜皮石棉垫片(相对刚度为0.8)或金属垫片(相对刚度为0.2),则拧紧螺栓时所需的预紧力F'各为多少?

(2)容器所能承受的最大单位工作应力p为多少?

(3)用受力变形线图定性说明(1)中两种情况螺栓的预紧力及疲劳强度的变化情况。

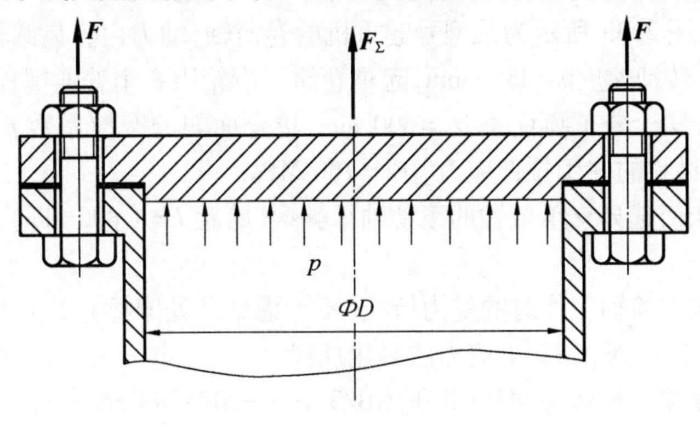

图2.31

【题2.82】　有一单个紧螺栓连接,已知预紧力$F'=7\ 500$ N,轴向工作载荷$F=6\ 000$ N,螺栓刚度$C_1=200$ N/μm,被连接件刚度$C_2=800$ N/μm,求:

(1)计算螺栓所受的总拉力F_0和剩余预紧力F''。

(2)为使接合面不出现缝隙,轴向工作载荷最大值F_{max}是多少?

(3)若要使F_0减小,又不增加螺栓个数,有哪些具体措施?

【题2.83】　如图2.32所示,支架2有水平和垂直两个工作位置A、B,即支架2可由水平位置转过90°到达垂直位置后固定,反之亦然。末端负载$R=500$ N、方向始终垂直向下。承载板1与支架2采用4个普通螺栓连接在一起,螺栓的刚度和被连接件的刚度之间的比值为$C_b/C_m=1/3$。各螺栓及载荷作用位置L_1、L_2、L均已知:$L_1=80$ mm,$L_2=60$ mm,$L=320$ mm。结合面间的摩擦系数$f=0.15$,可靠性系数$K_f=1.2$。承载板1自重忽略不计,并假设结合面不会被压溃。试确定:

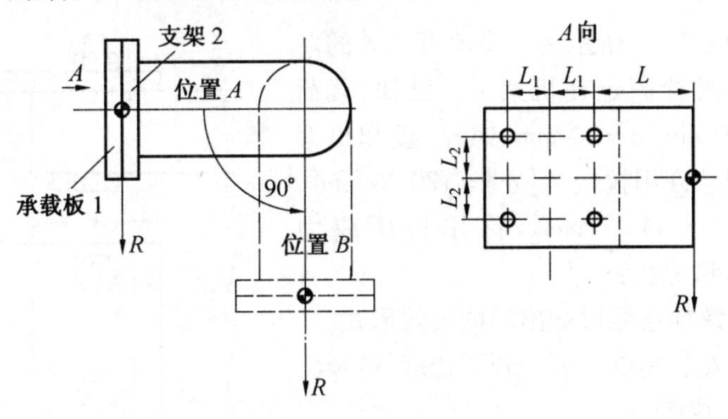

图2.32

(1)工作位置A下,各螺栓所需的预紧力F_0。

(2)工作位置B下,哪个螺栓所受的工作载荷F最大?并计算其大小。

(3)在工作位置 B 承载下,为保证结合面不出现缝隙,要求螺栓的最小预紧力为 3 000 N。试计算此螺栓组连接在满足 A、B 两个工作位置承载要求时,受载最大螺栓的总拉力 F_2。

(4)若螺栓的许用应力为 180 MPa,试确定所需的螺栓直径。

【题 2.84】 图 2.33 所示为某型号起重机的卷筒轴,动力由直齿圆柱齿轮输入,其起重量$Q=1\times10^5$ N,转动速度$n=25$ r/min,起重卷筒与齿轮用 8 个普通螺栓连接。已知卷筒直径 $D=500$ mm,螺栓分布圆直径 $D_0=600$ mm,接合面间的摩擦系数$f=0.12$,可靠性系数 $K_S=1.2$,螺栓材料的许用拉伸应力$[\sigma]=100$ MPa。

(1)试分析如何选择支承该轴的滚动轴承类型(跨距 $L=1$ 800 mm),并确定轴承与机座的固定方式。

(2)试根据该卷筒轴工作时的受力情况(不考虑轴承处摩擦),确定该轴属于哪类轴;并分析该轴工作时,截面 A—A 上应力的变化规律。

(3)若选取螺栓的规格为 M36(根据 GB/T 196—2003,$d=36$ mm,$d_1=31.67$ mm,$d_2=33.402$ mm),试校核该螺栓的强度是否满足要求。

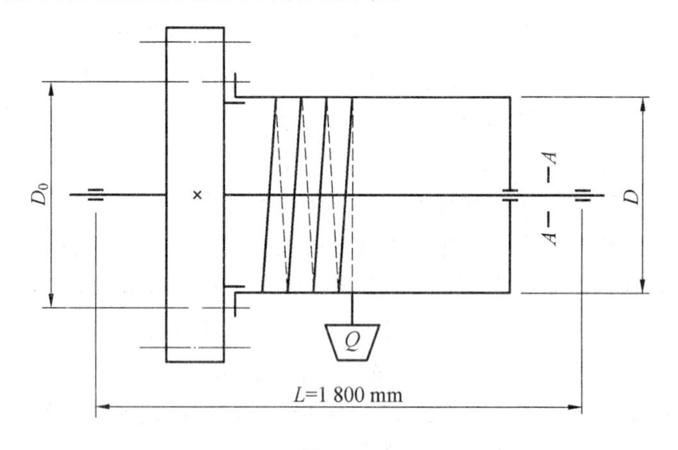

图 2.33

【题 2.85】 图 2.34 所示为一个厚度为 δ 的薄板,用两个铰制孔螺栓固定在机架上。已知:载荷 $P=5$ 000 N,$a=200$ mm,$\delta=20$ mm,螺栓、板和机架的材料均为 A3 钢。许用拉应力$[\sigma]=120$ N/mm²,许用剪应力$[\tau]=44$ N/mm²,许用挤压应力$[\sigma]_p=66$ N/mm²。试分析:

(1)请说明此螺栓连接可能出现的失效形式。

(2)螺栓这样安装是否合理?若不合理,请画出正确连接结构的示意图。

(3)计算螺栓所受的载荷及应力,并求出螺栓所需的直径。(按照正确的连接结构进行计算)

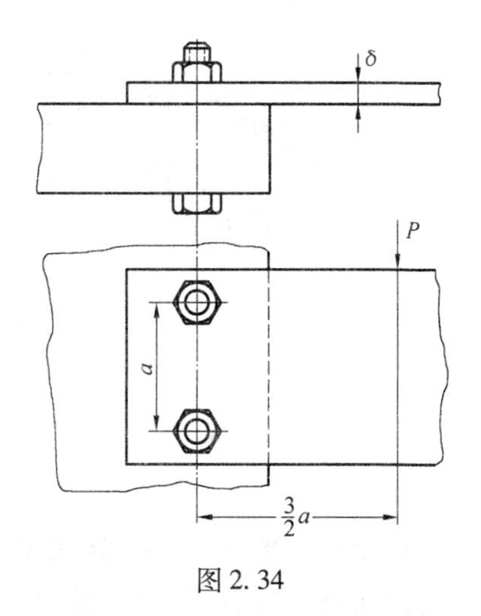

图 2.34

【题 2.86】 如图 2.35 所示,一刚性凸缘联轴器及键连接结构、尺寸(单位:mm),凸缘间用铰制孔螺栓连接,螺栓数目 $z=6$,螺栓无螺纹部分直径 $d_0=17$ mm,螺栓材料许用剪切应力$[\tau]=256$ MPa,许用挤压应力$[\sigma]_p=640$ MPa;两个半联轴器材料为铸铁,许用挤压应力$[\sigma]_p$为 75 MPa,两个半联轴器与钢质材料的轴分别采用双圆头平键单键连接,键宽与键高的尺寸分别为 $b=12$ mm、$h=8$ mm,长度分别如图所示。试计算:

(1)该联轴器所能传递的最大转矩。

(2)若不改变该联轴器的螺栓组连接,被连接轴的轴径和长度也不改变,通过何种方法可提高该联轴器所能传递的转矩?能提高至多少?

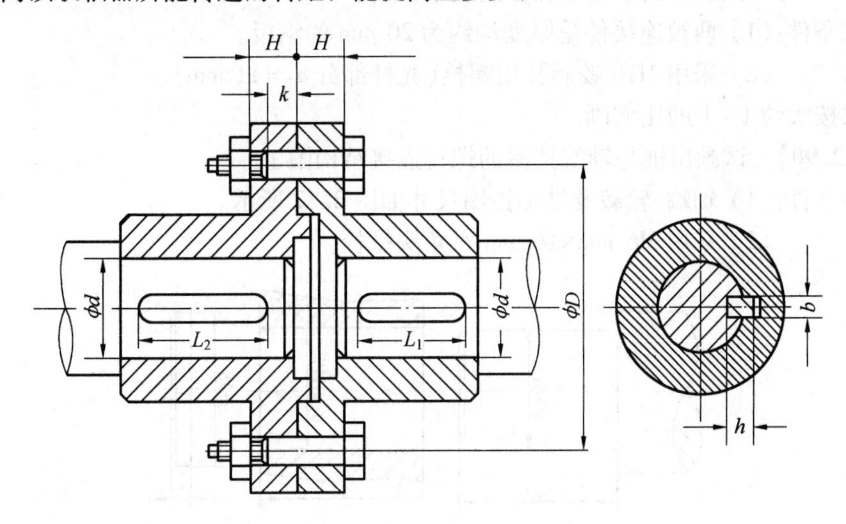

图 2. 35

【题 2. 87】　如图 2. 36 所示某托架,图中尺寸单位是 mm。用 4 个普通螺栓连接到一钢制横梁上,所受外载荷 $Q=10$ kN 和 $R=15$ kN 都作用在托架宽度方向的对称线上,螺栓的相对刚度为 0. 3,结合面防滑系数 $K_S=1.2$,摩擦系数 $f=0.15$,假设被连接件都不会被压溃,试计算:

①该螺栓组连接的接合面不出现问题所需的螺栓预紧力 F' 至少应为多少?(接合面的抗弯剖面模量 $W=12.71\times10^6$ mm^3)

②若受力最大螺栓处接合面间的剩余预紧力 F'' 要保证 2 666 N 以上,确定该螺栓组所需剩余预紧力 F''最小值、计算所受的总拉力 F_0。

③若保持结构不变,为提高螺栓连接疲劳强度,在螺栓和被连接件上可采取哪些措施?

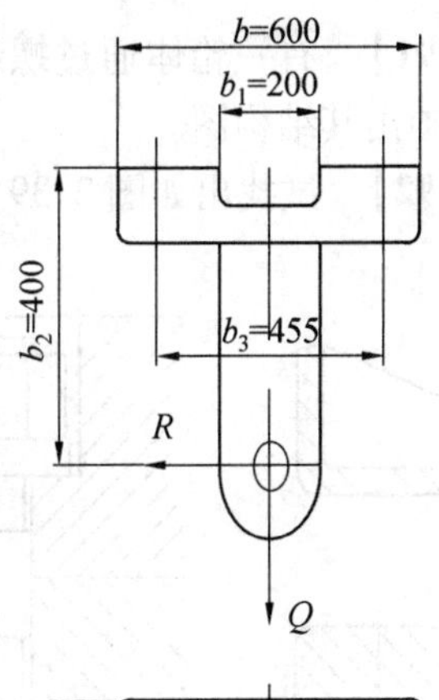

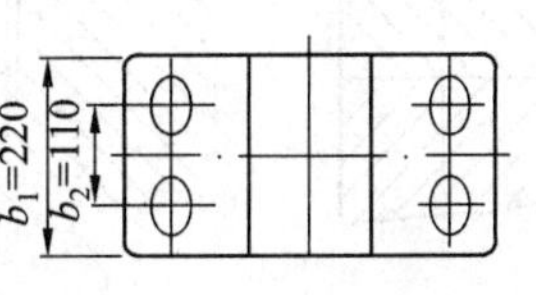

图 2. 36

五、结构题

【题 2.88】 试画出普通螺栓连接结构图。

已知条件:(1) 两被连接件是铸件,厚度各约为 15 mm 和 20 mm。

(2) 采用 M12 普通螺栓。

(3) 采用弹簧垫圈防松。

要求按大约 1∶1 的比例画。

【题 2.89】 试画出铰制孔用螺栓连接结构图。

已知条件:(1) 两被连接件是厚度均约为 20 mm 的钢板。

(2) 采用 M10 铰制孔用螺栓(光杆部分 $d_S=11$ mm)。

要求按大约 1∶1 的比例画。

【题 2.90】 试画出轴与轴端挡圈的螺钉连接结构图。

已知条件:(1) 轴端、轮毂及轴端挡圈尺寸如图 2.37 所示。

(2) 采用 M6 mm×16 mm 六角头螺栓。

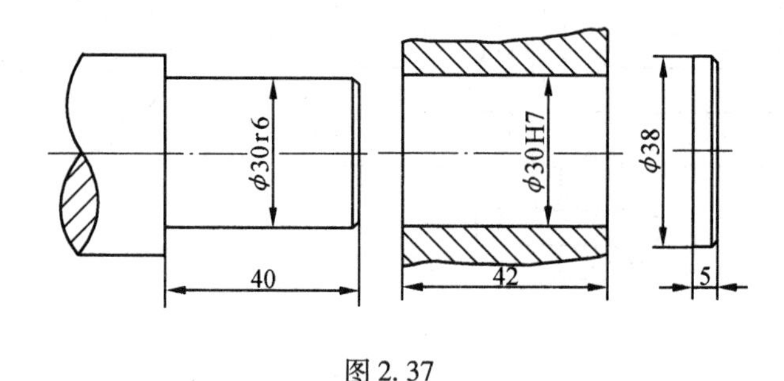

图 2.37

【题 2.91】 有一箱体通过螺纹连接固连于机座上,如图 2.38 所示。试选择螺纹连接类型,并画出其结构图。

【题 2.92】 试找出如图 2.39 所示螺纹连接结构中的错误,并就图改正。

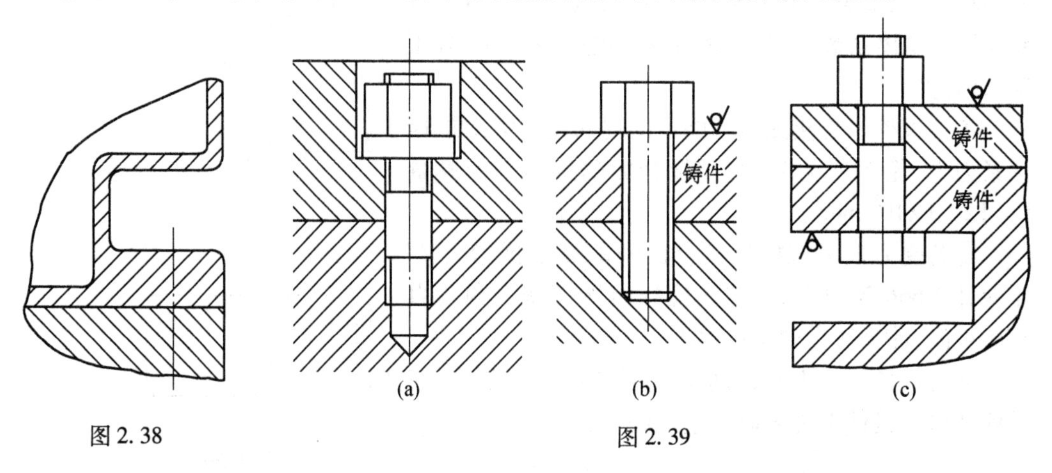

图 2.38　　图 2.39

【题 2.93】 对于受横向载荷的普通螺栓紧连接,为了减小螺栓的直径和预紧力,可采取何种措施？针对所提出的措施,在答题纸上画出 1 种结构图,图中应画出螺栓及所采取措施的结构,具体尺寸不要求精确,但要画出结构特点。

2.4　精选习题答案

一、单项选择题

【题 2.1】 A 【题 2.2】 A 【题 2.3】 C 【题 2.4】 A 【题 2.5】 A
【题 2.6】 C 【题 2.7】 B 【题 2.8】 D 【题 2.9】 C 【题 2.10】 C
【题 2.11】 B 【题 2.12】 A 【题 2.13】 A 【题 2.14】 A 【题 2.15】 C
【题 2.16】 B 【题 2.17】 C 【题 2.18】 C 【题 2.19】 B 【题 2.20】 B
【题 2.21】 D 【题 2.22】 A 【题 2.23】 D 【题 2.24】 A

二、填空题

【题 2.25】 60°　连接　30°　传动

【题 2.26】 螺纹升角 ψ 小于当量摩擦角 ρ'

【题 2.27】 普通(三角)螺纹　管螺纹　矩形螺纹　梯形螺纹　锯齿形螺纹

【题 2.28】 提高传动效率

【题 2.29】 导程　牙型斜角(牙侧角)

【题 2.30】 螺纹副间摩擦力矩　螺母(或螺栓头)端面与被连接件支承面间摩擦力矩之和

【题 2.31】 防止螺杆与螺母(或被连接件螺纹孔)间发生相对转动,或填防止螺纹副间相对转动

【题 2.32】 拉伸　扭剪

【题 2.33】 拉伸(或填轴向)　扭剪　螺栓发生塑性变形或断裂

【题 2.34】 $F'+\dfrac{C_b}{C_b+C_m}F$　$F'-\left(1-\dfrac{C_b}{C_b+C_m}\right)F$　$\sigma_{ca}=\dfrac{1.3F_0}{\dfrac{\pi d_1^2}{4}}\leqslant[\sigma]$

【题 2.35】 预紧力 F'　部分轴向工作载荷 ΔF_b(或剩余预紧力 F''轴向工作载荷 F)

【题 2.36】 螺栓　被连接件

【题 2.37】 避免螺栓受附加弯曲应力作用

【题 2.38】 均匀各旋合圈螺纹牙上的载荷

【题 2.39】 弯曲

【题 2.40】 摩擦　机械　永久性

三、问答题

【题 2.41 ~ 2.52】 可参看配套教材。

【题 2.53】【答】 螺钉连接:当被连接件之一受结构限制,不能在其上穿通孔或希

望结构紧凑或希望有光整的外露表面或无法装拆螺母时,则需要用螺钉连接。

双头螺柱连接:在需要用螺钉连接的结构并且连接又需要经常拆卸或用螺钉无法安装时,则需要用双头螺柱连接。

【题 2.54】【答】 控制预紧力方法:使用测力矩扳手或定力矩扳手,装配时测量螺杆的伸长。

防松方法:摩擦防松,机械防松,永久防松。

【题 2.55】【答】 (1)螺栓连接;(2)螺钉连接;(3)双头螺柱连接;(4)紧定螺钉连接。

(1)螺栓连接广泛用于被连接件不太厚、周边有足够装配空间的场合。它又分为普通螺栓连接和铰制孔用螺栓连接,前者的特点是被连接件上的通孔和螺栓杆之间有间隙,螺栓受轴向拉力;而后者孔和螺栓杆之间多采用过渡配合,螺栓还受横向载荷。

(2)螺钉连接适用于被连接件一薄一厚或一端不易装配、受力不大、不需要经常拆装的场合。

(3)双头螺柱连接适用于可用螺钉连接但需要经常拆装的场合。

(4)紧定螺钉连接适用于力和转矩都不大的场合,常用于轴与轴上零件的连接。

【题 2.56】【答】 在震动、冲击等情况下,螺纹副中的正压力和随着产生的摩擦力有可能在某一瞬间消失、产生相对滑动,多次重复可能使连接松脱。防松方法有摩擦防松、机械防松和永久性防松三大类。

【题 2.57】【答】 ①预紧力 $F'=\dfrac{K_S F_R}{fmz}$,其中,K_S 为可靠性系数;f 为接合面间的摩擦因数;m 为接合面数;F_R 为横向载荷。

②螺栓只受预紧力。

③缺点:当靠摩擦力传递横向工作载荷的螺栓连接在受冲击、振动或变载荷时,工作不可靠且需较大预紧力,因此会导致螺栓直径较大。

④克服措施:采用套、键、销等各种抗剪件来承受横向载荷,螺栓只起连接作用,也可以采用铰制孔用螺栓连接。

【题 2.58】【答】 ① 减小应力幅;

② 减小应力集中;

③ 减小或消除附加应力;

④ 采取措施使螺纹牙受力尽量均匀。

【题 2.59】【答】 细牙螺纹有螺距小、螺纹升角小、自锁性好、螺杆强度高的特点,但不耐磨,容易滑扣。

【题 2.60】【答】 螺旋微动装置中,为提高灵敏度,可以增大手轮或减小螺距。但手轮太大,不仅使微动装置的空间体积增大,而且由于操作不灵活反而使灵敏度降低。若螺距太小,则加工困难,使用时也易磨损。

【题 2.61】【答】 极限值为 50%。

当升角 φ 与当量摩擦角 ρ' 符合 $\varphi \leqslant \rho'$ 时,螺纹副具有自锁性。当 $\varphi=\rho'$ 时,螺纹副的效率 η:

$$\eta=\frac{\tan\varphi}{\tan(\varphi+\rho')}=\frac{\tan\varphi}{\tan 2\varphi}=\frac{\tan\varphi}{\dfrac{2\tan\varphi}{1-\tan^2\varphi}}=0.5-\frac{\tan^2\varphi}{2}<0.5$$

所以具有自锁性螺纹副用于滑动螺旋传动时,效率必小于 50%。

【题 2.62】【答】 普通螺纹牙型角为 60°,牙侧角为 30°;梯形螺纹牙型角为 30°,牙侧角为 15°;矩形螺纹牙型角和牙侧角均为 0°。

自锁要求为螺旋升角小于当量摩擦角,即 $\psi\leqslant\arctan f'=\rho'$。

当量摩擦系数为 $f/\cos\beta$ 时,则牙侧角越大,当量摩擦角越大,牙型自锁能力越高,故普通螺纹自锁性能最好,矩形螺纹自锁性能最差。

传动效率 $\eta=\tan\psi/\tan(\psi+\rho')$。牙侧角越大,传动效率越高,故矩形螺纹效率最高,梯形螺纹次之,普通螺纹传动效率最低。

【题 2.63】【答】 提高承受变载荷螺栓连接强度的具体结构措施有:

(1)被连接件表面平整化(如凸台或沉头座或应用斜垫片),以避免螺栓承受附加载荷。

(2)采用细长杆螺栓或空心杆螺栓,以减小螺栓刚度。

(3)采用刚性大的垫片,以增大被连接件的刚度。

(4)在螺纹收尾处采用较大的过渡圆角或退刀槽、在螺栓头部和杆部过渡处制成减载环,以减小应力集中。

【题 2.64】【答】 与同直径的普通粗牙螺纹相比,细牙螺纹的螺距小(因而升角小、小径大),自锁性能好,强度高,但不耐磨(易滑扣),它特别适用于薄壁零件或受动载荷的静连接及微调机构中。

【题 2.65】 略。

【题 2.66】 略。

四、计算题

【题 2.67】【解】

$$F_0=F'+\frac{C_b}{C_b+C_m}F=1\ 000\ \text{N}+0.5\times1\ 000\ \text{N}=1\ 500\ \text{N}$$

$$F''=F'-\left(1-\frac{C_b}{C_b+C_m}\right)F=1\ 000\ \text{N}-0.5\times1\ 000\ \text{N}=500\ \text{N}$$

或

$$F''=F_0-F=1\ 500\ \text{N}-1\ 000\ \text{N}=500\ \text{N}$$

为保证被连接件间不出现缝隙,则 $F''\geqslant0$。

由 $F''=F'-\left(1-\frac{C_b}{C_b+C_m}\right)F\geqslant0$ 得

$$F\leqslant\frac{F'}{1-\dfrac{C_b}{C_b+C_m}}=\frac{1\ 000\ \text{N}}{1-0.5}=2\ 000\ \text{N}$$

所以

$$F_{\max}=2\ 000\ \text{N}$$

【题 2.68】 **【解】** 1. 计算压板压紧力 F'

由 $2fF'\cdot\frac{D_0}{2}=K_SF_t\cdot\frac{D_0}{2}$ 得

$$F'=\frac{K_SF_tD}{2fD_0}=\frac{1.2\times400\ \text{N}\times500\ \text{mm}}{2\times0.15\times150\ \text{mm}}=5\ 333.3\ \text{N}$$

注意:此题中有 2 个接合面。

而压板的压紧力就是轴端螺纹连接的预紧力。

2. 确定轴端螺纹直径

$$d_1\geqslant\sqrt{\frac{4\times1.3F'}{\pi[\sigma]}}=\sqrt{\frac{4\times1.3\times5\ 333.3\ \text{N}}{\pi\times60\ \text{MPa}}}=12.130\ \text{mm}$$

查 GB/T 196—2003,取 M16($d_1=13.835\ \text{mm}>12.130\ \text{mm}$)。

【题 2.69】 **【解】** 1. 螺栓组连接的受力分析

这是螺栓组连接受横向载荷 F_R 和轴向载荷 F_Q 联合作用的情况,故可按接合面不滑移计算螺栓所需的预紧力 F',按连接的轴向载荷计算单个螺栓的轴向工作载荷 F,然后求螺栓的总拉力 F_0。

(1) 计算螺栓的轴向工作载荷 F。根据题给条件,各个螺栓所受轴向工作载荷相等,故有

$$F=\frac{F_Q}{4}=\frac{16\ 000\ \text{N}}{4}=4\ 000\ \text{N}$$

(2) 计算螺栓的预紧力 F'。由于有轴向载荷的作用,接合面间的压紧力为剩余预紧力 F'',故有

$$4fF''=K_SF_R$$

而

$$F''=F'-\left(1-\frac{C_b}{C_b+C_m}\right)F$$

联立解上述两式,则得

$$F'=\frac{K_SF_R}{4f}+\left(1-\frac{C_b}{C_b+C_m}\right)F=$$

$$\frac{1.2\times5\ 000\ \text{N}}{4\times0.15}+(1-0.25)\times4\ 000\ \text{N}=13\ 000\ \text{N}$$

2. 计算螺栓的小径 d_1

螺栓材料的机械性能级别为 8.8 级,其最小屈服极限 $\sigma_{s\min}=640\ \text{MPa}$,安全系数 $S=2$,故其许用拉伸应力 $[\sigma]$ 为

$$[\sigma]=\frac{\sigma_{s\min}}{S}=\frac{640\ \text{MPa}}{2}=320\ \text{MPa}$$

所以

$$d_1\geqslant\sqrt{\frac{4\times1.3F_0}{\pi[\sigma]}}=\sqrt{\frac{4\times1.3\times14\ 000\ \text{N}}{\pi\times320\ \text{MPa}}}=8.510\ \text{mm}$$

【题 2.70】 **【解】** 1. 计算夹紧连接螺栓的预紧力 F'

假设在螺栓预紧力 F' 作用下,轴和毂之间在与螺栓轴线平行的直径方向作用有正压力 N,根据轴与毂之间不相对滑移条件,则有

$$2fN \cdot \frac{d}{2} = K_S F_R L$$

所以
$$N = \frac{K_S F_R L}{fd} = \frac{1.2 \times 240\ \text{N} \times 420\ \text{mm}}{0.15 \times 65\ \text{mm}} = 12\ 406.2\ \text{N}$$

而
$$N = 2F'$$

所以
$$F' = \frac{N}{2} = \frac{12\ 406.2\ \text{N}}{2} = 6\ 203.1\ \text{N}$$

2. 计算螺栓小径 d_1

$$d_1 \geqslant \sqrt{\frac{4 \times 1.3F'}{\pi[\sigma]}} = \sqrt{\frac{4 \times 1.3 \times 6\ 203.1\ \text{N}}{\pi \times 80\ \text{MPa}}} = 11.329\ \text{mm}$$

【题 2.71】 **【解】** 1. 计算螺栓允许的最大预紧力 $F'_{\max}$

由 $\sigma_{ca} \leqslant \dfrac{1.3F'}{\dfrac{\pi d_1^2}{4}} \leqslant [\sigma]$ 得

$$F'_{\max} = \frac{[\sigma]\pi d_1^2}{4 \times 1.3}$$

而题给条件式中
$$[\sigma] = \frac{\sigma_s}{[S]} = \frac{360\ \text{MPa}}{3} = 120\ \text{MPa}$$

$$F'_{\max} = \frac{120\ \text{MPa} \times \pi \times (8.376\ \text{mm})^2}{4 \times 1.3} = 5\ 086.3\ \text{N}$$

2. 计算连接允许的最大牵引力 $F_{R\max}$

由 $2fF'_{\max} = K_S F_{R\max}$ 得

$$F_{R\max} = \frac{2fF'_{\max}}{K_S} = \frac{2 \times 0.15 \times 5\ 086.3\ \text{N}}{1.2} = 1\ 271.6\ \text{N}$$

【题 2.72】 **【解】** 1. 螺栓组受力分析

将载荷 F_P 向螺栓组连接的接合面形心点 O 简化，则得

横向载荷　$F_P = 20\ 000\ \text{N}$

旋转力矩　$T = F_P l = 20\ 000\ \text{N} \times 300\ \text{mm} = 6\ 000\ 000\ \text{N} \cdot \text{mm}$

2. 计算受力最大螺栓的横向载荷 F_S

在横向载荷 F_P 作用下，各螺栓受的横向载荷 F_{SP} 大小相等、方向同 F_P，即

$$F_{SP1} = F_{SP2} = F_{SP3} = F_{SP4} = \frac{F_P}{4} = \frac{20\ 000\ \text{N}}{4} = 5\ 000\ \text{N}$$

在旋转力矩 T 作用下，因为各螺栓中心至形心点 O 距离相等，各螺栓受的横向载荷 F_{ST} 大小亦相等，方向各垂直于螺栓中心与形心点 O 的连心线。

螺栓中心至形心点 O 距离 r 为

$$r = \sqrt{(75\ \text{mm})^2 + (75\ \text{mm})^2} = 106.1\ \text{mm}$$

故
$$F_{ST1} = F_{ST2} = F_{ST3} = F_{ST4} = \frac{T}{4r} = \frac{6\ 000\ 000\ \text{N} \cdot \text{mm}}{4 \times 106.1\ \text{mm}} = 14\ 137.6\ \text{N}$$

各螺栓上所受的横向载荷 F_{SP} 和 F_{ST} 的方向如图 2.40 所示。由图中可以看出螺栓 1

和螺栓2所受两力夹角 α 最小($\alpha=45°$),故螺栓1和螺栓2受力最大,所受总的横向载荷为

$$F_{S\max}=F_{S1}=F_{S2}=\sqrt{F_{SP1}^2+F_{ST1}^2+2F_{SP1}\cdot F_{ST1}\cdot\cos\alpha}=$$

$$\sqrt{(5\ 000\ \text{N})^2+(141\ 37.6\ \text{N})^2+2\times5\ 000\ \text{N}\times14\ 137.6\ \text{N}\times\cos45°}=18\ 023.3\ \text{N}$$

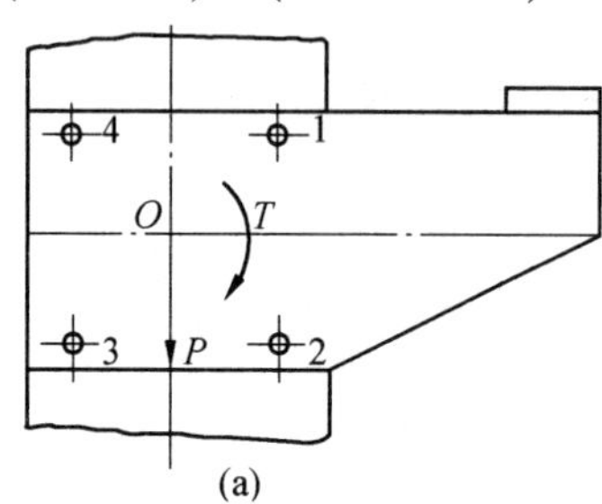

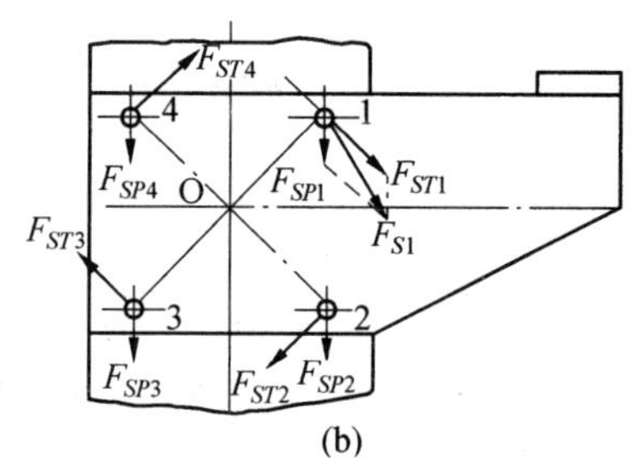

图2.40

3. 计算螺栓所需预紧力 F'

按一个螺栓受的横向力与接合面间的摩擦力相平衡的条件可得

$$fF'=K_SF_{S\max}$$

所以
$$F'=\frac{K_SF_{S\max}}{f}=\frac{1.2\times18\ 023.3\ \text{N}}{0.16}=135\ 174.8\ \text{N}$$

4. 计算螺栓小径 d_1

$$d_1\geqslant\sqrt{\frac{4\times1.3F'}{\pi[\sigma]}}=\sqrt{\frac{4\times1.3\times135\ 174.8\ \text{N}}{\pi\times120\ \text{MPa}}}=43.180\ \text{mm}$$

【题2.73】 **【解】** 1. 计算螺栓允许的最大总拉力 F_0

由 $\sigma_{ca}=\dfrac{1.3F_0}{\dfrac{\pi d_1^2}{4}}\leqslant[\sigma]$ 得

$$F_0=\frac{[\sigma]\pi d_1^2}{4\times1.3}=\frac{180\ \text{MPa}\times\pi\times(13.835\ \text{mm})^2}{4\times1.3}=20\ 815\ \text{N}$$

2. 计算容器内液体的最大压强 $p_{\max}$

由 $F_0=F''+F$ 及 $F''=1.8\ F$ 可得

$$F_0=2.8F$$

所以
$$F=\frac{F_0}{2.8}=\frac{20\ 815\ \text{N}}{2.8}=7\ 434\ \text{N}$$

而
$$F=\frac{\dfrac{\pi D^2}{4}\cdot p_{\max}}{12}$$

所以
$$p_{\max}=\frac{12F}{\dfrac{\pi D^2}{4}}=\frac{12\times7\ 434\ \text{N}}{\dfrac{\pi\times(250\ \text{mm})^2}{4}}=1.82\ \text{MPa}$$

3. 计算液体压强为 $p_{\max}$ 时螺栓所需的预紧力

当液体压强为 $p_{\max}$ 时,螺栓的总拉力为 F_0,轴向工作载荷为 F。

由 $F_0=F'+\frac{C_b}{C_b+C_m}F$ 得

$$F'=F_0-\frac{C_b}{C_b+C_m}F=20\ 815\ \text{N}-0.5\times 7\ 434\ \text{N}=17\ 098\ \text{N}$$

【题 2.74】 **【解】** 1. 计算螺栓组连接允许传递的最大转矩 T_{max}

该铰制孔用螺栓连接所能传递的转矩大小受到螺栓剪切强度和配合面挤压强度的制约。因此可按螺栓剪切强度条件来计算 T_{max},然后校核配合面挤压强度,也可按螺栓剪切强度和配合面挤压强度分别求出 T_{max},取其值小者。本解按第一种方法计算。

由 $\tau=\frac{2T}{6D\frac{\pi d_s^2}{4}}\leqslant[\tau]$ 得

$$T_{max}=\frac{3D\pi d_s^2[\tau]}{4}=\frac{3\times 340\ \text{mm}\times\pi\times(11\ \text{mm})^2\times 92\ \text{MPa}}{4}=8\ 917\ 913\ \text{N}\cdot\text{mm}$$

校核螺栓与孔壁配合面间的挤压强度

$$\sigma_p=\frac{2T_{max}}{6Dd_Sh_{min}}\leqslant[\sigma]_p$$

式中　d_S——螺杆直径,$d_S=11$ mm;

h_{min}——配合面最小接触高度,$h_{min}=60\ \text{mm}-35\ \text{mm}=25\ \text{mm}$;

$[\sigma]_p$——配合面材料的许用挤压应力,因螺栓材料的$[\sigma]_{p2}$大于半联轴器材料的$[\sigma]_{p1}$,故取$[\sigma]_p=[\sigma]_{p1}=100$ MPa。

所以

$$\sigma_p=\frac{2\times 8\ 917\ 913\ \text{N}\cdot\text{mm}}{6\times 340\ \text{mm}\times 11\ \text{mm}\times 25\ \text{mm}}=31.8\ \text{MPa}<[\sigma]_p=100\ \text{MPa}$$

满足挤压强度。故该螺栓组连接允许传递的最大转矩 $T_{max}=8\ 917\ 913\ \text{N}\cdot\text{mm}$。

2. 改为普通螺栓连接,计算螺栓小径 d_1

(1) 计算螺栓所需的预紧力 F'。

按接合面间不发生相对滑移的条件,则有

$$6fF'\cdot\frac{D}{2}=K_ST_{max}$$

所以

$$F'=\frac{K_ST_{max}}{3fD}=\frac{1.2\times 8\ 917\ 913\ \text{N}\cdot\text{mm}}{3\times 0.16\times 340\ \text{mm}}=65\ 572.9\ \text{N}$$

(2) 计算螺栓小径 d_1

$$d_1\geqslant\sqrt{\frac{4\times 1.3F'}{\pi[\sigma]}}=\sqrt{\frac{4\times 1.3\times 65\ 572.9\ \text{N}}{\pi\times 120\ \text{MPa}}}=30.074\ \text{mm}$$

【题 2.75】 **【解】** 把外载荷 F_R 向螺栓组连接的接合面形心简化,则该螺栓组连接受横向载荷 F_R 和旋转力矩 $T=F_RL$ 的作用。在图 2.41 所示的三个方案中,横向载荷 F_R 使螺栓组中的每个螺栓受到的横向载荷 F_{SR} 相等,即都等于$\frac{F_R}{3}$,且具有相同的方向;但由于螺栓布置方式不同,旋转力矩 T 使 3 个方案中受力最大螺栓所受的横向载荷是不同的。

1. 方案一

由图可知，螺栓 3 受力最大，所受横向载荷为

$$F_{S3}=F_{SR3}+F_{ST3}=\frac{F_R}{3}+\frac{F_R L}{2a}=\left(\frac{1}{3}+\frac{L}{2a}\right)F_R=\left(\frac{1}{3}+\frac{300}{2\times60}\right)F_R=2.833F_R$$

2. 方案二

由图可知，螺栓 4 和螺栓 6 受力最大，所受横向载荷为

$$F_{S4}=F_{S6}=\sqrt{F_{SR4}^2+F_{ST4}^2}=\sqrt{\left(\frac{F_R}{3}\right)^2+\left(\frac{F_R L}{2a}\right)^2}=\sqrt{\left(\frac{1}{3}\right)^2+\left(\frac{L}{2a}\right)^2}\cdot F_R=$$

$$\sqrt{\frac{1}{9}+\left(\frac{300\ \text{mm}}{2\times60\ \text{mm}}\right)^2}\cdot F_R=2.522F_R$$

3. 方案三

由图可知，螺栓 8 受力最大，所受横向载荷为

$$F_{S8}=\sqrt{F_{SR8}^2+F_{ST8}^2+2F_{SR8}\cdot F_{ST8}\cdot\cos\alpha}=$$

$$\sqrt{\left(\frac{F_R}{3}\right)^2+\left(\frac{F_R L}{3a}\right)^2+2\cdot\frac{F_R}{3}\cdot\frac{F_R L}{3a}\cos 30^\circ}=$$

$$\sqrt{\left(\frac{1}{3}\right)^2+\left(\frac{L}{3a}\right)^2+\frac{2L}{9a}\cos 30^\circ}\cdot F_R=$$

$$\sqrt{\frac{1}{9}+\left(\frac{300\ \text{mm}}{3\times60\ \text{mm}}\right)^2+\frac{2\times300\ \text{mm}}{9\times60\ \text{mm}}\times\cos 30^\circ}\cdot F_R=1.962F_R$$

比较三个方案中受力最大的螺栓受力情况，显然方案三中受力最大的螺栓受力最小，而且从受力分析图中可以看出，方案三中的 3 个螺栓受力较均衡，因此方案三较好。

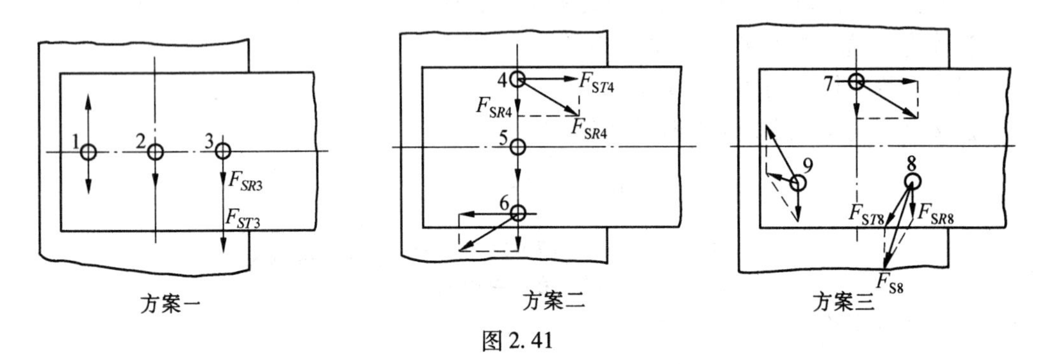

图 2.41

【题 2.76】 **【解】** 1. 吊环中心在点 O 时

此螺栓的受力属于既受预紧力 F' 作用、又受轴向工作载荷 F 作用的情况，根据题给条件，可求出螺栓的总拉力 F_0：

$$F_0=F''+F=0.6F+F=1.6F$$

而轴向工作载荷 F 是由轴向载荷 F_Q 引起的，故有

$$F=\frac{F_Q}{4}=\frac{20\ 000\ \text{N}}{4}=5\ 000\ \text{N}$$

所以

$$F_0=1.6\times5\ 000\ \text{N}=8\ 000\ \text{N}$$

$$d_1 \geqslant \sqrt{\frac{4\times1.3F_0}{\pi[\sigma]}}=\sqrt{\frac{4\times1.3\times8\ 000\ \text{N}}{\pi\times180\ \text{MPa}}}=8.577\ \text{mm}$$

查 GB 196—2003,取 M12($d_1=10.106$ mm>8.577 mm)。

2. 吊环中心移至点 O'时

首先将载荷 F_Q 向点 O 简化,得一轴向载荷 F_Q 和一倾覆力矩 M,M 使盖板有绕螺栓 1 和螺栓 3 中心连线倾覆的趋势,$M=F_Q\cdot\overline{OO'}=20\ 000\ \text{N}\times5\sqrt{2}\ \text{mm}=141\ 421.4\ \text{N}\cdot\text{mm}$。

显然螺栓 4 受力最大,其轴向工作载荷 F:

$$F=F_Q+F_M=\frac{F_Q}{4}+\frac{M}{2r}=\frac{20\ 000\ \text{N}}{4}+\frac{141\ 421.4\ \text{N}\cdot\text{mm}}{2\sqrt{(100\ \text{mm})^2+(100\ \text{mm})^2}}=5\ 500\ \text{N}$$

所以

$$F_0=1.6F=1.6\times5\ 500\ \text{N}=8\ 800\ \text{N}$$

$$\sigma_{ca}=\frac{1.3F_0}{\frac{\pi d_1^2}{4}}=\frac{1.3\times8\ 800\ \text{N}}{\frac{\pi\times(10.106\ \text{mm})^2}{4}}=142.6\ \text{MPa}<[\sigma]=180\ \text{MPa}$$

故吊环中心偏移至点 O'后螺栓强度仍足够。

【题 2.77】 **【解】** 1. 计算允许最大提升载荷 $F_{W\max}$

此螺栓组的螺栓仅受预紧力 F'作用,螺栓所能承受的最大预紧力 $F'_{\max}$ 为

$$F'_{\max}=\frac{[\sigma]\cdot\pi d_1^2}{4\times1.3}=\frac{120\times\pi\times(6.647\ \text{mm})^2}{4\times1.3}=3\ 203.2\ \text{N}$$

则根据接合面间不发生相对滑动条件可得

$$6fF'_{\max}\cdot\frac{D_0}{2}=K_S F_{W\max}\cdot\frac{D}{2}$$

所以

$$F_{W\max}=\frac{6fF'_{\max}D_0}{K_S D}=\frac{6\times0.15\times3\ 203.2\ \text{N}\times180\ \text{mm}}{1.2\times150\ \text{mm}}=2\ 882.9\ \text{N}$$

2. 确定螺栓直径

由接合面间不发生相对滑动条件可得

$$6fF'\cdot\frac{D_0}{2}=K_S F_{W\max}\cdot\frac{D}{2}$$

所以

$$F'=\frac{K_S F_{W\max}D_0}{6fD_0}=\frac{1.2\times6\ 000\ \text{N}\times150\ \text{mm}}{6\times0.15\times180\ \text{mm}}=6\ 666.7\ \text{N}$$

$$d_1\geqslant\sqrt{\frac{4\times1.3F'}{\pi[\sigma]}}=\sqrt{\frac{4\times1.3\times6\ 666.7\ \text{N}}{\pi\times120\ \text{MPa}}}=9.59\ \text{mm}$$

查 GB 196—2003,取 M12($d_1=10.106$ mm>9.59 mm)。

【题 2.78】 **【解】** (1)接合面不产生间隙,即

$$F''=F'-\left(1-\frac{C_1}{C_1+C_2}\right)F\geqslant0$$

$$F'-\left(1-\frac{1}{5}\right)\frac{Q}{4}\geqslant0$$

解得 $$Q \leqslant 5F'' = 30\ 000\ \text{N}$$

即轴承座上能承受的极限载荷 Q 为 30 000 N。

(2) $$\frac{1.3F_2}{\frac{\pi}{4}d_1^2} \leqslant [\sigma]$$

$$总拉力\ F_2 = F'' + F$$

$$F_2 = 0 + \frac{30\ 000\ \text{N}}{4} = 7\ 500\ \text{N}$$

解得

$$d_1 \geqslant \sqrt{\frac{1.3F_2}{\frac{\pi}{4}[\sigma]}} = \sqrt{\frac{4\times1.3\times7\ 500\ \text{N}}{\pi\times150\ \text{MPa}}} = 9.1\ \text{mm}$$

【题 2.79】 **【解】** (1)初选螺栓数目 z。

因为螺栓分布圆周直径较大,为保证螺栓间距不致过大,应选用较多的螺栓。

取 $d=20$ mm,查表 2.2,$z=\frac{\pi D_1}{7d}=7.85$,取 $z=8$。

(2)计算螺栓组轴向工作载荷 F。

①螺栓组连接最大轴向载荷

$$F_Q = \frac{\pi D_2^2}{4}P = \frac{3.14\times(250\ \text{mm})^2}{4}\times0.1\ \text{kW} = 4\ 906.25\ \text{N}$$

②螺栓最大轴向工作载荷

$$F = \frac{F_Q}{z} = 613.28\ \text{N}$$

(3)计算螺栓总拉力

$$F_0 = F'' + F = 1.5F + F = 2.5\times613.28\ \text{N} = 1\ 533.2\ \text{N}$$

(4)取性能等级为 5.6,螺栓长度 $L=80$ mm,$d=20$ mm,$d_1=17.294$ mm

$$[\sigma] = \frac{\sigma_s}{S} = \frac{300\ \text{MPa}}{8.5} = 35.3\ \text{MPa}$$

$$\sigma = \frac{4\times1.3F_0}{\pi d_1^2} = \frac{4\times1.3\times1\ 533.2\ \text{N}}{\pi\times(17.294\ \text{mm})^2} = 8.49\ \text{MPa}$$

故安全。

【题 2.80】 **【解】** 横向载荷

$$R_R = F\cos 30° = 5\ 000\ \text{mm}\times\cos 30° = 4\ 330\ \text{N}$$

轴向载荷 $$F_Q = F\sin 30° = 5\ 000\ \text{mm}\times\sin 30° = 2\ 500\ \text{N}$$

倾覆力矩 $$M = F_R\cdot L = 4\ 330\ \text{mm}\times350\ \text{mm} = 1\ 515\ 500\ \text{N}\cdot\text{mm}$$

$$F_1 = \frac{F_Q}{Z} = \frac{2\ 500\ \text{N}}{4} = 625\ \text{N}$$

$$F_2 = \frac{Ml}{4l^2} = \frac{1\ 515\ 500\ \text{N}\cdot\text{mm}\times250\ \text{mm}}{4\times(250\ \text{mm})^2} = 1\ 515.5\ \text{N}$$

左边螺栓轴向拉力

$$F=F_1+F_2=625\ \text{N}+1\ 515.5\ \text{N}=2\ 140.5\ \text{N}$$

不滑动条件为

$$f\left(2F'-\frac{C_m}{C_b+C_m}Q\right)\geqslant K_S\cdot R$$

$$F'=3\ 955.6\ \text{N}$$

校核是否会出现间隙

$$\sigma_{pF'}=\frac{4F'}{A}=\frac{4\times3\ 955.6\ \text{N}}{580\ \text{mm}\times180\ \text{mm}}=0.152\ \text{MPa}$$

$$\sigma_{pQ}=\frac{\frac{C_m}{C_b+C_m}F_Q}{A}=\frac{0.7\times2\ 500\ \text{mm}}{580\ \text{mm}\times180\ \text{mm}}=0.017\ \text{MPa}$$

$$\sigma_{pM}=\frac{M}{W}=\frac{15\ 155\ 00\ \text{N}\cdot\text{mm}}{\frac{180\ \text{mm}\times(580\ \text{mm})^2}{6}}=0.15\ \text{MPa}$$

$$\sigma_{p\min}=\sigma_{pF'}-\sigma_{pQ}-\sigma_{pM}=-0.015<0\quad 会出现间隙增大\ F$$

$$F'=\frac{(0.15\ \text{MPa}+0.017\ \text{MPa})\times580\ \text{mm}\times180\ \text{mm}}{4}=4\ 358.7\ \text{N}$$

总拉力

$$F_0=F'+\frac{C_b}{C_b+C_m}F=4\ 358.7\ \text{N}+0.3\times2\ 140.5\ \text{N}=5\ 000\ \text{N}$$

$$d_1=\sqrt{\frac{4\times1.3F}{\pi[\sigma]}}=\sqrt{\frac{4\times1.3\times5\ 000\ \text{N}}{3.14\times81\ \text{MPa}}}=10.1\ \text{mm}$$

选公称直径为12的螺栓。

【题2.81】 **【解】** (1)由 $\sigma_{ca}=\frac{1.3F_0}{\frac{\pi d_1^2}{4}}\leqslant[\sigma]$ 得

$$F_0=\frac{[\sigma]\pi d_1^2}{4\times1.3}=\frac{300\ \text{MPa}\times\pi\times(13.835\ \text{mm})^2}{4\times1.3}=34\ 674\ \text{N}$$

由 $F_0=F+F''$ 及 $F''=1.4F$ 得

$$F_0=2.4F,\quad F=\frac{F_0}{2.4}=\frac{34\ 674\ \text{N}}{2.4}=14\ 448\ \text{N}$$

由 $F_0=F'+\frac{C_b}{C_b+C_m}F$ 得

$$F'=F_0-\frac{C_b}{C_b+C_m}F$$

相对刚度为0.8时，$F'=34\ 674\ \text{N}-0.8\times14\ 448\ \text{N}=23\ 115.6\ \text{N}$；

相对刚度为0.2时，$F'=34\ 674\ \text{N}-0.2\times14\ 448\ \text{N}=31\ 784.4\ \text{N}$。

(2)由 $F=\frac{\frac{\pi D^2}{4}P_{\max}}{16}$ 得

$$P_{max}=\frac{16F}{\frac{\pi D^2}{4}}=\frac{16\times14\ 448\ \text{N}\times4}{\pi\times(280\ \text{mm})^2}=3.76\ \text{MPa}$$

(3)由图2.42可知,为了降低螺栓的受力,提高螺栓的承载能力,应使相对刚度值尽量小。

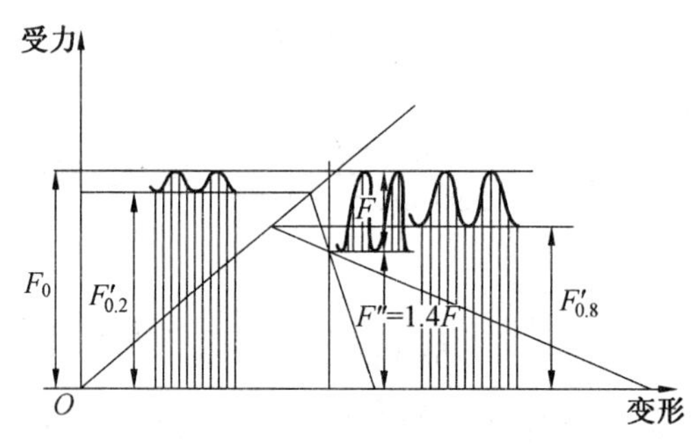

图2.42

【题2.82】 **【解】** (1)计算螺栓所受的总拉力 F_0 和剩余预紧力 F'':

$$F_0=F'+C_1/(C_1+C_2)F=7\ 500\ \text{N}+200\ \text{N}/(200\ \text{N}+800\ \text{N})\times6\ 000\ \text{N}=8\ 700\ \text{N}$$

$$F''=F_0-F=8\ 700\ \text{N}-6\ 000\ \text{N}=2\ 700\ \text{N}$$

(2)为使接合面不出现缝隙,必须使 $F''>0$,即 $F''=F_0-F>0$,$F<F_0=8\ 700\ \text{N}$,$F_{max}=8\ 700\ \text{N}$。

(3)使 F_0 减小的具体措施如下。

① 减小螺栓刚度 C_1:增大螺栓长度、减小螺栓杆直径、做成空心杆、在螺母下安装弹性元件等。

② 增大被连接件刚度 C_2:采用刚性大的垫片。

【题2.83】 **【解】** (1)如图2.43所示,工作位置 A:将 R 移至螺栓形心,再加转矩

$$T=R(L+L_1)=500\ \text{N}\times(320\ \text{mm}+80\ \text{mm})=200\ \text{N}\cdot\text{m}$$

每个螺栓受铅垂载荷、旋转载荷为

$$R_1=R/z=500\ \text{N}/4=125\ \text{N}$$

$$R_2=(T/z)/(L_1^2+L_2^2)^{0.5}=[(200\ \text{N}\cdot\text{m})/4]/[(0.08\ \text{m})^2+(0.06\ \text{m})^2]^{0.5}=500\ \text{N}$$

$$\alpha=36.87°$$

4个螺栓均受 R_1 和 R_2 的合力作用,其中螺栓3所受的横向力最大,其值为

$$R_0=(R_1^2+R_2^2-2R_1R_2\cos(180°-\alpha))^{0.5}=604.7\ \text{N}$$

所需预紧力

$$F_0=K_fR_0/f=1.2\times604.7\ \text{N}/0.15=4\ 837.6\ \text{N}$$

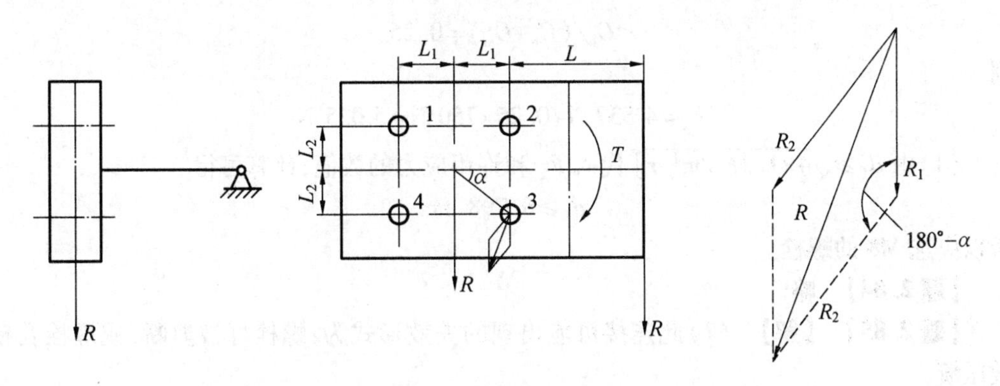

图 2.43

(2)如图 2.44 所示,工作位置 B:将 R 移至螺栓形心,再加变矩:

$$M=R(L+L_1)=500\ \text{N}\times(320\ \text{mm}+80\ \text{mm})=200\ \text{N}\cdot\text{m}$$

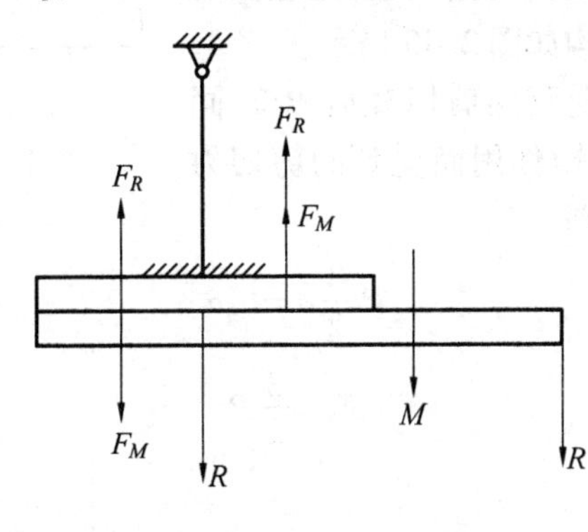

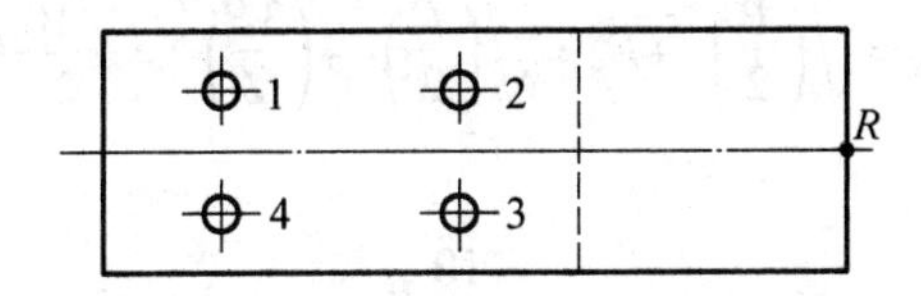

图 2.44

每个螺栓因 R 引起的拉力

$$F_R=R/z=500\ \text{N}/4=125\ \text{N}$$

每个螺栓因 M 引起的拉力

$$F_M=(M/z)/L_1=[(200\ \text{N}\cdot\text{m})/4]/0.08\ \text{m}=625\ \text{N}$$

螺栓 2、螺栓 3 受载最大。其工作载荷为

$$F=F_M+F_R=625\ \text{N}+125\ \text{N}=750\ \text{N}$$

(3)在 B 工作位置承载下,要求螺栓的最小预紧力为 3 000 N。而由(1)的计算已知:在工作位置 A,所需的预紧力 $F_0=4\ 837$ N。因此同时满足 A、B 两个工作位置承载要求时,应施加预紧力 $F_0=4\ 837$ N。

受载最大螺栓的总拉力 F_2 为

$$F_2=F_0+C_b/(C_b+C_m)F$$

由 $C_b/C_m=1/3$ 得

$$C_b/(C_b+C_m)=0.25$$

则

$$F_2=4\ 837\ \text{N}+0.25\times750\ \text{N}=5\ 025\ \text{N}$$

(4)由 $d_1\geqslant\sqrt{4\times1.3F_2/\pi[\sigma]}$ 代入 F_2 和许用应力的数值,计算可得

$$d_1\geqslant6.798\ \text{mm}$$

所以应选 M8 的螺栓。

【题 2.84】 略。

【题 2.85】 **【解】** (1)此连接可能出现的失效形式为:螺栓杆被剪断,或螺栓孔壁被压溃。

(2)图 2.34 所示的连接不合理。在结构中,应该保证铰制孔用螺栓与被连接件的安装孔之间具有足够的接触面积。在原结构的基础上,把螺栓的安装方向反过来即可。结构如图 2.45 所示。

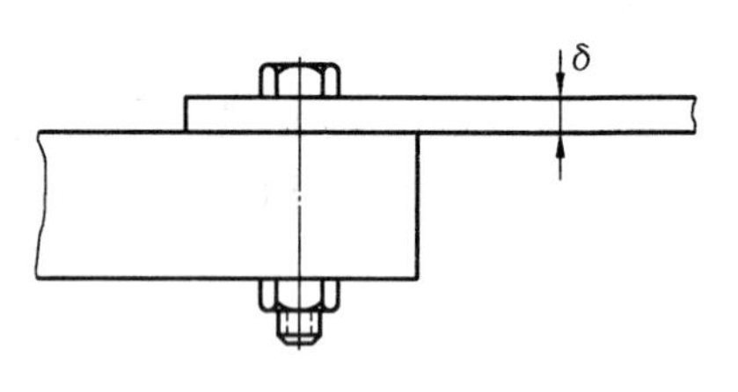

图 2.45

(3)每个铰制孔螺栓受到的剪切载荷 $P/2$,同时受到为抵抗 P 产生的转矩作用而受到的剪切力 F_S,这两个力呈垂直状态,即

$$P\frac{3}{2}a=F_Sa$$

则

$$F_S=\frac{3}{2}P$$

螺栓受合力为

$$F_\Sigma=\sqrt{\left(\frac{P}{2}\right)^2+F_S^2}=\sqrt{\left(\frac{P}{2}\right)^2+\left(\frac{3P}{2}\right)^2}=\frac{\sqrt{10}}{2}P$$

螺栓受的剪应力

$$\tau=\frac{F_\Sigma}{A}=\frac{\frac{\sqrt{10}}{2}P}{\frac{1}{4}\pi d^2}\leqslant[\tau]$$

得

$$\tau=\frac{\frac{\sqrt{10}}{2}P}{\frac{1}{4}\pi d^2}=\frac{\frac{\sqrt{10}}{2}\times5\ 000\ \text{N}}{\frac{1}{4}\pi d^2}\leqslant[\tau]=44\ \text{N/mm}^2$$

$$d^2\geqslant\frac{4\times\frac{\sqrt{10}}{2}\times5\ 000\ \text{N}}{44\ \text{N/mm}^2\times\pi}=228.7$$

得

$$d\geqslant15.1\ \text{mm}$$

螺栓受到的挤压应力:由于螺栓与钢板的接触长度较小,所以最大挤压应力将发生在螺栓杆和钢板的孔壁之间,挤压应力为

$$\sigma_p=\frac{F_\Sigma}{A_p}=\frac{\frac{\sqrt{10}P}{2}}{\delta\cdot d}\leqslant[\sigma]_p$$

则
$$d\geqslant\frac{P}{\delta[\sigma]_p}=\frac{\frac{\sqrt{10}\times5\ 000\ \text{N}}{2}}{20\times66\ \text{MPa}}=5.98\ \text{mm}$$

综上所述,须使 $d\geqslant15.1$ mm。

【题 2.86】 **【解】** (1)根据铰制孔螺栓受剪切力的螺栓连接计算该联轴器所能传递的扭矩 T。

每个螺栓所受的剪切力 F_S 为

$$F_S=\frac{\frac{2T}{D}}{z}=\frac{2zT}{D}$$

按螺栓与孔壁的许用挤压强度计算 F_S,进而推得 T 为

$$\sigma_p=\frac{F_S}{d_0h_{\min}}\leqslant[\sigma]_p\Rightarrow F_S\leqslant d_0h_{\min}[\sigma]_p\Rightarrow\frac{2zT}{D}\leqslant d_0h_{\min}[\sigma]_p\Rightarrow T\leqslant\frac{Dd_0h_{\min}[\sigma]_p}{2z}$$

$$T\leqslant\frac{Dd_0h_{\min}[\sigma]_p}{2z}=\frac{180\ \text{mm}\times17\ \text{mm}\times25\times75\ \text{MPa}}{2\times4}=717\ 187.5\ \text{N}\cdot\text{mm}$$

按螺栓杆的许用剪切强度计算 F_S,进而推得 T 为

$$\tau=\frac{4F_S}{\pi d_0^2m}\leqslant[\tau]\Rightarrow\frac{4\frac{2zT}{D}}{\pi d_0^2m}\leqslant[\tau]\Rightarrow T\leqslant\frac{D\pi d_0^2m[\tau]}{8z}$$

$$T\leqslant\frac{D\pi d_0^2m[\tau]}{8z}=\frac{180\ \text{mm}\times1\times(17\ \text{mm})^2\times\pi\times256\ \text{mm}}{8\times4}=1\ 307\ 405.199\ \text{N}\cdot\text{mm}$$

根据上述计算可知,由螺栓连接所能传递的最大转矩应按螺栓所能承受的挤压强度为

$$T=717\ 187.5\ \text{N}\cdot\text{mm}$$

(2)根据键连接强度计算该联轴器所能传递的最大转矩 T。

$$\sigma_p=\frac{2T}{kld}=\frac{2T}{\frac{h}{2}ld}=\frac{4T}{hld}\leqslant[\sigma]_p\Rightarrow T\leqslant\frac{hld[\sigma]_p}{4}$$

$$T\leqslant\frac{hld[\sigma]_p}{4}=\frac{8\ \text{mm}\times(100\ \text{mm}-12\ \text{mm})\text{mm}\times40\ \text{mm}\times75\ \text{MPa}}{4}=528\ 000\ \text{N}\cdot\text{mm}$$

最后的计算结果:

比较由键连接所能传递的最大转矩 $T=717\ 187.5$ N · mm 和由螺栓连接所能传递的转矩 $T=528\ 000$ N · mm 可知,该联轴器所能传递的最大转矩 T 为

$$T=528\ 000\ \text{N}\cdot\text{mm}$$

双键连接强度按 1.5 个键计算,可将最大转矩提高至

$$T=1.5\times528\ 000\ \text{N}\cdot\text{mm}=792\ 000\ \text{N}\cdot\text{mm}$$

但是,由于螺栓连接强度所限,最大只能提高至 717 187.5 N · mm。

最后结论:可采用双键连接,最大只能提高至 717 187.5 N · mm。

【题 2.87】 略。

五、结构题

【题 2.88~2.93】 参看教材有关内容。

提示:

【2.88】 ① 要做沉头座孔;② 弹簧垫圈的尺寸与画法要正确。

【题 2.89】 不需做沉头座孔。

【题 2.91】 ①采用双头螺柱连接;②要做沉头座孔。

第3章　挠性件传动

3.1　必备知识与考试要点

3.1.1　主要内容

挠性件传动包括带传动和链传动。

带传动部分的主要内容有：

(1) 带传动的工作原理、特点、应用范围和主要类型。

(2) 带传动中的力和应力分析，带的弹性滑动和打滑。

(3) 带传动的失效形式和设计准则。

(4) 普通 V 带的规格和普通 V 带传动的设计计算。

(5) 带传动的张紧和普通 V 带带轮结构设计。

链传动部分的主要内容有：

(1) 链传动的工作原理、特点和应用。

(2) 链的主要类型，滚子链的结构和规格，滚子链链轮的材料和结构。

(3) 链传动的运动分析（链速不均匀性和动载荷）和受力分析。

(4) 滚子链传动的失效形式和设计准则。

(5) 滚子链传动的设计计算。

(6) 链传动的布置和润滑。

3.1.2　重点与难点

带传动部分的重点内容有：带传动的工作原理、力和应力分析、弹性滑动和打滑、失效形式和设计准则及普通 V 带传动设计计算。

带传动部分的难点是带传动的受力分析和弹性滑动现象。

链传动部分的重点内容有：链传动的运动分析、受力分析、失效形式和设计准则、主要参数及参数选择。

链传动部分的难点是链传动的运动不均匀性。

对于摩擦类带传动的工作原理，要求明确：带传动是由一根（组）有弹性的挠性传动带紧套在两个带轮上，靠带和带轮接触面之间的摩擦力进行传动的，是摩擦传动。并由此对该类带传动的特点和应用范围有所了解，以便正确选用。

带传动的工作情况分析是本章的理论基础。带在带轮上打滑和带的疲劳破坏是限制带传动工作能力的主要因素，因此，进行受力分析以确定不打滑条件，进行应力分析以确定工作中传动带承受的变应力与最大应力 σ_{max} 的大小和位置，并得出强度条件，在此基础上，推导出带和单根普通 V 带所能传递功率的公式。带传动的受力分析和应力分析应重点掌握。

带的受力分析中有 3 个基本公式：

$$F=F_1-F_2 \tag{3.1}$$

$$F_1+F_2=2F_0 \tag{3.2}$$

$$F_1=F_2e^{f\alpha_1} \tag{3.3}$$

其中，F 为有效圆周力，其值为紧边拉力 F_1 和松边拉力 F_2 的差，它是带在带轮接触弧上各点摩擦力的总和，所以在一定的张紧条件下它有一个极限值，超过该值就出现打滑，传动失效，所以有效圆周力不可能通过不断提高松、紧边拉力差来无限增大。

式(3.3)(欧拉公式)是挠性体摩擦(包括带传动、绳传动、带式制动器等)的理论基础，应重点掌握。它可表示带在即将打滑而尚未打滑的临界状态时紧边拉力与松边拉力间的关系，通过它就能找出带所能传动的最大圆周力。学习中应掌握欧拉公式的几种基本形式，包括公式中各符号的意义和单位，应很好地理解公式的物理意义及其应用。

带的应力分析是带的疲劳强度计算的依据，这里应主要掌握带在工作时所受的 3 种应力：由紧边、松边拉力产生的拉应力；为平衡离心力在带内引起的离心拉力和相应的离心拉应力；绕过带轮时产生的弯曲应力。应能正确画出带的应力分布图(图 3.1)，并根据此图说明带疲劳破坏的原因——受循环变应力作用，并找出最大应力发生处——紧边绕经小带轮处，最大应力值为紧边拉应力、离心拉应力与带绕经小带轮引起的弯曲应力之和，即 $\sigma_{\max}=\sigma_1+\sigma_c+\sigma_{b1}$。

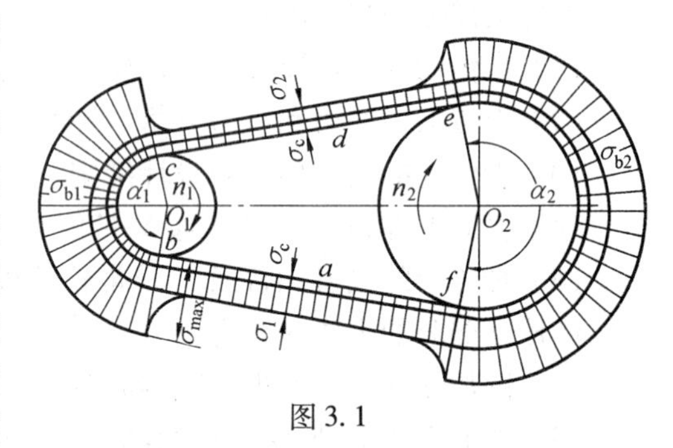

图 3.1

带传动的主要失效形式是打滑和带的疲劳破坏，因此带传动的设计准则应是在保证传动不打滑的前提下，使传动带具有一定的疲劳强度和寿命。而要不打滑则应满足欧拉公式；若要不发生疲劳破坏，就得使变应力的最大值小于许用值，即设计的强度条件：$\sigma_{\max}=\sigma_1+\sigma_{b1}+\sigma_c\leqslant[\sigma]$①。综合考虑两个方面并将其转换成功率形式，就能推导出带传动的许用功率公式

$$P_0=([\sigma]-\sigma_{b1}-\sigma_c)\left(1-\frac{1}{e^{f\alpha_1}}\right)\frac{Av}{1\ 000}\ \mathrm{kW} \tag{3.4}$$

带的失效形式、设计准则及其公式形式(式(3.4))也应重点掌握，还要求能利用该公式并结合应力公式分析影响带传动所能传递功率大小的主要因素。

式(3.4)在具体计算中很麻烦，在普通 V 带传动中，单根 V 带所能传递的功率(或许用功率)又转换成($P_0+\Delta P_0$)。式中，P_0 为单根普通 V 带在载荷平稳、包角 $\alpha=180°$(即 $i=1$)、带长为特定带长条件下所能传递的基本额定功率，其值常由表格示出；ΔP_0 是当 $i\neq1$ 时，由于带在大轮处弯曲应力减小而相应增大的功率增量；K_α、K_L 为小轮包角不为 180°、带长不为特定带长时的包角修正系数和带长修正系数。

① 带的疲劳强度除限制最大应力的大小外，还有应力变化的频率，它在带的疲劳许用应力[σ]内。带在单位时间内绕过带轮的次数 $u=2v/L$，式中 L 为带长。L 越长，u 越小，带的寿命越长。在计算许用功率公式中这一影响用长度系数 K_L 来考虑，L 越大，K_L 越大，相对寿命越长；如寿命一定，则能传动的功率越大。

带传动中的弹性滑动是带传动正常工作时的固有特性,传动带是个弹性体,而只要工作传递载荷,就必然出现松边、紧边的拉力差,随之两边所产生弹性伸长量不同,所以是不可避免的。它是局部带在带轮局部接触弧面上发生的相对滑动,它使带传动中从动轮圆周速度低于主动轮圆周速度(即"丢转"),并降低传动效率和引起传动带磨损,还使带传动不能保证准确的传动比。需精确计算 n_2 或 d_2 时,应计入弹性滑动引起的滑动率 ε。

相对应带传动中另一种滑动现象为打滑。打滑① 是带所传递的外载荷超过带与带轮间的极限摩擦力(即最大有效圆周力),即由于过载引起的。它是整个带在带轮的全部接触弧上发生显著的相对滑动,打滑使带严重磨损,并使传动处于极不稳定状态,丧失传动效能,所以它是一种失效,传动中必须避免。避免过载,就可避免打滑。

普通V带是应用最广的传动带,普通V带传动设计也是带传动部分的重点。这里首先应了解平带和V带的传动特点,普通V带的型号、规格以及传动的几何计算。平带截面是矩形,它的工作面是内周表面;V带截面是梯形,它的工作面是带的两侧面。由图3.2可见,由于V带的楔形效应,在同样张紧力的作用下,V带工作表面(两侧面)上的正压力 N 为平带正压力的 $\dfrac{1}{2\sin\dfrac{\varphi_0}{2}}$ 倍;若将其效果转换成当量摩擦系数,则

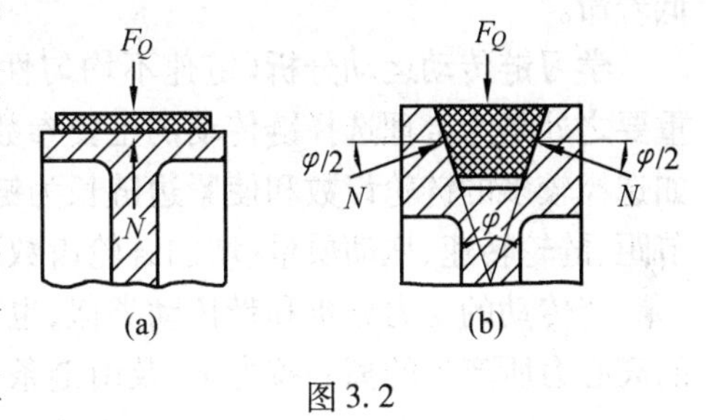

图3.2

V带的当量摩擦系数 $f'=\dfrac{f}{\sin\dfrac{\varphi_0}{2}}$,式中,$f$ 为带和带轮材料间的摩擦系数,φ_0 为带轮的轮槽角。所以同样张紧力下,V带传动能传递更大的功率,或是传递同样功率下V带传动尺寸更紧凑,所需张紧力也小。

普通V带传动的设计计算。由于普通V带是标准零件,其尺寸(剖面尺寸、长度)均为标准值,因此属选择计算。对该部分要求能正确地按照设计步骤完成计算,设计过程中能合理地选择设计参数。主要选择的设计参数中有小带轮直径 d_1,它应大于或等于该型号的最小带轮直径 d_{min},以免带的弯曲应力过大。当要求结构紧凑时,则可选择较小带轮,如传动尺寸不受限制,则在合理带速范围内,可选较大直径的带轮。但当带速超过最大带速(Z、A、B、C型 $v_{max}=25$ m/s,D、E型 $v_{max}=30$ m/s),则离心力过大。若离心应力 σ_c 占 σ_{max} 的比例过大,使有效工作应力所占比例减小,传递功率大大减少,这时应减小带轮直径,以降低带速。其他参数的选择见教材。

链传动部分首先应掌握链传动的特点和应用,应对链传动与带传动、齿轮传动进行比较,以明确各自适用于何种场合。

---

① 打滑也可以说是由于松边、紧边拉力之比超过了一定限度 $\dfrac{F_1}{F_2}=e^{f\alpha_1}$ 而引起的;使 $\dfrac{F_1}{F_2}\leqslant e^{f\alpha_1}$,就可以避免打滑,这两种说法实质相同。

链是由刚性链节用销轴铰接而成的,所以链传动可看成是将链绕在两个多边形轮子上,该多边形边长为链节距 p,边数为链轮齿数 z。链的平均链速和平均传动比为常数,但即使主动轮的角速度为常数,瞬时链速和瞬时传动比都是周期性变化的,瞬时链速 $v=\frac{d_1}{2}\omega_1\cos\beta$,瞬时传动比 $i_i=\frac{d_2\cos\gamma}{d_1\cos\beta}$,$\gamma$ 和 β 随时间变化;从动轮的角速度 ω_2 也随之周期性变化。这种多边形效应造成链传动的运动不均匀性。

产生链传动动载荷的主要原因有:链速不均匀和从动轮的角速度变化;同时,链节和链轮齿啮合瞬间的相对速度也引起冲击和动载荷;另外,链速的垂直分量周期性变化也将引起冲击和动载荷。由于链速的不均匀性和存在动载荷,将增加功率损耗、产生噪声、降低寿命。

学习链传动运动分析(链速不均匀性、动载荷)要求能正确理解以上性质的产生,其重要之处是为合理选择链传动的主要参数和解释链传动不能用于高速提供了理论依据。如选择较多的链轮齿数和使紧边链长为链节距的整数倍,可提高传动平稳性,通过减小链节距、链轮转速、拖动质量、增加链轮齿数可减少冲击和动载荷。

链传动的受力分析和带传动类似,也有紧边和松边,紧边拉力 F_1 为工作拉力 F、由链的离心力所产生的离心拉力 F_c 及由链条下垂而产生的悬垂拉力 F_f 之和,即

$$F_1=F+F_c+F_f\ \text{N} \tag{3.5}$$

而松边拉力

$$F_2=F_c+F_f\ \text{N} \tag{3.6}$$

松、紧边拉力差就是工作拉力 F,而传动功率

$$P=Fv/1\ 000\ \text{kW} \tag{3.7}$$

链传动与带传动受力上的主要区别是链传动靠啮合传动,它需要的张紧力较带传动小得多。张紧力主要使链的松边不要过于下垂而影响工作和产生跳齿、振动等,可以靠保持适当的悬垂拉力来达到,也由于此,链作用在轴上的压轴力也不大。

滚子链传动的失效形式主要有链板和套筒滚子的疲劳破坏、链条铰链的磨损和胶合、链的过载拉断等。

因为链有多种失效形式,每种失效形式均可导出一个所能传递功率 P_0 的表达式,给设计带来麻烦。为了清楚起见,综合考虑各种失效的影响,用实验的方法得到链在特定条件下各种失效形式限定的极限功率曲线,在各极限功率曲线的范围内再做适当修正,便得到链的额定功率曲线(图 3.3 中曲线 5),将各型号链条的额定功率曲线画在一起,便得到滚子链的额定功率曲线图,它是链传动设计的基本依据。当设计的链传动与实验规定的条件不同时,则引入相应的小链轮齿数系数 K_z、多排链系数 K_p 和工作情况系数 K_A 等进行修正,由修正后的计算功率在图中选择链的型号。

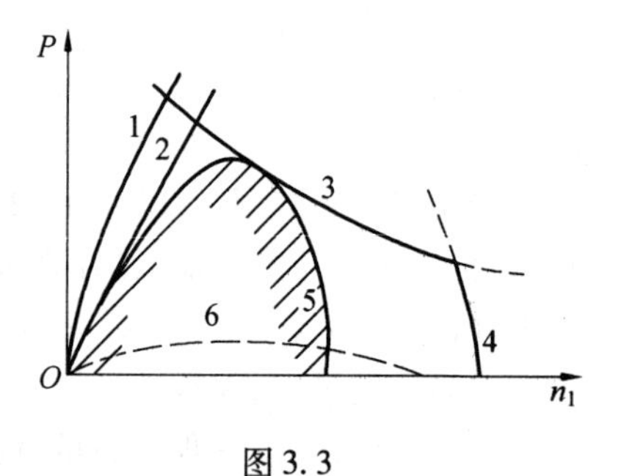

图 3.3

注:滚子链传动的计算公式为

$$P_c\geqslant f_1f_2P$$

式中　P——链传动传递的功率(kW);

f_1——应用系数,主要考虑由链传动的工作条件和主、从动机械特性引起的附加载荷的影响;

f_2——齿数系数,主要考虑小链轮齿数变化对由链板疲劳破坏限定的额定功率的影响。

然后由 P_c 及 n_1 查额定功率曲线图,选出链条的型号。

额定功率曲线是在推荐润滑方式条件下(见教材"润滑方式选择图")试验得到的,当工作中达不到该图推荐的润滑条件而使润滑不良时,链的磨损加剧,额定功率 P_0 要有一定幅度下降,甚至不能正常工作。

因为链是标准零件,在一般情况下,链传动的结构尺寸、材料均已标准化,所以链传动的计算主要是选择计算,即根据实际工作情况对传动的主要参数(链轮齿数、链节距排数、链轮转速、链节数和中心距)进行选择计算,有些参数(如链速等)要进行相应的验算。其中重点应掌握主要参数选择的原则,简述如下。

1. 传动比的选择

链传动的传动比一般小于7,推荐 $i=2\sim3.5$,以免链在小链轮上的包角过小,同时啮合齿数太少。当链速较低、载荷平稳和传动尺寸允许时,$i_{max}=10$。

2. 链轮齿数的选择

由运动分析可知,小链轮齿数 z_1 应选得多一些,以使多边形效应减小,动载荷减小,有利于传动。一般根据链速选择,$z_1=17\sim31$。当链速很低时,小链轮齿数最小可为9。小链轮齿数多些好,但大链轮齿数 z_2 也不宜超过120,以免过早掉链,同时也避免链传动的尺寸和质量过大。

3. 链节距和排数的选择

链传动承载能力与链节距 p 的大小和排数的多少有关,节距 p 越大,排数越多,承载能力越高;但节距 p 大时,运动不均匀性增加,附加动载荷增加,链轮尺寸也大。因此,在承载能力满足的条件下,尽量选较小节距的单排链;高速重载时可选小节距多排链,以使小链轮有一定的啮合齿数;当中心距大、传动比小的低速重载传动时,从经济考虑可选大节距的单排链。

4. 中心距的选择

传动比不变情况下,中心距 a 过小,使链在小链轮上的包角减小,轮齿上受力增大,同时,在一定链速下,单位时间链条绕过链轮的次数增多,加剧链条的疲劳和磨损。中心距过大,链条松边下垂量大,使链易上下颤振。设计时,常初选中心距 $a_0=(30\sim50)p$,最大可取 $a_{max}=80p$。

3.2 典型范例与答题技巧

【例3.1】 带式运输机的驱动如图3.4所示,已知小带轮直径 $d_1=140$ mm,大带轮直径 $d_2=400$ mm,运输带速度 $v=0.3$ m/s。为提高生产率,拟在运输机载荷不变(即拉力 F 不变)的条件下,将运输带速度提高到0.42 m/s。有人建议把大带轮直径减少到280 mm来实现这一要求,其余均不改变,减速器承载能力足够。这个建议是否合理?

【分析】 传动要同时满足传递运动和动力两方面要求，这类题就应从能否传递动力（功率）入手。

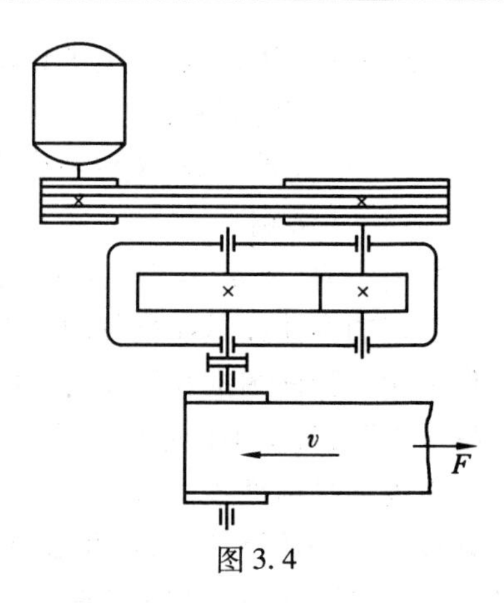

图 3.4

【解】 (1) 运输机拉力 $\boldsymbol{F}$ 不变，将大带轮直径 d_2 由 400 mm 降至 280 mm，其余不变，从速度来看，运输带速度可以提高到 0.42 m/s。但随之负载功率（$P=Fv/1\ 000$ kW）也相应提高 1.4 倍。减速器强度足够，但电机和各传动件传递的功率也应提高。

(2) 从带传动来看，小带轮直径和转速不变，单根带所能传递功率 P_0 不变，但负载功率提高 1.4 倍。由胶带根数公式 $Z=\dfrac{P_{\mathrm{d}}}{(P_0+\Delta P_0)K_\alpha K_L}$ 来看，大带轮直径 d_2 减小，传动比 i 减小，能使小带轮包角 α_1 增加，K_α 增加，功率增量 ΔP_0 也可能增加，但其影响较小（在 4% 以内），可忽略。而所传递的载荷 P_{d} 增大到原来的 1.4 倍，致使胶带根数也应相应增加或需选截面更大的带型，才能满足要求。另外还应重新校核键、轴承、联轴器等传动件和电机功率。

(3) 另一种方法是大带轮直径不变，将小带轮直径增加到 196 mm。只要带速小于 25 m/s，由于弯曲应力减少和小轮包角的加大，胶带所能传递的功率也能增大 1.4 倍甚至更多，就可保持原来的带型和根数。但这仍要重新校核电机及键、轴承、联轴器等传动件。

【例 3.2】 一单根普通 V 带传动，已知小带轮转速 $n_1=1\ 440$ r/min，$d_{\mathrm{d1}}=160$ mm，$d_{\mathrm{d2}}=450$ mm，$a=860$ mm，传动功率 $P=5$ kW，带与轮的当量摩擦系数 $f'=0.5$。

(1) 求小带轮包角 α_1，并用弧度表示之。

(2) 求 V 带的基准长度 L_{d}。

(3) 求大带轮的转速 n_2 和考虑滑动率 $\varepsilon=0.02$ 时的实际转速 n'_2。

(4) 紧边拉力 F_1、松边拉力 F_2 和有效圆周力 F。

(5) 初拉力 F_0 和压轴力 F_Q。

【分析】 本题主要是基本公式训练。

【解】 (1)

$$\alpha_1=180°-\frac{d_2-d_1}{a}\times57.3°=180°-\frac{450\ \mathrm{mm}-160\ \mathrm{mm}}{860\ \mathrm{mm}}\times57.3°=160.68°=2.80\ \mathrm{rad}$$

(2)

$$L_{\mathrm{d}}=2a+\frac{\pi}{2}(d_1+d_2)+\frac{(d_2-d_1)^2}{4a}=$$

$$2\times860\ \mathrm{mm}+\frac{\pi}{2}(450\ \mathrm{mm}+160\ \mathrm{mm})+\frac{(450\ \mathrm{mm}-160\ \mathrm{mm})^2}{4\times860\ \mathrm{mm}}=2\ 702.6\ \mathrm{mm}$$

选取标准带长 $L_{\mathrm{d}}=2\ 800$ mm。

(3)

$$n_2=n_1\times\frac{d_1}{d_2}=1\ 440\ \mathrm{r/min}\times\frac{160\ \mathrm{mm}}{450\ \mathrm{mm}}=512\ \mathrm{r/min}$$

当 $\varepsilon=0.02$ 时，

$$n'_2=n_2\times(1-\varepsilon)=512\ \mathrm{r/min}\times(1-0.02)=501.8\ \mathrm{r/min}$$

(4)
$$P=Fv/1\ 000=F_1\left(1-\frac{1}{e^{f\alpha_1}}\right)v/1\ 000$$

$$v=\frac{\pi d_1 n_1}{60\times1000}=\frac{\pi\times160\ \text{mm}\times1\ 440\ \text{r/min}}{60\times1\ 000}=12\ \text{m/s}$$

$$F_1=\frac{1\ 000P}{\left(1-\frac{1}{e^{f\alpha_1}}\right)v}=\frac{5\times1\ 000\ \text{W}}{\left(1-\frac{1}{e^{0.5\times2.8}}\right)\times12\ \text{m/s}}=553\ \text{N}$$

$$F=1\ 000\ \frac{P}{v}=\frac{5\times1\ 000\ \text{W}}{12\ \text{m/s}}=417\ \text{N}$$

$$F_2=F_1-F=553\ \text{N}-417\ \text{N}=136\ \text{N}$$

(5)
$$F_0=\frac{1}{2}(F_1+F_2)=\frac{1}{2}(553\ \text{N}+136\ \text{N})=344.5\ \text{N}$$

$$F_Q=2F_0\sin\frac{\alpha_1}{2}=2\times344.5\ \text{N}\times\sin\frac{160.68^\circ}{2}=685.6\ \text{N}$$

【例3.3】 试从传动带所能传递功率的基本公式来分析影响普通V带传动能力的因素。

【解】 传动带所能传递功率的基本公式为

$$P_0=([\sigma]-\sigma_{b1}-\sigma_c)\left(1-\frac{1}{e^{f\alpha_1}}\right)\frac{Av}{1\ 000}\ \text{kW}$$

其中：① 影响$[\sigma]$的有带长L和带的型号、材质（包括结构、材料、工艺水平等）及要求的寿命t；② 影响σ_b的有小带轮直径d_1、带的型号y_0、带的材质E_b和传动比i；③ 影响σ_c的有每米胶带质量m和带速v；④ 影响P_0的其他因素还有带和带轮间摩擦系数f、槽角φ_0、小带轮包角α_1、带速v和带的截面尺寸A。

若从单根普通V带所能传递功率公式

$$P_0=10^{-3}\left[\sqrt[11]{\frac{CL}{7\ 200t}}v^{-0.09}-\frac{2E_b y_0}{d_e}-\frac{mv^2}{A}\right]A\left(1-\frac{1}{e^{f\alpha_1}}\right)v\ \text{kW}$$

对应来分析，则更清楚。

【讨论】 本题也可固定胶带本身的一些参数，简单地从公式$(P_0+\Delta P_0)K_\alpha K_L$来分析，这样普通V带传动能力就受带的型号$y_0$、小带轮直径$d_1$、小带轮转数$n_1$、传动比$i$、小带轮包角$\alpha_1$、带长$L$和强力层材质的影响。

【例3.4】 图3.5所示为一带式制动器，已知制动轮直径$D=100$ mm，制动轮转矩$T=60$ N·m，制动杠杆长$l=250$ mm，制动带和轮间的摩擦因数$f=0.4$。试求：

(1) 制动力F_Q。

(2) 分别计算当包角$\alpha=210°$、$240°$和$270°$时所要求的制动力。

(3) 当制动轮转矩T的方向改变而$\alpha=180°$时，制动力F_Q应为多少？

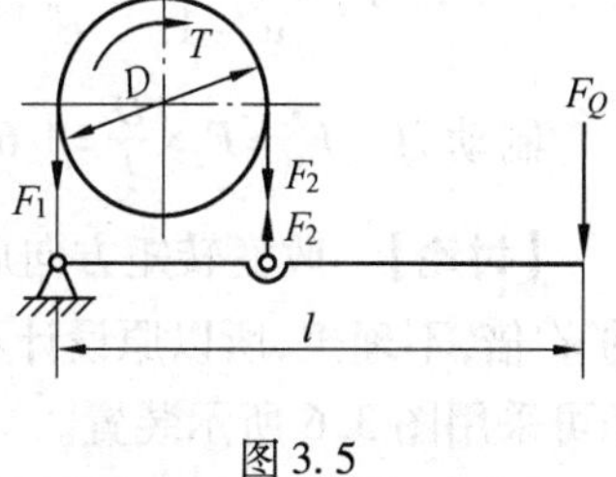

图3.5

【分析】 带式制动器与带传动工作原理相同，但应用于制动，其力的关系相同。

【解】 (1) 求制动力 F_Q。

制动轮上圆周力为

$$F=\frac{T}{D/2}=\frac{2\ 000\times60\ \text{N}\cdot\text{m}}{100\ \text{mm}}=1\ 200\ \text{N}$$

因为 $$F=F_1-F_2 \quad 和 \quad \frac{F_1}{F_2}=e^{f\alpha}$$

所以 $$F_2=\frac{F}{e^{f\alpha}-1}=\frac{1\ 200\ \text{N}}{e^{0.4\pi}-1}=477.4\ \text{N}$$

式中,$\alpha=\pi$ rad,制动力为

$$F_Q=F_2\cdot\frac{D}{l}=477.4\ \text{N}\times\frac{100\ \text{mm}}{250\ \text{mm}}=191\ \text{N}$$

(2) 求当 $\alpha=210°$、$240°$、$270°$时的制动力 F_Q。

当 $\alpha=210°=1.17\pi$ rad 时

$$F_2=\frac{F}{e^{f\alpha}-1}=\frac{1\ 200\ \text{N}}{e^{0.4\times1.17\pi}-1}=360\ \text{N}$$

$$F_Q=F_2\cdot\frac{D}{l}=360\ \text{N}\times\frac{100\ \text{mm}}{250\ \text{mm}}=144\ \text{N}$$

当 $\alpha=240°=1.33\pi$ rad 时

$$F_2=\frac{F}{e^{f\alpha}-1}=\frac{1\ 200\ \text{N}}{e^{0.4\times1.33\pi}-1}=276\ \text{N}$$

$$F_Q=F_2\cdot\frac{D}{l}=276\ \text{N}\times\frac{100\ \text{mm}}{250\ \text{mm}}=110\ \text{N}$$

当 $\alpha=270°=1.5\pi$ rad 时

$$F_2=\frac{F}{e^{f\alpha}-1}=\frac{1\ 200\ \text{N}}{e^{0.4\times1.5\pi}-1}=215\ \text{N}$$

$$F_Q=F_2\cdot\frac{D}{l}=215\ \text{N}\times\frac{100\ \text{mm}}{250\ \text{mm}}=86\ \text{N}$$

由此可见,增大包角,可增大带和制动轮间的摩擦力,可有效减小制动力。

(3) 若制动轮转矩 T 改变方向,这时 $F=F_2-F_1$,$F_2/F_1=e^{f\alpha}$,则当 $\alpha=\pi$ rad 时,带活铰端拉力 F_2(紧边)为

$$F_2=\frac{Fe^{f\alpha}}{e^{f\alpha}-1}=\frac{1\ 200\times e^{0.4\times\pi}}{e^{0.4\times\pi}-1}=1\ 677\ \text{N}$$

制动力 $$F_Q=F_2\times\frac{D}{l}=1\ 677\ \text{N}\times\frac{100\ \text{mm}}{250\ \text{mm}}=671\ \text{N}$$

【讨论】 改变转矩方向后,制动力 F_Q 是原有制动力的 $e^{f\alpha}$倍,不理想,所以原设计不宜用于双向制动。双向制动可采用图 3.6 所示装置。

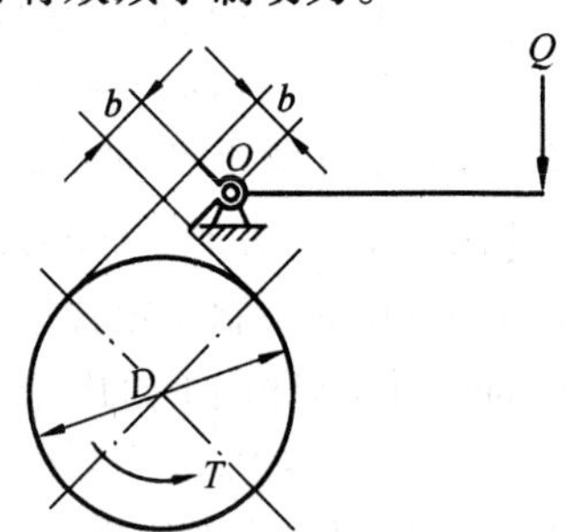

图 3.6

【例 3.5】 已知一滚子链传动,$p=25.4$ mm,$z_1=21$,$n_1=730$ r/min,试求平均链速 v、最大链速 v_{max}和最小链速 v_{min},并画图表示链速的变化规律。

【解】（1）平均速度。

$$v=\frac{n_1z_1p}{60\times1\ 000}=\frac{730\ \mathrm{r/min}\times21\times25.4\ \mathrm{mm}}{60\times1\ 000}=6.49\ \mathrm{m/s}$$

（2）链轮直径。

$$d_1=p/\sin\frac{180^\circ}{z_1}=25.4\ \mathrm{mm}/\sin\frac{180^\circ}{21}=170.42\ \mathrm{mm}$$

主动链轮上一个节距所对应的中心角为 φ_1

$$\varphi_1=\frac{360^\circ}{z_1}=\frac{360^\circ}{21}=17.14^\circ$$

$$v_{\max}=v_1\times\cos0^\circ=\frac{d_1}{2}\omega_1\times\cos0^\circ=\frac{170.42\ \mathrm{mm}\times730\ \mathrm{r/min}\times2\pi}{2\times60\times1\ 000}\times\cos0^\circ=6.51\ \mathrm{m/s}$$

$$v_{\min}=v_1\times\cos\frac{17.14^\circ}{2}=6.43\ \mathrm{m/s}$$

链速变化规律如图3.7所示。

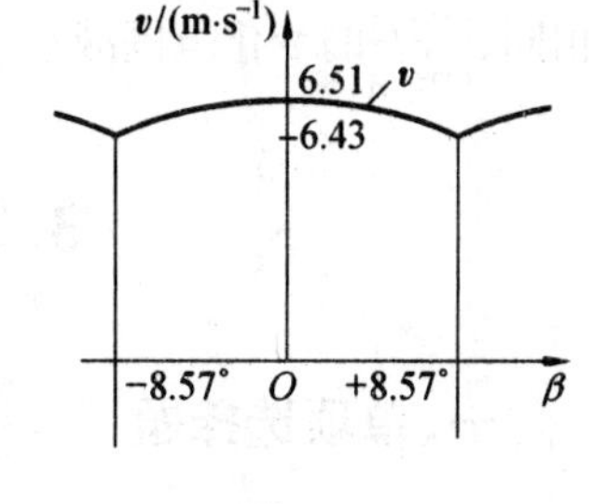

图3.7

【例3.6】在标准条件下，选用08A单列链，额定功率 $P_0=5$ kW 情况下，功率曲线上对应得两个转速 n_1（1 100 r/min 和 2 450 r/min），若润滑良好，输出功率恒定，试分析下面3种转速情况下，使用该链条将有什么结果：① $n_1<1\ 100$ r/min；② $n_1=1\ 100\sim2\ 450$ r/min；③ $n_1>2\ 450$ r/min。

【解】标准条件下的额定功率曲线图如图3.8所示，从图上功率曲线内区域中的 P_0 和 n_1 组合的点在润滑良好条件下，均能在规定寿命期限内正常工作。由此可见，n_1 在1 100～2 450 r/min 范围内能正常工作，而 $n_1<1\ 100$ r/min和 $n_1>2\ 450$ r/min 均不能在规定寿命内正常工作，前者会提前出现链板的疲劳拉断，后者会出现铰链的胶合破坏。

图3.8

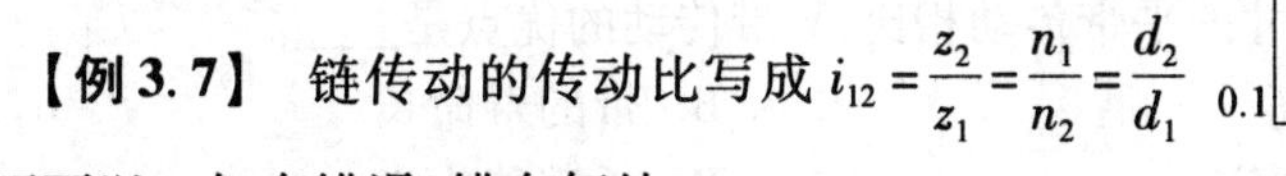
【例3.7】链传动的传动比写成 $i_{12}=\frac{z_2}{z_1}=\frac{n_1}{n_2}=\frac{d_2}{d_1}$ 是否可以？如有错误，错在何处？

【解】链传动的平均传动比 $i_{12}=\frac{n_1}{n_2}=\frac{z_2}{z_1}$，但不等于 d_2/d_1。因为链是按一多边形分布在链轮上的，当主动链轮转过一个齿，链便移动一个链节，从动轮也就相应地转过一个齿，所以链传动的平均传动比可以看成主、从链轮两多边形周长的比，而同一边长、不同边数多边形周长的比不等于其外切圆半径之比。这可从链轮分度圆直径公式看，链轮分度圆

$$d=p/\sin\frac{180^\circ}{z}$$

$$\frac{d_2}{d_1}=\frac{p/\sin\dfrac{180^\circ}{z_2}}{P/\sin\dfrac{180^\circ}{z_1}}=\frac{\sin\dfrac{180^\circ}{z_1}}{\sin\dfrac{180^\circ}{z_2}}\neq\frac{z_2}{z_1}$$

【例 3.8】 链传动瞬时速度变化给传动带来什么影响？如何减轻这种影响？

【解】 由于链传动的多边形效应使链的瞬时运动速度发生变化；同时使从动链轮瞬时角速度变化，$\omega_2=\dfrac{2v_1\cos\beta}{d_2\cos\gamma}$，从动轮角速度受 γ、β 变化而变化；特别是它拖动的后链质量亦做变速运动，这些都给传动产生很大的动载荷和冲击。

为减轻这种影响，可采取下述两种措施：

（1）由于 β 在 $\pm\varphi_1/2$ 和 γ 在 $\pm\varphi_2/2$ 范围内变化，一个节距对应的中心角 $\varphi_1=360^\circ/z_1$、$\varphi_2=360^\circ/z_2$，所以增加两链轮齿数 z_1、z_2，能使 β、γ 减小，链速变化减小。

（2）使紧边链长 L_B 为链节距 p 的整数倍，使 β、γ 的变化均处在相同相位，变化趋势相同，$\dfrac{\cos\beta}{\cos\gamma}$的变化范围减小，动载荷减小。

3.3 精选习题与实战演练

一、单项选择题

【题 3.1】 摩擦型带传动是依靠____来传递运动和动力的。

A. 带和带轮接触面之间的正压力　　B. 带与带轮之间的摩擦力

C. 带的紧边拉力

【题 3.2】 带张紧的目的是____。

A. 减轻带的弹性滑动　　B. 提高带的寿命

C. 使带具有一定的初拉力

【题 3.3】 与同样传动尺寸的平带传动相比，V 带传动的优点是____。

A. 传动效率高　　B. 带的寿命长

C. 带的价格便宜　　D. 承载能力大

【题 3.4】 选取 V 带型号，主要取决于____。

A. 带的线速度　　B. 带的紧边拉力

C. 带的有效拉力　　D. 带的设计功率和小带轮转速

【题 3.5】 普通 V 带两侧面的夹角为 40°，所以带轮轮槽角 φ_0 ____。

A. $>40^\circ$　　B. $=40^\circ$

C. $<40^\circ$

【题 3.6】 与链传动相比较，带传动的优点是____。

A. 传动效率高　　B. 承载能力大

C. 工作平稳，噪声小　　D. 使用寿命长

【题 3.7】 带传动正常工作时，紧边拉力 F_1 和松边拉力 F_2 满足关系____。

A. $F_1=F_2$　　B. $F_1-F_2=F$

C. $F_1/F_2=e^{f\alpha}$　　D. $F_1+F_2=F_0$

【题 3.8】　即将打滑时，传动带所能传递的最大有效拉力 F_{max} 和初拉力 F_0 之间的关系为____。

A. $F_{max}=2F_0e^{f\alpha}/(e^{f\alpha_1}-1)$　　B. $F_{max}=2F_0(e^{f\alpha_1}+1)/(e^{f\alpha_1}-1)$

C. $F_{max}=2F_0(e^{f\alpha_1}-1)/(e^{f\alpha_1}+1)$　　D. $F_{max}=2F_0(e^{f\alpha_1}-1)/(e^{f\alpha_1}-1)$

【题 3.9】　带传动在工作中产生打滑的原因是____。

A. 带的弹性较大

B. 传递的外载荷超过带和带轮间的极限摩擦力

C. 带和带轮间摩擦系数较小

D. 带传动中心距过大

【题 3.10】　带传动在工作中产生弹性滑动的原因是____。

A. 带与带轮间摩擦因数较小　　B. 所带的外载荷过大

C. 带的弹性与紧边和松边有拉力差　D. 初拉力过小

【题 3.11】　带传动不能保证准确传动比，是因为____。

A. 带在带轮上出现打滑　　B. 带出现了磨损

C. 带传动工作时发生弹性滑动　　D. 带的松弛

【题 3.12】　与 V 带传动比，同步带传动最突出的优点是____。

A. 传递功率大　　B. 传动比准确

C. 传动效率高　　D. 制造成本低

【题 3.13】　与齿轮传动相比，链传动的优点是____。

A. 传动效率高　　B. 承载能力大

C. 主、从动轴间的中心距大

【题 3.14】　在一定转速下，要减轻链传动的运动不均匀性和动载荷，应____。

A. 增大链节距和链轮齿数　　B. 增大链节距，减小链轮齿数

C. 减小链节距，增加链轮齿数　　D. 减小链节距和链轮齿数

【题 3.15】　若只考虑链条铰链磨损，掉链通常发生在____上。

A. 小链轮　　B. 大链轮

C. 说不定

【题 3.16】　滚子链中，滚子的作用主要是____。

A. 缓冲吸振　　B. 减轻套筒与轮齿间的摩擦磨损

C. 提高链的承载能力　　D. 保证链节与轮齿间良好的啮合

【题 3.17】　链条的节数宜采用____。

A. 奇数　　B. 偶数

C. 质数

【题 3.18】　链条在小链轮上包角过小的缺点是____。

A. 链在小链轮上容易出现掉链　B. 传动不均匀性增大

C. 啮合齿数少，链和轮齿的磨损快　D. 链易被拉断，承载能力低

【题 3.19】 链条的磨损主要发生在____的接触面上。

A. 滚子和轮齿 B. 滚子和套筒

C. 套筒和销轴 D. 内链板与轮齿

【题 3.20】 在润滑良好、中等速度的链传动中,其承载能力主要取决于____。

A. 链条铰链的胶合 B. 链条的疲劳破坏

C. 链条铰链的磨损

二、填空题

【题 3.21】 带传动在工作过程中,带内所受的应力有________________、________________和________________,最大应力 σ_{max}=________,发生在____________。

【题 3.22】 带传动的主要失效形式是________________。设计准则是________________。

【题 3.23】 带传动不发生打滑的条件是 $F\leqslant$________,为保证带传动具有一定的疲劳寿命,带中的最大应力 σ_{max}为________。

【题 3.24】 带传动中,即将打滑时带的紧边拉力与松边拉力之关系式为________。

【题 3.25】 V 带截面形状做成梯形是为了________________;根据结构分,V 带有________和________两种;普通 V 带的基准带长指的是带截面________________处的周长。

【题 3.26】 V 带、齿轮、链条用于多级传动中,带传动一般用于________,而链传动一般用于________。

【题 3.27】 滚子链是由滚子、套筒、销轴、内外链板所组成,其________与________之间,________与________之间分别用过盈配合连接;而________与________之间、________与________之间分别为间隙配合。

【题 3.28】 链传动的失效形式主要有________________、________________、________________和________________四种。

【题 3.29】 链传动中小链轮齿数太少,则会使传动的________和________增加,同时加速铰链________。而大链轮齿数太多,容易发生________。

【题 3.30】 链传动设计时,链条节数应选______(奇、偶)数,链轮齿数应选______数;速度较高时,链节距应选________些。

三、问答题

【题 3.31】 摩擦型带传动有何特点?在什么情况下宜采用带传动?同步带传动和一般带传动的主要区别是什么?

【题 3.32】 根据欧拉公式来分析用什么措施可使带传动能力提高?

【题 3.33】 带传动中,当外载荷大小改变时,其紧边拉力、松边拉力、有效圆周力是如何随之改变的?

【题3.34】 在V带传动设计中,为什么要限制 $d_{d1} \geq d_{min}$,$v \leq v_{max}$?

【题3.35】 带传动弹性滑动是如何产生的?它和打滑有什么区别?能否通过正确设计来消除弹性滑动?它们各自对传动产生什么影响?打滑首先发生在哪个带轮上?为什么?

【题3.36】 带与带轮间的摩擦系数对带传动有什么影响?为增加承载能力,将带轮的工作面加工得粗糙些,以增大摩擦系数,这样做合理吗?为什么?

【题3.37】 带传动中小轮包角 α_1 的大小对传动有何影响?如何增大小轮包角?

【题3.38】 影响带的疲劳强度和寿命的因素是什么?如何保证带具有足够的疲劳强度和寿命?

【题3.39】 试分析带传动中心距 a、初拉力 F_0 及带的根数 Z 的大小对带传动工作能力有何影响?

【题3.40】 如图3.9所示为一塔轮二级变速装置,如果输出轴2上的功率不变,应该按哪种转速来设计带传动?为什么?

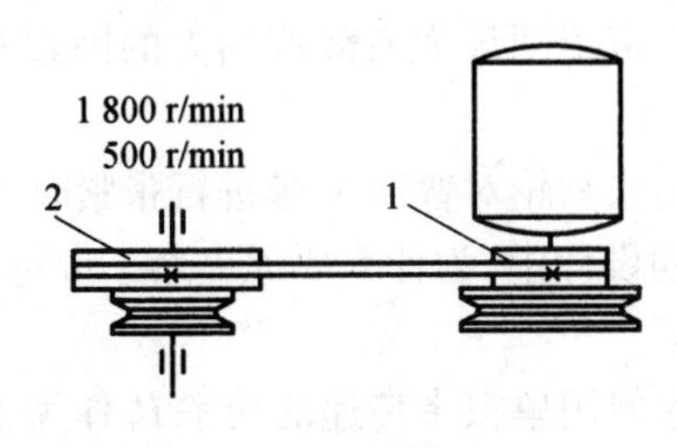

图3.9

【题3.41】 某一带传动在使用中发现丢转较多,请分析其产生原因,并指出解决的办法。

【题3.42】 设计普通V带传动时,如发现带速过低或过高,或小带轮包角过小,或应力循环次数过多,或根数太多,应如何解决?

【题3.43】 一般带轮采用什么材料?带轮的结构形式有哪些?根据什么来选择带轮的结构形式?

【题3.44】 带传动为何要有张紧装置?常用张紧装置有哪些?具有张紧轮的带传动,张紧轮最好放在什么位置?为什么?

【题3.45】 与带传动及齿轮传动相比,链传动有哪些优缺点?为什么自行车中一般都采用链传动?

【题3.46】 影响链传动速度不均匀性的主要参数是什么?为什么一般情况下链传动的瞬时传动比不是恒定的?在什么条件下是恒定的?

【题3.47】 链速 v 一定时,链轮齿数 z 的多少和链节距 p 的大小对链传动的动载荷有何影响?

【题3.48】 试分析链传动的节距和中心距过大或过小时对传动有何影响?

【题3.49】 链传动的额定功率曲线是在什么条件下得到的,在实际使用中常要进行哪些项目的修正?

【题3.50】 什么工作条件下按额定功率曲线选择传动链?什么工作条件下要求校

核链的静强度安全系数?

【题3.51】 带传动中,带速一般限制在5 ~25 m/s,为什么要限制带速?

【题3.52】 平带传动和V带传动的工作面各在何处?在相同张紧力下,谁的传动能力大?为什么?

【题3.53】 链传动应怎样布置?链传动中的动载荷主要与什么参数相关?高速重载下选择何种参数的链条?

【题3.54】 普通V带两侧面间的夹角为40°,而国家标准规定普通V带轮轮槽角为32°、34°、36°、38°,请解释规定轮槽角小于40°的理由。

【题3.55】 试分析说明套筒滚子链传动时瞬时传动比不稳定的原因,在什么特殊条件下可使瞬时传动比恒定不变?

【题3.56】 简述普通V带传动中单根普通V带所能传递的基本额定功率P_0的意义及影响其数值的主要因素。

【题3.57】 以带绕过主动轮为例说明为什么带传动中带的弹性滑动不可避免?

【题3.58】 影响摩擦型带传动最大有效圆周力的因素有哪些?张紧轮装置的主要作用是什么?

【题3.59】 请说明采用张紧轮对普通V带进行张紧时,张紧轮一般应如何布置?

【题3.60】 在V带传动设计中,为什么要提出最小带轮基准直径的要求?为什么要限制最大带速?

【题3.61】 带传动中为何用单根带传递的功率P_0作为主要设计参数?

【题3.62】 已知有一增速V带传动,画出带工作时各截面应力变化图,指出应力最大点,并写出应力表达式。

四、分析计算题

【题3.63】 普通V带传动所能传递的最大有效圆周力如何计算?

【题3.64】 在图3.10中,图3.10(a)为减速带传动,图3.10(b)为增速带传动。这两个传动装置中,带轮的基准直径$d_1 = d_4$,$d_2 = d_3$,且传动中各带轮材料相同,传动的中心距a及带的材料、尺寸和张紧力均相同,两传动装置分别以带轮1和带轮3为主动轮,其转速均为n,不考虑离心力的影响,试分析:哪个装置传递的最大有效拉力大?为什么?传递的最大功率呢?

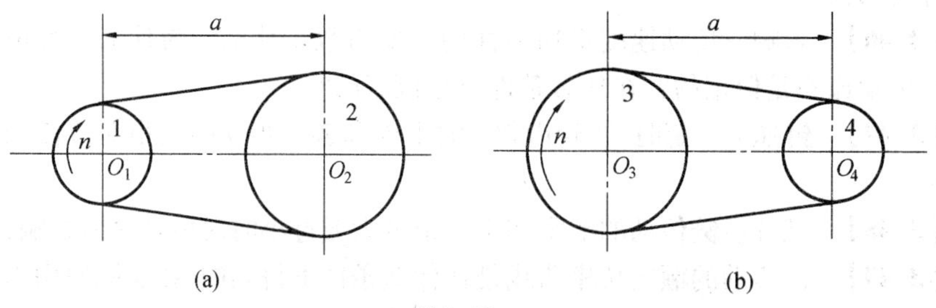

图3.10

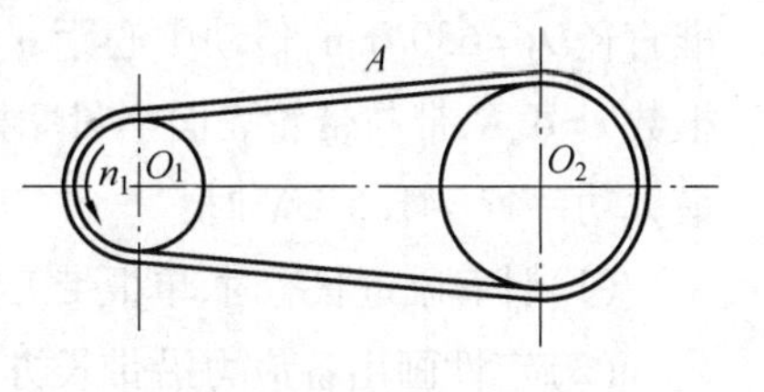

图3.11

【题3.65】 图3.11所示带传动中,带外表面点A的应力循环特性r应为什么?

【题3.66】 设带所能传递的最大功率$P=3$ kW,已知:主动轮直径$d_1=140$ mm,转速$n_1=1\ 420$ r/min,小轮包角$\alpha_1=160°$,带与带轮间的当量摩擦系数$f'=0.5$,求最大有效圆周力F和紧边拉力F_1。

【题3.67】 一V带传动中,初拉应力$\sigma_0=F_0/A=1.2$ MPa,传递的圆周力为750 N,若不考虑带的离心力,求工作时松、紧边拉力F_2、F_1($A=4.76\ \text{cm}^2$)。

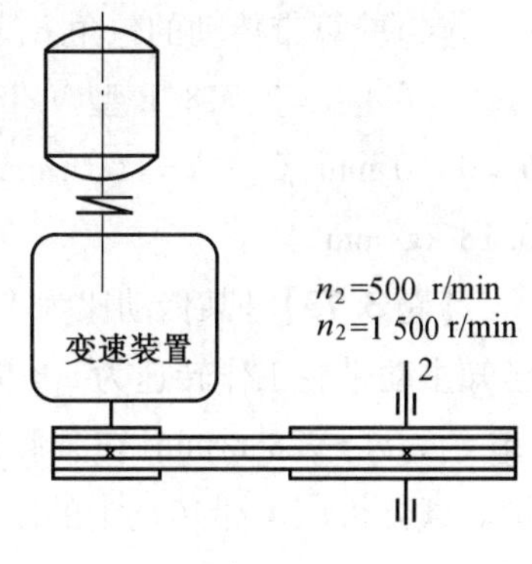

图3.12

【题3.68】 图3.12为两级变速装置,如变速过程中,轴2上的功率不变,则应按哪种转速计算胶带根数?如分别按两种转速计算,得出的胶带根数(型号相同)是否相差3倍?为什么?试用公式进行分析。

【题3.69】 一链传动,$z_1=25$,$z_2=75$,$n_1=960$ r/min,现由于工作需要,拟将从动轮转速降到$n_2=220$ r/min左右(相对误差小于3%),若不考虑中心距变化的影响,试问:

(1) 若从动轮齿数和其他条件不变,应将主动轮齿数减小到多少?此时链条所能传递的功率将是原来的多少倍?(用符号表示)

(2) 若主动轮齿数和其他条件不变,应将从动轮齿数增大到多少?

(3) 上述两种方案中,哪种方案比较合适?为什么?

【题3.70】 一双排滚子链传动,已知链节距$p=19.05$ mm,单排链的额定功率$P_0=3.5$ kW,小链轮齿数$z_1=21$,大链轮齿数$z_2=67$,中心距约为700 mm,小链轮转速$n_1=350$ r/min,载荷平稳,小链轮齿数系数$K_z=0.9$,多排链系数$K_p=1.7$,工作情况系数$K_A=1.0$,试计算:

(1) 该链传动能传递的最大功率。

(2) 链条的长度。

【题3.71】 V带传动的主动轮$d_1=140$ mm,$\alpha=170°$,$n_1=100$ r/min,从动轮$d_2=300$ mm,采用V形带的截面高$h=10.5$ mm,$q=0.17$ kg/m,截面积$A\approx140\ \text{mm}^2$,传递的圆周力$F_e=700$ N,紧边拉力$F_1=460$ N,试求:

(1) 若已知带的弹性模量$E=150\ \text{N/mm}^2$,节面位于$1/2h$处,带中各种应力值等于多少?

(2) 画出各应力沿带长的分布图,求最大应力并指明其作用点。

(3) 若滑移率$\varepsilon=0.04$,求出从动轮转速n_2?

【题3.72】 某B型普通V带传动,已知主动带轮基准直径$D_1=180$ mm,从动带轮基准直径D_2=630 mm,传动中心距 a=1 600 mm,主动轮转速 n=1 450 r/min,装置采用带的根数 z=4,V 带与带轮表面当量摩擦系数f_v=0.4,V 带的弹性模量 E=200 MPa,当传递的最大功率 P=41.5 kW 时:

(1)计算临近状态时,单根带工作时紧边拉力 F_1、松边拉力 F_2、带传动的有效拉力 F_{ec}。

(2)定性画出各应力沿带长方向的分布图。

(3)分析 V 带的最大应力 σ_{max}的位置。

(4)验算带传动的包角 α。

(注:e=2.718,B 型 V 带截面尺寸参数:截面积 A=143 mm^2,顶宽 b=17 mm,节宽 b_p=14.0 mm,高度 h=11.0 mm,V 带楔角 φ=40°。V 带轮槽角 θ=38°,单位长度质量 q=0.18 kg/mm。)

【题 3.73】 某传动比为 1 的普通 V 带传动,利用传感器监测从动轮实际工作转速,已知主动带轮工作转速为 v_1=940 r/min。工作时测得从动轮工作转速与主动轮转速不一致,约为v_2=928 r/min,在某瞬时测得从动轮工作转速剧烈下降并触发系统自动断电保护。试分析该 V 带传动中的现象和原因。

五、结构题

【题 3.74】 V 带轮轮槽与带的安装情况如图 3.13 所示,其中哪种情况是正确的?为什么?

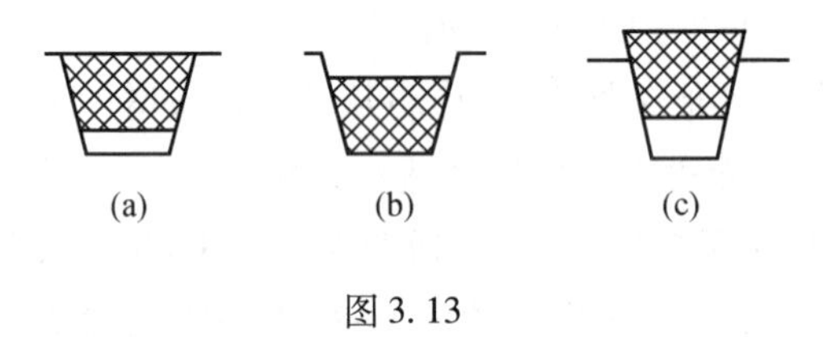

图 3.13

【题 3.75】 图 3.14 所示为 V 带传动的张紧方案,试分析其不合理处,并改正。

【题 3.76】 请指出图 3.15 结构中的错误,并改正。

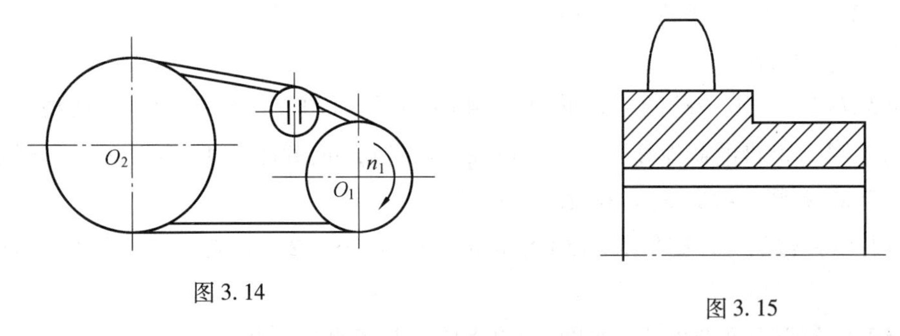

图 3.14

图 3.15

【题 3.77】 如图 3.16 所示链传动,大链轮为从动轮,主动小链轮按什么方向旋转较合理?用箭头在图中标出主动轮的旋转方向(中心距约为 30p~50p,p 为链条的节距或链轮的节距)。

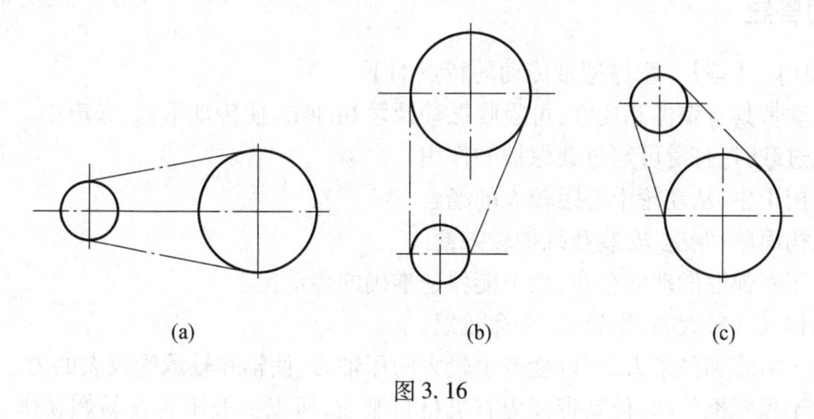

图3.16

3.4　精选习题答案

一、单项选择题

【题3.1】 B	**【题3.2】** C	**【题3.3】** D	**【题3.4】** D
【题3.5】 C	**【题3.6】** C	**【题3.7】** C	**【题3.8】** C
【题3.9】 B	**【题3.10】** C	**【题3.11】** C	**【题3.12】** B
【题3.13】 C	**【题3.14】** C	**【题3.15】** B	**【题3.16】** B
【题3.17】 B	**【题3.18】** C	**【题3.19】** C	**【题3.20】** B

二、填空题

【题3.21】　由松紧边拉力产生的拉应力　由离心力产生的拉应力　带绕过带轮时的弯曲应力　$\sigma_1+\sigma_{b1}+\sigma_c$　紧边进入小带轮处

【题3.22】　打滑和传动带的疲劳破坏　在保证工作时不出现打滑的条件下,传动带具有一定的疲劳强度和寿命

【题3.23】　$2F_0\dfrac{e^{f\alpha_1}-1}{e^{f\alpha_1}+1}$　$[\sigma]$

【题3.24】　$F_1/F_2=e^{f\alpha_1}$

【题3.25】　利用V带和轮槽间摩擦的楔形效应,同样张紧力下能产生更大的摩擦力　包边V带　切边V带　基准宽度 b_p

【题3.26】　高速级　低速级

【题3.27】　销轴　外链板　套筒　内链板　滚子　套筒　套筒　销轴

【题3.28】　链的疲劳破坏　链的铰链磨损　链的铰链胶合　静强度破断

【题3.29】　运动不均匀性　动载荷　磨损　掉链

【题3.30】　偶　奇　小

三、问答题

【题 3.31】【答】 摩擦型带传动的特点如下：

（1）传动带具有弹性和挠性，可吸收振动及缓和冲击，使传动平稳、噪声小。

（2）当过载时，打滑可起过载保护的作用。

（3）适用于主、从动轮中心距较大的场合。

（4）结构简单，制造、安装和维护较方便。

（5）由于有弹性滑动的存在，故不能保证准确的传动比。

（6）结构尺寸较大、效率较低、寿命较短。

（7）由于需施加张紧力，所以会产生较大的压轴力，使轴和轴承受较大的力。

（8）由于靠摩擦传动，传动带又由有机材料制成，所以一般不宜在易燃易爆、高温及酸碱油等环境下工作。

带传动适用于中小功率的动力传递，多用于中心距较大的场合。

同步带传动与一般带传动的主要区别是：同步带传动靠带齿和轮齿的啮合传动，能得到准确的传动比，而一般带传动不能。

【题 3.32】【答】 由 $F_{max}=2F_0\dfrac{1-\dfrac{1}{e^{f\alpha_1}}}{1+\dfrac{1}{e^{f\alpha_1}}}$可知，增大$f$、$\alpha_1$ 和 F_0，均可使带传动能力得到提高。

【题 3.33】【答】 因为

$$\begin{cases}F=F_1-F_2\\2F_0=F_1+F_2\end{cases}\Rightarrow\begin{cases}F_1=F_0+\dfrac{F}{2}\\F_2=F_0-\dfrac{F}{2}\end{cases}$$

所以 F_1、F_2 与 F_0、F 有关，而 $P=\dfrac{Fv}{1\,000}$，显然 $F\propto P$（外载荷），在 F_0 不变的情况下，当外载荷增大时，F 增大，F_1 增大，F_2 减小；当外载荷减小时，F 减小，F_1 减小，F_2 增大。

【题 3.34】【答】 在 V 带传动设计中，限制 $d_{d1}\geqslant d_{min}$是因为：d_{d1}若太小，由 $\sigma_{b1}=\dfrac{2E_bY_a}{d_{d1}}$可知，小带轮上带的弯曲应力 σ_{b1}就太大，则带就容易发生疲劳破坏。

限制 $v\leqslant v_{max}$主要是因为：v 超过 v_{max}后，离心力 $F_c=mv^2$ 急剧增大，带对带轮的正压力减小，传递功率骤降。从 $\sigma_{max}=\sigma_1+\sigma_{b1}+\sigma_c\leqslant[\sigma]$可以看出，带可承受的最大应力中，因 σ_c 占的比例增大，使有效工作应力所占比例减小，传递功率大大减小。

【题 3.35】【答】 胶带具有弹性，受拉后将产生弹性伸长，且带的变形量 $\varepsilon\propto F$，因为 $F_1>F_2$，所以 $\varepsilon_1>\varepsilon_2$，带绕过主动轮时，伸长量将逐渐减小并沿轮面滑动，而使带的速度落后于主动轮的圆周速度。绕过从动轮时，带将逐渐伸长，也会沿轮面滑动，不过在这里是带速超前于从动轮的圆周速度。这种由于材料的弹性变形而产生的滑动称为弹性滑动。

弹性滑动是由带的松、紧边拉力差造成弹性伸长量变化产生的带与轮之间的相对滑动,而打滑却是由于过载而产生带与轮之间的相对滑动。

只要传递载荷,就有松、紧力拉力差,所以弹性滑动是带传动正常工作时固有的特性,不可避免。

弹性滑动对传动的影响:①从动轮的圆周速度总是落后于主动轮的圆周速度,传动比不准确;②损失一部分能量。

打滑的影响:打滑造成带的严重磨损,并使带的运动处于不稳定状态,使传动失效。

因为带在大轮上的包角大于小轮上的包角,所以一般来说,打滑总是在小轮上先开始。

【题3.36】【答】 由 $F=2F_0\dfrac{1-\dfrac{1}{e^{f\alpha_1}}}{1+\dfrac{1}{e^{f\alpha_1}}}$可知,增大带与带轮间的$f$,则带的传动能力增强,但为增加承载能力,将带轮的工作面加工得粗糙些,以增大摩擦系数,这种做法是不合理的。因为带轮粗糙,会使带的磨损加剧,其寿命大大降低。

【题3.37】【答】 由 $F=2F_0\dfrac{1-\dfrac{1}{e^{f\alpha_1}}}{1+\dfrac{1}{e^{f\alpha_1}}}$可知,增大$\alpha_1$,可使$F$增大,即传动能力增大。

增大α_1的方法:①增大中心距;②在带的松边外侧加张紧轮。

【题3.38】【答】 影响带的疲劳寿命的因素为σ_{max}、$[\sigma]$和应力循环次数,因为$\sigma_{max}=\sigma_1+\sigma_{b1}+\sigma_c$,所以带的疲劳寿命与$\sigma_1$、$\sigma_{b1}$、$\sigma_c$、$[\sigma]$和应力循环次数有关。

保证带具有足够寿命的措施:

(1) 限制σ_{max}的大小。

① $\sigma_1=\dfrac{F_1}{A}=\dfrac{F_0+\dfrac{F}{2}}{A}$。

F_0为初拉力,过小将产生打滑,过大会降低带的寿命。

F为所传递的圆周力,V带在指定情况下,只允许传递一定的F,若过载使用,会出现打滑,使寿命显著降低。在不打滑情况下,F大,σ_1大,带的寿命较F小的要短,但能达到额定寿命。

② $\sigma_{b1}=\dfrac{2E_bY_a}{d_{d1}}$,为使$\sigma_{b1}$不致过大,$d_{d1}\geqslant d_{min}$。

③ $\sigma_c=\dfrac{mv^2}{A}$,v过大,σ_c就过大了,所占的比例大,就使对传动有用的σ_1所占的比例减小,降低了传动能力,因此普通V带$v\leqslant 25\sim 30$ m/s。

(2) 限制应力循环次数u。$u=\dfrac{2v}{L}$,带长(或中心距)和带速影响带的循环次数。

(3) 影响$[\sigma]$的因素有带长L、带的型号和材质(包括结构、材料、工艺水平等)。

【题3.39】【答】 (1)a小,结构紧凑,但若a太小,L_d太小,则带在单位时间绕过带轮的次数增加,降低了带的寿命,增加了带的磨损;同时i和d_{d1}一定时,a小,α_1小,传动能力降低。a 大,外形尺寸大,单位时间带绕过带轮的次数减小,增加了带的寿命,同时 d_{d1} 和 i 一定时,a 大,α_1 大,传动能力增加。

(2) F_0 过小,易出现打滑,传动能力不能充分发挥;F_0 过大,带的寿命降低,且轴和轴承的受力增加。

(3) 带的根数多,带的传动能力强;但带的根数越多,其受力越不易均匀,设计时应限制根数,一般 $Z<10$。

【题 3.40】【答】 应该按 $n_2=500$ r/min 进行带传动设计,因为 $P=\frac{Fv}{1\ 000}$,而 $v=\frac{\pi d_2 n_2}{60\times 1\ 000}$,$P$ 一定,n_2 小时,所需传递的圆周力大。

【题 3.41】【答】 丢转太多的原因是弹性滑动太大。

改进措施:控制负载和选用弹性模量大的传动带,另外设计带轮时应预先考虑滑动率的影响。

【题 3.42】【答】 ① 带速过高或过低,$v=\frac{\pi dn}{60\times 1\ 000}$,应通过调整 dn 的乘积来改进;② 小带轮包角过小,可以加大中心距或松边外侧加张紧轮;③ 应力循环次数过多,增加带长(即增大中心距);④ 根数太多,应增大带的型号或增大带轮直径。

【题 3.43】【答】 带轮的常用材料为铸铁,转速高时可用铸钢或用钢板冲压后焊接而成;小功率可用铸铝或非金属材料,高转速用带轮需进行动平衡试验。

带轮的结构形式有实心轮、腹板轮、孔板轮和椭圆轮辐轮。

主要根据带轮直径大小选择带轮的结构形式。

【题 3.44】【答】 传动带不是完全的弹性体,经过一段时间运转后,会因伸长而松弛,从而初拉力 F_0 降低,使传动能力下降甚至丧失。为保持传动能力,必须对带进行张紧,常用张紧装置有定期张紧装置、张紧轮张紧装置和自动张紧装置。

张紧轮置于松边,最好在带的内侧靠近大带轮处,因置于紧边需要的张紧力大,且张紧轮也容易产生跳动。靠近大轮是为了避免小带轮包角减小较多。

【题 3.45】【答】 与带传动相比,链传动是啮合传动,能保持准确的平均传动比;需要的张紧力小,作用在轴上的压力也小,可减少轴和轴承的受力;结构紧凑;能在温度较高、有油污等恶劣环境下工作。

与齿轮传动相比,链传动的制造和安装精度要求较低,当中心距较大时,其传动结构简单,成本低。

链传动的主要缺点是:瞬时链速和瞬时传动比不是常数,因此传动平稳性较差,工作中有一定的冲击和噪声,不能用于高速。

自行车中采用链传动的原因:① 中心距较大,采用链传动结构紧凑简单;② 链传动没有弹性滑动和打滑;③ 链传动能在较差的环境下工作。

【题 3.46】【答】 影响链传动速度不均匀性的主要参数是小链轮齿数 z_1、节距 p 及紧边链长。

通常瞬时传动比 $i_i=\frac{\omega_1}{\omega_2}=\frac{d_2\cos\gamma}{d_1\cos\beta}$,而 γ、β 随时间而变化,其最大值为 $\pm\frac{\varphi_1}{2}$、$\pm\frac{\varphi_2}{2}$,φ_1、φ_2,

是一个节距在主、从动轮上所对的圆心角,与齿数 z_1、z_2 有关。即使主动轮角速度 ω_1 是常数,ω_2 也随 γ、β 而变化,所以 i_i 也随时间而变化,故瞬时传动比不是恒定的。

只有当 $z_1=z_2$,并且紧边链长为链节距的整数倍的特殊情况下,才能保证瞬时传动比 i_i 为常数。

【题 3.47】【答】 链速一定时,链节距 p 越大,链轮齿数 z 越小,则冲击越强烈,引起的动载荷越大。

【题 3.48】【答】 在一定条件下,链的节距越大,承载能力越高;但多边形效应增加,传动不平稳,动载荷和噪声越严重,传动尺寸也大。

当 $i\neq1$,链轮中心距又过小时,链在小链轮上的包角小,与小链轮同时啮合的链节数亦少,啮合链节受力就大。同时因总链节数减少,当链速一定时,在单位时间内同一链节受到的应力变化次数和屈伸次数增加,使链的寿命降低。但中心距过大,除结构不紧凑外,还会使链的松边上下颤动,使运行不平稳。

【题 3.49】【答】 链传动的额定功率曲线是在 $z_1=25$、$L_p=120$、单排链、载荷平稳、传动比 $i=3$、按照推荐的润滑方式、工作寿命为 15 000 h、温度在 −5 ~ 70 ℃之间的条件下得到的,实际使用时因实际情况与实验条件不同,常须乘以一系列修正系数:小链轮齿轮系数 K_z,多排链系数 K_p,工作情况系数 K_A,且当润滑达不到要求时,额定功率值应降低。

【题 3.50】【答】 链速 $v\geqslant0.6$ m/s 的滚子链传动情况下按额定功率曲线选传动链,并根据实际情况修正。

对于链速 $v<0.6$ m/s 的传动,属低速链,其失效形式是过载拉断,应进行静强度计算。

【题 3.51】【答】 带传动靠带与带轮间的摩擦力来传动,其最大摩擦力要大于或等于有效圆周力 F。传递一定功率时,带速太低(如 $v<5$ m/s),其传递的有效圆周力太大,所需带的根数太多。但带速过大(如 $v>25$ m/s),带的离心力太大,减小带与带轮间的正压力和摩擦力,大大降低传递功率。

【题 3.52】【答】 平带传动工作面:与带轮相接触的内表面。

V 带传动工作面:两侧面。

同样张紧力下,V 带的传动能力大。

原因:由于 V 带的楔形效应,在同样张紧力作用下 V 带工作表面上的正压力 N 为平带正压力的 $\dfrac{1}{2\sin\dfrac{\varphi_0}{2}}$ 倍。若将其效果转化成当量摩擦系数,则 V 带的当量摩擦系数 $f'=\dfrac{f}{2\sin\dfrac{\varphi_0}{2}}$。式中,$f$ 为带和带轮材料间的摩擦系数,φ_0 为带轮的轮槽角。所以同样张紧力下,V 带的传动能力更大。

【题 3.53】【答】 链传动的布置是否合理,对传动的质量和使用寿命有较大的影响。不布置时链传动的两轴应平行,两链轮应处于同一平面内,一般宜采用水平或接近水平布置,并使松边在下。

链传动中的动载荷主要与链节距、链轮齿数和链轮转速有关。

高速重载时选小节距多排链的链条。

【题 3. 54】 **【答】** 带在带轮上弯曲时,顶部受拉,底部受压,由于截面形状的变化,使带的楔角变小,为使槽角适应这种变化,工作时带和轮槽能很好贴合,而规定轮槽角小于40°。

【题 3. 55】 **【答】** 由链的瞬时传动比$i=\frac{\omega_1}{\omega_2}=\frac{d_2\cos\gamma}{d_1\cos\beta}$可知,由于$\gamma$和$\beta$随时间而变,所以,虽然主动轮角速度$\omega_1$是常数,从动轮角速度$\omega_2$却随$\gamma$和$\beta$的变化而变化,其与齿数、啮合位置等参数有关。同样瞬时传动比i也随时间而变,因此链传动工作状态是不平稳的。

只有当$z_1=z_2$,并且紧边链长为链节距的整数倍的特殊情况下,才能保证瞬时传动比为常数。

【题 3. 56】 **【答】** 在带既不打滑又有一定疲劳强度,载荷平稳、特定带长、传动比为1,特定抗拉体材料条件下单根V带所能传递的功率为基本额定功率。

$$P_0=([\sigma]-\sigma_{b1}-\sigma_c)\left(1-\frac{1}{e^{f'\alpha_1}}\right)\frac{Av}{1\ 000}$$

影响主要因素包括带的型号,影响传动带的许用拉应力。

带速增加,传递功率相应增加,但它同时影响离心应力,使实际传递功率减小,速度越高,影响越大。

带轮直径影响弯曲应力。

【题 3. 57】 **【答】** 如图3. 17所示,由于带是弹性的,受拉力后产生弹性伸长,拉力越大,伸长量也越大;带绕过主动轮在紧边A点进入接触,此时带速和带轮接触点的速度相等,带随带轮由A点转过接触区至B点时,带的拉力逐渐减小,从而使带的伸长量逐渐减少,即在该过程中带逐渐缩短并相对带轮轮面滑动,使带的速度落后于主动轮的圆周速度。这种由于带的弹性变形而引起带与带轮间的相对滑动现象称为弹性滑动。

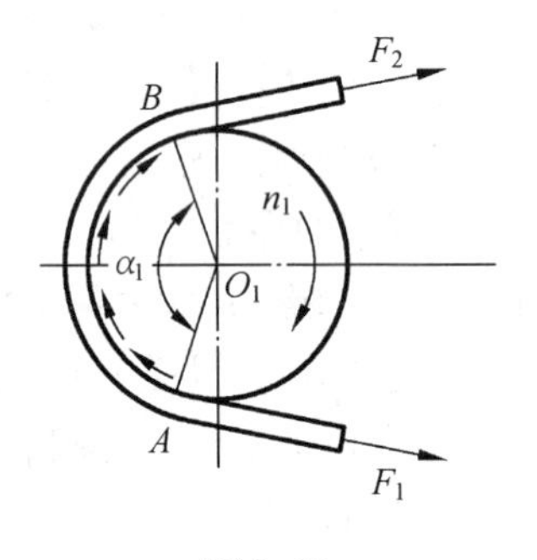

图 3. 17

带传动正常工作须靠带的松紧边拉力差来传递工作载荷,而带是弹性的,只要传递圆周力、出现松边和紧边,就会发生弹性滑动,所以说带的弹性滑动是不可避免的。

【题 3. 58】 **【答】** 影响摩擦型带传动最大有效圆周力的因素有初拉力、小带轮上的包角及带与带轮的摩擦系数;张紧轮装置的主要作用是保证带在两带轮间的张紧,以保证所需的初拉力。

【题 3. 59】 **【答】** 因置于紧边需要的张紧力大,且张紧轮也容易跳动,通常张紧轮置于带的松边。如图3. 18所示,当张紧轮置于松边内侧时,张紧轮应尽量靠近大带轮,以免小带轮上包角减小过多,V带传动常采用这种装置;如图3. 19所示,当张紧轮置于松边外侧时,使带承受反向弯曲,会降低带的寿命,这种装置常用于增大包角或空间受限制时的传动。

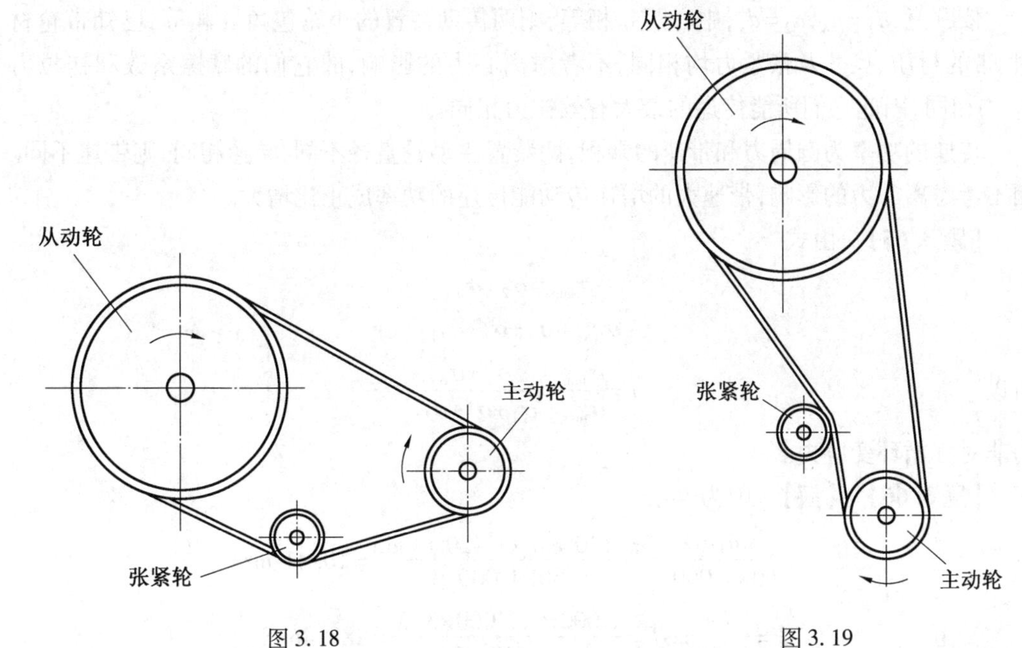

图3.18 图3.19

【题3.60】【答】 带传动中,弯曲应力变化最大,是引起带传动疲劳破坏的主要原因,基准直径减小,弯曲应力增大,因此,宜选用较大的基准直径。但是,基准直径增大,带传动的结构增大,因此要限制最小基准直径。在带传动中,当功率一定时,带速增大,所需圆周力减小,带的根数减少,但是带速过大,带的循环次数增大,疲劳寿命下降,另外,带速增大,导致离心应力增大,引起有效圆周力反而下降,不利因素大于有利因素,所以要限制最大带速。

【题3.61】 略。

【题3.62】 略。

四、分析计算题

【题3.63】【解】 $F=F_1-F_2$

即将打滑、传递最大圆周力时

$$\frac{F_1}{F_2}=e^{f\alpha_1}$$

$$F_2=\frac{F_1}{e^{f\alpha_1}}$$

$$F_{\max}=F_1\left(1-\frac{1}{e^{f\alpha_1}}\right)=\sigma_1 A\left(1-\frac{1}{e^{f\alpha_1}}\right)=([\sigma]-\sigma_b-\sigma_c)A\left(1-\frac{1}{e^{f\alpha_1}}\right)$$

【题3.64】【解】 两种传动装置能传递的最大有效拉力一样大。

当带传动即将打滑时,带在带轮上的摩擦力总和达到极限值,此时能传递的有效拉力为

$$F=2F_0\ \frac{e^{f\alpha_1}-1}{e^{f\alpha_1}+1}$$

依题意，$d_1=d_4$，$d_2=d_3$，中心距 a 相等，则两传动装置的小轮包角 α 相等，已知带轮材料、带的材质、尺寸及张紧力均相同，不考虑离心力的影响，故它们的摩擦系数和初拉力 F_0 均相同，因此它们所能传递的最大有效拉力相同。

传递的功率为圆周力和带速的乘积，两装置主动轮直径不同，转速相同，则带速不同。因不考虑离心力的影响，带速大的增速传动能传递的功率成正比增大。

【题 3.65】 由式

$$\sigma_{min}=\sigma_2+\sigma_c$$

$$\sigma_{max}=\sigma_1+\sigma_c+\sigma_{b1}$$

所以

$$r=\frac{\sigma_{min}}{\sigma_{max}}=\frac{\sigma_2+\sigma_c}{\sigma_1+\sigma_c+\sigma_{b1}}$$

为非对称循环变应力。

【题 3.66】【解】 因为

$$v_1=\frac{\pi d_1 n_1}{60\times1\ 000}=\frac{\pi\times140\ \text{mm}\times1\ 420\ \text{r/min}}{60\times1\ 000}=10.41\ \text{m/s}$$

又由

$$P=\frac{Fv}{1\ 000}\Rightarrow F=\frac{1\ 000P}{v}=\frac{1\ 000\times3\ \text{W}}{10.41\ \text{m/s}}=288.46\ \text{N}$$

$$\frac{F_1}{F_2}=e^{f\alpha_1} \tag{1}$$

$$F_1-F_2=F \tag{2}$$

联立式(1)、(2)，可解得

$$F_1=\frac{F}{1-\frac{1}{e^{f'a_1}}}=\frac{288.46\ \text{N}}{1-\frac{1}{e^{0.5\times\frac{160}{180}\pi}}}=383.35\ \text{N}$$

即带传递的最大有效圆周力 F 为 288.46 N，这时紧边拉力 F_1 为 383.35 N。

【题 3.67】【解】

$$\begin{cases}F_1+F_2=2F_0\\F_1-F_2=F\end{cases}\Rightarrow\begin{cases}F_1=\dfrac{2F_0+F}{2}\\F_2=\dfrac{2F_0-F}{2}\end{cases} \tag{1}$$

因为

$$\sigma_0=\frac{F_0}{A}=1.2\ \text{MPa},\quad A=4.76\ \text{cm}^2=476\ \text{mm}^2$$

所以

$$F_0=\sigma_0 A=1.2\ \text{MPa}\times476\ \text{mm}^2=571.2\ \text{N}$$

而

$$F=750\ \text{N}$$

代入式(1)，得

$$F_1=\frac{2F_0+F}{2}=\frac{2\times571.2\ \text{N}+750\ \text{N}}{2}=946.2\ \text{N}$$

$$F_2=\frac{2F_0-F}{2}=\frac{2\times571.2\ \text{N}-750\ \text{N}}{2}=196.2\ \text{N}$$

【题 3.68】【解】 应按 $n_2=500$ r/min 进行设计,因该 n_2 小,需传递的有效圆周力 F 大。

$$z=\frac{P_c}{(P_0+\Delta P)K_\alpha K_e}$$

$$P_0=([\sigma]-\sigma_{b1}-\sigma_c)\left(1-\frac{1}{e^{f'\alpha_1}}\right)\frac{Av}{1\ 000}$$

$P_0\propto v, v\propto dn$,若 d 不变,$v\propto n$。

ΔP 也与 n 成正比,但 P_0 中的 σ_c 随 n 的增大成平方增大,所以两种转速下此结果相差不到 3 倍,计算出根数也不到 3 倍。所以得出的胶带根数不应相差 3 倍。

【题 3.69】【解】 (1)改变 z_1 的方案。为使 $n_2'=220$ r/min,$z_2=75$,$n_1=960$ r/min,则

$$z_1'=z_2n_2'/n_1=75\times220/960=17.19(\text{齿})$$

选 $z_1'=17$ 齿,相对误差 1.1%<3%,允许。

链所能传递的功率 $P=\dfrac{K_pP_0}{K_AK_z}$,由于两种情况变化的仅是主动轮齿数 z_1,所以传递的功率将是原来的 K_z/K_z'。K_z 为 $z_1=25$ 的小链轮齿数系数,K_z'为 $z_1=17$ 的小链轮齿数系数。

(2) 改变 z_2 方案。通过增大从动轮齿数来满足 n_2',则

$$z_2'=z_1n_1'/n_2=25\times960/220=109.1(\text{齿})$$

取 $z_2'=109$ 齿,相对误差 0.1%<3%,允许。

从前述链所能传递的功率公式看,没有改变的参数,所以链条所传递的功率不变。

(3) 比较上述两种方案,若传动空间允许时,增大从动轮齿数有利,因为减小主动轮的齿数,将使传动功率下降。

【题 3.70】 (1)链传动能传递的最大功率。

$$P=\frac{K_pP_0}{K_AK_z}=\frac{1.7\times3.5\ \text{kW}}{1.0\times0.9}=6.61\ \text{kW}$$

(2) 链节数。

$$L_p=\frac{2a_0}{p}+\frac{z_1+z_2}{2}+\frac{P}{a_0}\left(\frac{z_2-z_1}{2\pi}\right)^2=118.9(\text{节})$$

取 $L_p=118$ 节。

链长　$L=L_p\times p=118.9\times19.05\ \text{mm}=2\ 265.05\ \text{mm}$

【题 3.71】 (1)略。

(2)如图 3.20 所示。

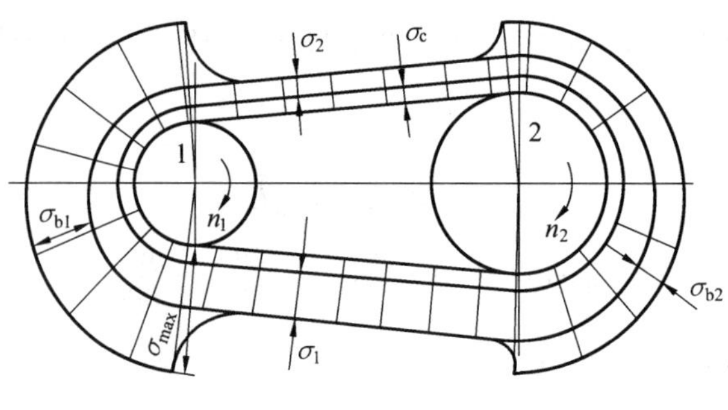

图 3. 20

(3) $n_2=n_1\left(\dfrac{d_1}{d_2}\right)(1-\varepsilon)=(100\ \text{r/min})(140\ \text{mm}/300\ \text{mm})(1-0.04)\approx 44.8\ \text{r/min}$

【题 3. 72】 (1) $P=\dfrac{zF_{ec}v}{1\ 000}=\dfrac{zF_{ec}}{1\ 000}\cdot\dfrac{\pi d_1 n_1}{60\times 1\ 000}, F_{ec}=759\ \text{N}$

$$F_1=F_{ec}\frac{e^{f\alpha_1}}{e^{f\alpha_1}-1}=1\ 114\ \text{N},\quad F_2=F_{ec}\frac{1}{e^{f\alpha_1}-1}=355\ \text{N}$$

(2)各应力沿带长方向的分布图如图 3. 21 所示。

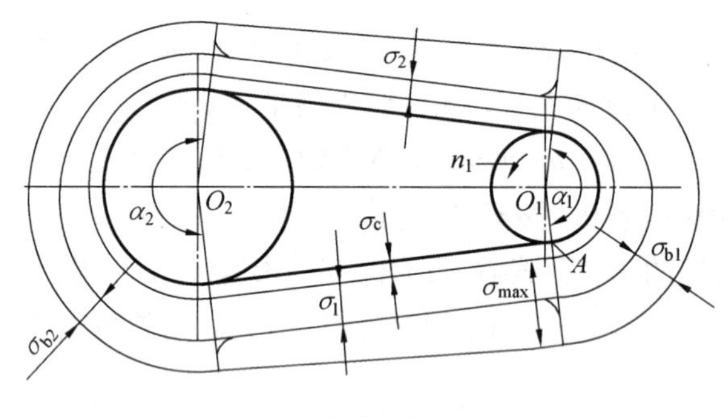

图 3. 21

(3)最大应力发生在紧边,带刚绕上小带轮的入口处(A 点)。

(4) $\alpha_1=180°-\dfrac{d_{d2}-d_{d1}}{a}\times 57.3°=180°-\dfrac{630\ \text{mm}-180\ \text{mm}}{1\ 600\ \text{mm}}\times 57.3°=163.9°>120°$

$$\alpha_1=163.9°/57.3°=2.86\ \text{rad}$$

五、结构题

【题 3. 74】 **【解】** 图 3. 13(a)正确。因 V 带的两侧面为工作面,底面不为工作面,应留有间隙,故图 3. 13(b)错误;为保证带有足够的工作面面积,带应装在轮槽内,故图 3. 13(c)错。

【题 3. 75】 **【解】** 张紧轮应置于松边内侧,且靠近大带轮处。现置于紧边内侧并靠近小带轮,使小带轮包角减少较大,并易引起振动。

【题 3. 76】 **【解】** 现齿侧凸缘最大直径 d_H 与齿根圆直径 d_f 相同,链条要被垫起,不能正确啮合

$$d_H=p\left(\cot\frac{180°}{z}-1\right)-0.80$$

$$d_f = \frac{P}{\sin \frac{180^\circ}{z}} - d_r$$

式中　d_r——滚子直径。

【题3.77】 **【解】**　图3.16(a)逆时针;图3.16(b)逆时针;图3.16(c)逆时针。

第4章　齿轮传动

4.1　必备知识与考试要点

4.1.1　主要内容

1. 齿轮传动的特点、分类

齿轮传动的主要特点，按工作条件和齿面硬度的分类方法，精度等级的划分方法，常用精度等级。

2. 齿轮传动的失效形式及设计准则

失效的机理、失效部位、影响因素及防止失效的措施（参见表4.1），不同工作条件和不同齿面硬度下的设计准则。

3. 常用齿轮材料及热处理方式

齿轮常用材料的特性，获得不同齿面硬度的常用热处理方法。

4. 载荷计算及轮齿受力分析

各载荷系数的名称、物理意义和影响因素（参见表4.2）。

5. 齿轮传动的强度计算

以标准直齿圆柱齿轮传动为基础，针对斜齿圆柱齿轮传动、直齿圆锥齿轮传动。

（1）强度计算的目的和条件式。

（2）工作应力计算时的力学模型、基本理论公式、力作用点、计算点、危险截面的位置。

（3）公式中各个系数的名称、物理意义和影响因素（参见表4.3）。

（4）齿轮传动的受力分析和判定方法。

（5）许用应力的确定和主要影响因素。

（6）强度计算公式的应用和主要参数的选择原则。

6. 齿轮的结构设计

齿轮结构的基本类型，影响齿轮结构的主要因素（如尺寸、材料、毛坯加工方法等），齿轮结构图绘制。

7. 齿轮传动的润滑

齿轮传动润滑的重要性，常用润滑方式，润滑剂的选择原则。

表4.1　齿轮传动的失效形式

失效形式	原　因	部　位	现　象	对传动的影响	改进方法	工　况
1. 轮齿的折断（疲劳、过载）	应力集中和弯曲应力的重复作用	齿根处	直齿轮:全齿折断;斜齿轮:局部齿折断	最严重的失效形式,必须避免	减少应力集中,提高加工精度、表面处理等	超寿命工作或突然过载严重,较多见于硬齿面闭式传动
2. 齿面疲劳点蚀	脉动变化的接触应力的重复作用	节线附近齿根处	齿面有麻点状凹坑	振动、噪声,甚至不能正常工作	提高齿面硬度,降低表面粗糙度,合理选择润滑油	软齿面闭式传动的主要失效形式
3. 齿面磨损	齿面间有相对滑动,同时齿面间有杂物或齿面有硬微峰	齿顶和齿根处	齿廓形状发生变化	振动、噪声、折齿	变开式为闭式,改善密封和润滑,提高硬度	开式齿轮传动的主要失效形式
4. 齿面胶合	齿面局部点受力过大,滑动速度大,摩擦热高,瞬间粘连	在齿顶或齿根处	齿面有条状伤痕且温升高	振动、噪声	降低滑动系数,提高硬度,降低粗糙度,加入极压添加剂	高速重载齿轮传动的主要失效形式
5. 轮齿塑性变形（齿体、齿面）	齿体:瞬间过载 齿面:摩擦力过大,使表层材料滑移	全齿体 节线处	全齿体歪斜 从动轮凸起、主动轮凹沟	破坏了啮合位置和齿廓形状	提高齿面硬度和润滑油黏度	低速重载的软齿面齿轮传动的主要失效形式

表 4.2　齿轮传动的载荷系数 $K(K=K_A K_V K_\beta K_\alpha)$

名　称	代　号	引入意义	主要影响因素	改进措施
使用系数	K_A	考虑齿轮啮合外部因素引起的附加动载荷对齿轮传动的影响	原动机和工作机的工作特性	避免原动机或工作机的载荷冲击
动载系数	K_V	考虑齿轮内部因素引起的附加动载荷对齿轮传动的影响	基节和齿形误差，节线速度波动，轮齿啮合刚度	提高齿轮加工精度，对高速（或硬齿面）齿轮进行齿廓修形
齿向载荷分布系数	K_β	考虑沿齿宽方向载荷分布不均对轮齿应力的影响	齿轮的制造安装误差，齿轮及系统刚度，轮齿宽度及齿面硬度，齿轮相对于轴承的位置	提高制造和安装精度，提高刚度，合理确定齿宽和齿轮在轴上的位置，非对称时齿轮应远离输入端。软齿面齿轮跑合，硬齿面齿轮齿端修形或做成鼓形齿
齿间载荷分配系数	K_α	考虑同时啮合各对轮齿间载荷分配不均对轮齿应力的影响	轮齿的制造误差（基节误差），啮合刚度、重合度和跑合情况	提高加工精度，适当齿顶修缘，控制齿面硬度

表 4.3　齿轮传动强度计算中引入的系数

名　称	代　号	引入意义	主要影响因素
载荷系数	K	将名义载荷换算成计算载荷	$K=K_A K_V K_\beta K_\alpha$（见表 4.2）
材料弹性系数	Z_E	考虑齿轮材料性能对其接触应力的影响	材料的弹性模量 E 和泊松比 μ
节点区域系数	Z_H	考虑节点齿廓形状对接触应力的影响	压力角 α 和螺旋角 β
重合度系数	Z_ε	考虑重合度对接触应用的影响	端面重合度 ε_α 和轴向重合度 ε_β
螺旋角系数	Z_β	考虑螺旋角的存在使总接触线发生变化，而引起的对接触应力的影响	螺旋角 β（$Z_\beta=\sqrt{\cos\beta}$）
齿形系数	Y_F	考虑轮齿几何形状对齿根弯曲应力的影响	齿轮形状参数（z、α、x、h_a^*、ρ_{ao}）等，但与模数 m 无关
应力修正系数	Y_S	考虑齿根的应力集中和除弯曲应力以外的其他应力对齿根抗弯曲能力的影响	当（α_n、h^*、c^*、ρ_{a0}）一定时，变位系数 x 和齿数 z 或当量齿数 z_v 查手册
重合度系数	Y_ε	全部载荷作用位置不同对齿根应力的影响	端面重合度 ε_α
螺旋角系数	Y_β	考虑螺旋角使接触线发生变化而引起的对齿根弯曲应力的影响	螺旋角 β 和轴向重合度 ε_β

4.1.2　重点与难点

1. 分析疲劳点蚀产生的机理,并说明点蚀出现在节点偏向齿根处的原因

疲劳点蚀是软齿面闭式齿轮传动的主要失效形式,齿轮在工作中,相互啮合的轮齿受到不断变化的齿面接触应力的重复作用,在接触应力的重复作用下,首先在接触齿面表层下 20 μm 处产生微裂纹,随着接触应力作用次数的不断累加,裂纹逐渐扩展至齿表面,轮齿表面出现裂纹后,润滑油随啮合运动进入裂纹中,接触应力的继续作用,增加了裂纹中润滑油的压力,使裂纹继续向前发展,直至最后出现小块的片状剥落即产生点蚀。

疲劳点蚀先出现在节点偏向齿根处的主要原因有两点:首先是单齿啮合下界点恰恰在此区域,接触应力最大,即先产生裂纹的可能性最大;其次是此区域裂纹在表面的开口方向与轮齿的运动方向相同,有利于润滑油的进入,而且是先进入后封口,极易使润滑油产生高压而加速裂纹扩展。而在节点偏上的单齿啮合上界点区域,啮合过程有利于使润滑油从裂纹中挤出,从而减缓了润滑油对裂纹扩展的作用。

2. 对齿轮传动强度计算公式的深入理解

(1) 齿面接触疲劳强度计算公式。

$$\sigma_H = Z_E Z_H Z_\varepsilon Z_\beta \sqrt{\frac{KF_t}{bd_1} \cdot \frac{u+1}{u}} \leqslant [\sigma]_H$$

① 当载荷、材料、齿数比和齿宽一定时,接触强度主要与 d_1 或 a 有关,而 d_1 或 a 的大小体现了赫兹公式中圆柱体曲率半径 ρ 的大小,所以 d_1、a 越大,接触应力 σ_H 越小,接触强度越高。

② 当 d_1 或 a 一定时,接触强度与 m 和 z_1 的组合无关。

③ $\sigma_{H1}=\sigma_{H2}$,但一般 $[\sigma]_{H1} \neq [\sigma]_{H2}$,故设计计算中取 $[\sigma]_H=\min\{[\sigma]_{H1},[\sigma]_{H2}\}$。因为 $[\sigma]_H=\frac{\sigma_{Hlim} Z_N}{S_H}$,而 σ_{Hlim} 与齿轮材料、硬度和热处理方式等有关,Z_N 又与应力的循环次数有关,所以一般情况下 $[\sigma]_{H1} \neq [\sigma]_{H2}$。

(2) 齿根弯曲疲劳强度计算公式。

$$\sigma_F = \frac{KF_t}{bm_n} Y_F Y_\varepsilon Y_S Y_\beta \leqslant [\sigma]_F$$

① 一般情况下 $\sigma_{F1} \neq \sigma_{F2}$,强度计算时应分别计算。

② 当 $z_1<z_2$ 时,$Y_{F1}Y_{S1}>Y_{F2}Y_{S2}$,即 $\sigma_{F1}>\sigma_{F2}$,但往往 $[\sigma]_{F1}>[\sigma]_{F2}$。

③ 设计计算中,取 $\frac{Y_F Y_S}{[\sigma]_F}=\max\left\{\frac{Y_{F1}Y_{S1}}{[\sigma]_{F1}},\frac{Y_{F2}Y_{S2}}{[\sigma]_{F2}}\right\}$。

3. 齿形系数 Y_F 的意义及主要影响因素

在齿根弯曲应力计算式推导过程中,定义齿形系数 $Y_F=\frac{6\left(\frac{h_F}{m}\right)\cos\alpha_F}{\left(\frac{S_F}{m}\right)^2\cos\alpha}$(式中,$h_F$ 为弯曲力臂;S_F 为危险截面宽度;α_F 为载荷作用角;α 为压力角;m 为模数)。

引入齿形系数的目的是考虑轮齿几何形状对齿根弯曲应力的影响，主要影响因素为影响齿廓形状的几何参数($z,x,\alpha,h_a^*,\rho_{a0}$等)，但与模数 m 无关(因为 h_F 和 S_F 总可以简化成模数 m 的倍数)。由图4.1可以看出，随着齿数 z 的增加或变位系数 x 的增大或分度圆压力角 α 的增大，齿根增厚，Y_F 和 σ_F 减小，而模数变化时，齿廓随之放大或缩小，但形状不变，故 Y_F 值不变。

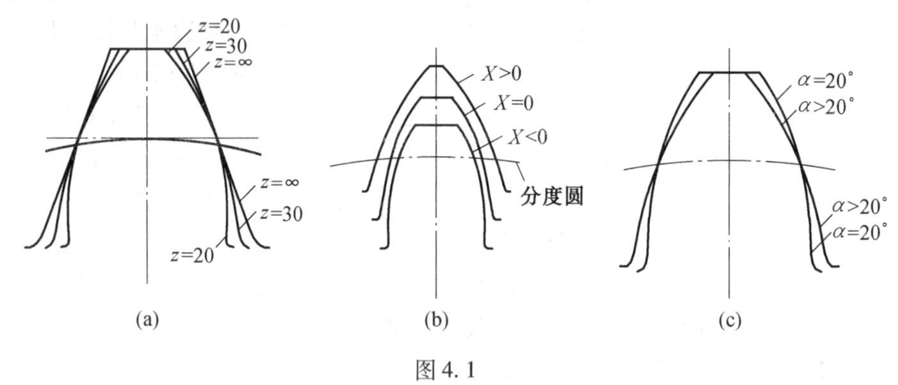

图4.1

4. 齿轮受力方向的判别

圆周力 F_t：主动轮→与转动方向相反

从动轮→与转动方向相同

径向力 F_r：各自指向轮心

轴向力 F_a：锥齿轮→从小端指向大端

圆柱齿轮：主动轮→应用左(右)手定则，拇指方向即为轴向力方向

从动轮→与主动轮的轴向力相反

5. 根据给定工况，正确设计齿轮传动

熟悉不同工况下可能产生的主要失效形式(轮齿的折断、齿面疲劳点蚀、齿面磨损、齿面胶合、轮齿塑性变形等，参见表4.1)，正确确定设计准则，结合工况需求选择材料、热处理方式和加工精度，在强度计算中，合理地选择各相关参数，掌握参数选择原则，正确解释设计过程。

6. 载荷系数引入的目的和主要影响因素

载荷系数 $K(K=K_AK_VK_\beta K_\alpha)$ 综合考虑了齿轮由于工作特性、制造及安装误差、齿轮和支承变形等因素引起的外部和内部附加动载荷、偏载和载荷分配不均等因素对轮齿受力和应力的影响，利用计算载荷对齿轮进行强度计算，可以使所设计的齿轮更安全、更符合实际工况需求。关于各系数引入的意义、主要影响因素和改进措施等可参见表4.2。

7. 熟练分析齿轮主要参数的选择原则

(1) 模数 m 和齿数 z_1 的选择。因为 $d_1=mz_1$，$a=\dfrac{1}{2}m(z_1+z_2)$，当 d_1 或 a 一定时，齿轮的接触应力与 m 和 z 的组合无关，因此软齿面闭式传动时，在满足齿根弯曲强度条件的基础上，m 尽可能取小值，而 z 尽可能取大值，常取 $z\geqslant18\sim30$，但要注意传递动力时 $m\geqslant1.5\sim2$ mm，因为齿数 z 多，可增大重合度 ε_α，使传动平稳，m 小，可减小滑动速度，增加耐磨和抗胶合性能。$z_1 \geqslant z_{\min}$且z_1与z_2应互质为好。在硬齿面闭式传动中,按齿根弯曲强度条件,$z_1=17\sim20$,以免传动尺寸过大。在开式传动中,由弯曲强度求得m后应再增大10%～15%,以考虑轮齿磨薄断齿的影响。

(2) 齿宽系数ϕ_d和ϕ_a的选择。$\phi_d=\dfrac{b}{d_1}$,$\phi_a=\dfrac{b}{a}$,当d_1和a一定时,$\phi_d(\phi_a)$与齿宽b成正比,轮齿过宽,不利于载荷沿齿宽的均匀分布,因此通常闭式传动$\phi_a=0.3\sim0.6$,开式传动$\phi_a=0.1\sim0.3$,采用斜齿轮或轴的刚度较大时,宜取大值,反之易取小值。由强度计算求得的齿宽b应等于大齿轮宽度(即$b=b_2$),而小齿轮宽度$b_1=b_2+(5\sim10)$mm,以考虑齿轮装配时轴向窜动的影响。

(3) 分度圆压力α角的选择。分度圆压力α角的增大,有利于齿根弯曲强度的提高(因为齿根厚度增大)和齿面接触强度的提高(因为曲率半径增大),不利因素是径向力F_r($F_r=F_t\tan\alpha$)亦同时增大,从而增加了轴承的载荷,所以无特殊要求的齿轮,通常取标准压力角$\alpha=20°$,航空航天等特种工况下的齿轮可取$\alpha=25°$,以提高其齿根弯曲强度和齿面接触强度。

(4) 齿数比u的选择。齿数比$u=\dfrac{z_2}{z_1}\geqslant1$,在减速传动中,齿数比等于传动比,在增速传动中,齿数比与传动比互为倒数。齿数比的选择是否合理,不仅影响传动的总体尺寸的大小,而且也直接影响到两齿轮是否容易设计成近似等强度,因此一般取单级齿数比$u\leqslant7$。

(5) 螺旋角β的选择。β选得太小,斜齿轮传动平稳及承载能力提高的优越性不明显;若β选得过大,则轴向力F_a($F_a=F_t\tan\beta$)增大,影响轴承部件结构,因此,一般取$\beta=8°\sim20°$。对于人字齿轮,因轴向力可以相互抵消,可取$\beta=25°\sim30°$。

8. 掌握不同工况下齿轮传动的设计准则

(1) 软齿面闭式传动,常因齿面点蚀而失效,故设计准则是通常按齿面接触疲劳强度设计,然后校核齿根弯曲疲劳强度。

(2) 硬齿面闭式传动,由于齿面接触承载能力较大,常因齿根疲劳折断而失效,故按齿根弯曲疲劳强度设计,然后校核齿面接触疲劳强度;或同时按齿面接触疲劳强度和齿根弯曲疲劳强度进行设计,然后取设计参数的较大值。

(3) 开式齿轮传动,由于可能出现的主要失效形式是齿面磨损,轮齿磨薄后常易发生轮齿折断,而齿面磨损的产生影响因素很多,目前尚无精确公式进行计算,故通常按齿根弯曲疲劳强度设计,然后适当增大模数,以考虑磨损的影响。

9. 掌握齿轮传动许用应力的计算方法及主要影响因素

许用接触应力的计算公式:

$$[\sigma]_H=\frac{\sigma_{Hlim}Z_N}{S_H}\quad \text{MPa}$$

许用弯曲应力的计算公式:

$$[\sigma]_F=\frac{\sigma_{Flim}Y_N}{S_F}\quad \text{MPa}$$

式中　σ_{Hlim},σ_{Flim}——齿轮齿面接触疲劳极限应力和齿根弯曲疲劳极限应力,在一定试验条件下，由标准试验齿轮经过大量试验获得，主要影响因素为所选齿轮材料的类型、硬度及热处理方式；对 σ_{Flim} 还要考虑应力循环特性的影响。

S_{H}，S_{F}——接触强度寿命系数和弯曲强度寿命系数，

Z_{N}，Y_{N}——Z_{N} 是接触强度计算的寿命系数，当设计齿轮为有限寿命时，用寿命系数 Z_{N} 提高其极限应力；Y_{N} 是弯曲强度计算的寿命系数，当设计齿轮为有限寿命时，用寿命系数 Y_{N} 提高其极限应力。其值由下式计算：

$$Z_N=\sqrt[m]{\frac{N_0}{N}},\quad Y_N=\sqrt[m']{\frac{N_0}{N}}$$

式中 m 和 m'——疲劳曲线指数，与材料及热处理方法有关；

N_0——应力循环基数，与材料及热处理方法有关；

N——所设计齿轮在工作寿命时间内实际的应力循环次数，由下式计算：

$$N=60naL_{\mathrm{h}}$$

式中 n——齿轮转速（r/min）；

L_{h}——齿轮工作寿命（h）；

a——齿轮转一周，同一侧齿面啮合的次数。

10. 齿轮传动强度计算公式推导中力学模型的简化及修正方法

（1）直齿圆柱齿轮传动齿面接触疲劳强度计算式力学模型的建立。齿面接触疲劳强度的条件为 $\sigma_{\mathrm{Hmax}}\leqslant[\sigma]_{\mathrm{H}}$，最大接触应力 σ_{Hmax} 的计算以赫兹接触应力公式为基础，代入最大应力啮合点的相应参数。

理论分析表明，齿轮在由齿顶至齿根的啮合过程中，在不同的接触点，其接触应力的大小是不同的，最大接触应力啮合点应为单齿啮合下界点，因为该点的综合曲率是单齿啮合区各点综合曲率的最大值，但该点的位置与重合度大小有关，随重合度的变化而变化，因此为使计算简化，使公式更具有通用性，在强度计算中取节点处的参数代替单齿啮合下界点的参数，所引起的误差用重合度系数 Z_{ε} 进行修正。

（2）直齿圆柱齿轮传动齿根弯曲疲劳强度计算式力学模型的建立。齿根弯曲疲劳强度的条件式为 $\sigma_{\mathrm{Fmax}}\leqslant[\sigma]_{\mathrm{F}}$，由于齿轮轮缘的刚度较大，因此可以将轮齿看作宽度为 b 的悬臂梁。求解最大弯曲应力 σ_{Fmax}，需确定齿根危险截面位置和在齿根处产生最大弯矩时的载荷作用点。理论分析表明，齿根危险截面的位置可以采用30°切线法确定，单齿啮合上界点是齿根产生最大弯矩时的载荷作用点，但由于该点在齿面上的位置与重合度有关，受齿轮齿数的影响难以确定，因此为使齿轮弯曲疲劳强度计算式更具有通用性，故在公式推导中按全部载荷作用于齿顶啮合点处进行计算，并引入小于 1 的重合度系数 Y_{ε} 进行修正。

11. 齿轮常用材料和精度

根据齿轮传递运动和动力时的工作特点以及齿轮可能产生的主要失效形式，要求齿轮材料的齿面硬度要高、齿芯韧性要好。对于一般中、小功率的软齿面齿轮传动，经正火或调质处理可采用中碳钢或中碳合金钢。对于重要的齿轮传动，采用经渗碳淬火的低碳合金钢或采用经表面淬火处理的中碳钢、中碳合金钢。对于结构尺寸较大的齿轮，可采用

铸钢，而对于低速、轻载、无冲击的开式齿轮传动，也可采用铸铁。对高速、轻载及精度不高的齿轮传动，还可以采用工程塑料。

国家标准（GB/T 10095.1～2—2001）规定齿轮有13个精度等级，按精度高低依次为0～12级，常用的是6～9级。它考虑到传动准确性、传动平稳性、载荷分布均匀性和齿轮副侧隙的合理性。齿轮精度等级根据齿轮类型、传动用途、使用条件、圆周速度等决定。

12. 齿轮几何参数的圆整

齿轮及其传动的几何参数中，有些尺寸是可以圆整的，例如，圆柱齿轮的宽度 b、齿数 z、轮毂及腹板结构尺寸等。而必须严格保证几何关系的尺寸和参数不得任意圆整，例如，分度圆直径 d、中心距 a（若 a 要圆整，则必须保证各参数与它的几何关系，即 $a=m_n(z_1+z_2)/(2\cos\beta)$）、螺旋角 β、顶圆直径 d_a、根圆直径 d_f、锥距 R、分度圆锥角 δ、齿顶角 θ_a、齿根角 θ_f、顶锥角 δ_a，根锥角 δ_f，齿高 h、基圆齿距 p_b、分度圆齿距 p 等。有的参数必须取为标准值，例如，模数 m、分度圆上法向压力角 α_n、齿顶高系数 h_a^*、顶隙系数 c^* 等。

4.2　典型范例与答题技巧

【例4.1】　绘图说明当齿轮在轴上非对称布置时，为什么最好使齿轮远离输入端或输出端？

【分析】　重点说明齿轮在轴上非对称布置时易出现载荷沿齿宽分布不均，而齿轮远离输入端或输出端时，有利于减缓载荷的分布不均。

【解】　如图4.2所示，当齿轮在轴上非对称布置时，由于轴受载后产生弯曲而使齿轮位置发生偏斜，从而引起齿轮沿齿宽受力不均。此外，当扭矩自轴端输入和输出时，齿轮和轴的扭转变形也会使载荷沿齿宽分布不均，而且离转矩输入端越近，轴的扭角越大，轮齿变形大，受载也大，正好与该情况因弯曲造成的偏载情况相反。所以，将齿轮布置在远离转矩输入端或输出端的位置，利用轴的弯曲和扭转变形的综合作用，也可使载荷分布不均的状况得到改善。

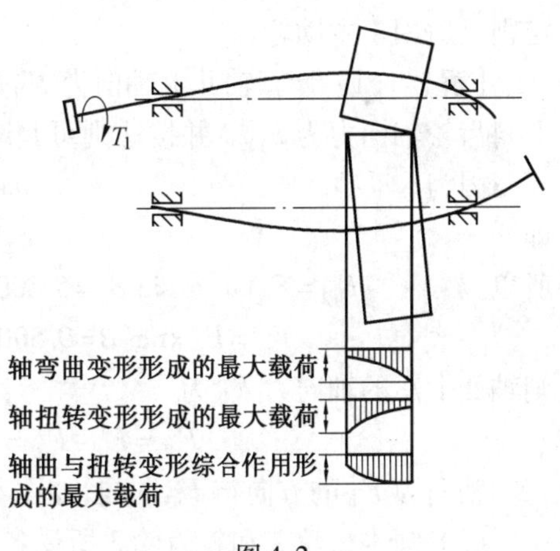

图4.2

【例4.2】　利用齿轮齿面接触应力计算公式，说明在相同情况下斜齿轮比直齿轮具有更高的接触疲劳强度。

【分析】　首先应剖析直齿轮及斜齿轮齿面接触应力计算式和接触疲劳强度关系式，通过比较，找出斜齿轮计算式中受螺旋角影响的相关参数，分析参数的变化规律，说明斜齿轮具有更高接触疲劳强度的依据。

【解】　齿轮齿面接触应力的计算式为

直齿轮

$$\sigma_H = Z_E Z_H Z_\varepsilon \sqrt{\frac{KF_t}{bd_1} \cdot \frac{u \pm 1}{u}}$$

斜齿轮 $$\sigma_H = Z_E Z_H Z_\varepsilon Z_\beta \sqrt{\frac{KF_t}{bd_1} \cdot \frac{u\pm1}{u}}$$

接触疲劳强度条件 $$\sigma_H \leqslant [\sigma]_H$$

从直齿轮和斜齿轮齿面接触应力计算式的比较可以看出，斜齿轮计算式中增加了一个螺旋角系数 Z_β，以考虑螺旋角的增加对接触应力的影响，螺旋角系数是一个小于 1 的系数，所以在其他情况相同时，斜齿轮的接触应力 σ'_H将小于直齿轮的接触应力 σ_H。

另外，斜齿轮的综合曲率半径 $\rho'_\Sigma > \rho_\Sigma$（直齿轮的综合曲率半径），使斜齿轮的节点区域系数 $Z'_H < Z_H$（直齿轮的节点区域系数）；由于斜齿轮重合度中增加了轴向重合度 ε_β，斜齿轮的重合度系数 $Z'_\varepsilon < Z_\varepsilon$（直齿轮的重合度系数）；另外，斜齿轮传动的齿是逐渐进入和退出啮合，传动平稳，K_V 小，载荷系数 K 减小。

综上所述，相同情况下，斜齿轮具有更高的接触疲劳强度。

【例 4.3】 图 4.3 所示为直齿圆锥齿轮和斜齿圆柱齿轮组成的二级减速装置，已知小圆锥齿轮 1 为主动轮，其转动方向如图所示。直齿圆锥齿轮的齿数比 $u=2.5$，压力角 $\alpha=20°$，齿宽中点分度圆的圆周力 $F_{t1}=F_{t2}=5\ 600$ N；斜齿圆柱齿轮分度圆螺旋角 $\beta=11°36'$，螺旋角 β 的方向如图所示，分度圆的圆周力 $F_{t3}=9\ 500$ N。试求：

（1）轴Ⅱ上总的轴向力 $F_{\text{Ⅱ}}$ 的大小和方向。

（2）在图上标出圆锥齿轮 2 和斜齿轮 3 所受各力的方向。

【分析】 该题主要考核齿轮轴向力的计算方法及受力方向的判定方法。圆锥齿轮的轴向力方向永远从小端指向大端，斜齿轮的轴向力方向应用左右手定则来判定，左右手定则只适用于主动轮。

【解】 （1）计算轴Ⅱ上轴向力 $F_{\text{Ⅱ}}$ 的大小。设轴Ⅱ上圆锥齿轮的轴向力为 F_{a2}；轴Ⅱ上斜齿轮轴向力为 F_{a3}。并按法则可判断出两轴向力方向相反，如图 4.4 所示。

因为 $$\tan\delta_2 = u = 2.5$$

即 $$\delta_2 = 68°11'55''$$

所以 $$F_{a2} = F_{t2}\tan\alpha\sin\delta_2 = 5\ 600\ \text{N}\times\tan 20°\times\sin 68°11'55'' = 1\ 892\ \text{N}$$

$$F_{a3} = F_{t3}\times\tan\beta = 9\ 500\ \text{N}\times\tan 11°36' = 1\ 950\ \text{N}$$

则轴Ⅱ上总的轴向力 $F_{\text{Ⅱ}}$ 为

$$F_{\text{Ⅱ}} = F_{a3} - F_{a2} = 1\ 950\ \text{N} - 1\ 892\ \text{N} = 58\ \text{N}$$

轴向力 $F_{\text{Ⅱ}}$ 的方向与 F_{a3}同向，如图 4.4 所示。

（2）圆锥齿轮 2 和斜齿轮 3 所受各力方向如图 4.3 所示。

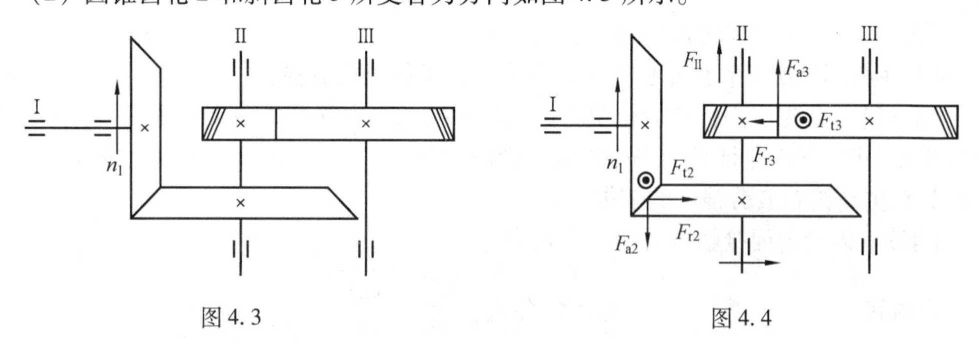

图 4.3　　　　图 4.4

【例 4.4】　一对标准直齿圆柱齿轮传动，小齿轮齿数 $z_1=20$，$[\sigma]_{F1}=420$ MPa；大齿轮齿数 $z_2=60$，$[\sigma]_{F2}=380$ MPa，试分析哪个齿轮的弯曲强度高？

【分析】　由齿轮弯曲应力计算式和弯曲疲劳强度条件可知，比较两齿轮弯曲强度的高低，只需比较两齿轮的$\dfrac{Y_{F1}Y_{S1}}{[\sigma]_{F1}}$与$\dfrac{Y_{F2}Y_{S2}}{[\sigma]_{F2}}$，比值小的齿轮，其弯曲疲劳强度高。

【解】　小齿轮 $z_1=20$，查表得 $Y_{F1}=2.8$，$Y_{S1}=1.56$，则

$$\frac{Y_{F1}Y_{S1}}{[\sigma]_{F1}}=\frac{2.8\times1.56}{420}=0.010\,4$$

大齿轮 $z_2=60$，查表得 $Y_{F2}=2.28$，$Y_{S2}=1.73$，则

$$\frac{Y_{F2}Y_{S2}}{[\sigma]_{F2}}=\frac{2.28\times1.73}{380}=0.010\,38$$

由于$\dfrac{Y_{F1}Y_{S1}}{[\sigma]_{F1}}>\dfrac{Y_{F2}Y_{S2}}{[\sigma]_{F2}}$，所以大齿轮具有较高的抗弯强度。

【例 4.5】　两对斜齿圆柱齿轮传动，其参数分别为：$m_n=5$ mm，$z_1=40$，$z_2=158$，$b_2=40$ mm，$\beta=8°06'34''$；$m_n'=10$ mm，$z_1'=20$，$z_2'=79$，$\beta'=8°06'34''$，$b_2'=40$ mm。其他条件（如材料、硬度等）均为主动轮与主动轮、从动轮与从动轮对应相同。试问：

（1）两对齿轮接触疲劳强度的承载能力和弯曲疲劳强度的承载能力是否相等？

（2）若传动速度低、短时过载大时，用哪对齿轮合适？若传动速度高时，用哪对齿轮合适？

【分析】　依据斜齿轮传动接触应力、弯曲应力计算式和强度条件关系式，分析比较在给定条件下两对齿轮的相同因素和不同因素，通过计算不相同参数，比较其大小对齿轮承载能力的影响，回答相应问题。

【解】　（1）接触疲劳强度承载能力的比较。

因为

$$\sigma_H=Z_EZ_HZ_\varepsilon Z_\beta\sqrt{\frac{KF_t}{bd_1}\cdot\frac{u\pm1}{u}}\leqslant[\sigma]_H$$

则

$$F_t\leqslant\left(\frac{[\sigma_H]}{Z_EZ_HZ_\beta}\right)^2\cdot\frac{bd_1}{K}\cdot\frac{1}{Z_\varepsilon^2}\cdot\frac{u}{u\pm1}$$

按题意 Z_E、Z_H、Z_β、u，d_1 均相等，故只需比较$\dfrac{1}{Z_\varepsilon^2}$即可。

对于第 1 对齿轮：

$$\varepsilon_\alpha=\left[1.88-3.2\left(\frac{1}{z_1}+\frac{1}{z_2}\right)\right]\times\cos\beta=\left[1.88-3.2\left(\frac{1}{40}+\frac{1}{158}\right)\right]\times\cos8°6'34''=1.762$$

由 $b_2=40$ mm，则 $\varepsilon_\beta=\dfrac{b_2\sin\beta}{\pi m_n}=0.35$，查表得 $Z_{\varepsilon1}=0.84$，得$\dfrac{1}{Z_{\varepsilon1}^2}=1.417$。

对于第 2 对齿轮：

$$\varepsilon_\alpha'=\left[1.88-3.2\left(\frac{1}{z_1}+\frac{1}{z_2}\right)\right]\times\cos\beta=\left[1.88-3.2\left(\frac{1}{20}+\frac{1}{79}\right)\right]\times\cos8°6'34''=1.662\,7$$

由 $b_2'=40$ mm 得 $\varepsilon_\beta'=\dfrac{b_2'\sin\beta'}{\pi m_n'}=0.179\,6$，查表得 $Z_{\varepsilon2}'=0.87$，则$\dfrac{1}{Z_{\varepsilon2}'^2}=1.321$。

显然,两对齿轮接触疲劳强度的承载能力是不相等的,齿数多的第一对齿轮接触疲劳强度的承载能力较大。

弯曲疲劳强度承载能力的比较:

因为 $$\sigma_F=\frac{KF_t}{bm_n}Y_F Y_S Y_\varepsilon Y_\beta\leqslant[\sigma]_F$$

即 $$F_t\leqslant\frac{[\sigma]_F b}{KY_\beta}\frac{m_n}{Y_F Y_S Y_\varepsilon}$$

由题意知 K、b、Y_β、$[\sigma]_F$ 相等,故只需比较$\frac{m_n}{Y_F Y_S Y_\varepsilon}$即可。

对于第 1 对齿轮:

$$Y_\varepsilon=0.25+\frac{0.75}{\varepsilon_\alpha}=0.25+\frac{0.75}{1.762}=0.675\ 6$$

$$Y_{S1}=1.67,\quad Y_{S2}=1.84,\quad Y_{F1}=2.4,\quad Y_{F2}=2.17$$

取 F_t 的小值时 $$\frac{m_n}{Y_F Y_S Y_\varepsilon}=\frac{5}{2.4\times1.67\times0.675\ 6}=1.846\ 5$$

对于第 2 对齿轮:

$$Y'_\varepsilon=0.25+\frac{0.75}{\varepsilon'_\alpha}=0.25+\frac{0.75}{1.662\ 7}=0.701\ 07$$

$$Y'_{S1}=1.56,\quad Y'_{S2}=1.75,\quad Y_{F1}'=2.8,\quad Y_{F2}'=2.25$$

取 F_t 的小值时

$$\frac{m'_n}{Y_F'Y_S'Y_\varepsilon'}=\frac{10}{2.8\times1.56\times0.701\ 07}=3.265\ 5$$

显然第 2 对齿轮弯曲疲劳强度的承载能力较强。

(2) 若传动速度低,短时过载,用第 2 对齿轮合适,若传动速度高,用第 1 对齿轮合适。

【例 4.6】 试设计物料搅拌机传动装置用一级斜齿圆柱齿轮减速器中的齿轮传动。已知:电动机功率 $P=22$ kW,转速 $n=970$ r/min,用联轴器与减速器高速级齿轮连接,减速器传动比为4.6;单向传动,单班制工作,预期寿命 10 年。

【分析】 考虑此减速器的传递功率较大,所以大、小齿轮均采用硬齿面,齿轮强度计算按齿根弯曲强度设计,按齿面接触疲劳强度校核。

【解】 1. 选择齿轮材料、精度等级及有关参数

(1) 大、小齿轮用 40Cr 调质后表面淬火,取小齿轮齿面硬度为 50~55 HRC,计算时取 52 HRC;大齿轮齿面硬度为 48~52 HRC,计算时取 50 HRC。

(2) 取 7 级精度等级。

(3) 确定小齿轮齿数 $z_1=23$,则 $z_2=iz_1=4.6\times23=105.8$,取 $z_2=106$。

(4) 初选螺旋角 $\beta=13°$。

2. 硬齿面齿轮弯曲强度设计

设计公式为

$$m_n \geqslant \sqrt[3]{\frac{2KT_1\cos^3\beta}{\phi_d z_1^2}\frac{Y_F Y_S}{[\sigma]_F}Y_\varepsilon Y_\beta}$$

（1）初取 $K=1.8$。

（2）小齿轮传递的转矩。

$$T_1=9.55\times10^6 P_1/n_1=9.55\times10^6\times22\ \text{kW}/970\ \text{r/min}=216\ 600\ \text{N}\cdot\text{mm}$$

（3）按照对称布置，取齿宽系数 $\phi_d=0.8$。

（4）计算当量齿数。

$$z_{v1}=z_1/\cos^3\beta=23/\cos^3 13^\circ=24.86$$

$$z_{v2}=z_2/\cos^3\beta=106/\cos^3 13^\circ=114.60$$

（5）查表得齿形系数。

$$Y_{F1}=2.62,\quad Y_{F2}=2.17$$

（6）查表得应力修正系数。

$$Y_{S1}=1.59,\quad Y_{S2}=1.80$$

（7）总重合度。

$$\varepsilon_\gamma=\varepsilon_\alpha+\varepsilon_\beta$$

$$\varepsilon_\alpha=\left[1.88-3.2\left(\frac{1}{z_1}+\frac{1}{z_2}\right)\right]\cos\beta=\left[1.88-3.2\left(\frac{1}{23}+\frac{1}{106}\right)\right]\cos 13^\circ=1.67$$

$$\varepsilon_\beta=b\sin\beta/\pi m_n=0.318\ \phi_d z_1\tan\beta=0.318\times0.8\times23\times\tan 13^\circ=1.35$$

$$\varepsilon_\gamma=\varepsilon_\alpha+\varepsilon_\beta=1.67+1.35=3.02$$

（8）重合度系数。

$$Y_\varepsilon=0.25+0.75/\varepsilon_\alpha=0.25+0.75/1.67=0.70$$

（9）查表得螺旋角系数 $Y_\beta=0.89$。

（10）确定许用弯曲应力 $[\sigma]_{F1}$、$[\sigma]_{F2}$。

① 查图得弯曲疲劳强度极限。

$$\sigma_{Flim1}=730\ \text{MPa},\quad \sigma_{Flim2}=730\ \text{MPa}$$

② 计算应力循环次数。

$$N_1=60n_1 jL_h=60\times970\times1\times(8\times300\times10)=1.4\times10^9$$

$$N_2=N_1/i=3.04\times10^8$$

③ 查图得寿命系数。

$$Y_{N_1}=Y_{N_2}=1$$

④ 查表得安全系数。

$$S_F=1.25$$

则

$$[\sigma]_{F1}=\sigma_{Flim1}Y_{N_1}/S_F=730\ \text{MPa}/1.25=584\ \text{MPa}$$

$$[\sigma]_{F2}=\sigma_{Flim2}Y_{N_2}/S_F=730\ \text{MPa}/1.25=584\ \text{MPa}$$

（11）计算大小齿轮的 $Y_F Y_S/[\sigma]_F$，并加以比较。

$$Y_{F1}Y_{S1}/[\sigma]_{F1}=2.62\times1.59/584=0.007$$

$$Y_{F2}Y_{S2}/[\sigma]_{F2}=2.17\times1.80/584=0.006\ 69$$

小齿轮数值大，将 $Y_{F1}Y_{S1}/[\sigma]_{F1}$ 代入公式中计算。

（12）设计计算。

$$m_n \geqslant \sqrt[3]{\frac{2\times1.8\times216\ 600\ \text{N}\cdot\text{mm}\times\cos^2 13°}{0.8\times23^2\times584\ \text{MPa}}\times2.63\times1.59\times0.7\times0.89} = 1.98\ \text{mm}$$

取标准模数 $m_n = 2.5$ mm。

3. 计算几何尺寸

(1) 计算中心距。

$$a = \frac{m_n}{2\cos\beta}(z_1+z_2) = \frac{2.5\ \text{mm}}{2\times\cos 13°}\times(23+106) = 165.1\ \text{mm}$$

圆整取中心距 $a = 165$ mm。

(2) 修正螺旋角。

$$\beta = \arccos\frac{(z_1+z_2)m_n}{2a} = \arccos\frac{(23+106)\times2.5\ \text{mm}}{2\times165\ \text{mm}} = 12.239°$$

(3) 计算大、小齿轮分度圆直径。

$$d_1 = \frac{z_1 m_n}{\cos\beta} = \frac{23\times2.5\ \text{mm}}{\cos 12.239°} = 58.84\ \text{mm},\quad d_2 = \frac{z_2 m_n}{\cos\beta} = \frac{106\times2.5\ \text{mm}}{\cos 12.239°} = 271.2\ \text{mm}$$

(4) 确定齿宽。

$$b = \phi_d \times d_1 = 0.8\times58.84\ \text{mm} = 47.1\ \text{mm}$$

圆整取 $b_2 = 48$ mm, $b_1 = 48$ mm$+6$ mm$=54$ mm。

4. 修正载荷系数 K

$$v = \frac{\pi d_1 n_1}{60\times1\ 000} = \frac{\pi\times271.2\ \text{mm}\times970\ \text{r/min}}{60\times1\ 000} = 13.77\ \text{m/s}$$

查表得

$$K_V = 1.21$$
$$K_A = 1.25$$
$$K_\beta = 1.08$$
$$K_\alpha = 1.1$$

则

$$K = K_V K_A K_\beta K_\alpha = 1.797$$

与初选 $K=1.8$ 相近,故不再修正。

5. 按齿面接触疲劳强度校核

校核公式为

$$\sigma_H = Z_E Z_H Z_\varepsilon Z_\beta \sqrt{\frac{2KT_1}{bd_1}\cdot\frac{u\pm1}{u}} \leqslant [\sigma]_H$$

(1) 许用接触应力 $[\sigma]_H$。

① 查图得极限应力。

$$\sigma_{\text{Hlim1}} = 1\ 500\ \text{MPa},\quad \sigma_{\text{Hlim2}} = 1\ 500\ \text{MPa}$$

② 查图得寿命系数。

$$Z_{N_1} = Z_{N_2} = 1$$

③ 安全系数 $S_H = 1$,则

$$[\sigma]_{H1} = \sigma_{\text{Hlim1}} Z_{N_1}/S_H = 1\ 500\ \text{MPa}$$
$$[\sigma]_{H2} = \sigma_{\text{Hlim2}} Z_{N_2}/S_H = 1\ 500\ \text{MPa}$$

取
$$[\sigma]_H = 1\ 500$$

（2）查表得材料弹性系数。

$$Z_E = 189.8\sqrt{\text{MPa}}$$

（3）查图得节点区域系数。

$$Z_H = 2.44$$

（4）因β变化不大，ε_α不再修正。综合考虑ε_α、ε_β，由图查得重合度系数。

$$Z_\varepsilon = 0.78$$

（5）螺旋角系数。

$$Z_\beta = \sqrt{\cos\beta} = \sqrt{\cos 12.24°} = 0.988$$

则 $\sigma_H = 189.8 \times 2.44 \times 0.78 \times 0.988 \times \sqrt{\dfrac{2\times 1.8\times 216\ 600\ \text{N}\cdot\text{mm}}{47\ \text{mm}\times(58.84\ \text{mm})^2}\times\dfrac{4.6+1}{4.6}} = 862\ \text{MPa} \leqslant [\sigma]_H$

满足强度要求。

6. 结构设计（略）

【例4.7】 在图4.5所示传动系统中，1、5为蜗杆，2、6为蜗轮，3、4为斜齿圆柱齿轮，7、8为直齿圆锥齿轮。已知：蜗杆1主动，直齿圆锥齿轮8转动方向如图所示。为使各中间轴上齿轮的轴向力能相互抵消一部分，要求：

（1）标出蜗杆1的转动方向。

（2）标出斜齿圆柱齿轮3、4和蜗轮2、6的螺旋线方向。

【分析】 进行传动件的受力分析应掌握如下几点：

① 左右手定则只适合于主动轮。

② 蜗杆和蜗轮螺旋线方向相同，两啮合齿轮的螺旋线方向相反。

③ 圆锥齿轮的轴向力方向永远是由小端指向大端。

④ 同一轴上两传动件的螺旋线方向相同时，有利于轴向力的相互抵消。

⑤ 主动轮的转动方向与圆周力方向相反，从动轮的转动方向与圆周力方向相同。

【解】 （1）蜗杆1的转动方向为顺时针，如图4.6所示。

（2）蜗轮2和斜齿轮圆柱齿3的螺旋线方向为左旋；斜齿轮圆柱齿4和蜗轮6的螺旋线方向为右旋。如图4.6所示。

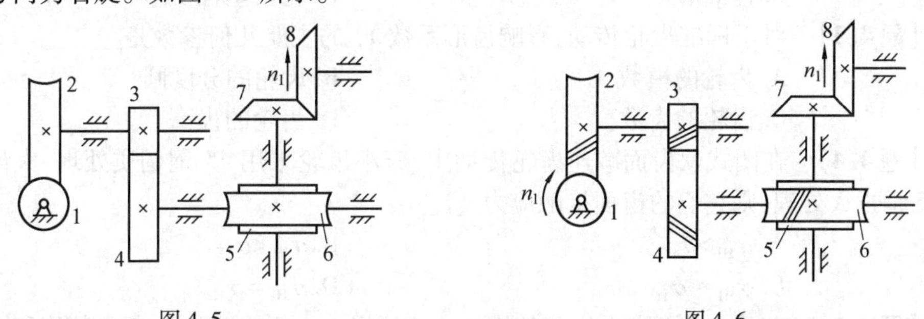

图4.5　　图4.6

【例4.8】 如图4.7所示，一起重装置由电动机和齿轮减速器驱动，已知电动机功率为P，转速为n，最大起重量为F_Q，起升速度为v。电动机及齿轮减速器的承载能力刚好满足要求。试问：

(1) 若 v 不变,而起重量提高到 $2F_Q$ 时,电动机是否要换?齿轮是否能用?

(2) 若将最大速度提高到 $2v$,最大起重量降为 $F_Q/2$,电动机是否要换?齿轮是否能用?

(3) 若仅将传动比 i 下降为 $i/2$,电动机和齿轮是否能用?

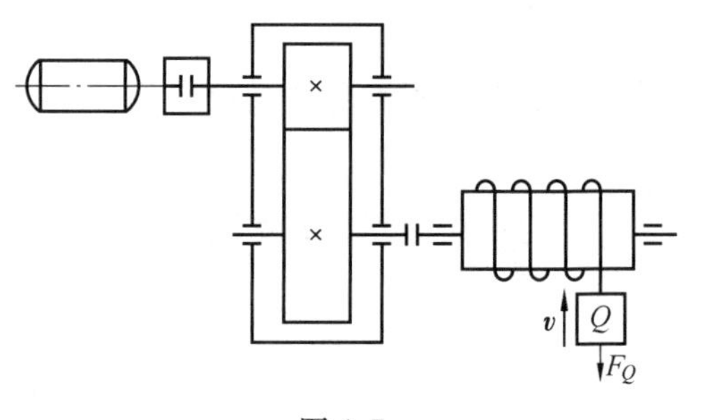

图 4.7

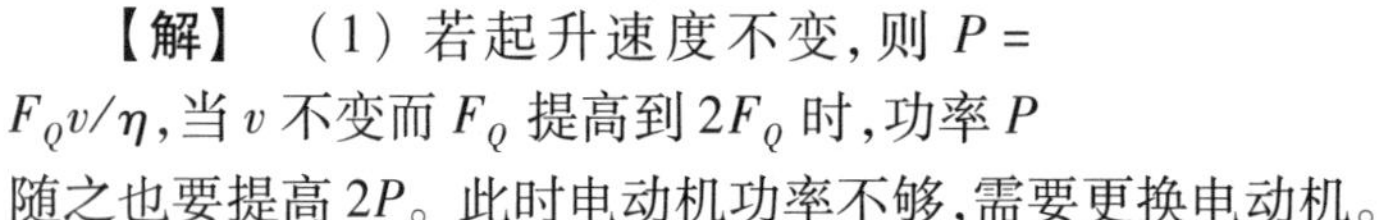

【解】 (1) 若起升速度不变,则 $P=F_Qv/\eta$,当 v 不变而 F_Q 提高到 $2F_Q$ 时,功率 P 随之也要提高 $2P$。此时电动机功率不够,需要更换电动机。

由 $T=9.55\times10^6Pn$ 可知,当 P 提高到 $2P$ 后,转矩 T 也增至 $2T$,齿轮强度不够,也不能用。

(2) 若齿轮传动比不变,当最大起升速度提高到 $2v$ 时,电动机转速也随之提高,需要更换电动机,但齿轮仍可使用。

(3) 若将传动比下降 1 倍为 $i/2$,电动机的转速不变,工作机转速将提高,所需功率增大,电动机将不能使用。而且齿轮由于 i 下降 1 倍,速度变了,传动比也变了,使其主动轮所受转矩增大也不能使用。

4.3 精选习题与实战演练

一、单项选择题

【题 4.1】 软齿面闭式齿轮传动的主要失效形式是______。

A. 齿面胶合　　B. 齿面疲劳点蚀

C. 齿面磨损　　D. 轮齿折断

【题 4.2】 高速重载齿轮传动,最可能出现的失效形式是______。

A. 齿面胶合　　B. 齿面疲劳点蚀

C. 齿面磨损　　D. 轮齿塑性变形

【题 4.3】 对于标准齿轮传动,影响齿形系数 Y_F 的主要几何参数是______。

A. 齿轮的模数　　B. 齿轮的分度圆

C. 齿轮的齿数　　D. 齿轮的齿高

【题 4.4】 在闭式软齿面减速齿轮传动中,若小齿轮采用 45 钢调质处理,大齿轮采用 45 钢正火处理,则它们的齿面接触应力______。

A. $\sigma_{H1}>\sigma_{H2}$　　B. $\sigma_{H1}<\sigma_{H2}$

C. $\sigma_{H1}\approx\sigma_{H2}$　　D. $\sigma_{H1}=\sigma_{H2}$

【题 4.5】 在开式齿轮传动中,齿轮模数 m 应依据____条件确定,再考虑磨损适当增大。

A. 齿根弯曲疲劳强度　　B. 齿面接触疲劳强度

C. 齿面胶合强度　　D. 齿轮工作环境

【题 4.6】 依据渐开线齿轮正确啮合条件,一对标准渐开线圆柱齿轮实现正确啮合,它们的______必须相等。

A. 模数 m　B. 齿数 z　C. 分度圆直径 d　D. 轮齿宽度 b

【题4.7】 轮齿疲劳点蚀通常首先出现在齿廓的______部位。

A. 齿顶附近　B. 齿根附近　C. 节线上　D. 节线靠近齿根处

【题4.8】 齿轮传动中,动载系数 K_V 主要是考虑______因素对齿轮传动的影响。

A. 齿轮自身制造精度引起的误差　B. 载荷沿齿宽分布不均

C. 双齿啮合时的载荷分配不均　D. 齿轮以外的其他

【题4.9】 在设计直齿圆柱齿轮和斜齿圆柱齿轮时,通常取小齿轮齿宽 b_1 大于大齿轮齿宽 b_2,其主要目的在于______。

A. 节省材料　B. 考虑装配时的轴向窜动

C. 提高承载能力　D. 使两齿轮接近等强度

【题4.10】 下列______传动属平面相交轴传动。

A. 直齿锥齿轮　B. 直齿圆柱齿轮外啮合

C. 直齿圆柱齿轮内啮合　D. 蜗杆传动

【题4.11】 齿轮传动与蜗杆传动、带传动及链传动相比,其最主要优点在于______。

A. 适用于大中心距传递　B. 单级传动比大

C. 传动效率高　D. 瞬时传动比准确

【题4.12】 下列措施中,______不利于提高轮齿抗疲劳折断能力。

A. 减小齿根圆角半径　B. 减小齿面粗糙度

C. 减轻加工损伤　D. 表面强化处理

【题4.13】 斜齿轮不产生根切的最少齿数______。

A. 大于17　B. 小于17　C. 等于17　D. 没有限制

【题4.14】 齿轮设计中,采用负变位的主要目的之一在于______。

A. 提高齿轮抗弯曲强度　B. 配凑中心距

C. 避免根切　D. 减少啮合干涉

【题4.15】 一斜齿圆柱齿轮传动,已知:法向模数 $m_n = 4$ mm,齿数 $z_1 = 20$,螺旋角 $\beta = 14°32'2''$,齿宽 $b_1 = 80$ mm,$b_2 = 75$ mm,则该传动的齿宽系数 ϕ_d 等于______。

A. 0.852　B. 0.88　C. 0.8　D. 0.907

【题4.16】 直齿锥齿轮的标准模数是______。

A. 小端模数　B. 大端模数

C. 齿宽中点法向模数　D. 齿宽中点的平均模数

【题4.17】 设计开式齿轮传动时,在保证不根切的情况下,宜取较少齿数,其目的是______。

A. 增大重合度,提高传动平稳性　B. 减少齿面发生胶合的可能性

C. 增大模数,提高轮齿的抗弯强度　D. 提高齿面接触强度

【题4.18】 齿轮接触强度计算中的材料弹性系数 Z_E 反映了______对齿面接触应力的影响。

A. 齿轮副材料的弹性模量和泊松比　B. 齿轮副材料的弹性极限

C. 齿轮副材料的强度极限　　D. 齿轮副材料的硬度

【题 4.19】 因发生全齿折断而失效的齿轮,通常是________。

A. 人字齿轮　　B. 齿宽较大、齿向受载不均的直齿圆柱齿轮

C. 齿宽较小的直齿圆柱齿轮　　D. 斜齿圆柱齿轮

【题 4.20】 下列措施中,不利于减轻和防止齿轮磨粒磨损的是______。

A. 降低滑动系数　　B. 减少齿面粗糙度值

C. 经常更换润滑油　　D. 降低齿面硬度

【题 4.21】 在齿轮热处理加工中,轮齿材料达到______状态时,将有利于提高齿轮抗疲劳强度和抗冲击载荷作用的能力。

A. 齿面硬、齿芯脆　　B. 齿面软、齿芯脆

C. 齿面软、齿芯韧　　D. 齿面硬、齿芯韧

【题 4.22】 材料为 20Cr 的齿轮要达到硬齿面,适宜的热处理方法是______。

A. 整体淬火　　B. 表面淬火

C. 渗碳淬火　　D. 调质

【题 4.23】 除了调质以外,软齿面齿轮常用的热处理方法还有______。

A. 渗碳淬火　　B. 正火

C. 渗氮　　D. 碳氮共渗

【题 4.24】 齿轮计算载荷中的使用系数 K_A 不包含______对齿轮实际承受载荷的影响。

A. 齿轮制造及装配误差　　B. 工作机性能

C. 原动机性能　　D. 载荷变动情况

【题 4.25】 齿轮计算载荷中的齿向载荷分布系数 K_β 与______无关。

A. 齿轮的宽度　　B. 工作机性能

C. 齿轮所在轴的刚度　　D. 齿轮在轴上的位置

【题 4.26】 齿轮接触疲劳强度计算中的节点区域系数 Z_H 与______无关。

A. 分度圆齿形角　　B. 分度圆螺旋角

C. 变位系数　　D. 齿数

【题 4.27】 有 3 个齿轮,齿轮 1 为标准齿轮,齿轮 2 为正变位齿轮,齿轮 3 为负变位齿轮,它们的模数、齿数和压力角均相同,则它们的齿形系数关系为______。

A. $Y_{F1}>Y_{F2}>Y_{F3}$　　B. $Y_{F1}>Y_{F3}>Y_{F2}$

C. $Y_{F3}>Y_{F1}>Y_{F2}$　　D. $Y_{F2}>Y_{F1}>Y_{F3}$

【题 4.28】 提高齿轮的抗点蚀能力,可以采取______的方法。

A. 减小传动的中心距　　B. 采用闭式传动

C. 减少齿轮的齿数,增大齿轮的模数　　D. 提高齿面的硬度

【题 4.29】 通常在一对变速齿轮传动中,两轮齿面接触应力 σ_{H1}、σ_{H2} 和两轮齿弯曲应力 σ_{F1}、σ_{F2} 的关系为______。

A. $\sigma_{H1}=\sigma_{H2}, \sigma_{F1}\neq\sigma_{F2}$　　B. $\sigma_{H1}=\sigma_{H2}, \sigma_{F1}=\sigma_{F2}$

C. $\sigma_{H1} \neq \sigma_{H2}, \sigma_{F1} = \sigma_{F2}$　　D. $\sigma_{H1} \neq \sigma_{H2}, \sigma_{F1} \neq \sigma_{F2}$

【题4.30】 斜齿圆柱齿轮的齿数 z 与模数 m_n 不变,若增大螺旋角 β,则分度圆直径 d_1 ______。

A. 不变　　B. 增大　　C. 减少　　D. 不一定增大或减少

二、填空题

【题4.31】 与其他传动形式相比,齿轮传动的主要优点是______、______、______和______。

【题4.32】 按轴线的相互关系,齿轮传动分为______、______和______;按工作形式,齿轮传动分为______和______;按齿面硬度,齿轮传动分为______和______。

【题4.33】 齿轮传动的主要失效形式有______、______、______、______和______。

【题4.34】 在齿轮强度计算中,载荷系数 K 主要由______、______、______和______相乘获得。

【题4.35】 在齿轮加工中,获得软齿面的常用热处理方法有______和______;获得硬齿面的常用热处理方法有______、______和______。

【题4.36】 根据齿轮设计准则,软齿面闭式齿轮传动一般按______设计,按______校核;硬齿面闭式齿轮传动一般按______设计,按______校核。

【题4.37】 在齿轮设计计算中,影响使用系数 K_A 的主要因素有______、______和______。

【题4.38】 在齿轮弯曲强度计算中,影响齿形系数 Y_F 的主要几何参数是______、______和______。

【题4.39】 在齿轮设计计算中,影响载荷分布系数 K_β 的主要因素有______、______和______。

【题4.40】 高度变位齿轮传动的主要优点是______、______、______和______。

【题4.41】 在软齿面闭式传动中,齿面疲劳点蚀经常首先出现在______处,其原因是该处______、______及______。

【题4.42】 在变速齿轮传动中,若大、小齿轮材料相同,但硬度不同,则两齿轮工作中产生的齿面接触应力______,材料的许用接触应力______,工作中产生的齿根弯曲应力______,材料的许用弯曲应力______。

【题4.43】 一对外啮合斜齿圆柱齿轮的正确啮合条件是______、______、______和______。

【题4.44】 在齿轮传动的载荷系数中,反映齿轮系统内部因素引起的动载荷对轮齿实际所受载荷大小影响的系数被称为______,影响该系数的主要因素是______、______和______。

【题4.45】 按齿轮结构尺寸的大小不同,齿轮的结构形式主要有______、

__________、__________和__________。

【题 4.46】 根据轮齿折断产生的原因不同，齿轮轮齿折断分为__________和__________；直齿轮轮齿的折断一般是__________，斜齿轮和人字齿轮轮齿的折断一般是__________。

【题 4.47】 在齿轮强度计算中，影响齿面接触应力最主要的几何参数是__________，影响齿根弯曲应力最主要的几何参数是__________。一对标准直齿轮传动，若中心距、传动比等其他条件保持不变，仅增加齿数 z_1，而减少模数 m，则齿轮的齿面接触疲劳强度__________。

【题 4.48】 增速齿轮传动的强度计算中，转矩 T_1 是指__________齿轮的转矩，齿数比 u 等于__________齿轮的齿数与__________齿轮的齿数之比。

【题 4.49】 在判定斜齿圆柱齿轮所受轴向力 F_a 的方向时，左右手定则仅适用于__________轮，使用左手还是右手，依据__________的方向而定。用手握住轴线，四指为__________方向，拇指为__________方向。

【题 4.50】 为了提高齿轮抗各种齿面失效和齿根折断的能力，对齿轮材料的基本要求是轮齿表面尽量要__________，轮齿芯部尽量要__________。

【题 4.51】 当直齿圆柱齿轮、斜齿圆柱齿轮和直齿圆锥齿轮的材料、热处理方式及几何参数均相同时，承载能力最高的是__________传动，承载能力最低的是__________传动。

【题 4.52】 在直齿圆柱齿轮强度计算中，当齿面接触强度已足够，而齿根弯曲强度不足时，可采取__________、__________、__________和__________等措施来提高弯曲强度。

【题 4.53】 在斜齿圆柱齿轮传动中，螺旋角 β 既不宜过小，也不宜过大，因为 β 过小，会使得__________，而 β 过大又会使得__________。因此，在设计计算中，β 的取值应为__________，__________可以通过调整 β 来进行圆整。

【题 4.54】 在齿轮传动中，轮齿折断一般发生在__________部位，因为该处__________，为防止轮齿折断，应进行__________强度计算。

【题 4.55】 当其他条件不变，作用于齿轮上的载荷增加 1 倍时，其弯曲应力增加__________倍；接触应力增加__________倍。

【题 4.56】 在齿轮传动设计中，影响齿面接触应力的主要几何参数是____________和____________；而影响极限接触应力 σ_{Hlim} 的主要因素是__________和__________。

【题 4.57】 在设计齿轮传动时，由强度条件确定的齿轮宽度 b 是________齿轮宽度，另一齿轮宽度为____________，原因是________________。

【题 4.58】 软齿面闭式齿轮传动设计时，通常两齿轮的硬度关系是________________，其目的在于______________________________。

【题 4.59】 由齿轮传动、V 带传动、链传动组成的 3 级传动装置，宜将链传动布置在__________级；带传动布置在__________级；齿轮传动布置在__________级。

【题 4.60】 齿轮传动总效率主要由__________、__________和__________组成。

三、问答题

【题4.61】　与带传动、链传动和蜗杆传动相比,齿轮传动有哪些主要优缺点?

【题4.62】　试述闭式齿轮传动和开式齿轮传动的设计准则,说明原因。

【题4.63】　为什么闭式齿轮传动的最主要失效形式是疲劳点蚀?一般情况下点蚀首先出现在齿廓的什么部位,为什么?提高齿轮抗点蚀的措施主要有哪些?

【题4.64】　齿轮在什么情况下发生胶合?提高齿轮抗胶合能力的主要措施有哪些?

【题4.65】　为什么开式齿轮传动按弯曲强度进行设计计算?提高齿轮抗弯曲疲劳强度的主要措施有哪些?

【题4.66】　为什么要用计算载荷设计齿轮传动?计算载荷与名义载荷的关系是什么?载荷系数主要考虑了哪些因素?

【题4.67】　轮齿折断一般起始于轮齿的哪一侧?全齿折断和局部齿折断通常在什么情况下发生?轮齿疲劳折断和过载折断的特征如何?

【题4.68】　齿轮的主要结构类型有哪些?为什么齿轮和轴往往分开制造?什么情况下加工成齿轮轴?

【题4.69】　试述直齿圆柱齿轮齿面接触应力计算式推导中力学模型是如何建立的?

【题4.70】　试述直齿圆柱齿轮齿根弯曲应力计算式推导中力学模型是如何建立的?

【题4.71】　在闭式齿轮传动设计中,先按接触强度进行设计,若校核时发现弯曲疲劳强度不够,应如何进行改进?

【题4.72】　在设计软齿面齿轮传动时,为什么常使小齿轮的齿面硬度高于大齿轮齿面硬度(即硬度差=30~50 HBS)?

【题4.73】　试述齿宽系数 ϕ_d 的定义及选择原则。

【题4.74】　试说明齿面磨损产生的原因、后果及减轻或防止磨损的主要方法。

【题4.75】　试说明在齿轮接触应力计算式和弯曲应力计算式中是如何考虑变位系数对齿轮强度影响的?

【题4.76】　在确定齿轮传动的许用应力时,获得极限应力 σ_{Hlim} 和 σ_{Flim} 的试验条件是什么?

【题4.77】　一对圆柱齿轮传动,大、小齿轮的齿面接触应力是否相等?大、小齿轮的接触强度是否相等?两齿轮接触强度相等的条件是什么?

【题4.78】　一般变速传动中,一对圆柱齿轮传动,大、小齿轮齿根弯曲应力是否相等?大、小齿轮的弯曲强度是否相等?两齿轮弯曲强度相等的条件是什么?

【题4.79】　齿轮计算中为什么要引入齿间载荷分配系数 K_α,其影响因素主要有哪些?

【题4.80】　齿轮设计计算中,确定齿数 z 和模数 m 时,应注意哪些问题?

【题4.81】　斜齿轮传动有何特点?螺旋角 β 应如何确定?

【题4.82】　一对齿轮传动,如何判断大、小齿轮中哪个齿面不易产生疲劳点蚀?哪个轮齿不易产生弯曲疲劳折断?

【题4.83】　在展开式二级斜齿圆柱齿轮减速器中,已知:中间轴上高速级大齿轮的螺旋线方向为左旋,齿数 $z_1=51$,螺旋角 $\beta_1=15°$,法面模数 $m_n=3$;中间轴上低速级小齿轮的螺旋线的方向也为左旋，其齿数 $z_2=17$，法面模数 $m_n=5$。试问：

低速级小齿轮的螺旋角 β_2 为多少时，才能使中间轴上两齿轮的轴向力相互抵消？

【题 4.84】 在两级圆柱齿轮传动中，如其中有一级用斜齿圆柱齿轮传动，它一般被用在高速级还是低速级？为什么？

【题 4.85】 试述齿形系数 Y_F 的物理意义，并说明齿形系数与哪些因素有关？为什么齿形系数 Y_F 与模数 m 无关？同一齿数的直齿圆柱齿轮、斜齿圆柱齿轮和直齿圆锥齿轮的 Y_F 值是否相同？

【题 4.86】 试述寿命系数 Z_N、Y_N 在齿轮强度计算中的意义，其值与哪些因素有关？

【题 4.87】 试说明接触最小安全系数 S_{Hmin} 可以使用小于 1 数值的道理。

【题 4.88】 试述齿轮传动中，减少齿向载荷分布系数 K_β 的措施。

【题 4.89】 直齿圆柱齿轮、斜齿圆柱齿轮、直齿圆锥齿轮各取什么位置的模数为标准值？

【题 4.90】 什么是齿廓修形？正确的齿廓修形对载荷系数中的哪个系数有影响？

【题 4.91】 在渐开线圆柱齿轮传动的弯曲接触强度计算中，齿形系数取决于哪些参数？

【题 4.92】 一般参数的开式齿轮传动的主要失效形式是点蚀吗？

【题 4.93】 齿轮传动常见的失效形式有哪些？各种失效形式常在何种情况下发生？

【题 4.94】 闭式硬齿面齿轮传动的主要失效形式是什么？其计算准则如何？设计中对配对钢质软齿面齿轮齿面硬度有何要求？为什么？

【题 4.95】 在图 4.8 所示零件极限应力图上，工作点 C、D 为斜齿轮轴上两种应力工作点。试在图中标出对应的极限应力点，并说明分别会出现什么形式的破坏？

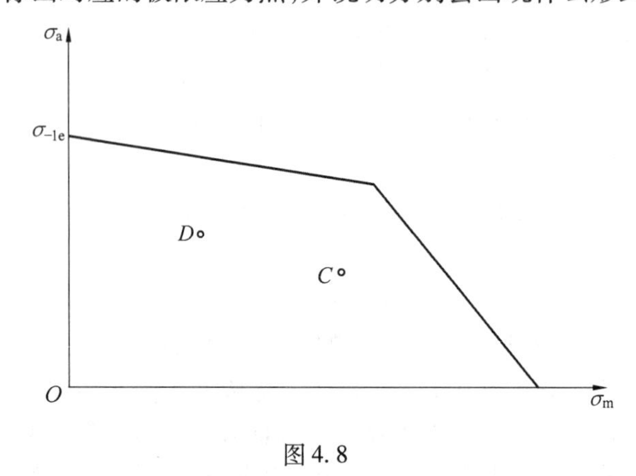

图 4.8

【题 4.96】 简述齿轮的主要失效形式和设计准则（注：设计准则可不列出具体的公式）。

【题 4.97】 工程设计中，为何经常使一对软齿面啮合传动的两齿轮的齿面有一定的硬度差值？两齿轮面硬度差值在多大范围内合适？

【题 4.98】 在齿轮强度计算中，齿形系数的大小与模数、齿数、变位系数的大小分别是否有关系？如果有关，请定性分析这样的关系？

【题 4.99】 单纯增大模数而不改变模数和齿数的乘积值,请问能否提高其齿面接触强度？为什么？

【题 4.100】 对齿轮进行热处理时,如果采用调质处理,请问调质的两个步骤是什么？调质处理的目的是什么？

【题 4.101】 在齿轮传动中,从抗点蚀的角度出发,对润滑油的黏度有什么要求？为什么有这一要求？

【题 4.102】 直齿圆锥齿轮传动的强度计算时,强度计算的计算点在什么位置？此时得到的模数与直齿圆锥齿轮大端模数之间有什么关系？

【题 4.103】 如图 4.8 所示直齿圆柱齿轮齿根弯曲应力计算力学模型,试推导齿根弯曲疲劳强度校核计算公式,并说明公式中主要系数的物理意义。

【题 4.104】 简述齿轮传动强度计算中齿宽系数对齿面接触疲劳强度和齿根弯曲疲劳强度的影响及如何选择齿宽系数。

【题 4.105】 某精密装备传动系统中采用齿轮减速器,大批量生产,其中传动大齿轮齿顶圆直径为 280 mm,该齿轮处轴径为 50 mm,试说明该齿轮宜采用何种结构形式？齿轮毛坯宜采用何种制造方式？为什么？

【题 4.106】 简述影响齿轮传动的齿面许用接触应力的因素,以及如何选取齿轮传动的许用接触应力？

四、受力分析和计算题

【题 4.107】 图 4.9 所示为一蜗杆-圆柱斜齿轮-直齿圆锥齿轮 3 级传动,已知蜗杆为主动,且按图示方向转动。试在图中绘出：

(1) 各轮转向。

(2) 使Ⅱ、Ⅲ轴轴承所受轴向力较小时的斜齿轮 3、4 轮齿的旋向。

(3) 斜齿轮 3 在啮合点所受各分力 F_{t3}、F_{r3}、F_{a3}的方向。

【题 4.108】 如图 4.10 所示为斜齿轮-圆锥齿轮-蜗杆传动机构,试回答问题：

(1) 合理确定斜齿轮 1、斜齿轮 2 和蜗杆 5、蜗轮 6 的螺旋方向。

(2) 画出斜齿轮 2、锥齿轮 3 及蜗轮 6 的受力情况。

(3) 标出各传动件的回转方向。

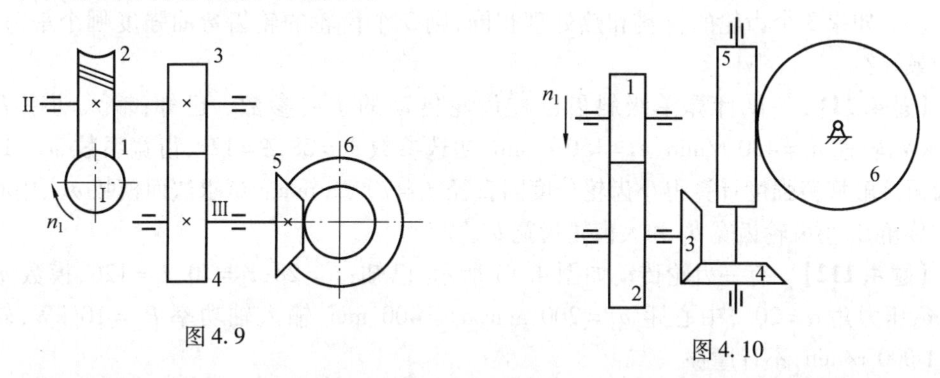

图 4.9　　图 4.10

【题 4.109】 图 4.11 所示为一卷扬机的传动装置,试计算卷扬机能够提升的最大重

力 $F_{W\max}$。已知:电动机功率 $P=3$ kW,减速器输入转速 $n_1=960$ r/min,卷筒直径 $D=200$ mm,齿轮齿数 $z_1=z_3=22$,$z_2=z_4=110$,齿轮模数 $m=4$ mm,齿轮材料为 45 钢,调质,其许用应力值为 $[\sigma]_{H1}=[\sigma]_{H3}=550$ MPa,$[\sigma]_{H2}=[\sigma]_{H4}=500$ MPa,$[\sigma]_{F1}=[\sigma]_{F3}=250$ MPa,$[\sigma]_{F2}=[\sigma]_{F4}=200$ MPa,齿轮宽度 $b_1=b_3=75$ mm,$b_2=b_4=70$ mm。

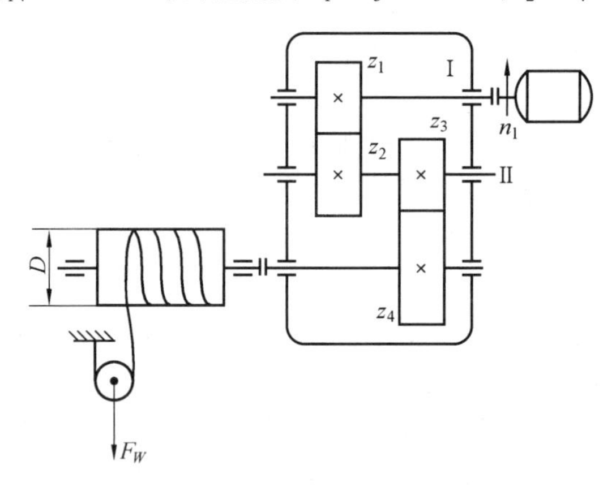

图 4.11

齿轮强度计算公式为

$$\sigma_H=21\ 000\sqrt{\frac{KT_1}{bd_1^2}\cdot\frac{u\pm1}{u}}\leqslant[\sigma]_H$$

$$\sigma_F=\frac{2\ 000\ KT_1}{bd_1m}Y_F\leqslant[\sigma]_F$$

式中,$Y_{F1}=Y_{F3}=2.72$,$Y_{F2}=Y_{F4}=2.18$;$K=1.3$。

注:T_1 的单位为 N·m。(忽略传动系统的摩擦损失)

【题 4.110】 图 4.12 所示为一行星轮系,轮 1 主动,已知 $P_1=2$ kW,$n_1=955$ r/min,齿轮模数 $m=2$ mm,要求寿命 $L_h=10\ 000$ h,设机械效率为 90%。

(1) 求系杆 H 输出扭矩 T_H。

(2) 轮 2 在 A、B、C 3 点所受圆周力的大小及方向。

(3) 分析轮 1、轮 2 和轮 3 弯曲应力和接触应力的循环特性。

(4) 轮 1、轮 2 和轮 3 弯曲应力的循环次数 N_1、N_2、N_3。

(5) 如果 3 个齿轮的材料和热处理相同,则 3 个齿轮的轮齿弯曲强度哪个最薄弱?哪个最好?

【题 4.111】 试计算单级斜齿圆柱齿轮传动的主要参数。已知:输入功率 $P_1=5.5$ kW,转速 $n_1=480$ r/min,$n_2=150$ r/min,初选参数 $z_1=28$,$\beta=12°$,齿宽系数 $\phi_d=1.1$,按齿面接触疲劳强度计算得小齿轮分度圆直径 $d_1=70.13$ mm。试求法面模数 m_n、中心距 a、螺旋角 β、小齿轮齿宽 b_1 和大齿轮齿宽 b_2。

【题 4.112】 有一齿轮传动如图 4.13 所示,已知:$z_1=28$,$z_2=70$,$z_3=126$,模数 $m_n=4$ mm,压力角 $\alpha=20°$,中心距 $a_1=200$ mm,$a_2=400$ mm,输入轴功率 $P_1=10$ kW,转速 $n_1=1\ 000$ r/min,不计摩擦。

(1) 计算各轴所受的转矩。

(2) 分析并计算中间齿轮所受各力的大小。

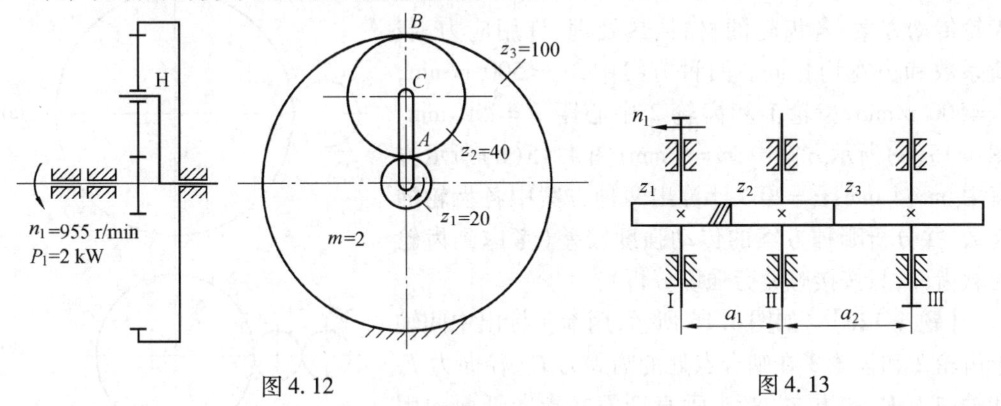

图 4.12　　　　图 4.13

【题 4.113】 有一对直齿圆锥齿轮传动,已知:$z_1=28$,$z_2=48$,$m=4$ mm,$b=30$ mm,$P=3$ kW,$n_1=960$ r/min,$\alpha=20°$。试计算啮合点各力的大小。(忽略摩擦损失)

【题 4.114】 一传动装置,输入转矩为 T_1,输出转矩为 T_2,传动比为 i,总效率为 η,试证明 $T_2=T_1 i\eta$。

【题 4.115】 由两对材料、热处理方法、加工精度等级和齿宽均对应相等的直齿圆柱齿轮,已知:第一对齿轮 $m=4$ mm,$z_1=20$,$z_2=40$;第二对齿轮 $m'=3$ mm,$z_1'=40$,$z_2'=80$。若不考虑重合度的影响,试计算其在相同条件下工作时,两对齿轮接触应力的比值 σ_H/σ_H' 和弯曲应力的比值 σ_F/σ_F'。

【题 4.116】 有两对标准直齿圆柱齿轮传动,已知:第一对齿轮的 $z_1=20$,$z_2=40$,$m_1=4$ mm,齿宽 $b_1=75$ mm;第二对齿轮的 $z_1'=40$,$z_2'=100$,$m_2=2$ mm,齿宽 $b_2=70$ mm。已知两对齿轮的材料、热处理硬度相同,齿轮的加工精度、齿面粗糙度均相同,工况也一样,按无限寿命计算并忽略 $Y_F Y_S$ 的乘积及重合度的影响。

(1) 按接触疲劳强度求该两对齿轮传递的转矩的比值 T_1/T'_1。

(2) 按弯曲疲劳强度求该两对齿轮传递的转矩的比值 T_1/T'_1。

【题 4.117】 图 4.14 所示为二级斜齿圆柱齿轮减速器,第一级斜齿轮的螺旋角 β_1 的旋向已给出。

(1)为使Ⅱ轴轴承所受轴向力较小,试确定第二级斜齿轮螺旋角 β 的旋向,并说明轮2、轮3所受轴向力、径向力及圆周力的方向。

(2)若已知第一级齿轮的参数为:$z_1=19$,$z_2=85$,$m_n=5$ mm,$\alpha_n=20°$,中心距 $a=265$ mm,轮1的传动功率 $P=6.25$ kW,$n_1=275$ r/min。试求轮1上所受各力的大小。

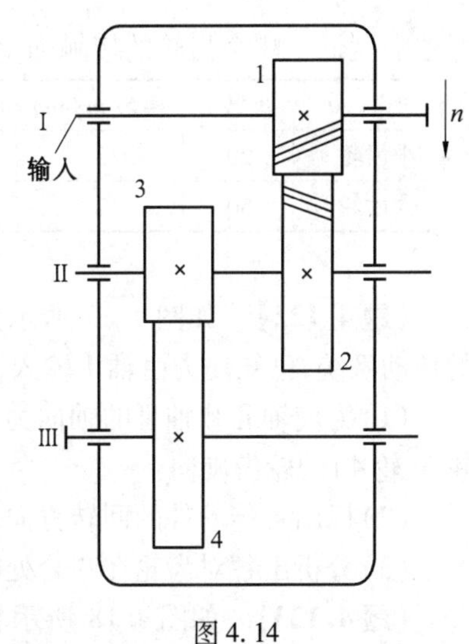

图 4.14

【题 4.118】 正确画出模锻轮坯、腹板式对称结构的大齿轮在转轴的圆柱形轴端实现轴向固定与周向固定的完整结构图(要求正确画出齿轮结构)。

【题 4.119】 图 4.15 所示为两种标准圆柱直齿齿轮传动方案，各齿轮的材料、热处理、许用应力、载荷系数和齿宽均相同。两种方案中，$n_1=500$ r/min，$n_2=500$ r/min，齿轮 1 和齿轮 2 中心距 $a=250$ mm。图 4.15(a)所示方案中，$m=5$ mm；图 4.15(b)所示方案中，$m=4$ mm，$z_3=20$。计算出两种方案中各齿轮的齿数，并分析哪种方案的传动强度较差（考虑到齿轮为软齿面，只按接触疲劳强度分析）？

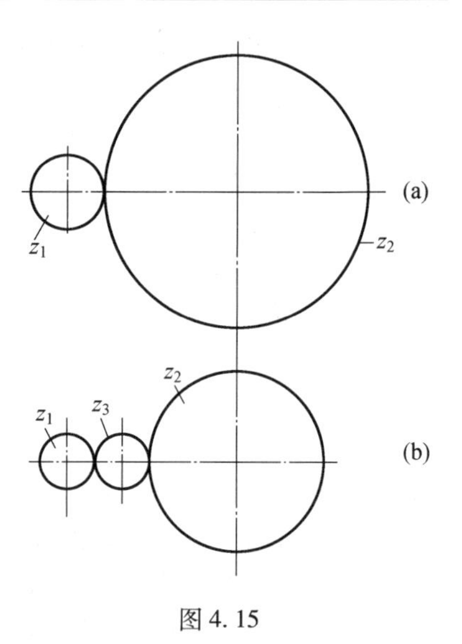

图 4.15

【题 4.120】 如图 4.16 所示，用箭头标出中间轴上齿轮 2 和齿轮 3 在啮合点处的圆周力 F_t、径向力 F_r 和轴向力 F_a 的方向（箭头垂直纸面并指向纸面的用⊗表示，箭头垂直纸面向外的力用⊙表示）。

【题 4.121】 一对相啮合的标准直齿圆柱齿轮传动，有关参数和许用值见表，试分析比较哪个齿轮的弯曲强度低？哪个齿轮的接触强度低？

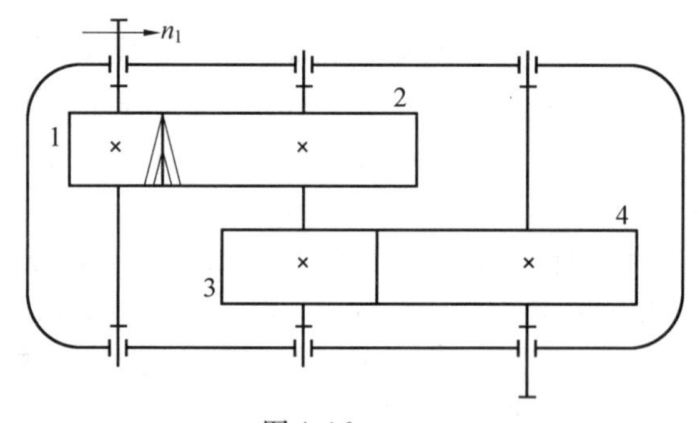

图 4.16

	齿数 z	模数 m/mm	齿宽 b/mm	Y_{Fa}	Y_{Sa}	$[\sigma]_F$/MPa	$[\sigma]_H$/MPa
小齿轮 z_1	20	2	45	2.8	2.2	490	570
大齿轮 z_2	50	2	40	2.4	2.3	400	470

【题 4.122】 如图 4.17 所示为二级斜齿圆柱齿轮减速器和一对开式锥齿轮所组成的传动系统，已知动力由轴 Ⅰ 输入，转动方向如图所示，要求：

(1)为使轴Ⅱ和轴Ⅲ的轴向力尽可能小，试合理确定减速器中各斜齿轮（轮 1、轮 2、轮 3、轮 4）的轮齿旋向。

(2)标出各传动件的回转方向。

(3)分析出各对齿轮在啮合处的受力情况，画出 F_r、F_a 和 F_r 的方向。

【题 4.123】 如图 4.18 所示轮系中 5 个齿轮的材料和参数都相同，齿轮 1 为主动轮。试分析哪个齿轮的接触强度最差？哪个齿轮的抗弯强度最差？并说明原因。

【题 4.124】 如图 4.19 所示为二级标准斜齿圆柱齿轮减速器。已知齿轮 2 模数 $m_{n2}=3$ mm，$z_2=51$，$\beta_2=15°$；齿轮 3 模数 $m_{n3}=5$ mm，$z_3=17$；齿轮 4 轮齿旋向、主动轴 I 转

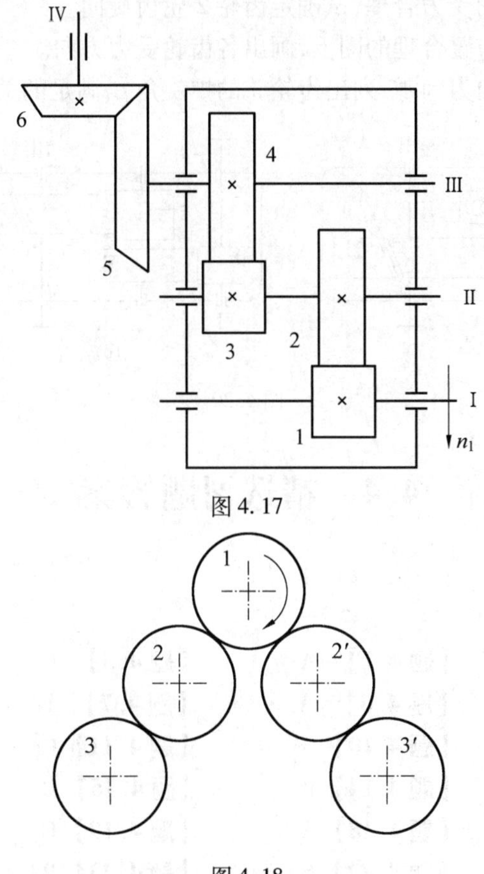

图4.17

图4.18

向如图所示，试求：

①为使中间轴Ⅱ的受力合理，请确定齿轮2轮齿旋向。

②为使轴Ⅱ的轴向力为零，计算出齿轮3的螺旋角β_3的值。

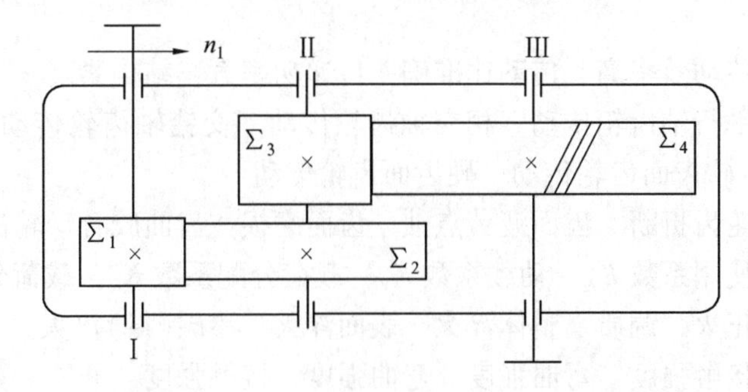

图4.19

【**题4.125**】　图4.20分别为二级标准斜齿圆柱齿轮减速器的两种布置形式。已知齿轮2模数$m_{n2}=3$ mm，$z_2=51$，$\beta_2=15°$；齿轮3模数$m_{n3}=5$ mm，$z_3=17$；齿轮4轮齿旋向为右旋。若主动轴Ⅰ转向如图4.20所示，试求：

(1)图4.20(a)图4.20(b)所示两种布置形式，哪种布置合理？分析为什么？

(2)为使中间轴Ⅱ的受力合理,试确定齿轮2轮齿旋向。

(3)在你认为齿轮布置合理的图上,画出各齿轮受力方向。

(4)为使轴Ⅱ的轴向力为零,列出齿轮3的螺旋角β_3满足的关系式,不必计算结果。

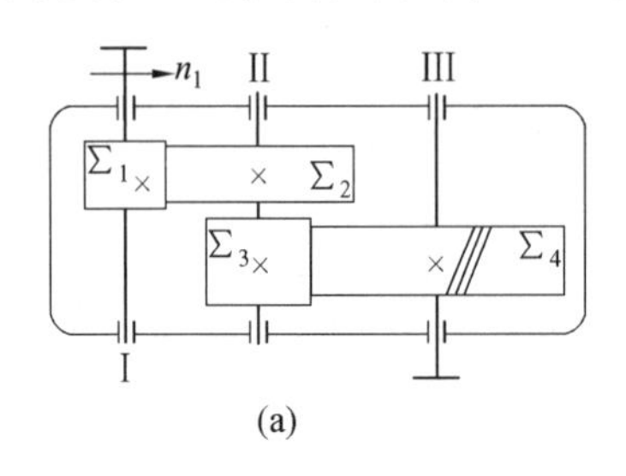

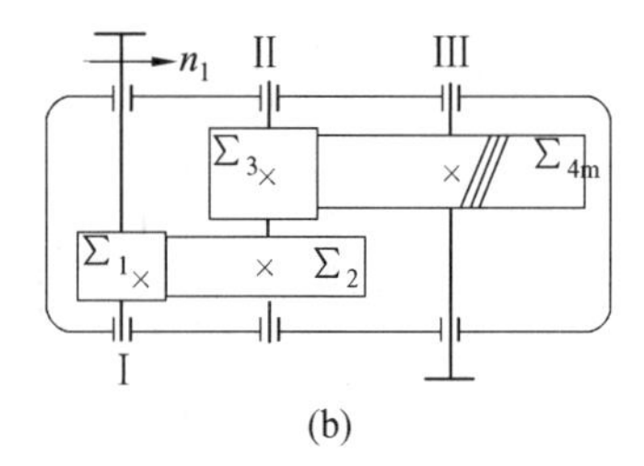

图4.20

4.4　精选习题答案

一、单项选择题

【题4.1】 B　【题4.2】 A　【题4.3】 C　【题4.4】 D

【题4.5】 A　【题4.6】 A　【题4.7】 D　【题4.8】 A

【题4.9】 B　【题4.10】A　【题4.11】C　【题4.12】A

【题4.13】B　【题4.14】B　【题4.15】D　【题4.16】B

【题4.17】C　【题4.18】A　【题4.19】C　【题4.20】D

【题4.21】D　【题4.22】C　【题4.23】B　【题4.24】A

【题4.25】B　【题4.26】D　【题4.27】C　【题4.28】D

【题4.29】A　【题4.30】B

二、填空题

【题4.31】 传动效率高　传动比准确　传递功率大　结构紧凑

【题4.32】 平行轴齿轮传动　相交轴齿轮传动　交错轴齿轮传动　闭式齿轮传动　开式齿轮传动　软齿面齿轮传动　硬齿面齿轮传动

【题4.33】 轮齿折断　齿面疲劳点蚀　齿面磨损　齿面胶合　轮齿塑性变形

【题4.34】 使用系数K_A　动载系数K_V　载荷分配系数K_α　载荷分布系数K_β

【题4.35】 正火　调质　整体淬火　表面淬火　渗碳(氮)淬火

【题4.36】 接触强度　弯曲强度　弯曲强度　接触强度

【题4.37】 原动机性能　工作机性能　载荷特性

【题4.38】 齿数z　压力角α　变位系数x

【题4.39】 齿轮的宽度　齿轮相对于轴承的位置　支承轴的刚度

【题4.40】 避免根切　使结构紧凑　提高抗弯曲疲劳强度　配凑中心距

【题4.41】 齿面节线附近的齿根部分　单对齿啮合接触应力σ_H大　相对滑动速度

低,不易形成油膜　油挤入裂纹使裂纹受力扩张

【题 4.42】　相等　不相等　不相等　不相等

【题 4.43】　法面(端面)模数相等　法面(端面)压力角相等　两齿轮螺旋角相等　两齿轮螺旋线方向相反

【题 4.44】　动载系数　传动误差　节线速度　轮齿啮合刚度

【题 4.45】　齿轮轴　实心式齿轮　腹板(孔板)式齿轮　轮辐式齿轮

【题 4.46】　疲劳折断　过载折断　全齿折断　局部齿折断

【题 4.47】　分度圆直径 d　模数 m　不变

【题 4.48】　主动　大(主动)　小(从动)

【题 4.49】　主动轮　螺旋线　主动轮转动　轴向力

【题 4.50】　硬　韧

【题 4.51】　斜齿圆柱齿轮　直齿圆锥齿轮

【题 4.52】　采用正变位　增大压力角　保持中心距不变而增大模数　减小齿数

【题 4.53】　斜齿轮的特性难于体现　轴向力过大　$8° \sim 20°$　中心距

【题 4.54】　齿根　所受弯矩较大、且有应力集中　抗弯曲

【题 4.55】　1　$\sqrt{2}$

【题 4.56】　分度圆直径 d_1　齿宽 b　齿轮材料的种类　热处理方式

【题 4.57】　大　$b+(5 \sim 10)$ mm　有利于齿轮装配时的轴向窜动

【题 4.58】　小齿轮硬度=大齿轮硬度+(30 ~ 50) mm　使两齿轮更接近于等强度

【题 4.59】　低速　高速　中间

【题 4.60】　啮合效率　搅油效率　轴承效率

三、问答题

【题 4.61】【答】　优点:瞬时传动比恒定;传动效率高;传递功率大;使用寿命长;结构紧凑;工作可靠;适用范围广。

缺点:不宜用于轴间距离过大的传动;精度低时传动噪声较大。

【题 4.62】【答】　软齿面闭式齿轮传动中,由于其主要失效形式是脉动接触应力作用下引起的疲劳点蚀,因此,设计计算中一般按接触强度设计,按弯曲强度校核。

硬齿面闭式齿轮传动中,由于齿面硬度的提高,使齿轮具有了较高抗点蚀能力,齿轮将以轮齿疲劳折断为主要失效形式,因此,设计计算中一般应按齿轮弯曲强度设计,然后考虑磨损,适当增大模数。

开式齿轮传动中,其主要失效形式是磨损和轮齿折断,因此,设计计算中一般应按轮齿弯曲强度设计,然后考虑磨损适当增大模数。

【题 4.63】【答】　因为闭式齿轮传动的齿轮具有良好的工作环境,载荷平稳且润滑条件良好时,齿轮不易发生磨损、胶合及轮齿折断等失效,而齿轮正常工作时,齿面所受脉动循环变化的接触应力,随着载荷作用次数的增加,将在齿面表层以下产生微裂纹,裂纹进一步扩展便形成疲劳点蚀。

疲劳点蚀一般首先出现在齿轮节线附近靠近齿根处。原因:①该处是单齿啮合区,轮

齿承受载荷较大;②该处接近节线,摩擦力大,不宜形成油膜;③该处轮齿的相对运动有助于将润滑油带入裂缝中,形成高压油,加速点蚀的形成。

提高齿面硬度、降低齿面粗糙度、合理选择润滑油黏度等,都将有利于提高齿面的抗点蚀能力。

【题 4.64】【答】 高速重载齿轮传动,当润滑不良时,易产生胶合失效。

减小模数、降低齿高、降低滑动系数、提高齿面硬度、降低齿面粗糙度、采用抗胶合润滑油等措施,都将有助于提高齿轮抗胶合的能力。

【题 4.65】【答】 因为在开式齿轮传动中,齿轮的主要失效形式是磨损和轮齿折断,轮齿折断主要由脉动循环变化的弯曲应力的重复作用或瞬间过大载荷而产生,而且磨损使齿厚变薄,对轮齿折断起促进作用。所以,设计计算中应按弯曲强度进行设计。

适当增大齿根圆角半径,以减小应力集中、提高制造和安装精度、对齿根部进行强化处理、适当增大模数、采用正变位传动等,都有利于齿轮抗弯强度的提高。

【题 4.66】【答】 齿轮在工作中,其承载能力和使用寿命将受到原动机、工作机、加工及装配精度等多种因素的影响,而依据理论计算获得的名义载荷并没有考虑这些影响因素,计算载荷是以名义载荷为基础,同时考虑其他因素对齿轮传动影响的当量载荷,利用计算载荷进行齿轮传动设计,其计算结果更符合实际工况。

$$计算载荷=载荷系数\times名义载荷$$

$$载荷系数\ K=K_A K_V K_\alpha K_\beta$$

式中 K_A——使用系数,考虑原动机性能、工作机性能、载荷特性等齿轮外部因素对齿轮传动的影响;

K_V——动载系数,考虑制造精度、运转速度等轮齿内部因素引起的附加动载荷对齿轮传动的影响;

K_α——齿间载荷分配系数,考虑同时啮合的各对轮齿间载荷分配不均匀对轮齿应力的影响;

K_β——齿向载荷分布系数,考虑沿齿宽方向载荷分布不均匀对轮齿应力的影响。

【题 4.67】【答】 由于轮齿材料对拉应力敏感,故疲劳裂纹往往从齿根受拉侧开始发生,所以,轮齿折断通常起始于轮齿的拉应力一侧。

直齿轮易发生全齿折断,斜齿轮和人字齿齿轮易发生局部齿折断。

疲劳折断其断口由光滑区和粗糙区两部分组成,而过载折断其断口只有粗糙区。

【题 4.68】【答】 齿轮的主要结构类型有齿轮轴、实心式齿轮、腹板式齿轮、孔板式齿轮、轮辐式齿轮等。

齿轮与轴分开制造的主要原因有:①分开制造节省材料;②分开制造有利于根据不同需要,采取不同的热处理方法;③齿轮的失效多发生在轮齿,齿轮失效时,分开制造可以降低损失;④齿轮与轴分开制造,有利于各零件的选材。

当齿轮孔键槽底面与齿根圆之间的径向厚度小于等于 2.5 倍的模数时,一定要加工成齿轮轴,否则齿轮与轴将分开制造。

【题 4.69】【答】 齿轮传动是通过轮齿之间的相互啮合传递运动和动力的,相互啮合的轮齿构成高副接触,接触线所受法向力使接触区域产生接触应力。由渐开线成形原理可知,渐开线上任意一点的曲率半径都是不同的,但以任何一点的曲率半径都可以等效成一个圆柱体。由弹性力学可知,两圆柱体在法向载荷作用下在接触区内产生的接触应力,可以通过赫兹接触应力公式来表示,因此,将齿轮轮齿啮合过程中所受接触应力最大点的相应参数代入赫兹公式中,即得齿轮接触应力计算式。但综合考虑轮齿受力大小和曲率半径对接触应力的影响,齿廓啮合过程中,产生接触应力的最大点应该是单齿啮合下界点,但该点的位置与重合度和齿轮加工精度等有关。为使推导出的接触应力计算式更具通用性,所以,利用分度圆节点处的几何参数代替接触应力最大点处的几何参数,同时,引入重合度系数 Z_ε,以考虑重合度对齿面接触应力的影响,推导出目前应用的齿轮接触应力计算式。

【题4.70】【答】 齿轮在传递运动和动力过程中,接触点所受法向力对轮齿根部产生弯矩和弯曲应力,在弯曲应力计算时,将轮齿简化成悬臂梁,危险截面的位置利用30°切线法确定(过法向力与齿廓对称线的焦点,作与齿廓对称线成30°角的斜线,左右斜线与齿根圆弧相切点之间的距离,即为危险截面的宽度)。若考虑重合度的影响,对齿根产生最大弯曲应力的法向力作用点应为单齿啮合上界点,但该点的位置受重合度和加工精度的影响,难于精确计算,为使计算简化,假设载荷作用齿顶时对齿根产生的弯矩最大,同时,引入重合度系数 Y_ε,以考虑载荷作用位置不同时对齿根弯曲应力的影响。利用材料力学相关理论,便推导出了目前应用的齿轮弯曲应力计算式。

【题4.71】【答】

方法1:在保证中心距不变和不产生根切的情况下,减少齿数,增大模数。

方法2:进行高度变位,即小齿轮正变位,大齿轮负变位。

方法3:适当增大齿根圆角半径,减少应力集中,提高制造和安装精度。

【题4.72】【答】 因为无论是减速传动还是增速传动,小齿轮轮齿单位时间内所受变应力次数都多于大齿轮,提高齿面硬度,有利于提高抵抗各种形式失效发生的能力,使大小齿轮更加接近于等强度。

【题4.73】【答】 齿宽系数 ϕ_d 等于齿轮宽度 b 与齿轮分度圆直径 d_1 之比,即 $\phi_d=b/d_1$。

载荷一定时,增大齿轮宽度,可使齿轮直径和中心距减小,使结构紧凑;但齿轮宽度过大,将使载荷沿齿向分布更加不均。所以,应根据工作情况及齿轮在轴上的布置等合理选择齿宽系数。

【题4.74】【答】 原因:

① 开式齿轮传动中,防护不利,外界的灰尘和颗粒进入齿轮啮合区引起磨损。

② 闭式齿轮传动中,润滑油不清洁,其中的杂质进入啮合区引起磨损。

③ 齿轮表面加工光洁度不高,啮合过程中,研下的金属粉末掺杂在润滑油中,构成研磨剂,若润滑油更换不及时,便引起磨损。

后果:轻度磨损将破坏齿廓形状,引起振动和噪声;磨损的累积将使齿厚减薄,降低轮齿抗弯强度,引起轮齿折断;重载高速工况下,过度磨损易引起胶合。

防止方法:①变开式传动为闭式传动,改善齿轮工作环境;②及时更换润滑油;③提高齿轮加工精度,降低齿轮表面粗糙度;④提高齿轮表面硬度。

【题4.75】【答】 在齿轮接触应力计算式中是通过节点区域系数 Z_H 来考虑变位系数 x 对齿面接触强度的影响的;而在齿轮弯曲应力计算式中是通过齿形系数 Y_F 和应力修正系数 Y_S 来考虑变位系数对齿轮弯曲强度的影响的。

【题4.76】【答】 试验条件是:$m=3\sim5$ mm,$\alpha=20°$,$b=10\sim50$ mm,齿面粗糙度 $Rz=3$ μm,齿根过渡表面粗糙度 $Rz=10$ μm,节线速度 $v=10$ m/s,矿物油润滑,失效概率为1%。

【题4.77】【答】 在齿轮传动中,大小齿轮的实际接触应力是相等的,即 $\sigma_{H1}=\sigma_{H2}$。但大小齿轮的许用接触应力通常是不相等的,即$[\sigma]_{H1}\neq[\sigma]_{H2}$。因为许用接触应力不仅与极限接触应力 $\sigma_{H\lim}$ 有关,而且还与寿命系数 Z_N 有关,而 Z_N 又与每个齿轮工作中所受应力的循环次数 N 有关。当大小齿轮的材料、热处理方式不相同及应力循环次数不相等时,两齿轮的接触强度通常是不相等的。只有当一对齿轮的$[\sigma]_{H1}=[\sigma]_{H2}$时,这对齿轮才具有相等的接触强度。

【题4.78】【答】 在各种齿轮传动中,大小齿轮实际所受弯曲应力是不相等的,即 $\sigma_{F1}\neq\sigma_{F2}$;大小齿轮的许用弯曲应力通常也是不相等的,即$[\sigma]_{F1}\neq[\sigma]_{F2}$。因为齿轮工作时所受弯曲应力大小与齿形系数 Y_F 成正比,而 Y_F 又与齿轮齿数 z 有关,z 越小,Y_F 越大。同时,许用弯曲应力不仅与极限弯曲应力 $\sigma_{F\lim}$ 有关,而且还与寿命系数 Y_N 有关,而 Y_N 又与每个齿轮工作中所受应力的循环次数 N 有关。当大小齿轮的材料、热处理方式及应力循环次数不相等时,两齿轮的弯曲强度通常是不相等的。只有当一对齿轮的$\dfrac{[\sigma]_{F1}}{Y_{F1}Y_{S1}}=[\sigma]_{F2}/Y_{F2}Y_{S2}$时,这对齿轮才具有相等的弯曲强度。

【题4.79】【答】 在齿轮设计计算中,引入齿间载荷分配系数 K_α 是考虑同时啮合的各对轮齿间载荷分配不均对齿轮承载能力的影响。

影响 K_α 的主要因素有:① 齿轮在啮合线上不同啮合位置,轮齿的弹性变形及刚度大小变化的影响;② 齿轮制造误差,尤其是基节误差,使载荷在齿间分布不均匀;③ 重合度、齿顶修形也影响齿间载荷分布不均匀。

【题4.80】【答】 齿数 z 的确定:① $z_{\min}\geqslant17$,以避免根切;② 相互啮合齿轮的齿数尽可能互质,以提高轮齿受载的均匀性;③ 软齿面闭式传动时,在满足弯曲强度的情况下,齿数 z 尽可能多些,以有利于提高传动的平稳性,降低传动的振动和噪声;硬齿面闭式传动和开式传动中,在满足接触疲劳强度的情况下,齿数 z 不易取得过多,一般 $z\geqslant17$ 即可。以便当分度圆直径 d 不变时,通过增大模数 m 来提高齿轮的抗弯曲疲劳强度。

模数 m 的确定:软齿面闭式传动中,在满足弯曲强度的情况下尽量取小值,以减小齿轮质量和切削量,节省工时和费用;硬齿面闭式传动和开式传动中,模数 m 应由弯曲强度条件确定。模数 m 一定要取标准值。

【题4.81】【答】 特点:传动平稳,冲击和噪声小,适合于高速传动、不产生根切的最少齿数小,可使结构紧凑、承载能力高。

增大螺旋角 β,有利于提高传动的平稳性和承载能力。但 β 过大,轴向力将随之增大,使轴承装置更加复杂。若 β 过小,则斜齿轮的优点不明显。因此,一般情况下取 $\beta=10°\sim25°$。

【题4.82】【答】 一对齿轮传动,其大小齿轮实际所受的接触应力是相等的,即 $\sigma_{H1}=\sigma_{H2}$。但当两齿轮的材料、热处理硬度及所受应力循环次数不同时,大小齿轮的许用接触应力通常是不相等的,即 $[\sigma]_{H1}\neq[\sigma]_{H2}$,所以许用接触应力较小者,将首先出现疲劳点蚀,而许用应力较大者,则不易出现疲劳破坏。

一对齿轮传动,其齿轮轮齿发生疲劳折断不仅与轮齿所受弯曲力矩大小有关,而且与齿轮齿数、轮齿齿根应力集中状况及表面加工质量等因素有关,当大小齿轮材料、热处理硬度及应力循环次数不同时,通常大小齿轮实际所受弯曲应力和许用应力都不相等。即 $\sigma_{F1}\neq\sigma_{F2}$,$[\sigma]_{F1}\neq[\sigma]_{F2}$。所以,$\sigma_F>[\sigma]_F$ 者,将首先产生弯曲疲劳破坏,否则,将不易产生弯曲疲劳破坏。

【题4.83】【答】 若使中间轴两齿轮轴向力能够相互抵消,则必须满足下式条件,即

$$F_{a1}=F_{a2}$$

$$F_{t1}\tan\beta_1=F_{t2}\tan\beta_2$$

$$\tan\beta_2=\frac{F_{t1}}{F_{t2}}\tan\beta_1$$

由中间轴的力矩平衡得

$$F_{t1}\frac{d_1}{2}=F_{t2}\frac{d_2}{2}$$

则
$$\tan\beta_2=\frac{F_{t1}}{F_{t2}}\tan\beta_1=\frac{d_2}{d_1}\tan\beta_1=\frac{5\ \text{mm}\times17/\cos\beta_2}{3\ \text{mm}\times51/\cos\beta_1}\tan\beta_1$$

得
$$\sin\beta_2=\frac{5\ \text{mm}\times17}{3\ \text{mm}\times51}\cdot\sin 15°=0.143\ 8$$

则
$$\beta_2=8.27°=8°16'12''$$

【题4.84】【答】 斜齿圆柱齿轮传动应用在高速级。因为斜齿轮传动轮齿是逐渐进入啮合和脱离啮合,传动比较平稳,适合于高速传动,同时,高速级传递扭矩较小,斜齿轮产生的轴向力也较小,有利于轴承部件其他零件的设计。

【题4.85】【答】 齿形系数 Y_F 反映了轮齿几何形状对齿根弯曲应力 σ_F 的影响。其主要影响因素有:齿数 z、变位系数 x、压力角 α、齿顶高系数 h_a^*、齿廓曲率半径 ρ 等。由于模数 m 变化时,齿廓随之放大或缩小,但形状不变,因此,齿形系数 Y_F 与模数 m 无关。因为直齿轮的齿形系数是根据齿数 z 查得的,斜齿轮和圆锥齿轮的齿形系数是用当量齿数 z_v 查得的,而斜齿轮的当量齿数 $z_v=z/\cos^3\beta$,圆锥齿轮的当量齿数 $z_v=z/\cos\delta$(β 为螺旋角,δ 为锥顶角)。所以,同一齿数的直齿圆柱齿轮、斜齿圆柱齿轮和直齿圆锥齿轮的齿形系数 Y_F 是不相同的。

【题4.86】【答】 在齿轮强度计算中,当设计齿轮为有限寿命时,利用寿命系数 Z_N 对齿轮材料的极限接触应力 σ_{Hlim} 试验值进行修正,利用寿命系数 Y_N 对齿轮材料的极限弯曲应力 σ_{Flim} 试验值进行修正,使齿轮许用应力的计算更符合设计工况。

寿命系数 Z_N、Y_N 主要与应力循环基数 N_0、疲劳曲线指数 m 及所设计齿轮的应力循环次数 N 有关。

$$N=60\ naL_{\mathrm{h}}$$

式中 n——齿轮转速;

a——齿轮转一周,同一侧齿面啮合的次数;

L_{h}——齿轮的工作寿命。

【题 4.87】【答】 齿轮许用接触应力计算式为:$[\sigma]_{\mathrm{H}}=\sigma_{\mathrm{Hlim}}Z_N/S_{\mathrm{H}}$。而齿轮材料极限接触应力 σ_{Hlim} 是在一定试验条件下获得的,其中条件之一就是假设齿轮的失效概率为 1%。所以,当所设计的齿轮允许失效概率大于 1% 时,可以通过将 S_{Hmin} 取值小于 1 的方法来提高材料的许用接触应力,更加充分地发挥齿轮材料的性能。

【题 4.88】【答】 ① 提高支承刚度,减少受力变形;② 尽可能使齿轮相对于轴承对称布置或远离转矩输入端;③ 合理确定齿轮宽度,避免齿轮过宽;④ 提高制造和安装精度;⑤ 对轮齿进行沿齿宽方向的修形。

【题 4.89】【答】 直齿圆柱齿轮由于其齿形平行于轴线,齿廓的法截面与端面共面,法面模数与端面模数相等,故取端面模数(或称法面模数)为标准值。

斜齿圆柱齿轮取其法面模数为标准值。因为在加工斜齿轮时,铣刀沿螺旋线方向进刀,铣刀的齿形等于齿轮的法向齿形,端面模数大于法面模数,强度计算中应取其齿廓最小的截面参数,故取其法面模数为标准值。

直齿圆锥齿轮取其大端模数为标准值。因为大端尺寸较大,计算和测量的相对误差较小,而且便于确定齿轮相同的外廓尺寸,所以在计算直齿圆锥齿轮几何参数时,以大端为标准值。

【题 4.90】【答】 齿廓修形是根据相互啮合两齿轮的加工及实际啮合情况,利用机械加工方法,改变齿顶渐开线形状,使轮齿实际进入啮合点与理论啮合点尽可能接近,消除由于轮齿提前进入啮合所引起的啮入冲击。这种对轮齿齿廓的修正方法称为齿廓修形。

齿廓修形主要影响动载系数 K_{V}。

【题 4.91】【答】 在渐开线圆柱齿轮传动的接触强度计算中,齿形系数取决于齿数、变位系数、齿高、压力角等参数。

【题 4.92】【答】 不是,其主要失效形式是齿面磨损。

【题 4.93】【答】 ①轮齿断折:脆性材料的齿轮过载或受很大冲击。

②齿面疲劳点蚀:软齿面闭式齿轮传动。

③齿面磨损:开式齿轮传动。

④齿面胶合:高速重载或低速重载齿轮传动。

⑤轮齿塑性变形:齿面材料较软、低速重载与频繁启动的传动。

【题 4.94】【答】 闭式硬齿面齿轮传动的主要失效形式是轮齿齿根疲劳折断。

计算准则:按齿根弯曲疲劳强度设计,然后校核齿面接触疲劳强度;或同时按齿面接触疲劳强度和齿根弯曲疲劳强度设计,然后取设计参数的较大值。

配对钢制软齿面齿轮设计时小齿轮齿面硬度大于大齿轮齿面硬度 30 ~50 HBS。

原因:①小齿轮齿根强度较弱。②小齿轮的应力循环次数较多。③大、小齿轮有较大的硬度差时,工作中较硬的小齿轮会对较软的大齿轮齿面产生冷作硬化的作用,可提高大齿轮的接触疲劳强度。

【题 4.95】【答】 D 点对应的极限应力点为 n 点,其会出现疲劳破坏,极限应力为 σ_{-1};C 点对应的极限应力点为 m 点,其会出现塑性破坏,极限应力为 σ_s。它们都是受非对称循环变应力。

【题 4.96】【答】 (1)主要失效形式。齿轮传动主要失效形式有轮齿的折断、齿面疲劳点蚀、齿面磨损、齿面胶合、轮齿塑性变形。

(2)设计准则。

对于轮齿面闭式齿轮传动,常因齿面点蚀而失效,故通常先按齿面接触疲劳强度进行设计,然后校核齿根弯曲疲劳强度。

对于硬齿面闭式齿轮传动,其齿面接触承载能力较大,故通常先按齿根弯曲疲劳强度进行设计,然后校核齿面接触疲劳强度。

对于高速重载齿轮,可能出现齿面胶合,故还需校核齿面胶合强度。

对于开式齿轮传动,其主要失效形式是齿面磨损,而且在轮齿磨薄后往往会发生轮齿折断,目前常按照齿根弯曲疲劳强度进行设计,并考虑磨损后的影响将模数适当增大。

【题 4.97】【答】 由于小齿轮受力次数比大齿轮多,为使大小齿轮接近等强度,常采用调质的小齿轮与正火的大齿轮配对,使小齿轮的齿面硬度比大齿轮的齿面硬度高 30 ~50 HBS。

【题 4.98】【答】 齿形系数的大小与模数无关,与齿数、变位系数有关。当齿数、变位系数增大时,则齿根增厚,齿形系数减小。

【题 4.99】【答】 否。齿面接触强度取决于齿轮直径或中心距的大小,即取决于模数和齿数的乘积。只要模数或中心距一定时,其齿面接触强度就是一定的。单纯增大模数而不改变模数和齿数的乘积值,则不能提高其齿面接触强度。

【题 4.100】【答】 调质的两个步骤是淬火加高温回火。

目的是获得良好的综合机械性能,即良好的强度、韧性和塑性。

【题 4.101】【答】 增大润滑油的黏度。

润滑油的黏度对于点蚀的发生是有较大影响的。如果使用低黏度的油润滑齿轮,低黏度的油流动性较好,容易渗入表面裂纹中,当受到高压的接触应力时,油在裂纹内也产生高压,从而加速了裂纹的发展和金属块的脱落,引起点蚀。高黏度的油对于渗入裂纹的作用显然没有稀油活泼,另一方面黏度高,油膜厚度较大,缓和了冲击载荷,使接触部分的应力均匀化,相对降低了最大应力值,也就增强了齿面耐点蚀的能力。

【题 4.102】 **【答】** 在强度计算时，为了简化，则以齿宽中点处的当量齿轮作为计算的依据。即假定用圆锥齿轮齿宽中点处的当量齿轮来代替该圆锥齿轮，其分度圆半径等于齿宽中点处的背锥母线长，模数等于齿宽中点处的平均模数 m_m。平均模数 m_m 和大端模数 m 的关系为$m=m_m R/(R-0.5b)$。

【题 4.103】 **【答】** $\sigma_F=\dfrac{M}{W}=\dfrac{F_n\cos\alpha_F h_F}{\dfrac{bS_F^2}{6}}=\dfrac{F_t}{bm}\dfrac{6\left(\dfrac{h_F}{m}\right)\cos\alpha_F}{\left(\dfrac{S_F}{m}\right)^2\cos\alpha}=\dfrac{F_t}{bm}Y_F$

再考虑到载荷系数 K、应力修正系数 Y_S和重合度系数 Y_ε，得

$$\sigma_F=\frac{KF_t}{bm}Y_F Y_S Y_\varepsilon\leqslant[\sigma]_F$$

式中 Y_F——齿形系数，反映轮齿几何形状对齿根弯曲应力的影响；

Y_S——应力修正系数，考虑齿根过渡圆角处应力集中和其他应力对齿根弯曲应力的影响；

Y_ε——重合度系数，考虑载荷作用位置和重合度对齿根弯曲应力的影响；

$[\sigma]_F$——许用齿根弯曲应力（MPa）。

【题 4.104】 **【答】** 齿宽系数大时，齿面接触应力减小，承载能力提高；齿根弯曲应力也减小；但齿向载荷分布系数增大，载荷分布不均匀。

齿宽系数选取与齿面软硬程度有关，硬齿面取较小值，软齿面取较大值；

齿宽系数选取与齿轮布置位置有关，对称布置时可取较大值，非对称布置时取较小值，悬臂布置时齿宽系数取最小值。

【题 4.105】 **【答】** 该齿轮与轴分离且尺寸较大，为减小齿轮质量、转动惯量和节约材料，结构形式宜采用腹板（孔板）式。由于齿轮为较为重要的齿轮，毛坯制造方式宜采用锻造，大批量采用模锻。

【题 4.106】 略。

四、受力分析和计算题

【题 4.107】 **【解】** （1）各轮转动方向如图 4.21 中的箭头所示。

（2）斜齿轮 3 的螺旋线方向为右旋，斜齿轮 4 的螺旋线方向为左旋。

（3）斜齿轮 3 所受各力（F_{t3}、F_{r3}、F_{a3}）的方向如图 4.21 所示。

【题 4.108】 **【解】** （1）为使各中间轴上传动件轴向力相互抵消一部分，斜齿轮 1 为左旋，斜齿轮 2 为右旋，蜗杆 5 和蜗轮 6 都为右旋，如图 4.22 所示。

（2）斜齿轮 2、锥齿轮 3 及蜗轮 6 所受各力及方向如图 4.22 所示。

（3）各传动件的转动方向如图 4.22 所示。

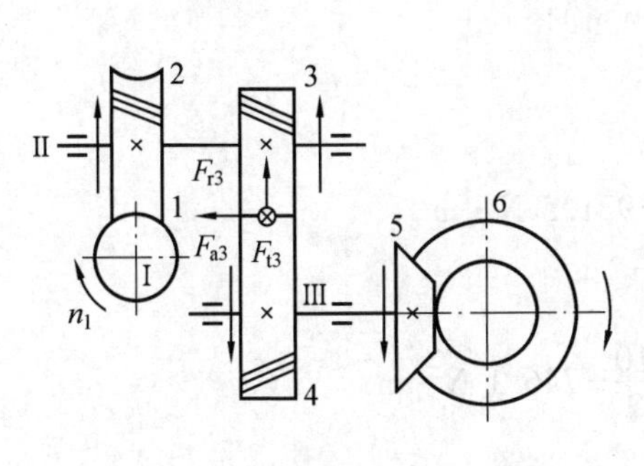

图 4.21

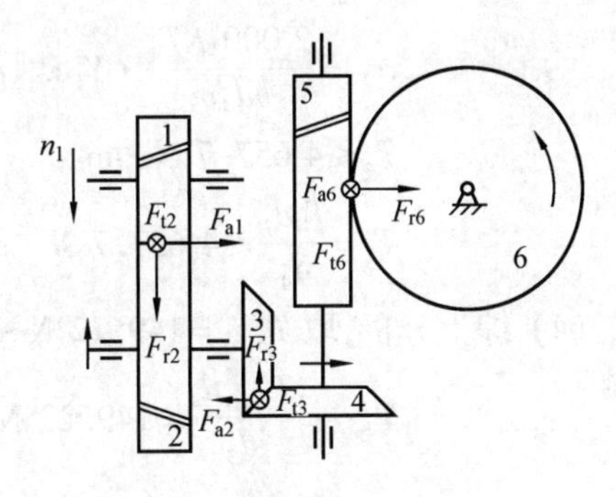

图 4.22

【题 4.109】 **【解】** (1) 计算各轴的转速。

$$n_2=\frac{n_1\cdot z_1}{z_2}=\frac{960\ \text{r/min}\times 22}{110}=192\ \text{r/min}$$

$$n_3=n_2=192\ \text{r/min}$$

$$n_4=\frac{n_3z_3}{z_4}=\frac{192\ \text{r/min}\times 22}{110}=38.4\ \text{r/min}$$

(2) 若电机全功率运行,忽略传动系统摩擦损失,则各齿轮所受力矩。

$$T_4=95.5\times 10^5P/n_4=95.5\times 10^5\times 3\ \text{kW}/38.4=746.1\ \text{N}\cdot\text{m}$$

$$T_3=\frac{T_4d_3}{d_4}=\frac{T_4\cdot mz_3}{mz_4}=746.1\ \text{N}\cdot\text{m}\times\frac{22}{110}=149.22\ \text{N}\cdot\text{m}$$

$$T_2=T_3=149.22\ \text{N}\cdot\text{m}$$

$$T_1=\frac{T_2d_1}{d_2}=\frac{T_2\cdot mz_1}{mz_2}=149.22\ \text{N}\cdot\text{m}\times\frac{22}{110}=29.84\ \text{N}\cdot\text{m}$$

(3) 因第一对齿轮 z_1、z_2 与第二对齿轮 z_3、z_4 各项参数一致,第二对齿轮传动的转矩大,只按第二对齿轮进行强度计算。

按齿面接触强度计算:

齿轮 3、齿轮 4 的接触应力相同,但 $[\sigma]_{H4}\leqslant[\sigma]_{H3}$,所以

$$\sigma_{H3}=21\ 000\sqrt{\frac{KT_3}{bd_3^2}\cdot\frac{u+1}{u}}\leqslant[\sigma]_{H4}$$

即
$$\sigma_{H3}=21\ 000\sqrt{\frac{1.3\times T_3}{75\ \text{mm}\times(4\times 22\ \text{mm})^2}\times\frac{5+1}{5}}\leqslant 500$$

所以
$$T_3\leqslant 211.1\ \text{N}\cdot\text{m}$$

按齿根弯曲强度计算

$$\frac{[\sigma]_{F3}}{Y_{F3}}=\frac{250}{2.72}=91.9$$

$$\frac{[\sigma]_{F4}}{Y_{F4}}=\frac{200}{2.18}=91.7$$

由于$\frac{[\sigma]_{F3}}{Y_{F3}}>\frac{[\sigma]_{F4}}{Y_{F4}}$,故应按齿轮 4 计算。

$$\sigma_{F4}=\frac{2\ 000\ KT_4}{bd_4m}\cdot Y_F\leqslant[\sigma]_{F4}$$

则 $$T_4\leqslant 4\ 657.7\ \text{N}\cdot\text{m}$$

$$T_3=\frac{T_4d_3}{d_4}\leqslant 4\ 657.7\ \text{N}\cdot\text{m}\times\frac{22}{110}=931.5\ \text{N}\cdot\text{m}$$

（4）综上分析，取 $T_{3\max}=149.22\ \text{N}\cdot\text{m}$，则

$$T_{4\max}=\frac{T_{3\max}d_4}{d_3}=149.22\ \text{N}\cdot\text{m}\times\frac{110}{22}=746.1\ \text{N}\cdot\text{m}$$

所以 $$F_{W\max}=\frac{2T_{4\max}}{D}=\frac{2\times746.1\ \text{N}\cdot\text{m}}{0.2\ \text{m}}=7\ 461\ \text{N}$$

【题 4.110】【解】

（1） $$i_{13}^{H}=\frac{n_1-n_H}{n_3-n_H}=\frac{n_1-n_H}{-n_H}=\frac{z_3}{z_1}=-5$$

$$i_{1H}=5+1=6$$

$$T_H=T_1i_{1H}\eta=9\ 550\ 000\times\frac{2\ \text{kW}}{955\ \text{r/min}}\times6\times0.9=108\ 000\ \text{N}\cdot\text{mm}$$

（2）轮 2 所受圆周力方向如图 4.23 所示。

$$T_1=9\ 550\ 000\frac{P_1}{n_1}=20\ 000\ \text{N}\cdot\text{mm}$$

$$F_{tA}=\frac{2T_1}{d_1}=\frac{2T_1}{mz_1}=\frac{2\times20\ 000\ \text{N}\cdot\text{mm}}{2\ \text{mm}\times20}=1\ 000\ \text{N}\quad 方向向右$$

$$F_{tC}=\frac{2T_H}{m(z_1+z_2)}=\frac{2\times108\ 000\ \text{N}\cdot\text{mm}}{2\ \text{mm}\times(20+40)}=1\ 800\ \text{N}\quad 方向向左$$

$$T_{tB}=F_{tC}-F_{tA}=800\ \text{N}\quad 方向向右$$

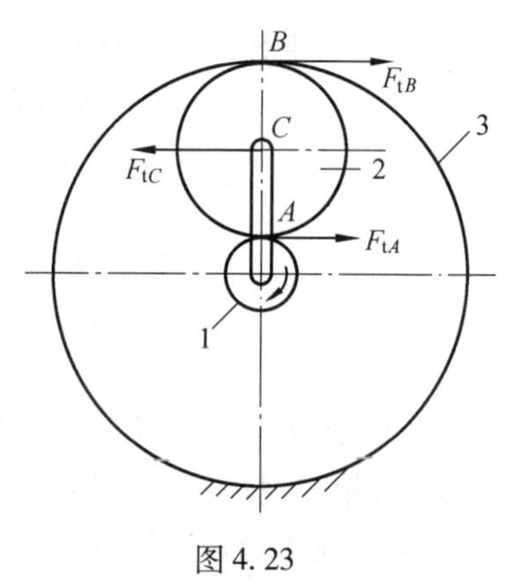

图 4.23

（3）轮 1、2、3 的接触应力均为脉动循环，$r=0$；轮 1、3 弯曲应力均为脉动循环，$r=0$；轮 2 弯曲应力循环特性为 $r\approx-0.8$。

（4） $$N_1=60n_1L_h=60\times955\ \text{r/min}\times10\ 000\ \text{h}=573\times10^6\ 次$$

$$N_2=60n_2L_h=60\times955\ \text{r/min}\times\frac{z_1}{z_2}\times L_h=60\times955\ \text{r/min}\times\frac{20}{40}\times10\ 000\ \text{h}=286.5\times10^6\ 次$$

$$N_3=60n_HL_h=60(n_1/i_{1H})L_h=60\times\frac{955\ \text{r/min}}{6}\times10\ 000\ \text{h}=95.5\times10^6\ 次$$

（5）轮 1、轮 3 一个循环受力 1 次（$r=0$）；而轮 2 一个循环受力 2 次，且方向相反（$r=-0.8$），所以轮 2 弯曲强度最薄弱。轮 1 和轮 3 相比，轮 1 所受圆周力大，且轮 3 齿数多，又是内齿轮，其齿根厚度较大，所以轮 3 的弯曲强度最好。

【题4.111】【解】 (1)法面模数。

$$m_n=\frac{d_1\cos\beta}{z_1}=\frac{70.13\ \text{mm}\times\cos 12^\circ}{28}=2.45\ \text{mm}$$

取 $m_n=2.5$ mm。

(2) 中心距。

因为

$$z_2=\frac{n_1 z_1}{n_2}=\frac{480\ \text{r/min}}{150\ \text{r/min}}\times 28=89.6$$

为使 z_2 与 z_1 互质,取 $z_2=89$,所以

$$a=\frac{m_n(z_1+z_2)}{2\cos\beta}=\frac{2.5\ \text{mm}\times(28+89)}{2\cos 12^\circ}=149.5\ \text{mm}$$

圆整取 $a=150$ mm。

(3) 螺旋角(按圆整后的中心距修正螺旋角)。

$\beta=\arccos[m_n(z_1+z_2)/2a]=\arccos[2.5\ \text{mm}\times(28+89)/2\times150\ \text{mm}]=12^\circ50'02''$

(4) 计算大小齿轮的轮齿宽度。

$$d_1=\frac{z_1 m_n}{\cos\beta}=\frac{28\times 2.5\ \text{mm}}{\cos 12^\circ50'02''}=71.794\ \text{mm}$$

$$d_2=\frac{z_2 m_n}{\cos\beta}=\frac{89\times 2.5\ \text{mm}}{\cos 12^\circ50'02''}=228.201\ \text{mm}$$

$$b_2=\phi_d d_1=1.1\times 71.794\ \text{mm}=78.97\ \text{mm}$$

圆整后取 $b_2=79$ mm,则

$$b_1=b_2+5\ \text{mm}=84\ \text{mm}$$

【题4.112】【解】 如图4.24所示。

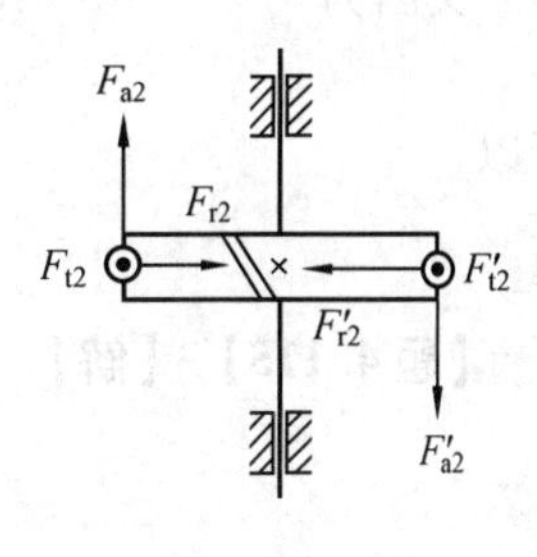

图4.24

(1) $T_{\text{I}}=\dfrac{60}{2\pi n_1}P=9\ 550\times\dfrac{10\ \text{kW}}{1\ 000\ \text{r/min}}=95.5\ \text{N}\cdot\text{m}$

$T_{\text{II}}=0$

$T_{\text{III}}=T_{\text{I}}i=95.5\times\dfrac{126}{28}=429.75\ \text{N}\cdot\text{m}$

(2) $$a_1=\frac{m_n(z_1+z_2)}{2\cos\beta},\quad \cos\beta=0.98$$

$$d_1+d_2=\left(1+\frac{z_2}{z_1}\right)\cdot d=2a$$

$$d_1=\frac{2a}{1+\dfrac{z_2}{z_1}}=\frac{400\ \text{mm}}{1+\dfrac{70}{28}}=114.286\ \text{mm}$$

$$F_{t2}=\frac{2T_1}{d_1}=\frac{2\times 95.5\times 10^3\ \text{W}}{114.286\ \text{mm}}=1\ 671\ \text{N}=F'_{t2}$$

$$F_{r2}=\frac{F_{t2}}{\cos\beta}\tan\alpha_n=\frac{1\ 671\ \text{N}}{0.98}\times\tan 20^\circ=621\ \text{N}=F'_{r2}$$

$$F_{a2}=F_{t2}\tan\beta=1\ 671\ \text{N}\times\tan(\arccos 0.98)=339\ \text{N}=F'_{a2}$$

【题 4.113】【解】 $R=\frac{m}{2}\sqrt{z_1^2+z_2^2}=\frac{4}{2}\times\sqrt{28^2+48^2}=111.14\ \text{mm}$

$$\tan\delta_1=\frac{1}{\omega}=\frac{z_1}{z_2}=\frac{28}{48}=\frac{7}{12}\quad \delta=30.26°$$

$$F_{t2}=\frac{2T}{(1-0.5\frac{b}{R})d_1}=\frac{2\times 9.55\times 10^6\frac{P}{n_1}}{(1-0.5\frac{b}{R})m\cdot z_1}=$$

$$\frac{2\times 9.55\times 10^6\times 3}{(1-0.5\times\frac{30}{111.14})\times 4\times 28\times 960}\approx 616.1\ \text{N}$$

$$F_{r2}=F_{t2}\cdot\tan\alpha\cdot\sin\delta_1=616.1\times\tan 20°\times\sin 30.26°=113.0\ \text{N}$$

$$F_{a2}=F_{t2}\cdot\tan\alpha\cdot\cos\delta_1=616.1\times\tan 20°\times\cos 30.26°=193.7\ \text{N}$$

【题 4.114】【解】 设输入功率为 P_1，输出功率为 P_2；输入轴转速为 n_1，输出轴转速为 n_2。

因为
$$T=9.55\times 10^6\times\frac{P}{n}$$

所以
$$P_1=\frac{T_1n_1}{9.55\times 10^6},\quad P_2=\frac{T_2n_2}{9.55\times 10^6}$$

即
$$\eta=\frac{P_2}{P_1}=\frac{T_2n_2/(9.55\times 10^6)}{T_1n_1/(9.55\times 10^6)}=\frac{T_2n_2}{T_1n_1}$$

又因为
$$i=\frac{n_1}{n_2}$$

所以
$$\eta=\frac{T_2}{T_1i}$$

得
$$T_2=T_1i\eta$$

【题 4.115】【解】 (1)直齿圆柱齿轮接触强度和弯曲强度条件：

$$\sigma_H=Z_HZ_EZ_\varepsilon\sqrt{\frac{2KT_1}{bd_1^2}\cdot\frac{u+1}{u}}\leqslant[\sigma]_H$$

$$\sigma_F=\frac{2KT_1}{bd_1m}Y_FY_SY_\varepsilon\leqslant[\sigma]_F$$

并经查表得 $Y_{F1}=2.81$，$Y_{S1}=1.55$，$Y_{F2}=2.44$，$Y_{S2}=1.67$；$Y'_{F1}=2.44$，$Y'_{S1}=1.67$，$Y'_{F2}=2.25$，$Y'_{S2}=1.77$，故

$$d_1=mz_1=4\ \text{mm}\times 20=80\ \text{mm},\quad d'_1=m'z'_1=3\ \text{mm}\times 40=120\ \text{mm}$$

由已知条件和接触应力计算公式可知，两齿轮除分度圆直径 d 不同外，其他参数均相同，则有

$$\sigma_H/\sigma'_H=\sqrt{\frac{1}{d_1^2}}\Big/\sqrt{\frac{1}{d_1'^2}}=\sqrt{\frac{1}{(80\ \text{mm})^2}}\Big/\sqrt{\frac{1}{(120\ \text{mm})^2}}=\frac{120}{80}=1.5$$

(2)　$$\sigma_F/\sigma'_F=\frac{Y_{F1}\cdot Y_{S1}}{d_1 m}\bigg/\frac{Y'_{F1}\cdot Y'_{S1}}{d'_1 m'}=\left(\frac{2.81\times1.55}{80\times4}\right)\bigg/\left(\frac{2.44\times1.67}{120\times3}\right)=1.202$$

$$\sigma_F/\sigma'_F=\frac{Y_{F2}\cdot Y_{S2}}{d_1 m}\bigg/\frac{Y'_{F2}\cdot Y'_{S2}}{d'_1 m'}=\left(\frac{2.44\times1.67}{80\times4}\right)\bigg/\left(\frac{2.25\times1.77}{120\times3}\right)=1.151$$

【题 4.116】 **【解】**　因为直齿圆柱齿轮接触强度和弯曲强度计算式为

$$\sigma_H=Z_H Z_E Z_\varepsilon\sqrt{\frac{2KT_1}{bd_1^2}\cdot\frac{u+1}{u}}\leqslant[\sigma]_H$$

$$\sigma_F=\frac{2KT_1}{bd_1 m}Y_F Y_S Y_\varepsilon\leqslant[\sigma]_F$$

而根据题意知,对于两对齿轮,其强度计算公式中 Z_H、Z_E、Z_ε 及 Y_F、Y_S、Y_ε 两对齿轮均对应相等,可略去不计。于是有:

(1) 求接触强度时的 T_1/T'_1。

$$\frac{2KT_1(u_1+1)}{b_1 d_1^2 u_1}\bigg/\frac{2KT'_1(u_2+1)}{b_2 d_2^2 u_2}$$

$$\frac{T_1}{T'_1}=\frac{b_1 d_1^2 u}{(u_1+1)}\times\frac{(u_2+1)}{b_2 d_2^2 u_2}=\frac{75\times(4\times20)^2\times2}{(2+1)}\times\frac{(2.5+1)}{70\times(2\times40)^2\times2.5}=1$$

即两对齿轮传递的转矩相等。

(2) 求弯曲强度时的 T_1/T'_1。

$$\frac{2KT_1}{b_1 d_1 m_1}\bigg/\frac{2KT'_1}{b_2 d_2 m_2}$$

$$\frac{T_1}{T'_1}=\frac{b_1 d_1 m_1}{2K}\times\frac{2K}{b_2 d_2 m_2}=\frac{b_1 d_1 m_1}{b_2 d_2 m_2}=\frac{75\times4\times20\times4}{70\times2\times42\times2}=2.04$$

即第一对齿轮传递的转矩为第二对齿轮的 2.04 倍。

【题 4.117】 **【解】**　(1) 如图 4.25 所示。

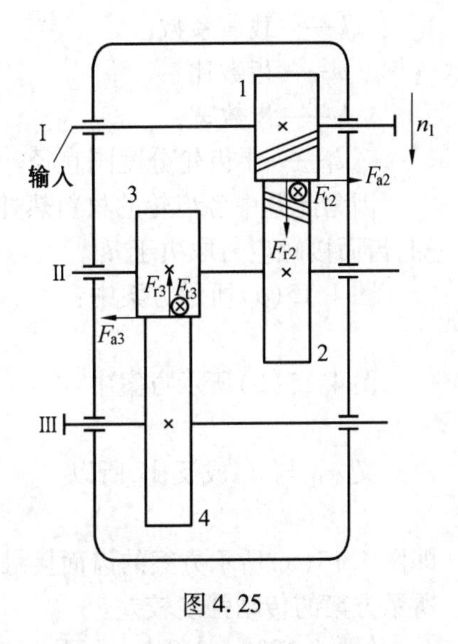

图 4.25

(2) $$T_1=\frac{60}{2\pi}\times\frac{P}{n}=9\ 550\times\frac{6.25\ \text{kW}}{275\ \text{r/min}}=217\ \text{N}\cdot\text{m}$$

$$a=\frac{m_n(z_1+z_2)}{2\cos\beta}$$

$$\cos\beta=\frac{m_n(z_1+z_2)}{2a}=\frac{5\ \text{mm}(19+85)}{2\times265\ \text{mm}}=0.981\ 1$$

$$\beta=11°8'51.7''$$

$$d_1=mz_1/\cos\beta=5\ \text{mm}\times19/0.981\ 1=96.83$$

$$F_{t1}=\frac{2T_1}{d_1}=\frac{2\times971\times10^3\ \text{N}\cdot\text{mm}}{96.83\ \text{mm}}=20\ 056\ \text{N}$$

$$F_{r1}=\frac{F_{t1}}{\cos\beta}\tan\alpha_n=7\ 448.8\ \text{N}$$

$$F_{a1}=F_{t1}\tan\beta=4\ 068.8\ \text{N}$$

【题 4.118】 **【解】** 如图 4.26 所示。

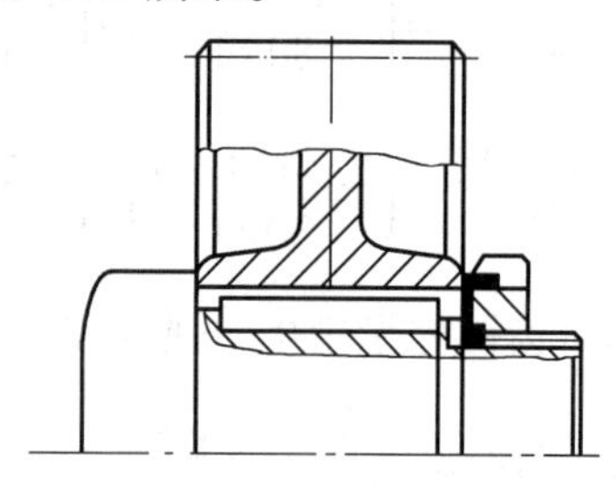

图 4.26

【题 4.119】 **【解】** (1)图 4.15(a)所示方案中:

$$i=\frac{n_1}{n_2}=\frac{z_2}{z_1}\Rightarrow z_1=z_2$$

$$a=\frac{m}{z}(z_1+z_2)\Rightarrow z_1=z_2=50$$

图 4.15(b)所示方案中:

$$i=\frac{n_1}{n_2}=\frac{z_2}{z_1}\Rightarrow z_1=z_2$$

$$a=\left(\frac{z_1}{2}+z_3+\frac{z_2}{2}\right)m\Rightarrow z_1=z_2=42.5$$

(2)分析。接触疲劳强度:

$$\sigma_{\mathrm{H}}=Z_{\mathrm{E}}Z_{\mathrm{H}}Z_{\varepsilon}\sqrt{\frac{kf_t}{bd_1}\frac{u\pm1}{u}}$$

其中 Z_{H}——节点区域系数;
Z_{E}——材料弹性系数;
Z_{ε}——重合度系数;
k——载荷系数;
u——齿数比;
b——齿数宽;
d_1——小齿轮分度圆直径。

因为此题中各齿轮的材料热处理,许用应力、载荷系数和齿宽均相同,所以根据上式知,齿面接触应力取决于 d_1。

图 4.15(a)所示方案中:

$$d_1=mz_1=250\ \mathrm{mm}$$

图 4.15(b)所示方案中:

$$d_1'=mz_3=80\ \mathrm{mm}$$

又 σ_{H} 与 d_1 成反比,所以

$$\sigma_{\mathrm{H(b)}}>\sigma_{\mathrm{H(a)}}$$

即图 4.15(a)所示方案的齿面接触疲劳强度比图 4.15(b)所示方案小。所以图 4.15(b)所示方案的传动强度较差。

【题 4.120】 **【解】** 由图 4.16 可知:2 齿轮为左旋从动轮,因此圆周力为驱动力与

转动方向相同,因此啮合点处齿轮 2 受圆周力垂直于纸面向里。由于是外啮合,故径向力 F_r 指向齿轮 2 的轴线方向。根据右手定则,可知其轴向力为由齿轮 2 指向齿轮 3,如图 4.27所示。对于齿轮 3、齿轮 4 啮合处受力,啮合点处只有径向力与圆周力,由于齿轮 3 为主动轮,故圆周力与转向相反,径向力指向 3 的轴心。

齿轮 2 F_t F_r F_a　　齿轮 3 F_r F_t

图 4.27

【题 4.121】【解】 由 $\sigma_F=\frac{KF_t}{bm}Y_F Y_S Y_\varepsilon$ 知,$\sigma_{F1}=0.068\ 4KF_tY_\varepsilon$,$\sigma_{F2}=0.069\ KF_tY_\varepsilon$,$\sigma_{F1}<\sigma_{F2}$,又$[\sigma]_{F1}>[\sigma]_{F2}$,所以齿轮 z_2的弯曲强度低;

因为 $\sigma_{H1}=\sigma_{H2}$,又$[\sigma]_{H1}>[\sigma]_{H2}$,所以齿轮 z_2的接触强度低。

【题 4.122】【解】 如图 4.28 所示。

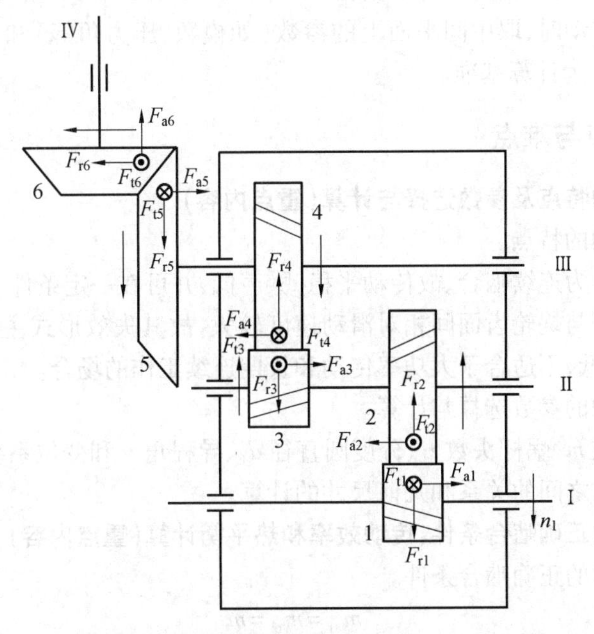

图 4.28

【题 4.123】【解】 齿轮 1 接触强度最差,因为在传动中,该齿轮为主动轮,其轮齿的同一侧齿面在齿轮 1 转动一周内,与齿轮 2 和齿轮 2′的轮齿分别接触,其同一齿面的接触次数为其他齿轮的 2 倍,所以其接触疲劳强度最差。齿轮 2 和齿轮 2′的抗弯强度最差。因为在传动中,齿轮 2 被齿轮 1 驱动,同时又驱动齿轮 3,类似的齿轮 2 的任一轮齿与齿轮 1 和齿轮 3 接触中,受到方向相反的弯矩作用,因而导致齿轮 2 的轮齿抗弯强度最差。同理可以分析齿轮 2′受载与齿轮 2 相同。

【题 4.124】 略。

【题 4.125】 略。

第5章 蜗杆传动

5.1 必备知识与考试要点

5.1.1 主要内容

蜗杆传动的特点和类型,主要参数和几何尺寸的选择与计算;蜗杆传动的失效形式、设计准则、材料选择、受力分析、载荷计算和强度计算;蜗杆传动的效率、润滑、热平衡计算及蜗杆和蜗轮的结构。

中间平面:通过蜗杆轴线并垂直于蜗轮轴线的平面。

分度圆柱:齿厚与齿槽宽相等的圆柱。

在设计蜗杆传动时,取中间平面上的参数(如模数、压力角等)和尺寸(如齿顶圆、分度圆、齿根圆等)作为计算基准。

5.1.2 重点与难点

1. 蜗杆传动的特点及参数选择与计算(重点内容)

(1) 蜗杆传动的特点。

蜗轮蜗杆啮合为连续啮合,故传动平稳,噪声低,并可在一定条件下实现自锁,单级传动比大。由于蜗杆与蜗轮齿面间相对滑动速度较大,故其失效形式主要是胶合、磨损、点蚀,且传动效率较低,不适合于大功率传动和长期连续工作的场合。

(2) 蜗杆传动的参数选择与计算。

正确选择模数 m、蜗杆头数 z_1、分度圆直径 d_1、导程角 γ 和变位系统 x 等参数,以及蜗杆传动的主要参数之间的关系和几何尺寸的计算。

2. 蜗杆传动的正确啮合条件、传动效率和热平衡计算(重点内容)

(1) 蜗杆传动的正确啮合条件。

$$m_{a1}=m_{t2}=m$$

$$\alpha_{a1}=\alpha_{t2}=\alpha$$

$$\gamma=\beta_2(\text{轮齿旋向相同})$$

(2) 蜗杆传动的传动效率。

总效率
$$\eta=\eta_1\cdot\eta_2\cdot\eta_3$$

式中 η_1——啮合效率,当蜗杆主动时

$$\eta_1=\tan\gamma/\tan(\gamma+\rho')$$

η_2,η_3——轴承效率和溅油效率,一般取

$$\eta_2\cdot\eta_3=0.95\sim0.96$$

故总效率为

$$\eta=(0.95\sim0.96)\frac{\tan\gamma}{\tan(\gamma+\rho')}$$

(3) 蜗杆传动的热平衡计算。

由于蜗杆传动的效率低,工作时发热量大,在闭式蜗杆传动中如果产生的热量不能及时散逸,油温将不断升高,使润滑油黏度降低,润滑条件恶化,从而导致齿面磨损加剧,甚至发生胶合,因此,对闭式蜗杆传动要进行热平衡计算,以将油温限制在规定的范围内。

单位时间内由摩擦损耗功率产生的热量 $H_1=1\,000P_1(1-\eta)$,其与单位时间内由箱体外壁散发的热量 $H_2=K_SA(t-t_0)$ 相平衡,即得既定工作条件下的油温为

$$t=t_0+\frac{1\,000P_1(1-\eta)}{K_SA}$$

若 $t>80$ ℃,可采取以下措施,以提高其散热能力:

① 合理地设计箱体结构,铸出或焊上散热片,以增大散热面积。

② 在蜗杆轴上安装风扇,进行人工通风,以提高散热系数。

③ 在箱体油池中装设蛇形冷却水管。

④ 采用压力喷油循环润滑。

3. 蜗杆传动的失效形式、设计准则及材料选择(重点内容)

(1) 蜗杆传动的失效形式。

蜗杆传动的失效形式主要是齿面胶合、磨损和点蚀,而且失效通常发生在蜗轮轮齿上。

(2) 蜗杆传动的设计准则。

由于目前对胶合和磨损的计算还缺乏可靠的方法和数据,因此,通常按齿面接触疲劳强度条件计算蜗杆传动的承载能力,并在选择许用应力时,要适当考虑胶合和磨损等失效因素的影响,同时,对闭式传动要进行热平衡计算,必须时要对蜗杆轴进行强度和刚度计算。

(3) 蜗杆传动的材料选择。

蜗杆和蜗轮的材料不仅要求有足够的强度,更重要的是要求具有良好的减摩性、耐磨性和跑合性能。蜗杆一般用碳素钢或合金钢制造,要求齿面光洁并具有较高的硬度。常用的蜗轮材料有铸造锡青铜、铸造铝青铜及灰铸铁等。锡青铜减摩性、耐磨损性最好,抗胶合能力最强,但强度较低,价格较高,用于相对滑动速度 6 m/s$<v_s<$25 m/s 的重要传动中。铝青铜有足够的强度,价格便宜,但是减摩性、耐磨性和抗胶合能力较锡青铜差,用于 $v\leqslant6$ m/s 的一般传动中。灰铸铁用于 $v_s\leqslant2$ m/s 的低速或手动传动中。

4. 变位蜗杆传动(难点内容)

蜗杆传动变位后,蜗杆的参数和尺寸保持不变,只是节圆不再与分度圆重合。变位蜗杆传动根据使用场合的不同,有两种变位方式。

(1) 变位前后,蜗轮的齿数不变($z_2'=z_2$)(即传动比 i 不变),而传动的中心距改变($a'\neq a$),这时,变位后的中心距 a' 为

$$a'=a+xm=\frac{1}{2}(d_1+z_2m+2xm)$$

这种方式的变位是在切削蜗轮时,把刀具相对蜗轮毛坯径向移位 xm。因此,可用此方式配凑中心距。这种变位在变位前后,蜗轮的分度圆不变,即为 $d_2=d_2'=mz_2$(d_2'为变位后的分度圆直径),且节圆与分度圆重合。

(2) 变位前后,蜗杆传动中心距不变($a=a'$),而蜗轮齿数发生变化($z_2'\neq z_2$),这时,变位后的中心距 a'为

$$a'=\frac{1}{2}(d_1+mz_2'+2xm)=a=\frac{1}{2}(d_1+mz_2)$$

故有

$$z_2'=z_2-2x$$

这种方式的变位在切削蜗轮时,刀具相对于蜗轮毛坯没有径向移位,但由于 $z_2'\neq z_2$,故传动比发生改变,因此,可用这种变位方式微量调整蜗杆传动的传动比,这种变位在变位前后,蜗轮的分度圆改变了,分别为 $d_2=mz_2\neq d_2'=mz_2'$,但变位前后,蜗轮的节圆与分度圆始终重合。

5. 受力分析(既是重点内容,又是难点内容)

在蜗杆与蜗轮的节点啮合处,齿面上所受的法向力 F_n 与摩擦力 fF_n 的合力 R 可分解成 3 个相互垂直的分力,即圆周力 F_t、轴向力 F_a 和径向力 F_r。由于蜗杆轴与蜗轮轴交错成 90°,所以在蜗杆与蜗轮的齿面间相互作用着 F_{t1} 与 F_{a2}、F_{a1} 与 F_{t2}、F_{r1} 与 F_{r2}这样 3 对大小相等、方向相反的分力,即:$F_{t1}=-F_{a2}=2T_1/d_1$;$F_{t2}=-F_{a1}=2T_2/d_2$;$F_{r1}=-F_{r2}\approx F_{a1}\tan\alpha$。法向力 $F_n\approx F_{a1}/(\cos\alpha\cos\gamma)$。

径向力 F_r 的方向:总是指向各自的轮心。

圆周力 F_t 的方向:对于主动轮,F_t 与受力点的运动方向相反;对于从动轮,F_t 与受力点的运动方向相同。当然,若圆周力 F_t 的方向已知,也可通过 F_t 的方向来判断蜗杆或蜗轮的转向。

轴向力 F_a 的方向:① 可用圆周力的方向判断,即 F_{a1}与 F_{t2}方向相反;F_{a2}与 F_{t1} 方向相反。② F_a 总是指向轮齿两侧面中的工作面。③ 按左右手定则来判断。

左右手定则:对于主动轮,轮齿左旋用左手,右旋用右手,四指弯曲方向表示轮的转动方向,拇指伸直时所指的方向就是所受轴向力 F_a 的方向。

左右手定则中的 3 个因素(轮齿旋向、轮的转向、轴向力 F_a 的方向)中,知道任何 2 个,可判断第 3 个。

相啮合的蜗杆与蜗轮的轮齿旋向一定相同,即同为左旋或同为右旋。

轮齿旋向的判别:当轮轴垂直放置时,螺旋线向左升高,即为左旋,向右升高,即为右旋。若轮轴水平放置,则相反。

5.2 典型范例与答题技巧

5.2.1 问答题

【例 5.1】 需给一台蜗杆减速器配制一新蜗轮(已知传动比 i),应如何测定该蜗杆传动的模数 m 及蜗杆分度圆直径 d_1? 怎样确定是否为变位传动及其变位系数 x?

【答】（1）测定蜗杆的轴向齿距 P_{a1}，则该蜗杆传动的模数 $m=P_{a1}/\pi$。

（2）测定蜗杆的齿顶圆直径 d_{a1}，则蜗杆分度圆直径 $d_1=d_{a1}-2m$。

（3）数出蜗杆的头数 z_1，测定该蜗杆传动的中心距 a'，则变位系数 $x=(2a'-d_1-mz_2)/2m$（其中 $z_2=iz_1$）。若 $x=0$，则为非变位传动，否则可由上式计算出变位系数 x。

【例5.2】为什么锡青铜蜗轮的许用接触应力 $[\sigma]_H$ 与应力循环次数 N 有关，而与 v_s 无关？为什么无锡青铜或铸铁蜗轮的许用接触应力 $[\sigma]_H$ 与齿面相对滑动速度 v_s 有关，而且滑动速度 v_s 越大，许用接触应力越小？

【答】（1）锡青铜抗胶合能力强，蜗轮齿面的失效形式主要是疲劳点蚀，而疲劳点蚀是在接触应力多次作用下产生的，所以，锡青铜蜗轮的许用接触应力与应力循环次数 N 有关，而与 v_s 无关。

（2）无锡青铜或铸铁抗胶合能力差，蜗轮齿面的失效形式主要是胶合，进行齿面接触疲劳强度计算是条件性计算，是通过限制齿面接触应力 σ_H 的大小来防止发生齿面胶合，因此要根据抗胶合条件来选取许用接触应力。而齿面相对滑动速度 v_s 是影响胶合的重要因素，并且 v_s 越大，越容易产生胶合，因此，无锡青铜或铸铁蜗轮的许用接触应力 $[\sigma]_H$ 与齿面相对滑动速度 v_s 有关，且 v_s 越大，$[\sigma]_H$ 越小。

【例5.3】影响蜗杆传动啮合效率的因素有哪些？

【答】蜗杆传动的啮合效率 $\eta_1=\tan\gamma/\tan(\gamma+\rho')$，由此可知，影响啮合效率的因素有蜗杆分度圆柱上的导程角 γ 和齿面间当量摩擦角 ρ'，而 ρ' 取决于蜗杆副的材料、表面硬度及相对滑动速度 v_s（v_s 越大，ρ' 越小）；γ 取决于模数 m、蜗杆头数 z_1 和分度圆直径 d_1。

5.2.2　参数计算题

【例5.4】有一标准圆柱蜗杆传动，已知：蜗杆的轴向齿距 $p_{a1}\approx 15.7$ mm，分度圆直径 $d_1=50$ mm，蜗杆轮齿螺旋线方向为右旋，头数 $z_1=2$，蜗轮齿数 $z_2=46$，两轴交错角为90°。试求蜗杆分度圆柱上的导程角 γ、蜗轮分度圆直径 d_2、传动比 i、中心距 a、蜗杆齿顶圆直径 d_{a1}、齿根圆直径 d_{f1}、蜗轮喉圆直径 d_{a2}、齿根圆直径 d_{f2}、蜗轮分度圆柱上的螺旋角 β_2 及蜗轮轮齿的旋向。

【解】（1）求蜗杆上的参数。

$$m=p_{a1}/\pi=15.7\ \text{mm}/\pi=5\ \text{mm}$$

$$\gamma=\arctan\frac{z_1 m}{d_1}=\arctan\frac{2\times 5\ \text{mm}}{50}=11.3°=11°18'$$

$$d_{a1}=d_1+2h_{a1}=d_1+2m=50\ \text{mm}+2\times 5\ \text{mm}=60\ \text{mm}$$

$$d_{f1}=d_1-2h_{f1}=d_1-2\times 1.2\ m=50\ \text{mm}-2\times 1.2\times 5\ \text{mm}=38\ \text{mm}$$

（2）求蜗轮上的参数。

$$d_2=mz_2=5\ \text{mm}\times 46\ \text{mm}=230\ \text{mm}$$

$$d_{a2}=d_2+2h_{a2}=d_2+2m=230\ \text{mm}+2\times 5\ \text{mm}=240\ \text{mm}$$

$$d_{f2}=d_2-2h_{f2}=d_2-2\times 1.2m=230\ \text{mm}-2\times 1.2\times 5\ \text{mm}=218\ \text{mm}$$

$$\beta_2=\gamma=11.3°$$

与蜗杆相同,蜗轮轮齿也为右旋。

(3) 求传动比 i 及中心距 a。

$$i=\frac{z_2}{z_1}=\frac{46}{2}=23$$

$$a=\frac{1}{2}(d_1+d_2)=\frac{1}{2}\times(50\ \text{mm}+230\ \text{mm})=140\ \text{mm}$$

【例 5.5】 某一变位蜗杆传动,变位前后传动中心距不变,变位系数为 0.5,求变位前后蜗轮齿数之差。

【解】 变位前中心距:

$$a=\frac{1}{2}(d_1+z_2m)$$

变位后中心距:

$$a'=\frac{1}{2}(d_1+mz_2'+2xm)$$

因 $a=a'$,所以

$$\frac{1}{2}(d_1+z_2m)=\frac{1}{2}(d_1+mz_2'+2xm)$$

从而可得变位前后蜗轮齿数之差:

$$z_2-z_2'=2x=2\times0.5=1$$

【例 5.6】 有一变位蜗杆传动,已知:模数 $m=8$ mm,传动比 $i=21$,蜗杆头数 $z_1=2$,蜗杆分度圆直径 $d_1=80$ mm,变位后的中心距 $a'=210$ mm,试求其变位系数 x 及该传动中与变位有关的主要几何尺寸,并分析哪些尺寸不同于非变位传动。

【解】 (1)求变位系数 x。

$$z_2=iz_1=21\times2=42$$

由 $a'=\frac{1}{2}(d_1+mz_2+2xm)$ 可得

$$x=\frac{2a'-d_1-mz_2}{2m}=\frac{2\times210\ \text{mm}-80\ \text{mm}-8\ \text{mm}\times42}{2\times8\ \text{mm}}=0.25$$

(2) 变位后蜗杆的几何尺寸保持不变,但在啮合中,蜗杆节圆将不再与其分度圆重合。该变位蜗杆传动的蜗杆节圆直径 d_1' 为

$$d_1'=d_1+2xm=80\ \text{mm}+2\ \text{mm}\times0.25\times8=84\ \text{mm}$$

(3) 变位后蜗轮分度圆直径 d_2 和节圆直径 d_2' 保持不变,但蜗轮喉圆直径 d_{a2} 和齿根圆直径 d_{f2} 发生改变,它们分别为

$$d_{a2}=(z_2+2+2x)m=(42+2+2\times0.25)\times8\ \text{mm}=356\ \text{mm}$$

$$d_{f2}=(z_2-2\times1.2+2x)m=(42-2\times1.2+2\times0.25)\times8\ \text{mm}=320.8\ \text{mm}$$

(4) 该变位传动中,中心距、蜗杆节圆直径、蜗轮喉圆直径和蜗轮齿根圆直径不同于非变位传动。

5.2.3 受力分析题

【例 5.7】 如图 5.1(a)所示为蜗杆传动和圆锥齿轮传动的组合。已知输出轴上的

锥齿轮4的转向ω_4,求:

(1) 欲使中间轴上的轴向力能部分抵消,试确定蜗杆与蜗轮轮齿的螺旋线方向和蜗杆的转向。

(2) 在图上标出各轮所受轴向力和圆周力的方向(⊗表示垂直纸面向里,⊙表示垂直纸面向外)。

【解】 (1) 欲使中间轴上的轴向力能部分抵消,蜗杆和蜗轮轮齿的螺旋线方向应为右旋,蜗杆的转向为顺时针旋转。

(2) 各轮所受轴向力和圆周力的方向如图5.1(b)所示。

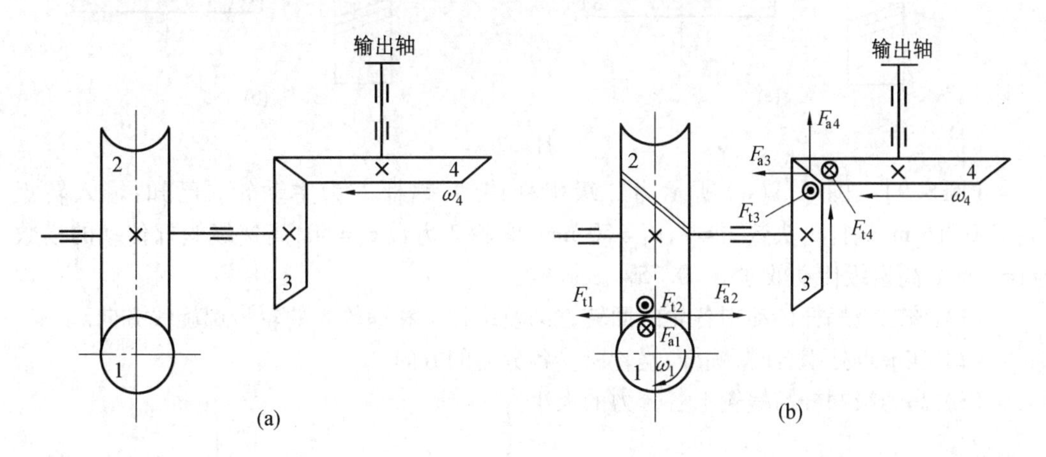

图5.1

【分析与说明】 锥齿轮的轴向力均指向大端,故轮3所受轴向力向左,由题意可知,蜗轮2的轴向力应向右,又由轮3的转动方向可知轮2的转动方向。接下来可用下列两种方法之一进行判断:① 对蜗轮2,已知其转向和轴向力F_{a2}的方向,故可用左右手定则判别其轮齿旋向(注意:轮2为从动轮,应将所得结果取反),从而可知,蜗轮2为右旋。②因F_{a2}与F_{t1}反向,故F_{t1}向左,因蜗杆为主动轮,故蜗杆1顺时针回转;又因F_{t2}与F_{a1}反向,蜗轮2为从动轮,F_{t2}与转向相同,即垂直纸面向外,故F_{a1}垂直纸面向里。由此可对蜗杆用左右手定则,判定其轮齿旋向为右旋。

【例5.8】 图5.2(a)为圆柱齿轮-蜗杆传动。已知斜齿轮1的转动方向和斜齿轮2的轮齿旋向,求:

(1) 在图中啮合处标出齿轮1和齿轮2所受轴向力F_{a1}和F_{a2}的方向。

(2) 为使蜗杆轴上的齿轮2与蜗杆3所产生的轴向力相互抵消一部分,试确定标出蜗杆3轮齿的旋向,标出蜗轮4轮齿的旋向及其转动方向。

(3) 在图中啮合处标出蜗杆和蜗轮所受各分力的方向。

【解】 该题结果示于图5.2(b)中。

【说明】 一对外啮合的斜齿圆柱齿轮的轮齿旋向相反,故轮1为左旋,对轮1用左右手定则可知,F_{a1}向左,从而F_{a2}向右,由题意知F_{a3}向左,又因蜗杆3与齿轮2转向相同,由左右手定则可知蜗杆3右旋,故蜗轮4为右旋,由F_{t3}与受力点运动方向相反可知,F_{t3}垂直纸面向外;由F_{t4}与受力点运动方向相同可知,蜗轮4逆时针转动。

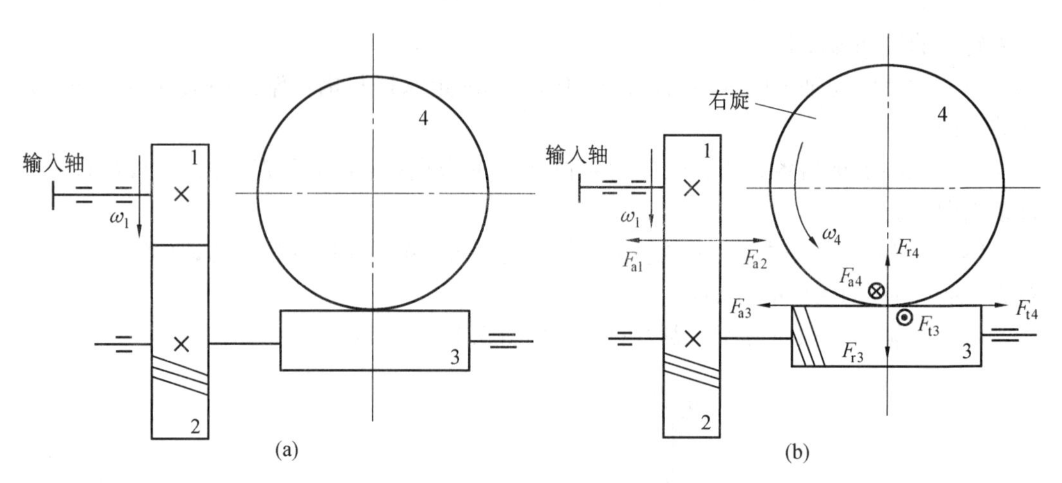

图 5.2

【例 5.9】 图 5.3(a)所示为二级蜗杆传动,蜗杆 1 为主动轮。已知:输入转矩 $T_1=20\ \mathrm{N\cdot m}$,蜗杆 1 头数 $z_1=2$,$d_1=50\ \mathrm{mm}$,蜗轮 2 齿数 $z_2=50$,高速级蜗杆传动的模数 $m=4\ \mathrm{mm}$,高速级传动效率 $\eta=0.75$。试确定:

(1) 该二级蜗杆传动中各轮的回转方向及蜗杆 1 和蜗轮 4 的轮齿螺旋线方向。

(2) 在节点处啮合时,蜗杆、蜗轮所受各分力的方向。

(3) 高速级蜗杆与蜗轮上各分力的大小。

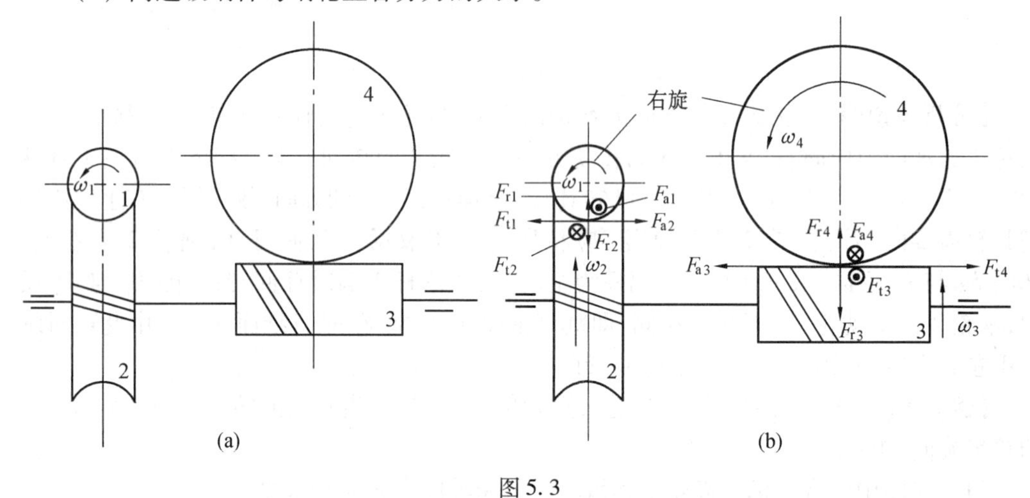

图 5.3

【解】 (1) 各轴的转向、蜗轮 2 及蜗轮 4 的轮齿旋向、蜗杆和蜗轮所受各分力的方向均示于图 5.3(b)中。(说明:因蜗轮 2 和蜗杆 3 右旋,故蜗杆 1 和蜗轮 4 亦为右旋,由左右手定则可知,F_{a1}垂直纸面向外,F_{t2}垂直纸面向里,故蜗轮转向向上;由于 F_{t1}与受力点运动方向相反,可得 F_{t1}向左。蜗杆 3 与蜗轮 2 转向相同,由左右手定则可知,F_{a3}向左,F_{t4}与受力点运动方向相同,故轮 4 逆时针转动)

(2) 求高速级蜗杆与蜗轮上各分力的大小。由于

$$d_2=mz_2=4\ \mathrm{mm}\times 50=200\ \mathrm{mm}$$

$$i=\frac{z_2}{z_1}=\frac{50}{2}=25$$

$$T_2=i\eta T_1=25\times0.75\times20\ \text{N}\cdot\text{m}=375\ \text{N}\cdot\text{m}$$

所以

$$F_{t1}=F_{a2}=\frac{2T_1}{d_1}=\frac{2\times20\times10^3\ \text{N}\cdot\text{m}}{50\ \text{mm}}=800\ \text{N}$$

$$F_{t2}=F_{a1}=\frac{2T_2}{d_2}=\frac{2\times375\times10^3\ \text{N}\cdot\text{m}}{200\ \text{mm}}=3\ 750\ \text{N}$$

$$F_{r1}=F_{r2}=F_{a1}\tan\alpha=3\ 750\ \text{N}\times\tan 20°=1\ 365\ \text{N}$$

5.2.4 综合题

【例5.10】 有一闭式普通圆柱蜗杆传动如图5.4(a)所示。已知模数 $m=8$ mm,蜗杆分度圆直径 $d_1=80$ mm,蜗杆头数 $z_1=4$,蜗轮齿数 $z_2=46$,蜗轮轴转矩 $T_2=1.63\times10^6$ N·mm,蜗杆转速 $n_1=1\ 460$ r/min,蜗杆与蜗轮间的当量摩擦系数 $f'=0.03$,每日两班制工作,每年按250个工作日计算。试求:

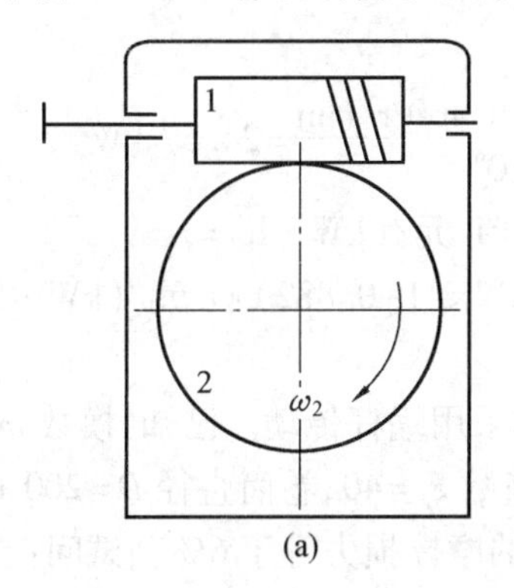

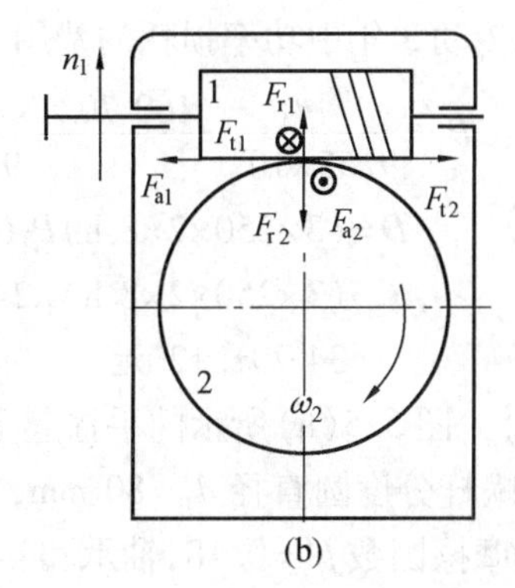

图5.4

(1) 蜗杆的转向,蜗轮轮齿的旋向和作用在蜗杆及蜗轮上诸力的大小和方向(各用3个方向的分力表示)。

(2) 该传动的啮合效率及总效率。

(3) 蜗杆和蜗轮上的作用力。

(4) 该传动3年中功率损耗的费用(工业用电按1元/(kW·h)计算)。

【解】 (1) 蜗杆转向如图5.4(b)所示。因为蜗杆为右旋,故蜗轮轮齿亦为右旋。

(2) 求蜗杆传动的啮合效率和总效率。

$$\tan\gamma=\frac{z_1 m}{d_1}=\frac{4\ \text{mm}\times8}{80\ \text{mm}}=0.4$$

传动的啮合效率为

$$\eta_1=\frac{\tan\gamma}{\tan(\gamma+\rho')}=\frac{\tan\gamma(1-\tan\gamma\tan\rho')}{\tan\gamma+\tan\rho'}=\frac{0.4\times(1-0.4\times0.03)}{0.4+0.03}=0.919$$

考虑轴承效率 η_2 与搅油效率 η_3,取 $\eta_2\cdot\eta_3=0.96$,则该蜗杆传动的总效率 η 为

$$\eta=\eta_1\eta_2\eta_3=0.919\times0.96\approx0.882$$

（3）求蜗杆和蜗轮上的作用力。由已知条件可求得

$$d_2=mz_2=8\ \text{mm}\times46=368\ \text{mm}$$

$$i=\frac{z_2}{z_1}=\frac{46}{4}=11.5$$

$$T_1=\frac{T_2}{i\eta}=\frac{1.63\times10^6\ \text{N}\cdot\text{mm}}{11.5\times0.882}=160\ 702\ \text{N}\cdot\text{mm}$$

作用在蜗杆和蜗轮上诸力的大小为

$$F_{t1}=F_{a2}=\frac{2T_1}{d_1}=\frac{2\times160\ 702\ \text{N}\cdot\text{mm}}{80\ \text{mm}}=4\ 018\ \text{N}$$

$$F_{t2}=F_{a1}=\frac{2T_2}{d_2}=\frac{2\times1.63\times10^6\ \text{N}\cdot\text{mm}}{368\ \text{mm}}=8\ 859\ \text{N}$$

$$F_{r1}=F_{r2}=F_{a1}\tan\alpha=8\ 859\ \text{N}\times\tan20°=3\ 224\ \text{N}$$

各力的方向示于图 5.4(b)中。

（4）求该传动 3 年中功率损耗的费用 D。

$$P_1=\frac{T_1n_1}{9.55\times10^6}=\frac{160\ 702\ \text{N}\cdot\text{mm}\times1\ 460\ \text{r/min}}{9.55\times10^6}=24.57\ \text{kW}$$

$$D=(3\times250\times2\times8\ \text{h})P_1(1-\eta)\times1\ 元/(\text{kW}\cdot\text{h})=$$
$$(3\times250\times2\times8\ \text{h})\times24.57\ \text{kW}\times(1-0.882)\times1\ 元/(\text{kW}\cdot\text{h})=$$
$$34\ 791.12\ 元$$

【例 5.11】 图 5.5(a)所示的手摇起重绞车采用蜗杆传动。已知：模数 $m=8$ mm，蜗杆头数 $z_1=1$，蜗杆分度圆直径 $d_1=80$ mm，蜗轮齿数 $z_2=40$，卷筒直径 $D=200$ mm，蜗杆与蜗轮间的当量摩擦因数 $f'=0.18$，轴承和卷筒中的摩擦损失等于 6%。试问：

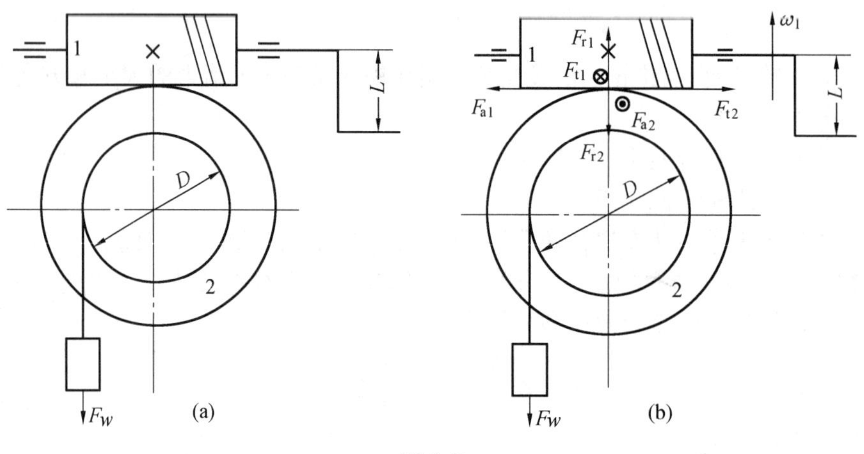

图 5.5

（1）欲使重物 W 上升 1 m，手柄应转多少转？请在图上标出手柄的转动方向。

（2）该机构能否自锁？

（3）若重物的重力 $F_W=5\ 000$ N，手摇手柄时施加的力 $F=100$ N，手柄转臂的长度 L

应是多少?

(4) 按起重力 $F_W=5\ 000$ N,确定在节点处啮合时各对分力的大小和方向。

(5) 假设蜗杆传动为非自锁,当重物匀速下降时,节点处各分力的方向如何?

【解】 (1) 手柄转动圈数。

$$i=\frac{z_2}{z_1}=\frac{40}{1}=40$$

设重物上升 1 m,手柄应转 x 转,则

$$\pi D\ \frac{x}{i}=1\ 000$$

$$x=\frac{1\ 000}{\pi D}\times i=\frac{1\ 000}{\pi\times 200}\times 40\ \text{r}=63.7\ \text{r}$$

手柄的转动方向 ω_1 示于图 5.5(b)中。

(2) 校核自锁性。

$$\gamma=\arctan\frac{z_1 m}{d_1}=\arctan\frac{1\times 8}{80}=5.71°$$

$$\rho'=\arctan f'=\arctan 0.18=10.2°$$

因 $\gamma<\rho'$,所以该机构能自锁。

(3) 求手柄长度 L。

传动总效率为

$$\eta=(1-6\%)\eta_1=0.94\times\frac{\tan\gamma}{\tan(\gamma+\rho')}=0.94\times\frac{\tan 5.71°}{\tan(5.71°+10.2°)}=0.33$$

因 $T_2=F_W\ \frac{D}{2}$,$T_1=FL$,且 $T_2=i\eta T_1$,故

$$F_W\ \frac{D}{2}=i\eta LF$$

$$L=\frac{F_W D}{2i\eta F}=\frac{5\ 000\ \text{N}\times 200\ \text{mm}}{2\times 40\times 0.33\times 100\ \text{mm}}=379\ \text{mm}$$

(4) 求节点处各对分力的大小。因 $T_2=W\ \frac{D}{2}$,故

$$T_1=\frac{T_2}{i\eta}=\frac{WD}{2i\eta}$$

$$F_{t1}=F_{a2}=\frac{2T_1}{d_1}=\frac{F_W D}{i\eta d_1}=\frac{5\ 000\ \text{N}\times 200\ \text{mm}}{40\times 0.33\times 80\ \text{mm}}=947\ \text{N}$$

$$F_{t2}=F_{a1}=\frac{2T_2}{d_2}=\frac{F_W D}{mz_2}=\frac{5\ 000\ \text{N}\times 200\ \text{mm}}{8\times 40\ \text{mm}}=3\ 125\ \text{N}$$

$$F_{r1}=F_{r2}=F_{a1}\tan\alpha=3\ 125\ \text{N}\times\tan 20°=1\ 137\ \text{N}$$

各分力的方向示于图 5.5(b)中。

(5) 假设蜗杆传动为非自锁,当重物匀速下降时,蜗轮是主动轮,此时节点处各分力的方向与重物上升时相同。

【例 5.12】 图 5.6(a)所示为普通圆柱蜗杆传动。已知：$m=8$ mm，$d_1=63$ mm，$z_1=2$，$i=21$，蜗杆转速 $n_1=1\ 450$ r/min，弹性系数 $Z_E=160\sqrt{\text{MPa}}$，载荷系数 $K=1.1$，传动效率$\eta=0.78$，工作寿命为 10 000 h，蜗轮材料为铸锡磷青铜(ZCuSn10P1)，基本许用接触应力$[\sigma]_{H0}=200$ MPa，寿命系数 $K_{HN}=\sqrt[8]{10^7/N}$(其中 N 为应力循环次数)，该蜗杆传动应满足的强度条件为 $Z_E\sqrt{9KT_2/(m^2d_1z_2^2)}\leqslant[\sigma]_H$。试计算该蜗杆传动所能传递的功率 P_1，作用在蜗杆和蜗轮上 3 个分力的大小，并在图上标出蜗杆的转动方向和各分力的方向。

【解】 (1)确定许用接触应力$[\sigma]_H$。

应力循环次数

$$N=60\times\frac{n_1}{i}\times10\ 000=\frac{60\times1\ 450\ \text{r/min}}{21}\times10\ 000\ \text{h}=4.14\times10^7$$

故寿命系数

$$K_{HN}=\sqrt[8]{10^7/N}=\sqrt[8]{10^7/(4.14\times10^7)}=0.84$$

$$[\sigma]_H=K_{HN}[\sigma]_{H0}=0.84\times200\ \text{MPa}=168\ \text{MPa}$$

(2) 求该传动所能传递的功率 P_1。

$$z_2=iz_1=21\times2=42$$

由 $Z_E\sqrt{\dfrac{9KT_2}{m^2d_1z_2^2}}\leqslant[\sigma]_H$ 得

$$T_2\leqslant\left(\frac{[\sigma]_H}{Z_E}\right)^2\frac{m^2d_1z_2^2}{9K}=\left(\frac{168\ \text{MPa}}{160\sqrt{\text{MPa}}}\right)^2\times\frac{(8\ \text{mm})^2\times63\ \text{mm}\times42^2}{9\times1.1}=7.92\times10^5\ \text{N}\cdot\text{mm}$$

$$T_1=\frac{T_2}{i\eta}=\frac{7.92\times10^5\ \text{N}\cdot\text{mm}}{21\times0.78}=0.484\times10^5\ \text{N}\cdot\text{mm}$$

该传动所能传递的功率：

$$P_1=\frac{T_1n_1}{9.55\times10^6}=\frac{0.484\times10^5\ \text{N}\cdot\text{mm}\times1\ 450\ \text{r/min}}{9.55\times10^6}=7.35\ \text{kW}$$

(3) 作用在蜗杆和蜗轮上各分力的大小。

$$F_{t1}=F_{a2}=\frac{2T_1}{d_1}=\frac{2\times0.484\times10^5\ \text{N}\cdot\text{mm}}{63}=1\ 537\ \text{N}$$

$$F_{t2}=F_{a1}=\frac{2T_2}{d_2}=\frac{2\times7.92\times10^5\ \text{N}\cdot\text{mm}}{8\times42}=4\ 714\ \text{N}$$

$$F_{r1}=F_{r2}=F_{a1}\tan\alpha=4\ 714\times\tan20^\circ=1\ 716\ \text{N}$$

(4) 蜗杆转动方向及蜗杆和蜗轮上各分力的方向示于图 5.6(b)中。

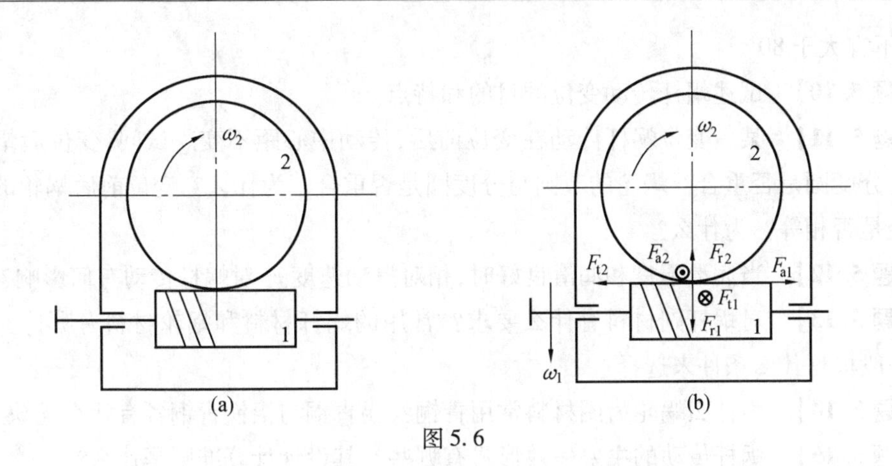

图5.6

5.3　精选习题与实战演练

一、填空题

【题5.1】　阿基米德蜗杆的螺旋面可在车床上用______车刀加工,车刀刀刃为直线,加工时刀刃与__________在同一水平面内。在垂直于蜗杆轴线的剖面上,齿廓为________线,在通过蜗杆轴线的剖面上,齿廓为______线,犹如__________的齿廓,蜗轮是用与相配蜗杆具有同样尺寸(不考虑啮合时的径向间隙)的______________刀按___________原理切制加工的,所以,在中间平面上,阿基米德蜗杆与蜗轮的啮合相当于__________与__________齿轮的啮合。

【题5.2】　蜗杆传动的计算载荷是__________与载荷系数 K 的乘积,在 $K=K_AK_VK_\beta$ 中,K_A 为__________,K_V 为__________,K_β 为__________。

【题5.3】　蜗杆传动的总效率包括啮合效率 η_1、__________效率和__________效率。在蜗杆主动时,啮合效率 η_1 = ____________,影响蜗杆传动总效率的主要因素是__________效率。

二、问答题

【题5.4】　蜗杆传动有哪些类型和特点?什么情况下宜采用蜗杆传动?

【题5.5】　普通圆柱蜗杆传动的正确啮合条件是什么?

【题5.6】　蜗轮滚刀与相应蜗杆的形状和尺寸有何关系?

【题5.7】　阿基米德蜗杆传动取哪个平面上的参数和尺寸为计算基准?哪些参数是标准值?

【题5.8】　为什么在蜗杆传动中对每个模数 m 规定了一定数量的标准的蜗杆分度圆直径 d_1?d_1 的大小对蜗杆传动的刚度、效率和尺寸有何影响?

【题5.9】　如何选择蜗杆的头数 z_1?对于动力传动,为什么蜗轮的齿数 z_2 不应小于

28,也不宜大于80?

【题5.10】 试述蜗杆传动变位的目的和特点。

【题5.11】 某一变位蜗杆传动在变位前后,传动中心距不变。试问:变位后蜗杆的节圆与分度圆是否重合?蜗轮的节圆与分度圆是否重合?为什么?变位前后蜗轮的分度圆直径是否相等?为什么?

【题5.12】 当润滑不良和润滑良好时,相对滑动速度 v_s 对蜗杆传动有何影响?

【题5.13】 对蜗杆副材料有什么要求?常用的蜗杆材料和蜗轮材料有哪些?蜗轮材料一般根据什么条件来选择?

【题5.14】 为什么蜗轮齿圈材料常用青铜?锡青铜与铝铁青铜各有什么优缺点?

【题5.15】 蜗杆传动的主要失效形式有哪些?其设计计算准则是什么?

【题5.16】 对于闭式蜗杆传动,主要是根据什么选择润滑油的黏度和给油方法?开式蜗杆传动应如何润滑?

【题5.17】 为什么闭式蜗杆传动必须进行热平衡计算?可采取哪些措施来提高蜗杆传动的散热能力?

【题5.18】 简述蜗轮的结构类型和应用。

【题5.19】 蜗杆传动设计计算时,为什么要进行热平衡计算?

【题5.20】 (6分)对于一台用于长期运输的带式运输机的传动装置,试从结构、效率等方面分析下述方案(1)(2)的特点:

(1)电动机—蜗杆传动—齿轮传动—工作机。

(2)电动机—齿轮传动—蜗杆传动—工作机。

【题5.21】 蜗杆传动为什么要进行热平衡计算?若热平衡不符合要求时,可采取哪些措施?

【题5.22】 阿基米德蜗杆蜗轮传动中,请写出传动比与蜗轮、蜗杆基本参数的关系?并请简单证明这一关系?

【题5.23】 蜗杆传动的载荷系数与齿轮传动的载荷系数组成有何不同?为什么?

三、计算题

【题5.24】 有一标准普通圆柱蜗杆传动,已知:模数 $m=8$ mm,传动比 $i=21$,蜗杆分度圆直径 $d_1=80$ mm,蜗杆头数 $z_1=2$。试计算该蜗杆传动的主要几何尺寸。若中心距圆整为 $a'=210$ mm,则变位系数 x 应取多少?

【题5.25】 已知:一普通圆柱蜗杆转速为 $n_1=960$ r/min,轴向齿距 $p_{a1}\approx15.7$ mm,蜗杆齿顶圆直径 $d_{a1}=60$ mm。试求当蜗杆头数 $z_1=1,2,4$ 时,蜗杆分度圆柱上的导程角 γ 和相对滑动速度 v_s。

【题5.26】 试指出蜗轮圆周力 $F_{t2}=2T_2/d_2=2T_1i/d_2=2T_1/d_1$ 公式中的错误。

【题5.27】 一圆柱蜗杆减速器,蜗杆轴功率 $P_1=100$ kW,传动总效率 $\eta=0.8$,三班制工作。试按工业用电价格1元/(kW·h)计算5年中用于功率损耗的费用(每年按250天计)。

【题5.28】　一单级蜗杆减速器,输入功率 $P_1=3$ kW,传动总效率 $\eta=0.8$,箱体散热面积约为1 m^2,散热系数 $K_S=15$ W/(m^2·℃),室温为20 ℃,要求达到热平衡时,箱体内的油温不超过80 ℃,试验算该传动的油温是否满足使用要求。

四、受力分析题

【题5.29】　图5.7中均为蜗杆1主动。标出图中未注明的蜗杆或蜗轮的螺旋线方向及蜗杆或蜗轮或齿轮的转动方向,并在节点处标出作用力的方向(各用3个分力表示)。

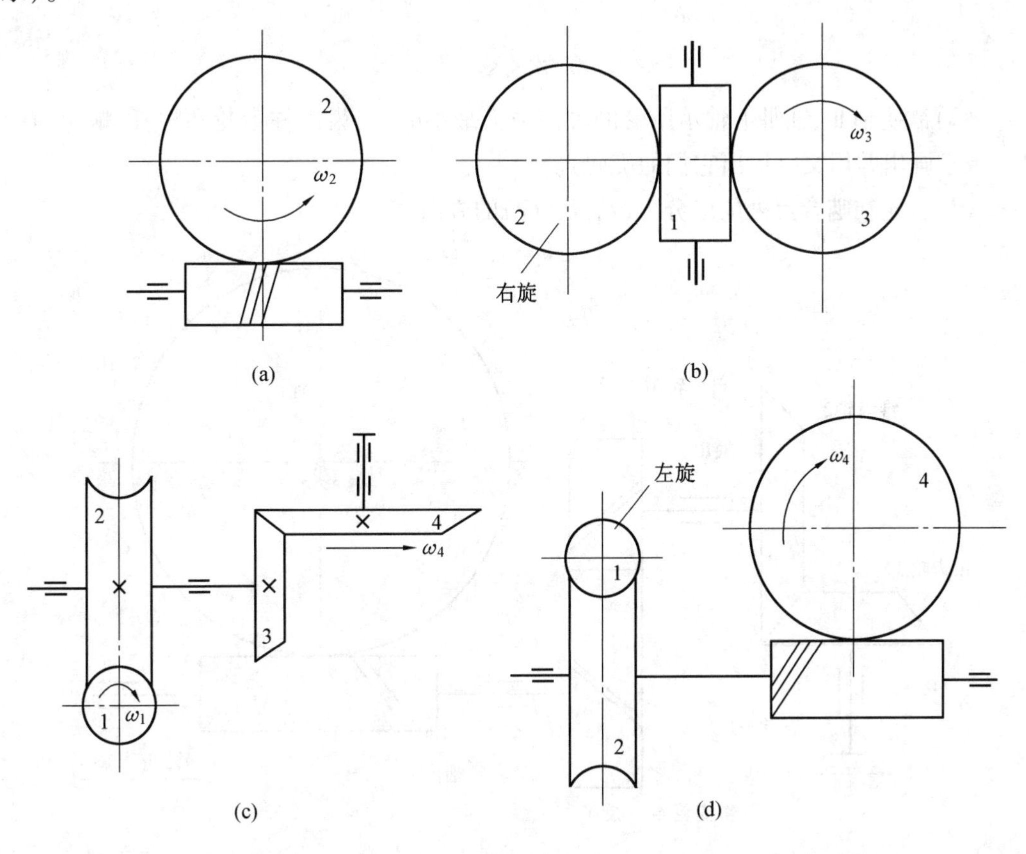

图5.7

【题5.30】　试标出图5.8中两种传动形式的蜗杆、蜗轮和齿轮的转向,画出啮合点的受力方向图(各用3个分力表示),并分析这两种传动形式的优缺点。

【题5.31】　图5.9为一直齿圆锥齿轮—斜齿圆柱齿轮—蜗杆蜗轮三级传动。已知圆锥齿轮1为主动件,转向如图5.9所示。试在图中标出:

(1)各轮的转向。

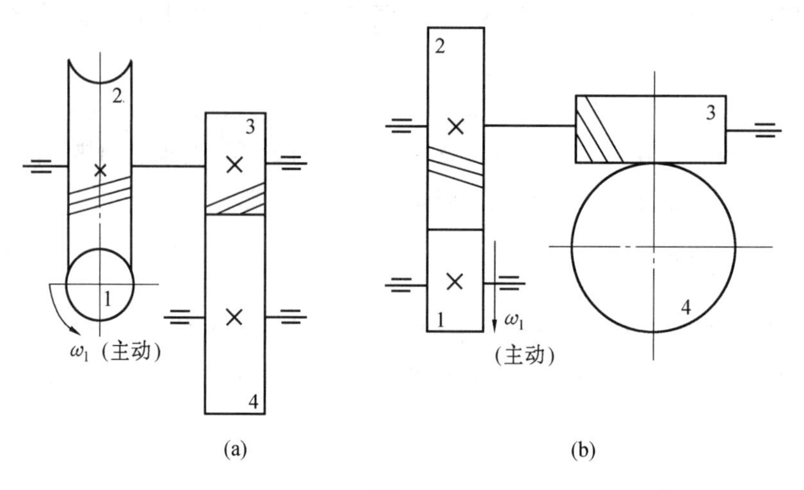

图 5.8

(2)欲使轴Ⅱ、轴Ⅲ上轴承所受的轴向力为最小时,斜齿圆柱齿轮和蜗杆、蜗轮的旋向(要求画出并用文字标出它们的旋向)。

(3)各轮在啮合点处的诸分力(F_t、F_r、F_a)的方向。

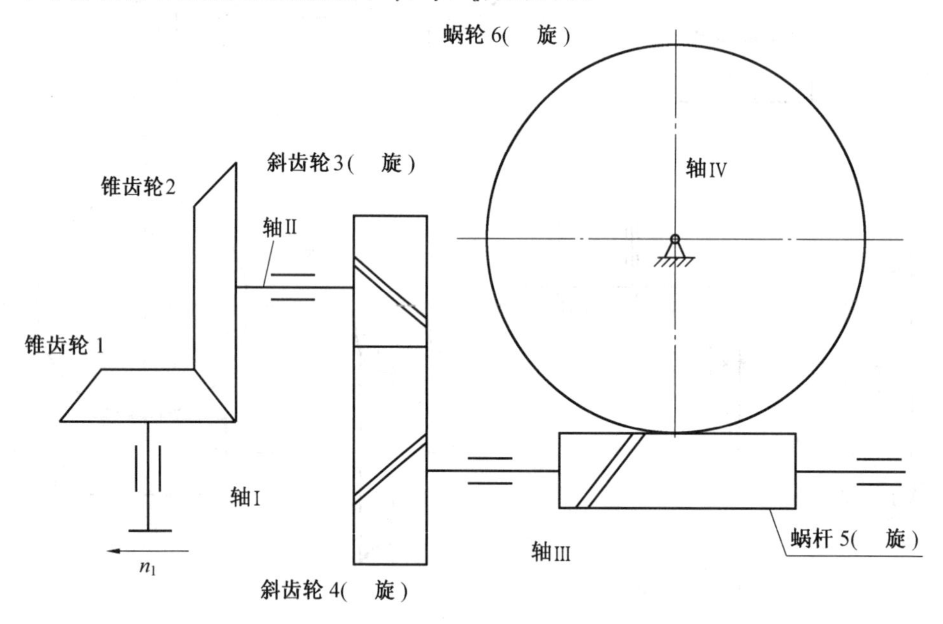

图 5.9

【题 5.32】 图 5.10 所示传动系统:

(1)为使Ⅱ轴上的轴承所受轴向力最小,定出斜齿圆柱齿轮的螺旋线方向和蜗轮轮齿的旋向。

(2)在图上标出各对齿轮的转向和受力方向(用三个分力表示)。

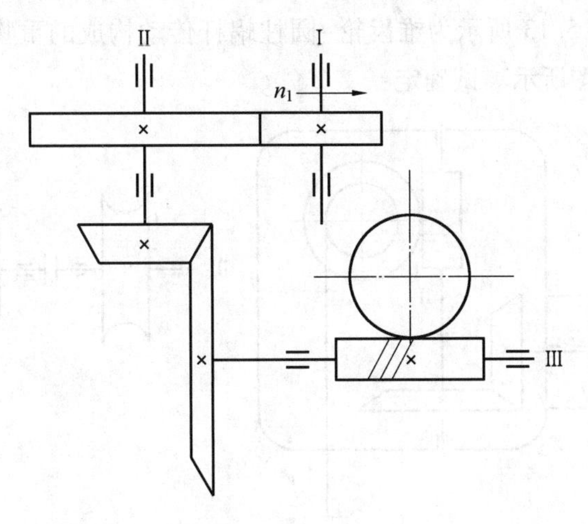

图 5.10

【题 5.33】　如图 5.11 所示的圆柱蜗杆-直齿圆锥齿轮机构传动。已知输出轴上圆锥齿轮 4 的转向如图所示(箭头从右指向左),为使中间轴上的轴向力互相抵消一部分,求蜗杆的转向和旋向,请画出蜗轮所受到的各个力的方向?

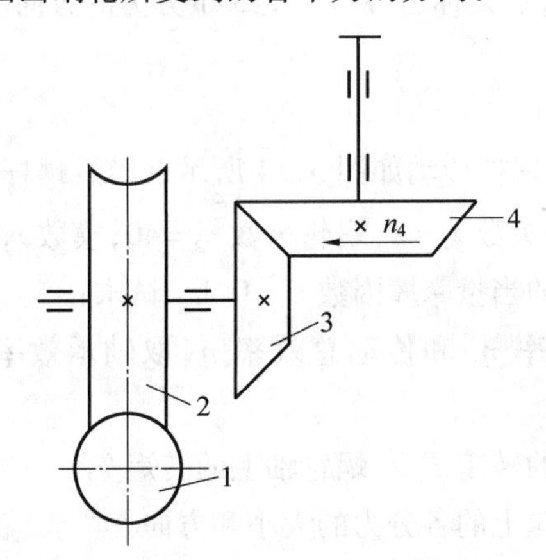

图 5.11

【题 5.34】　如图 5.12 所示,请标明蜗杆或蜗轮的转向。

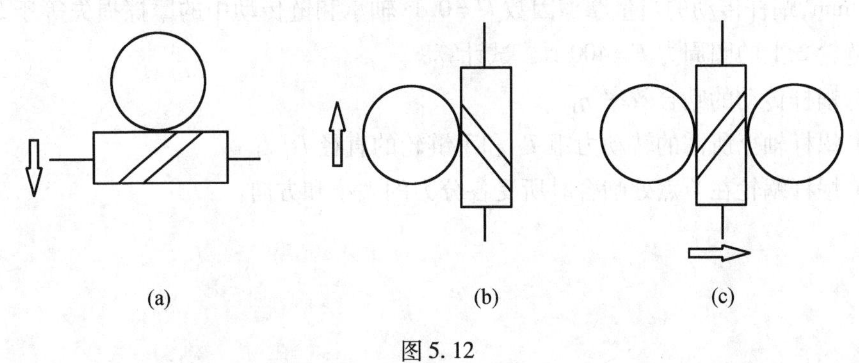

图 5.12

【题 5.35】 如图 5.13 所示为锥齿轮-圆柱蜗杆传动构成的重物提升装置简图。已知电机轴转动方向如图所示。试确定:

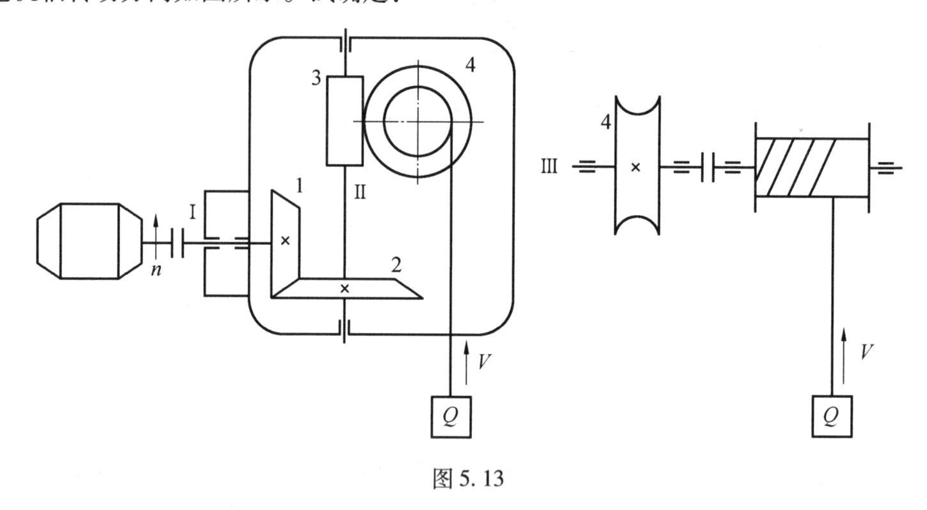

图 5.13

(1)若使重物按图示方向上升,确定蜗杆螺旋线的方向。

(2)在蜗杆与蜗轮啮合点处标出各自所受 3 个分力的方向。

五、综合题

【题 5.36】 有一闭式蜗杆传动如图 5.14 所示,已知:蜗杆输入功率 $P_1=2.8$ kW,蜗杆转速$n_1=960$ r/min,蜗杆头数 $z_1=2$,蜗轮齿数 $z_2=40$,模数 $m=8$ mm,蜗杆分度圆直径 $d_1=80$ mm,蜗杆和蜗轮间的当量摩擦因数$f'=0.1$。试求:

(1) 该传动的啮合效率 η_1 和传动总效率 η(取轴承效率与搅油效率之积 $\eta_2\eta_3=0.96$)。

(2) 作用于蜗杆轴上的转矩 T_1 和蜗轮轴上的转矩 T_2。

(3) 作用于蜗杆和蜗轮上的各分力的大小和方向。

【题 5.37】 图 5.15 所示为起重量 $F_W=3\times10^4$ N 的起重吊车,已知:蜗杆 3 头数 $z_1=2$,模数 $m=8$ mm,蜗杆分度圆直径 $d_1=63$ mm,蜗轮 4 齿数 $z_2=42$,起重链轮 5 直径 $D_2=162$ mm,蜗杆传动的当量摩擦因数$f'=0.1$,轴承和链传动中的摩擦损失等于5%,作用在手链轮 2 上的圆周力 $F=400$ N。试计算:

(1) 蜗杆传动的啮合效率 η_1。

(2) 蜗杆轴上所需的转动力矩 T_1 和手链轮的直径 D_1。

(3) 蜗杆蜗轮在节点处啮合时所受各分力的大小和方向。

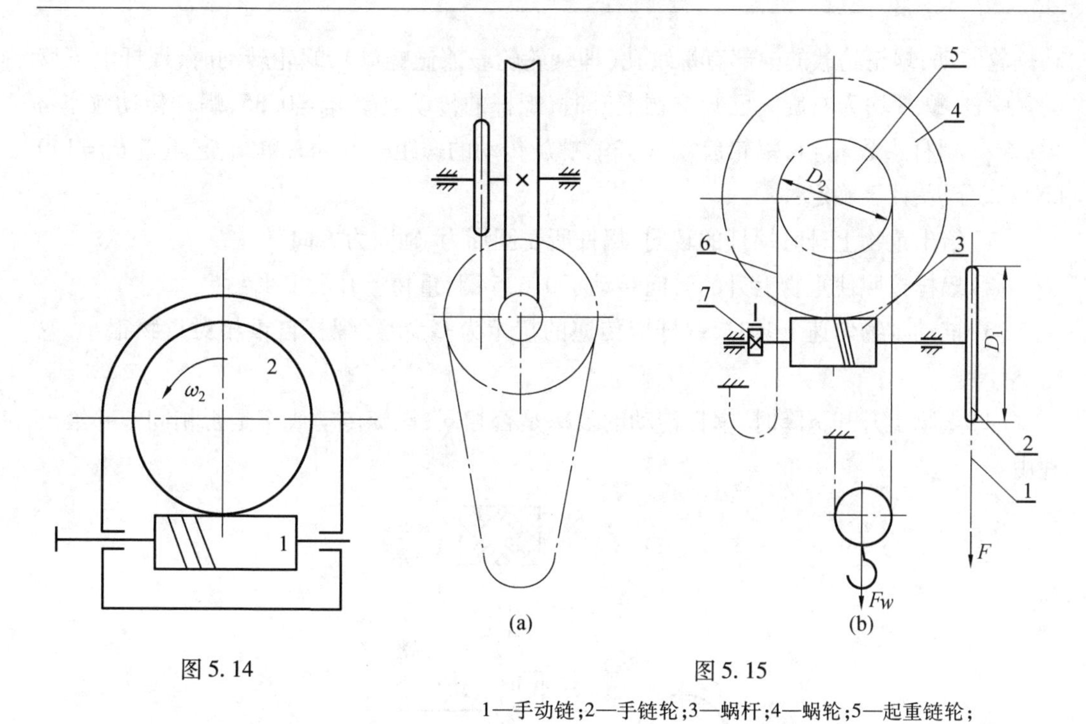

图 5.14

图 5.15

1—手动链;2—手链轮;3—蜗杆;4—蜗轮;5—起重链轮;
6—起重链;7—制动器

【题 5.38】 图 5.16 为一提升机,已知:卷筒直径 $D=200$ mm,$z_1=20$,$z_2=60$,$z_3=1$,$z_4=60$,$q=13$,重物 $G=20$ kN,蜗杆为右旋,蜗轮直径 $d_1=240$ mm,$\alpha=20°$,接合面当量摩擦系数$f_v=0.060$,齿轮传动效率 $\eta_1=0.95$,轴承效率 $\eta_2=0.98$,滚筒效率 $\eta_3=0.95$。试求:

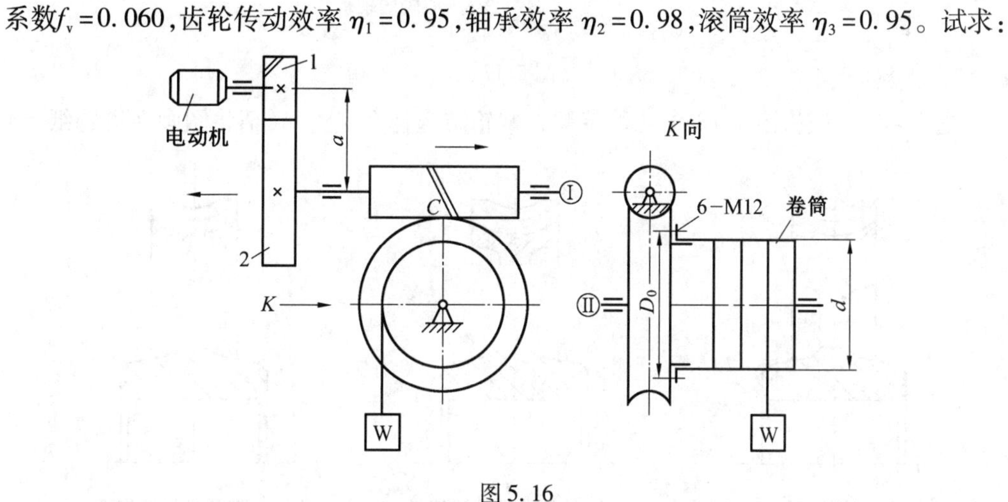

图 5.16

(1)为使 I 轴上的总轴向力等于 0,试确定齿轮 1、2 的螺旋角 β 的方向和大小。

(2)在图中标出重物停在空中时蜗杆与蜗轮在节点 C 处受的 3 对分力的方向。

(3)当重物匀速上升时,蜗杆传动效率 η_4 为多少? 蜗杆传动是否自锁?

(4)确定当重物匀速上升时电动机的转动方向(在图中标出)和功率 P。

【题 5.39】 有一蜗杆传动与螺旋传动联用的重物升降系统,如图 5.17 所示,蜗杆带动蜗轮转动，蜗轮轮毂的中部有螺纹孔（即蜗轮轮毂兼做螺母），蜗轮转动时，螺杆上下移动。蜗杆、螺杆均为右旋。已知重物上升时，螺杆的传动效率 $\eta_0=0.35$，蜗杆传动效率 $\eta=0.66$。蜗杆头数 $z_1=1$，蜗轮齿数 $z_2=39$，螺旋传动的螺距 $p=6$ mm，单线，起重量 $F_Q=140$ kN。试分析、计算确定：

（1）给出重物上升时蜗杆的转向、蜗杆所受圆周力、轴向力方向。

（2）蜗杆按照使重物上升的转向转动了 1 625 圈，重物上升了多少？

（3）推动重物匀速上升时，蜗杆应传递的扭矩为多少？（螺杆自重相对重物很小，忽略不计）

（4）重物上升和下降时，蜗杆传动的效率是否相同，螺旋传动效率是否相同？并给出理由。

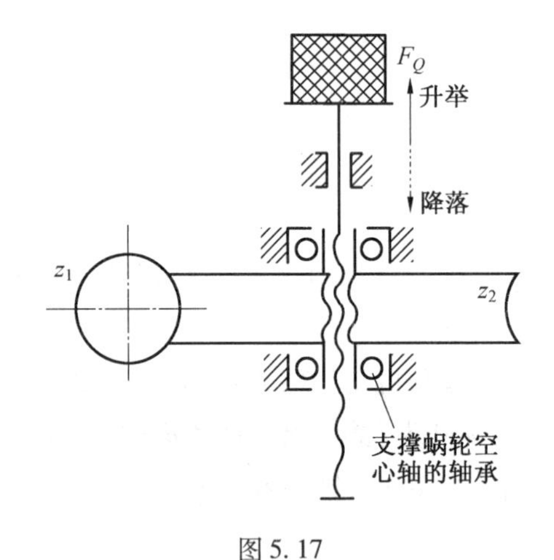

图 5.17

【题 5.40】 试将图 5.18 中几种装配式蜗轮结构补充完整。（请将图画在答题纸上）

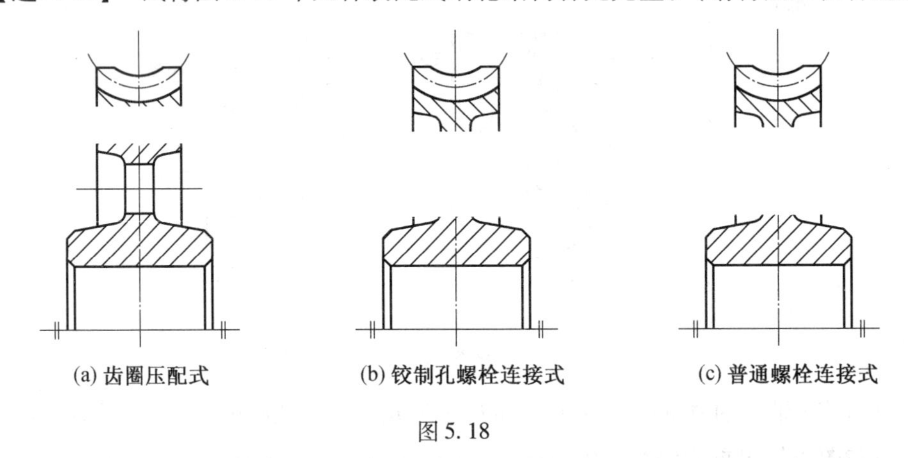

图 5.18

【题 5.41】 如图 5.19(a)(b)所示为两种蜗轮轮芯与轮缘连接结构，请选择出合理的结构，并从加工工艺和受力合理两方面说明原因。

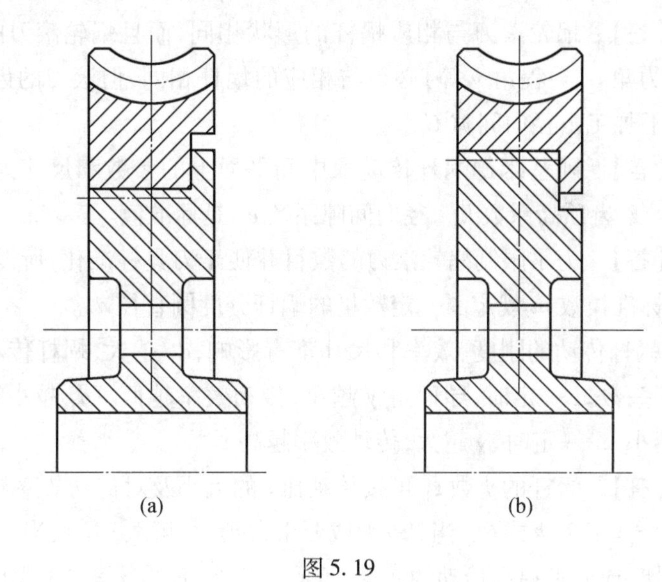

图 5.19

5.4　精选习题答案

一、填空题

【题 5.1】　梯形　蜗杆轴线　阿基米德螺旋　直　直齿齿条　蜗轮滚　范成　直齿齿条　渐开线

【题 5.2】　名义载荷　使用系数　动载荷系数　齿向载荷分布系数

【题 5.3】　轴承　搅油　$\tan\gamma/\tan(\gamma+\rho')$　啮合

二、问答题

【题 5.4】 **【答】**　蜗杆传动按蜗杆的形状不同,可分为圆柱蜗杆传动、环面蜗杆传动和锥蜗杆传动 3 大类。而按齿面形状不同,圆柱蜗杆传动又分为普通圆柱蜗杆传动和圆弧齿圆柱蜗杆传动。按齿廓曲线不同,普通圆柱蜗杆传动又分为阿基米德蜗杆传动、渐开线蜗杆传动、法向直廓蜗杆传动和锥面包络圆柱蜗杆传动。

蜗杆传动的特点是:①单级传动比大,结构紧凑;②传动平稳,噪声小;③可以实现自锁;④传动效率降低;⑤蜗轮常用贵重的减摩材料来制造,成本较高。

蜗杆传动常用在传动比大、要求结构紧凑或自锁的场合。

【题 5.5】 **【答】**　普通圆柱蜗杆传动的正确啮合条件是:在中间平面上

$$\begin{cases} m_{a1}=m_{t2}=m \\ \alpha_{a1}=\alpha_{t2}=\alpha \\ \gamma=\beta_2 \end{cases}$$

【题 5.6】【答】 蜗轮滚刀与相应蜗杆的形状相同，而且蜗轮滚刀的直径、齿形参数（如模数 m、压力角 α、导程角 γ 等）必须与相应的蜗杆相同，但滚刀的齿顶高为 h_a+C，以便在蜗轮轮齿上加工出径向间隙 C。

【题 5.7】【答】 阿基米德蜗杆传动取中间平面上的参数和尺寸为计算基准。其中模数 m、压力角 α、齿顶高系数 h_a^*、径向间隙系数 e^* 是标准值。

【题 5.8】【答】 为了限制蜗轮滚刀的数目并便于刀具标准化，所以国家标准在蜗杆传动中对每一标准模数 m 规定了一定数量的蜗杆分度圆直径 d_1。

d_1 的大小对蜗杆传动的刚度、效率和尺寸都有影响，d_1 越大，蜗杆传动的刚度、结构尺寸越大，而蜗杆头数 z_1 一定时，导程角 γ 越小，传动效率越低。d_1 越小，则蜗杆传动的刚度、结构尺寸越小，z_1 一定时，γ 越大，传动效率越高。

【题 5.9】【答】 蜗杆的头数 z_1 可按传动比 i 的大小及对传动效率与自锁性的要求来选取，通常可取 $z_1=1,2,4$ 或 6。当 i 较大或要求自锁时，可取 $z_1=1$；当 i 较小时，为避免蜗轮轮齿发生根切，或要求提高传动的效率，可取多头蜗杆，取 $z_1=2,3$ 或 6。

蜗轮的齿数 $z_2=iz_1$，对于动力传动，为了保证足够的啮合点对数，使传动平稳，$z_2 \not< 28$；而为了保证蜗轮轮齿的弯曲强度（d_2 一定时），或为了控制传动结构尺寸，保证蜗杆轴的支承跨距不太大，从而保证蜗杆传动的轮齿能正确啮合（m 一定时），故 z_2 不宜大于 80。

【题 5.10】【答】 蜗杆传动变位的目的有：配凑中心距，微量改变传动比；提高蜗杆传动的承载能力和传动效率。蜗杆传动变位的特点是：蜗杆不变位，只对蜗轮进行变位。但是变位后蜗杆的节圆不再与分度圆重合，但蜗杆的参数和其他尺寸不变，而变位后的蜗轮，其节圆和分度圆仍然重合，只是蜗轮的齿顶圆和齿根圆却改变了。

【题 5.11】【答】 某一变位蜗杆传动在变位前后，传动中心距不变，即 $a'=a$，而变位后蜗轮齿数发生变化了，即 $z_2' \neq z_2$。此时，蜗杆的节圆与分度圆不再重合，但蜗轮的节圆与分度圆是重合的，因为这种微量改变蜗杆传动的传动比的变位方法，当 $z_2'<z_2$ 时，相当于正变位，而当 $z_2'>z_2$ 时，则相当于负变位，故仍然保持蜗杆传动的变位特点。

由于变位前后蜗轮的齿数发生了变化，由分度圆计算公式可知，$d_2'=mz_2'$，$d_2=mz_2$，由于 $z_2' \neq z_2$，故 $d_2' \neq d_2$，即变位前后蜗轮的分度圆直径是不相等的。

【题 5.12】【答】 当润滑不良时，相对滑动速度 v_s 大，则会加速齿面的磨损和胶合，而当润滑良好时，相对滑动速度 v_s 越大，越有利于在齿面间形成润滑油膜，从而减小齿面间的摩擦和磨损，提高蜗杆传动的效率和承载能力。

【题 5.13】【答】 由于蜗杆传动的最主要失效形式有磨损、胶合和点蚀，因此为了防止失效，对蜗杆副材料有很多要求，主要是：有足够强度；有良好的减摩性、耐磨性和跑合性能。

常用的蜗杆材料有碳素钢和合金钢；常用的蜗轮材料有铸造锡青铜、铸造铝青铜和灰铸铁等。蜗轮材料一般根据相对滑动速度 v_s 的大小来选择。$v_s>6$ m/s 时，可选铸造锡青铜；$v_s \leqslant 6$ m/s（但大于 2 m/s）时，可选用铸造铝青铜；$v \leqslant 2$ m/s 时，可选用灰铸铁。

【题5.14】【答】 蜗轮齿圈上做有轮齿,参与啮合传动,要求有良好的减摩性、耐磨性、跑合性和抗胶合性,而青铜具有这些性能,因此蜗轮齿圈材料常用青铜。

锡青铜减摩性、耐磨性最好,抗胶合能力最强,但强度较低,价格较贵,而铝铁青铜的减摩性、耐磨性和抗胶合能力较锡青铜差,但有足够的强度,价格便宜。

【题5.15】【答】 蜗杆传动的主要失效形式有:齿面胶合、点蚀和磨损。

蜗杆传动的设计计算准则是:按蜗轮齿面接触疲劳强度条件计算蜗杆传动的承载能力,并在选择许用应力时,适当考虑胶合和磨损等失效因素的影响。同时,对闭式蜗杆传动要进行热平衡计算,必要时进行蜗轮齿根弯曲疲劳强度计算、蜗杆轴的强度计算和刚度计算。

【题5.16】【答】 对于闭式蜗杆传动,主要是根据相对滑动速度 v_s 的大小和载荷的情况来选择润滑油的黏度和给油方法。而对于开式蜗杆传动,常采用黏度较高的润滑油或润滑油脂进行定期供油润滑。

【题5.17】【答】 因为蜗杆传动效率低、工作时发热量大,对于闭式蜗杆传动,若产生的热量不能及时散逸,油温将不断升高,使润滑油的黏度降低,润滑条件恶化,从而导致齿面间磨损加剧,甚至发生胶合。因此为保证蜗杆传动能正常工作,对于闭式蜗杆传动,要进行热平衡计算,将油温限制在允许的范围内。通常是将油温 t 限制在60~70 ℃内,最高不超过80 ℃。

提高蜗杆传动散热能力的措施有:

① 合理地设计机体结构,铸上或焊上散热片,增大散热面积;

② 在蜗杆轴上安装风扇,提高散热系数;

③ 在机体的油池中装设蛇形冷却水管;

④ 采用压力喷油循环润滑。

【题5.18】【答】 蜗轮的结构类型有整体式和装配式两大类。

整体式蜗轮主要用于铸铁蜗轮、铝合金蜗轮或直径小于100 mm的青铜蜗轮。

装配式蜗轮又可分为:

(1) 齿圈压配式蜗轮,它由青铜齿圈和铸铁轮芯组成,配合面采用过盈配合。这种结构主要用于尺寸不太大、工作温度比较小的蜗轮。

(2) 螺栓连接式蜗轮,它由青铜齿圈和铸铁轮芯组成,配合面采用过渡配合,并用普通螺栓连接,或配合面采用间隙配合,并用铰制孔用螺栓连接。这种结构多用于尺寸较大或易于磨损需经常更换齿圈的蜗轮。

(3) 镶铸式蜗轮,这种结构的青铜齿圈是浇铸在铸铁轮芯上,然后切齿,用于大批量生产的蜗轮。

【题5.19】【答】 由于蜗杆传动的效率低,工作时会产生大量的热。在闭式蜗杆传动中,若散热不良,会因油温不断升高,使润滑失效而导致齿面胶合。所以对闭式蜗杆传动要进行热平衡计算,以保证油温能稳定在规定的范围内。

【题5.20】 略。

【题5.21】【答】 ① 蜗杆传动效率较低,工作时发热量较大,若油温过高,使润滑油黏度降低，润滑条件恶化，导致蜗轮轮齿磨损和胶合。

② 措施：合理设计箱体结构，在箱体外部铸出或焊出散热片，以增大散热面积；在蜗杆轴上装置风扇，进行人工通风，以提高散热系数；在箱体油池内装设蛇形冷却水管；采用压力喷油循环润滑。

【题 5.22】【答】 传动比与蜗轮、蜗杆基本参数的关系为

$$i=\frac{n_1}{n_2}=\frac{z_2}{z_1}=u$$

式中 n_1——蜗杆转速；

n_2——蜗轮转速；

z_1——蜗杆的头数；

z_2——蜗轮的齿数。

蜗杆传动的传动比仅与蜗杆的头数 z_1 和蜗轮的齿数 z_2 有关，而不等于分度圆直径之比。为了减少蜗轮滚刀的个数和便于滚刀的标准化，就对每一标准的模数规定了一定数量的蜗杆分度圆直径 d_1，而把分度圆直径和模数的比称为蜗杆直径系数 q，即 $q=d_1/m$。蜗杆直径和蜗杆齿数无直接关系。

【题 5.23】【答】 蜗杆传动载荷系数：$K=K_AK_VK_\beta$，齿轮传动载荷系数：$K=K_AK_VK_\beta K_\alpha$。二者组成不同的原因是蜗杆同时啮合齿对数多，通常不考虑 K_α 影响，蜗杆传动平稳，K_V 较小；蜗杆传动容易实现良好跑合，使载荷分布均匀，K_β 取值较小，蜗杆传动的 K 整体上比齿轮要小。

三、计算题

【题 5.24】【解】 $d_{a1}=96$ mm；$d_{f1}=60.8$ mm；$p_{a1}=25.1$ mm；$\gamma=11.3°$；$z_2=42$；$d_2=336$ mm；$d_{a2}=352$ mm；$d_{f2}=316.8$ mm；$a=208$ mm；$x=0.25$。

【题 5.25】【解】 $z_1=1,2,4$ 时，$\gamma=5.71°,11.31°,21.80°$；$v_s=2.53$ m/s，2.56 m/s，2.71 m/s。

【题 5.26】【解】 $T_2=i\eta T_1$ 且 $i\neq d_2/d_1$。

【题 5.27】【解】 6×10^5 元。

【题 5.28】【解】 $t=60$ ℃，满足使用要求。

四、受力分析题

【题 5.29】【解】 图 5.7(a)中蜗轮左旋；蜗杆转向向下；F_{a1} 向左；F_{t2} 向右；F_{r1} 向下；F_{r2} 向上；F_{t1} 垂直纸面向里；F_{a2} 垂直纸面向外。图 5.7(b)中蜗杆 1 及蜗轮 3 右旋；蜗杆 1 转向向左；蜗轮 2 转向逆时针；F_{a1} 向下；F_{t2} 及 F_{t3} 向上；F_{r2} 向左；F_{r3} 向右；F_{a2} 垂直纸面向里；F_{a3} 垂直纸面向外；蜗杆 1 与蜗轮 2 啮合时，F_{r1} 向右；F_{t1} 垂直纸面向外；蜗杆 1 与蜗轮 3 啮合时，F_{r1} 向左；F_{t1} 垂直纸面向里。图 5.7(c)中蜗杆 1 及蜗轮 2 均为左旋；轮 2 和轮 3 转向向下；F_{r2} 及 F_{a4} 向上；F_{r1} 及 F_{r3} 向下；F_{t1} 及 F_{a3} 向左；F_{a2} 及 F_{r4} 向右；F_{a1} 及 F_{t4} 垂直纸面向外；F_{t2} 及 F_{t3} 垂直纸面向里。图 5.7(d)中蜗轮 2 及蜗轮 4 为左旋；蜗杆 1 转向顺时针；蜗轮 2 及蜗杆 3 转向向上；F_{r1} 及 F_{r4} 向上；F_{r2} 及 F_{r3} 向下；F_{t1} 及 F_{a3} 向右；F_{a2} 及 F_{t4} 向左；F_{a1} 及 F_{t3} 垂直纸面向外；F_{t2} 及 F_{a4} 垂直纸面向里。

【题5.30】 **【解】** 图5.8(a)中蜗轮2及齿轮3转向向上；齿轮4转向向下；F_{t1}及F_{a3}向右；F_{a1}及F_{t3}垂直纸面向里；F_{r1}及F_{r4}向下；F_{a2}及F_{a4}向左；F_{t2}及F_{t4}垂直纸面向外；F_{r2}及F_{r3}向上。图5.8(b)中齿轮2及蜗轮3转向向上；蜗轮4转向顺时针；F_{a1}及F_{a3}向左；F_{t1}及F_{t3}垂直纸面向里；F_{r1}及F_{r4}向下；F_{a2}及F_{t4}向右；F_{t2}及F_{a4}垂直纸面向外；F_{r2}及F_{r3}向上。优缺点：图5.8(a)中蜗杆传动的v_s大，齿面间易形成油膜，使齿面间摩擦系数减小，减少磨损，从而提高传动效率和承载能力；蜗杆在高速级使传动更平稳，齿轮噪声更小；但如果润滑散热条件不良，v_s大会使齿面产生磨损和胶合。

【题5.31】 **【解】** 如图5.20所示。

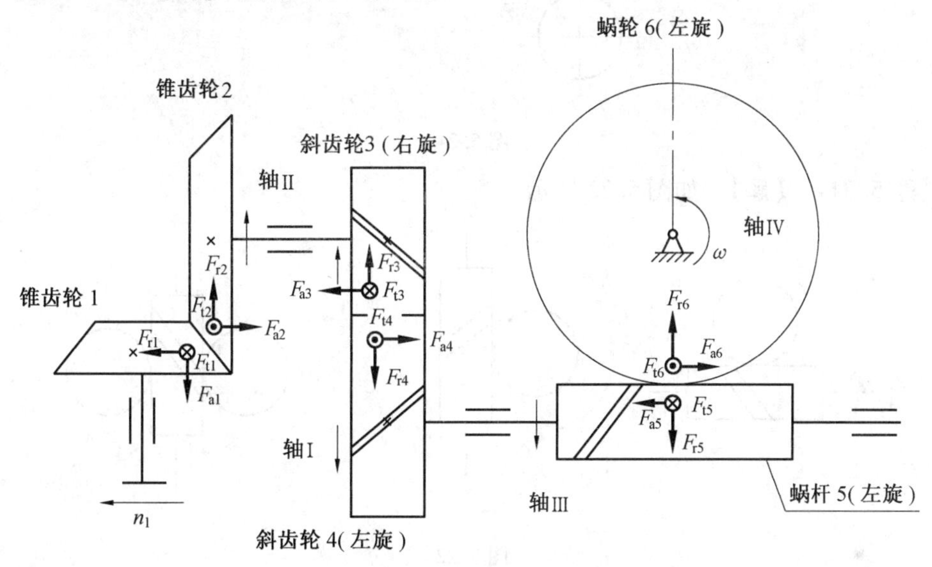

图5.20

【题5.32】 **【解】** (1)Ⅱ轴上的斜齿圆柱齿轮应为“左旋”，蜗轮旋向应为“左旋”。

(2)蜗轮旋转方向为“逆时针”；受力方向为：圆周力水平向右，径向力指向轮心，轴向力垂直纸面向外。

蜗杆旋转方向从左往右看为“顺时针”；受力方向为：圆周力垂直纸面向内，径向力指向轮心，轴向力水平向左。

Ⅰ轴斜齿齿轮受力方向为：圆周力垂直纸面向内，径向力指向轮心，轴向力竖直向上。

Ⅱ轴斜齿齿轮旋转方向从上往下看为“顺时针”；受力方向为：圆周力垂直纸面向外，径向力指向轮心，轴向力竖直向下。

Ⅱ轴锥齿轮旋转方向从上往下看为“顺时针”；受力方向为：圆周力垂直纸面向内，径向力指向轮心，轴向力指向大端。

Ⅲ轴锥齿轮旋转方向从左往右看为“顺时针”；受力方向为：圆周力垂直纸面向外，径向力指向轮心，轴向力指向大端。

【题5.33】 **【解】** 如图5.21所示，蜗杆顺时针转动，右旋。

蜗轮所受圆周力垂直纸面向外，所受轴向力水平向右，径向力指向轮心。

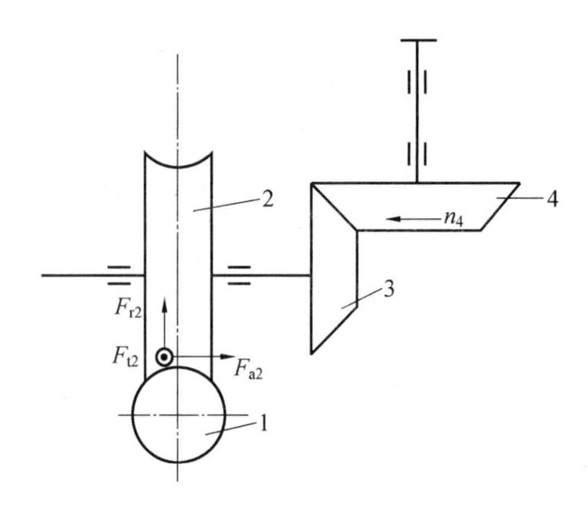

图 5.21

【题 5.34】【解】 如图 5.22 所示。

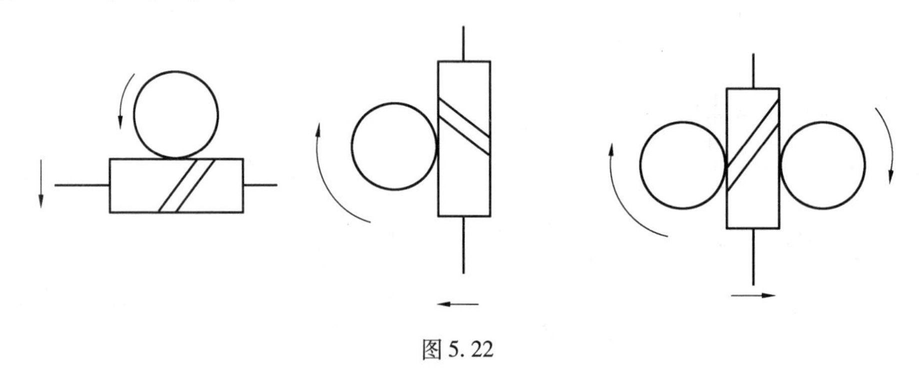

图 5.22

【题 5.35】【解】 如图 5.23 所示的蜗轮、蜗杆啮合处。

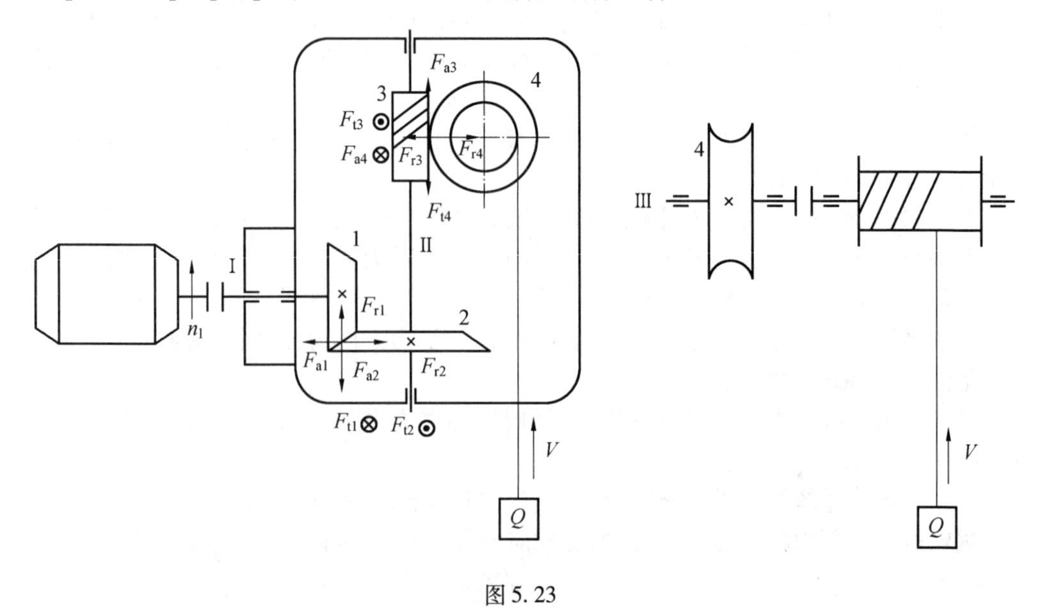

图 5.23

五、综合题

【题 5.36】 **【解】** (1) $\eta_1=0.65$；$\eta=0.62$。(2) $T_1=27.86\times10^3$ N·mm；$T_2=345.5\times10^3$ N·mm。(3) $F_{t1}=F_{a2}=697$ N；$F_{t2}=F_{a1}=2\,159$ N；$F_{r1}=F_{r2}=786$ N；F_{r1}向下；F_{r2}向上；F_{a1}向左；F_{t2}向右；F_{t1}垂直纸面向外；F_{a2}垂直纸面向里。

【题 5.37】 **【解】** (1) $\eta_1=0.699\,3$。(2) $T_1=8.71\times10^4$ N·mm；$D_1=436$ mm。(3) $F_{t3}=F_{a4}=2\,765$ N；$F_{t4}=F_{a3}=7\,232$ N；$F_{r3}=F_{r4}=2\,632$ N；F_{a3}向左，F_{t4}向右；F_{t3}垂直纸面向外，F_{a4}垂直纸面向里；F_{r3}向下；F_{r4}向上。

【题 5.38】 1. (1)(2)如图 5.24 所示。

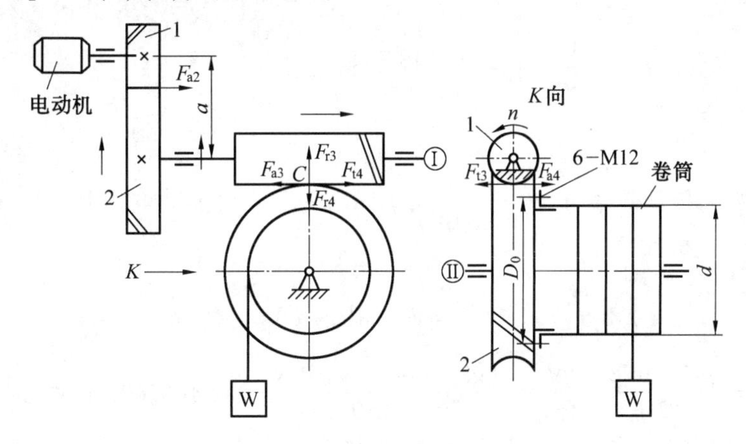

图 5.24

(3)
$$\eta_4=(0.95\sim0.96)\frac{\tan\alpha}{\tan(\alpha+\rho')}$$

$$f'=0.060,\quad \rho'=3°26',\quad q=13,\quad m=\frac{240}{60}=4,\quad d_1=qm=52\text{ mm}$$

$$\tan\alpha=\frac{z_3}{q}=\frac{1}{13},\quad \alpha=4°23'55''$$

$$\eta_4=0.95\times\frac{\tan 4°23'55''}{\tan 7°49'55''}=\frac{0.076\,9\times0.95}{0.137}=0.53$$

由于 $\alpha>\rho'$，所以不自锁。

(4) $P=\dfrac{Gv}{\eta_1\eta_2^3\eta_3\eta_4}=\dfrac{20\text{ kN}\times v}{0.95\times0.98^3\times0.95\times0.53}$。

【题 5.39】 (1)如图 5.25 所示。

(2)
$$H=\frac{1\,625}{i}p=\frac{1\,625}{\dfrac{z_2}{z_1}}p=\frac{1\,625\times1}{39}\times6\text{ mm}=250\text{ mm}$$

(3)设螺纹副中径为 D_2，螺纹升角为 φ，当量摩擦角为 ρ'，螺杆线数 $n\tan\varphi=\dfrac{np}{\pi D_2}\Rightarrow$

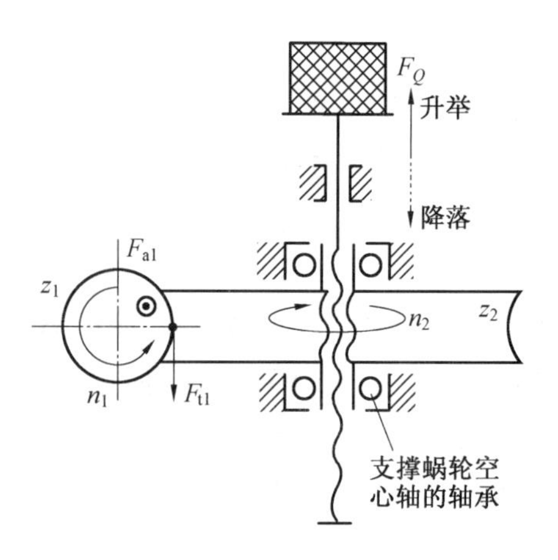

图 5.25

$D_2\tan\varphi=\dfrac{np}{\pi}$。

升举重物时,传动效率 $\eta_0=\dfrac{\tan\varphi}{\tan(\varphi+\rho')}\Rightarrow\tan(\varphi+\rho')=1$,推动重物上升时,克服螺纹副的摩擦力矩为

$$T_b=\frac{D_2}{2}F_Q\tan(\varphi+\rho')$$

所以 $$T_b=F_Q\frac{D_2\tan\varphi}{2\eta_0}=\frac{npF_Q}{2\pi\eta_0}=\frac{1\times6\ \text{mm}\times140\times10^3\ \text{N}}{2\times3.14\times0.35}=382\ 165.605\ 1\ \text{N}\cdot\text{mm}$$

因为螺母固定在蜗轮上,所以提升重物所需扭矩

$$T_2=T_b$$

所以

$$T_1=\frac{T_2}{i\eta}=\frac{T_2}{\frac{z_2}{z_1}\eta}=\frac{T_2z_1}{z_2\eta}=\frac{382\ 165.605\ 1\ \text{N}\cdot\text{mm}\times1}{39\times0.66}=14\ 847.148\ 6\ \text{N}\cdot\text{mm}$$

(4)均不同。

$$\text{蜗杆传动效率}\begin{cases}\eta=\dfrac{\tan\nu}{\tan(\gamma+\rho')}\ \text{上升时}\\[2ex]\eta=\dfrac{\tan(\nu-\rho')}{\tan\nu}\ \text{下降时}\end{cases}$$

$$\text{螺旋传动效率}\begin{cases}\eta_0=\dfrac{\tan\varphi}{\tan(\varphi+\rho')}\ \text{上升时}\\[2ex]\eta_0=\dfrac{\tan(\varphi-\rho')}{\tan\varphi}\ \text{下降时}\end{cases}$$

【题 5.40】

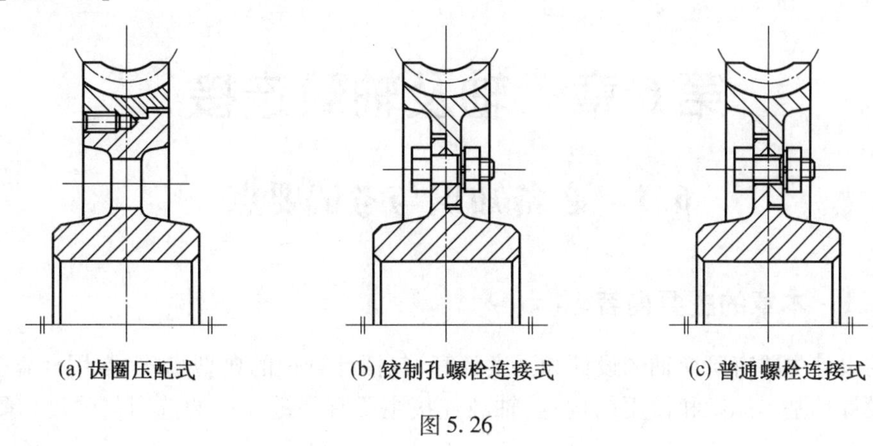

图 5.26

【题 5.41】　如图 5.27 所示。

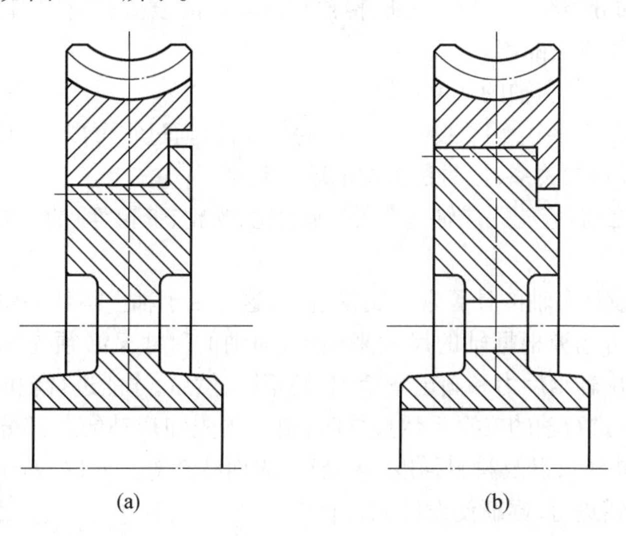

图 5.27

图 5.27(a)方案是合理的结构。原因:从加工角度,轮缘的配合面是内孔表面,不易加工,如果采用图 5.27(b)方案,配合面的内凹直角处很难加工,需要清根,造成应力集中,采用图 5.27(a)方案可以方便加工配合面;从受力角度,蜗轮受轴向力,轮缘的材料较软,在受到相同轴向力时,图 5.27(b)方案蜗轮轮缘受剪面积较小,工作剪切应力大,剪切强度较低,图 5.27(a)方案受剪面积大,抗剪强度高,受力合理。

第6章　轴及轴毂连接

6.1　必备知识与考试要点

6.1.1　本章的主要内容

轴的设计主要有阶梯轴的设计和强度计算，包括计算轴的典型步骤、常用计算公式、轴结构设计的基本原则和常用结构等；轴毂连接主要有平键连接的选用与强度（承载能力）计算。

(1) 学习轴的分类时，应了解心轴、转轴和传动轴的载荷和应力的特点，不同结构的特点，以及所用计算方法的不同。

(2) 轴的结构设计和轴的强度计算。

① 在机械零件设计中，轴的设计有一定的代表性，通过它可以学到典型的设计方法，掌握结构设计与计算的关系，把两者密切地结合起来。

② 在设计轴之前，应先完成轴上零件（如齿轮、蜗轮、带轮等）的主要参数和结构的设计，并进行受力分析。

③ 轴的结构设计和轴的计算常需交错进行，这是由于轴上零件的轮毂尺寸（长度、孔径等）和轴承的尺寸需要根据轴的尺寸来确定，而轴的尺寸又必须先知道轴承和轴上零件的位置，才能求出轴承反力和画出弯矩图、转矩图，然后，才能进行轴的强度计算和确定轴的各部分尺寸。进行轴的安全系数校核时，更必须先知道轴的各部分尺寸和结构细节（如过渡圆角、键槽等），以及材料强度、热处理、表面状态等。所以，对于比较重要的轴一定要边画边算，交错进行，逐渐使设计完善。

④ 在学习中，读者对于理论计算的掌握一般都困难不大，但结构设计要考虑的问题较多，初学者不易马上掌握。对教材、有关图册或生产图纸中的典型轴系结构进行分析，从中领会要点，对掌握轴的结构设计很有帮助。

(3) 轴的刚度计算和轴的振动主要是利用材料力学中的轴的变形计算和理论力学中轴的临界转速计算，可参阅有关课程的教材。

(4) 键的分类、键连接的结构和工作原理是键连接的基本知识，可从各类键连接的装配、加工和传力特点入手，了解其装配关系、工作原理、优缺点、适用场合等，以便正确选用键的类型。

(5) 平键连接的计算。

6.1.2　本章重点与难点

1. 轴的结构设计

轴的结构设计应考虑3方面的问题。

(1) 要满足使用要求,保证轴和轴上零件准确的相互位置和力的传递。轴上零件对轴不能有轴向窜动,轴上零件和轴对轴承也不能有轴向窜动。轴上零件和轴还要有可靠的周向固定,以传递扭矩。

轴向固定装置主要有轴肩、轴环、套筒、圆螺母和挡圈等。轴肩、轴环固定可靠,但轴的毛坯尺寸要大一些。挡圈可靠性差些,但可以减小轴的毛坯尺寸。套筒用于轴上相邻两零件的轴向固定,圆螺母用于轴上相邻零件间距较大时的轴向固定。轴端固定可采用轴端挡圈。

轴的结构设计除应满足轴上零件的相互位置而必须具有一定的尺寸要求外,还应满足轴本身的工作性能要求,例如:曲轴要考虑设平衡块,以消除曲柄和曲柄销所产生的离心力的影响;高速轴的结构应对称,以避免任何不平衡质量产生离心力;有些重要的轴要做成空心轴,以提高轴的刚度。由此可知,在设计轴时,必须做周密的考虑,采用各种适当的结构,以满足各种使用要求。

(2) 考虑加工和装配的工艺性。把轴做成阶梯轴,有利于轴上零件的安装和轴向定位。例如图6.1,在直径为 d_3 的轴段上装齿轮时,可以顺利通过直径为 d_1 和 d_2 的轴段,并装至轴肩为止,比在光轴上装配零件方便得多。

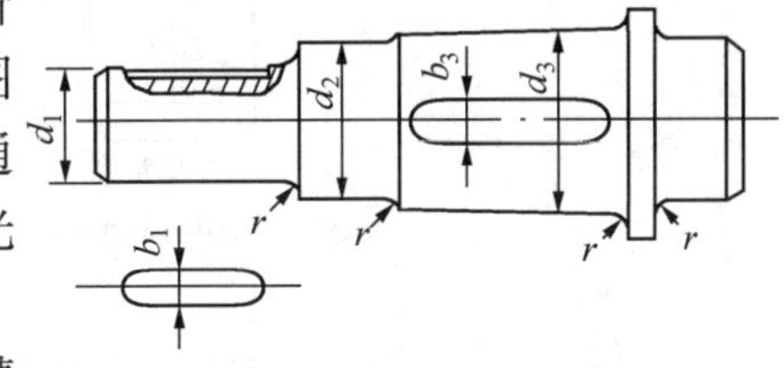

图6.1

图6.1中的 d_1 和 d_3 轴段都有键槽,若两键槽的位置互成90°且键宽不等($b_1 \neq b_3$),就会给加工带来不便,加工键槽的铣刀要更换,轴的位置又要调整。合理的设计是把两键槽布置在同一轴剖面上,可能时取两槽宽度相等,则加工工艺性更好。

轴的圆角半径 r 也应尽量统一。

(3) 提高轴的强度和刚度的措施。

① 合理设计轴系结构,可以提高轴的强度或刚度。图6.2是一个减速器的轴,原设计采用铬镍合金钢,由于键槽和轮毂边缘在轴上的压力产生较大的应力集中,在弯、扭联合作用下,此轴常在剖面 A 处产生疲劳裂纹,裂纹扩展至一定程度,轴发生突然疲劳折断。图6.2(b)是改进后的结构,滚动轴承尺寸也相应减少,为此轴径可由62 mm减小到52 mm,滚动轴承尺寸也相应减少。为保证寿命,用滚子轴承代替球轴承,轴的材料用优质碳素钢即可满足要求。

② 减小应力集中。图6.3(a)是排锯机轴的结构,轴材料为35优质碳素钢,在运转中常在 A 剖面发生疲劳折断。损坏后,先后改用强度较高的45钢和60钢,结果仍然发生疲劳折断。于是改变设计,增加一个间隔环和加大了圆角(图6.3(b)),应力集中减小,材料用45钢,轴就不再损坏。

键槽根部的圆角半径越小,应力集中越严重。因此,重要的轴应在零件图上注明键槽根部的圆角半径。轴与轴毂配合面间的压强也会引起应力集中,但若降低轮毂边缘的刚性,则应力集中系数减小,可提高轴的疲劳强度。

③ 正确选择材料。选用强度高的材料,疲劳极限 σ_{-1}、τ_{-1} 也高,在一般情况下,可以提高轴的疲劳强度。但是强度越高的材料,有效应力集中系数也越高,总的效果可能反而

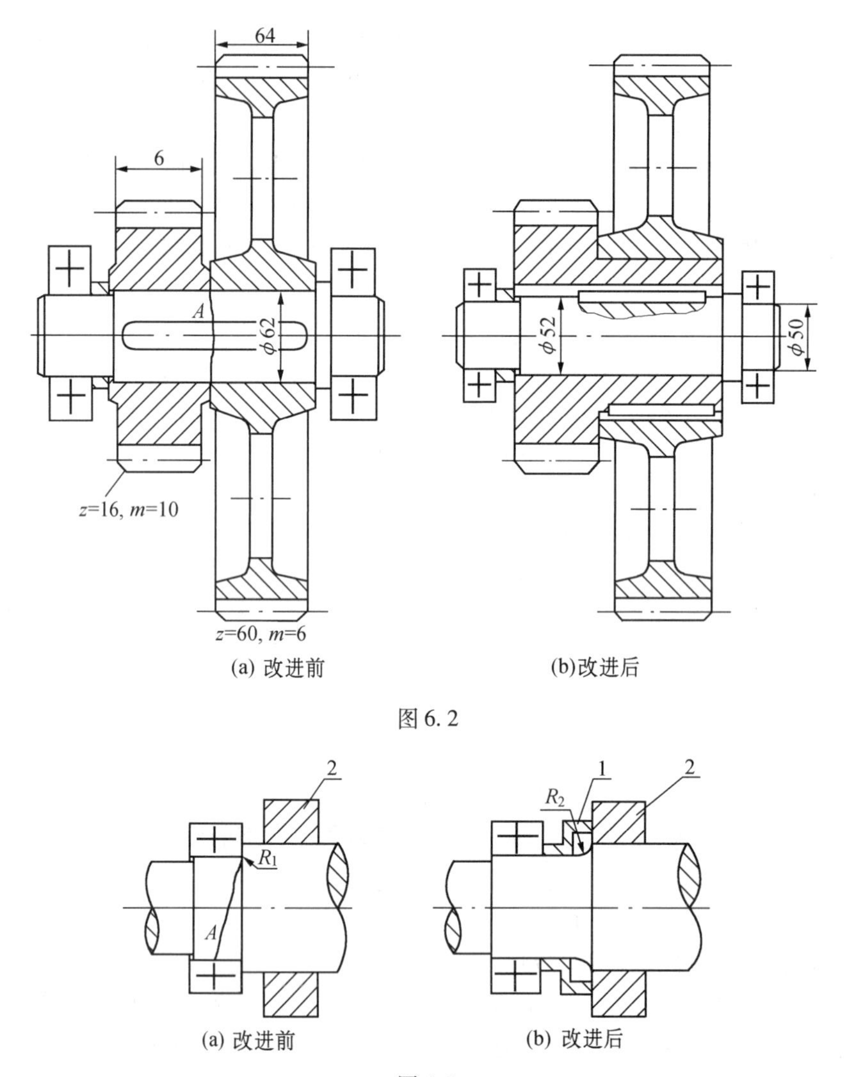

(a) 改进前　(b)改进后

图 6.2

(a) 改进前　(b) 改进后

图 6.3

1—间隔环;2—套环

使轴的安全系数降低。因此设计者必须注意,采用高强度钢制造轴时,应尽可能减小应力集中。

2. 轴的强度计算

教材中讲的强度计算方法都能用于既受弯矩又受转矩的轴,但处理问题的方法不同,计算精度不同,分别适用于不同的设计阶段或情况。

只受扭矩的轴和受弯矩不大又不重要的轴,可只用扭转强度计算。重要的轴需要用扭转强度初步估算轴受转矩段的最小直径,然后进行轴的结构细部设计,接着用安全系数法求出各危险剖面的应力和安全系数。对于安全系数偏小的危险剖面,需局部修改后重作计算直至满足要求为止。一般的轴可按弯扭合成强度计算,不进行安全系数校核。安全系数法比较科学和严密,应作为最基本的方法来学习。

3. 轴毂连接

(1) 根据轴与轮毂是否有时存在相对的轴向移动,键连接可分为动连接(如导键、滑键)和静连接(如普通平键、半圆键、各种楔键)。根据装配时是否楔紧,键连接又可分为紧连接(各种楔键)和松连接(如平键、半圆键)。

(2) 在松连接中,键的侧面是工作面,主要靠键和键槽侧面挤压力来传递转矩。在紧连接中,楔键的上下面是工作面,沿径向压紧轴和轮毂,主要靠压紧面间的摩擦力来传递转矩。由于径向压紧,楔键会引起轴上零件与轴的偏心和偏斜;由于靠摩擦传力,楔键连接能传递单向的轴向力。

(3) 平键端部结构的选用与铣制轴上键槽所用刀具的结构有关。

(4) 轴上有几个平键连接时,为了便于加工,键槽应布置在轴的同一轴剖面上,并可以选用剖面尺寸相同的平键。键长度的选择,除满足强度需要外,还应考虑键槽终端要避开轴肩或轴环圆角引起的应力集中。在一般情况下,普通平键的长度比轮毂长度略小。

(5) 在平键连接中,压力沿键接触长度和高度内的分布是不均匀的,键与轴及轮毂互压的接触高度是不等的(见平键标准);但为了便于工程计算,假设压力均匀分布,并把键与轴及轮毂互压的接触高度都近似地取为 $h'=\frac{1}{2}h$,h 为键的高度。至于由此引起的与零件实际工作情况的差别,通常是用由试验和经验得到的许用应力或修正系数来补偿。

(6) 平键和花键的静、动连接的强度计算有本质的不同,静连接为压溃(挤压强度)问题,动连接为磨损(耐磨性)问题,两者的计算式虽相同,但许用值不同。

6.2　典型范例与答题技巧

【例6.1】　两级展开式斜齿圆柱齿轮减速器的中间轴如图6.4(a)所示,尺寸和结构如图6.4(b)所示,已知中间轴转速 $n_2=180$ r/min,传递功率 $P=5.5$ kW,有关的齿轮参数为:齿轮2 $m_n=3$ mm,$\alpha_n=20°$,$z_2=112$,$\beta_2=10°44'$,右旋。图中 A、D 为角接触轴承的载荷作用中心。齿轮3 $m_n=4$ mm,$\alpha_n=20°$,$z_3=23$,$\beta_2=9°22'$,右旋。要求:

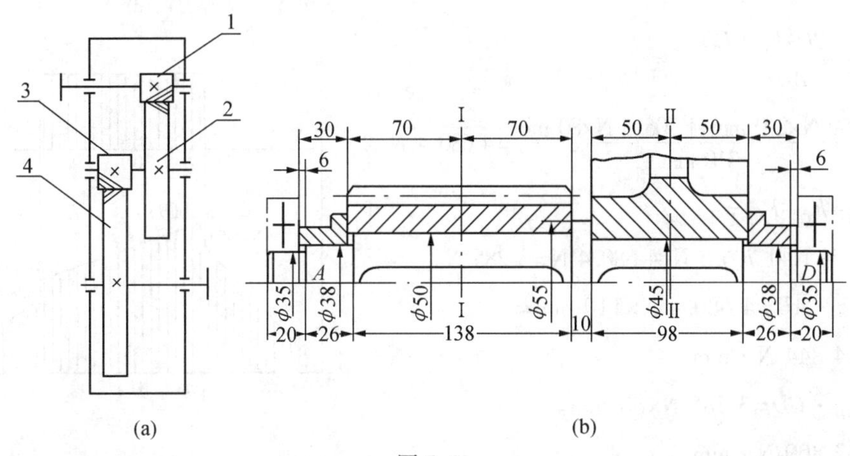

图6.4

若轴的材料为 45 钢(正火),试按弯扭合成理论验算剖面Ⅰ和剖面Ⅱ的强度。

如果轴的材料改用 30CrMnTi 钢(硬度≥270 HBW),试按许用弯曲应力确定剖面Ⅰ—Ⅰ和剖面Ⅱ—Ⅱ的轴径。

【解】

1. 计算齿轮受力

$$T=9.55\times10^6\ \frac{P}{n_2}=9.55\times10^6\times\frac{5.5}{180\ \text{r/min}}=$$

$$291\ 800\ \text{N}\cdot\text{mm}$$

$$d_2=\frac{m_n z_2}{\cos\beta_2}=\frac{3\ \text{mm}\times112}{\cos 10°44'}=341.99\ \text{mm}$$

$$d_3=\frac{m_n z_3}{\cos\beta_3}=\frac{4\ \text{mm}\times23}{\cos 9°22'}=93.24\ \text{mm}$$

$$F_{t2}=\frac{2T}{d_2}=\frac{2\times291\ 800\ \text{N}\cdot\text{mm}}{341.99\ \text{mm}}=1\ 706.5\ \text{N}$$

$$F_{t3}=\frac{2T}{d_3}=\frac{2\times291\ 800\ \text{N}\cdot\text{mm}}{93.24\ \text{mm}}=6\ 259\ \text{N}$$

$$F_{r2}=F_{t2}\frac{\tan\alpha_n}{\cos\beta_2}=1\ 706.5\ \text{N}\times\frac{\tan 20°}{\cos 10°44'}=632\ \text{N}$$

$$F_{r3}=F_{t3}\frac{\tan\alpha_n}{\cos\beta_3}=6\ 259\ \text{N}\times\frac{\tan 20°}{\cos 9°22'}=2\ 309\ \text{N}$$

$$F_{a2}=F_{t2}\tan\beta_2=1\ 706.5\ \text{N}\times\tan 10°44'=323.5\ \text{N}$$

$$F_{a3}=F_{t3}\tan\beta_3=6\ 259\ \text{N}\times\tan 9°22'=1\ 032\ \text{N}$$

2. 轴的空间受力简图(图 6.5(a))

3. 垂直面(XZ 平面)受力图、弯矩 M_V 图(图 6.5(b))

$$F_{VA}=\frac{F_{t3}\cdot BD+F_{t2}\cdot CD}{AD}=$$

$$\frac{6\ 259\ \text{N}\times210\ \text{mm}+1\ 706.5\ \text{N}\times80\ \text{mm}}{310\ \text{mm}}=4\ 680.4\ \text{N}$$

$$F_{VD}=F_{t3}+F_{t2}-F_{VA}=$$

$$6\ 259\ \text{N}+1\ 706.5\ \text{N}-4\ 680.4\ \text{N}=3\ 285\ \text{N}$$

$$M_{VB}=F_{VA}\cdot AB=4\ 680.4\ \text{N}\times110\ \text{mm}=$$

$$514\ 844\ \text{N}\cdot\text{mm}$$

$$M_{VC}=F_{VD}\cdot CD=3\ 285\ \text{N}\times80\ \text{mm}=$$

$$262\ 800\ \text{N}\cdot\text{mm}$$

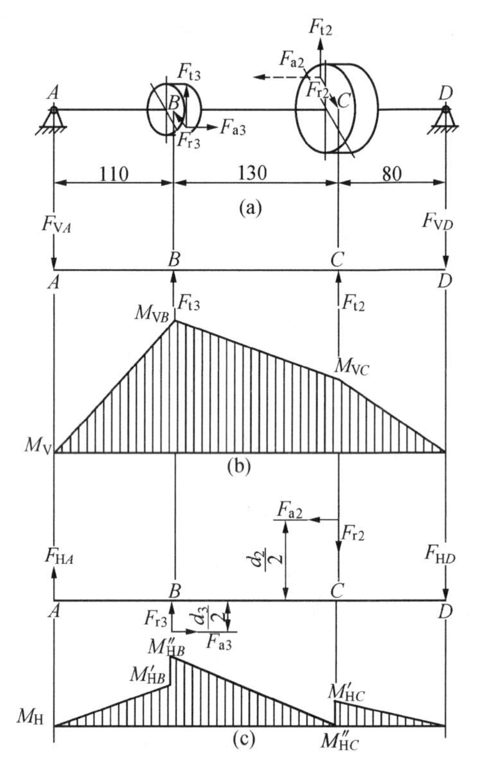

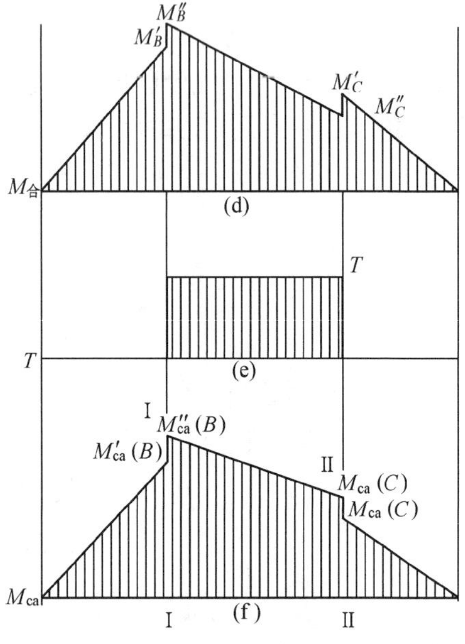

图 6.5

4. 水平面(XY 平面)受力图、弯矩 M_H 图(图 6.5(c))

$$F_{HD}=\frac{F_{r3}\cdot AB-F_{r2}\cdot AC+F_{a2}\cdot\dfrac{d_2}{2}+F_{a3}\cdot\dfrac{d_3}{2}}{AD}=$$

$$\frac{2\ 390\ \text{N}\times110\ \text{mm}-632\ \text{N}\times240\ \text{mm}+323.5\ \text{N}\times\dfrac{341.99\ \text{mm}}{2}+1\ 032\ \text{N}\times\dfrac{93.24\ \text{mm}}{2}}{320\ \text{mm}}=670.8\ \text{N}$$

$$F_{HA}=\frac{F_{r3}\cdot BD-F_{r2}\cdot CD-F_{a2}\cdot\dfrac{d_2}{2}-F_{a3}\cdot\dfrac{d_3}{2}}{AD}=$$

$$\frac{2\ 390\ \text{N}\times210\ \text{mm}-632\ \text{N}\times80\ \text{mm}+323.5\ \text{N}\times\dfrac{341.99\ \text{mm}}{2}-1\ 032\ \text{N}\times\dfrac{93.24\ \text{mm}}{2}}{320\ \text{mm}}=1\ 432.95\ \text{N}$$

$$M'_{HB}=F_{HA}\cdot AB=1\ 432.95\ \text{N}\times110\ \text{mm}=157\ 625\ \text{N}\cdot\text{mm}$$

$$M''_{HB}=M'_{HB}+F_{a3}\cdot\frac{d_3}{2}=157\ 625\ \text{N}\cdot\text{mm}+1\ 032\ \text{N}\times\frac{93.24\ \text{mm}}{2}=205\ 716\ \text{N}\cdot\text{mm}$$

$$M'_{HC}=F_{HD}\cdot CD=670.8\ \text{N}\times80\ \text{mm}=53\ 664\ \text{N}\cdot\text{mm}$$

$$M''_{HC}=M'_{HC}-F_{a2}\cdot\frac{d_2}{2}=53\ 664\ \text{N}\cdot\text{mm}-323.5\ \text{N}\times\frac{34.199\ \text{mm}}{2}=-16\ 523\ \text{N}\cdot\text{mm}$$

5. 合成弯矩图(图 6.5(d))

$$M'_B=\sqrt{M_{VB}^2+M'^2_{HB}}=\sqrt{(514.8\times10^3\ \text{N}\cdot\text{mm})^2+(157.6\times10^3\ \text{N}\cdot\text{mm})^2}=538.4\times10^3\ \text{N}\cdot\text{mm}=538.4\ \text{N}\cdot\text{m}$$

$$M''_B=\sqrt{M_{VB}^2+M''^2_{HB}}=\sqrt{(514.8\times10^3\ \text{N}\cdot\text{mm})^2+(205.7\times10^3\ \text{N}\cdot\text{mm})^2}=554.4\times10^3\ \text{N}\cdot\text{mm}=554.4\ \text{N}\cdot\text{m}$$

$$M'_C=\sqrt{M_{VC}^2+M'^2_{HC}}=\sqrt{(262.8\times10^3\ \text{N}\cdot\text{mm})^2+(53.7\times10^3\ \text{N}\cdot\text{mm})^2}=268.2\times10^3\ \text{N}\cdot\text{mm}=268.2\ \text{N}\cdot\text{m}$$

$$M''_C=\sqrt{M_{VC}^2+M''^2_{HC}}=\sqrt{(262.8\times10^3\ \text{N}\cdot\text{mm})^2+(-16.5\times10^3\ \text{N}\cdot\text{mm})^2}=263.3\times10^3\ \text{N}\cdot\text{mm}=263.3\ \text{N}\cdot\text{m}$$

6. 转矩(图 6.5(e))

$$T=291.8\ \text{N}\cdot\text{m}$$

7. 当量弯矩(图 6.5(f))

扭矩为脉动循环,$\alpha=\dfrac{[\sigma]_{-1b}}{[\sigma]_{0b}}$,轴材料选用 45 钢正火,硬度≥200 HBW,$\sigma_B=560$ MPa,且$[\sigma]_{-1b}=51$ MPa,$[\sigma]_{0b}=87$ MPa。

$\alpha=\dfrac{[\sigma]_{-1}}{[\sigma]_{0b}}=\dfrac{51\ \text{MPa}}{87\ \text{MPa}}=0.586$

$M'_{ca}(B)=M'_B=538.4\ \text{N}\cdot\text{m}\quad(T=0)$

$M''_{ca}(B)=\sqrt{(M''_B)^2+(\alpha T)^2}=\sqrt{(554.4\ \text{N}\cdot\text{m})^2+(0.586\times291.8\ \text{N}\cdot\text{m})^2}=580.2\ \text{N}\cdot\text{m}$

$M'_{ca}(C)=M'_C=268.2\ \text{N}\cdot\text{m}\quad(T=0)$

$M''_{ca}(C)=\sqrt{(M''_C)^2+(\alpha T)^2}=\sqrt{(263.3\ \text{N}\cdot\text{m})^2+(0.586\times291.8\ \text{N}\cdot\text{m})^2}=314\ \text{N}\cdot\text{m}$

8. 校核截面Ⅰ—Ⅰ、Ⅱ—Ⅱ(图6.5(f))

(1) 轴材料用45钢正火，$\sigma_B=560\ \text{MPa}$，$[\sigma]_{-1b}=51\ \text{MPa}$。

① 剖面Ⅰ—Ⅰ(B剖面)。由$d=50$ mm可得，$W_B=10\ 750\ \text{mm}^3$。

$$\sigma(B)=\frac{M''_{ca}(B)}{W_B}=\frac{580\ 200\ \text{N}\cdot\text{mm}}{10\ 750\ \text{mm}^3}=54<[\sigma]_{-1b}\ \text{MPa}$$

② 剖面Ⅱ—Ⅱ(C剖面)。由$d=45$ mm可得，$W_C=7\ 610\ \text{mm}^3$。

$$\sigma(C)=\frac{M''_{ca}(C)}{W_C}=\frac{314\ 000\ \text{N}\cdot\text{mm}}{7\ 610\ \text{mm}^3}=41.3<[\sigma]_{-1b}\ \text{MPa}$$

结论：此轴的强度安全。

(2) 轴的材料改用30 CrMnTi钢(硬度≥270 HBW)，$\sigma_B=950\ \text{MPa}$，$[\sigma]_{-1b}=86\ \text{MPa}$，$[\sigma]_{0b}=145\ \text{MPa}$。

$$\alpha=\frac{[\sigma]_{-1b}}{[\sigma]_{0b}}=\frac{86\ \text{MPa}}{145\ \text{MPa}}=0.593$$

① 剖面Ⅰ—Ⅰ(B剖面)

$$M''_{ca}(B)=\sqrt{(554.4\ \text{N}\cdot\text{m})^2+(0.593\times291.8\ \text{MPa})^2}=580.8\ \text{N}\cdot\text{m}$$

$$d_B\geqslant\sqrt[3]{\frac{M''_{ca}(B)}{0.1[\sigma]_{-1b}}}=\sqrt[3]{\frac{580\ 800\ \text{N}\cdot\text{mm}}{0.1\times86\ \text{MPa}}}=40.7\ \text{mm}$$

考虑键槽的影响，将计算结果增加5%，取$d_B=45$ mm。

② 剖面Ⅱ—Ⅱ(C剖面)

$$M''_{ca}(C)=\sqrt{(263.3\ \text{N}\cdot\text{m})^2+(0.593\times291.8\ \text{N}\cdot\text{m})^2}=315.1\ \text{N}\cdot\text{m}$$

$$d_C\geqslant\sqrt[3]{\frac{M''_{ca}(C)}{0.1[\sigma]_{-1b}}}=\sqrt[3]{\frac{315\ 100\ \text{MPa}}{0.1\times86\ \text{MPa}}}=33.2\ \text{mm}$$

考虑键槽的影响，将计算结果增加5%，取$d_C=35$ mm。

【例6.2】 有一汽车传动轴，传递最大功率为51.48 kW，转速$n=400$ r/min。传动轴采用空心轴：轴外径$d=70$ mm，轴内径$d_0=55$ mm，轴材料的$[\tau]_T=30$ MPa。试求：

(1) 按许用扭应力校核空心轴的强度。

(2) 若材料不变，采用实心轴其直径为多少？

（3）比较同样长度时，采用空心轴和采用实心轴质量相差多少？

【解】（1）已知功率 $P=51.48\ \text{kW}$，若是空心轴的，则

$$W_T'=\frac{\pi}{16}d^3\left[1-\left(\frac{d_0}{d}\right)^4\right]=\frac{\pi}{16}\times(70\ \text{mm})^3\times\left[1-\left(\frac{55\ \text{mm}}{70\ \text{mm}}\right)^4\right]=41\ 682\ \text{mm}^3$$

$$\tau=\frac{T}{W_T'}=\frac{9.55\times10^6\ \dfrac{P}{n}}{41\ 682}=\frac{9.55\times10^6\times\dfrac{51.48\ \text{kW}}{400\ \text{r/min}}}{41\ 682\ \text{mm}^3}=29.49\ \text{MPa}$$

$\tau<[\tau]_T=30\ \text{MPa}$，强度足够。

（2）若用实心轴，则

$$d\geqslant\sqrt[3]{\frac{9\ 550\ 000P}{0.2[\tau]_Tn}}=\sqrt[3]{\frac{9\ 550\ 000\times51.48\ \text{kW}}{0.2\times30\ \text{MPa}\times400\ \text{r/min}}}=58.9\ \text{mm}$$

取实心轴直径为60 mm。

（3）比较实心轴与空心轴质量。

① 实心轴质量=相对密度×体积$=\gamma\cdot\dfrac{\pi}{4}d^2L=\dfrac{\gamma\pi L}{4}\times60^2=3\ 600\ \dfrac{\gamma\pi L}{4}$

② 空心轴质量$=\gamma\cdot\dfrac{\pi}{4}(d^2-d_0^2)L=\dfrac{\gamma\pi L}{4}(70^2-55^2)=1\ 875\ \dfrac{\gamma\pi L}{4}$

质量比$=\dfrac{3\ 600}{1\ 875}=1.92$

同样长度的实心轴，其质量是空心轴的1.92倍。

6.3　精选习题与实战演练

一、单项选择题

【题6.1】　同一工作条件，若不改变轴的结构和尺寸，仅将轴的材料由碳钢改为合金钢，可以提高轴的____而不能提高轴的____。

A. 强度　　B. 刚度

【题6.2】　轴系结构中定位套筒与轴的配合，应选____。

A. 紧一些　　B. 松一些

【题6.3】　可拆连接有____。

A. 键连接　　B. 铆接　　C. 焊接　　D. 胶接

【题6.4】　普通平键的剖面尺寸 $b\times h$ 通常是根据____从标准中选取。

A. 传递的转矩　　B. 传递的功率　　C. 轴的直径　　D. 轮毂的长度

【题6.5】　普通平键连接工作时，其主要失效形式是____。

A. 轴上键槽的断裂破坏　　B. 工作面受挤压破坏

C. 工作面被磨损　　D. 轮毂键槽的断裂破坏

【题 6.6】 在同一轴段上采用两个普通平键时,两键通常布置成____。

A. 相隔 180°　　B. 相隔 120°~130°

C. 相隔 90°　　C. 在轴的同一轴剖面上

二、填空题

【题 6.7】 轴按受载荷的性质不同,分为________、________、________。

【题 6.8】 提高轴的疲劳强度的措施有________、________、________、________。

【题 6.9】 轴受到交变应力的作用,其循环特征为:对称循环时,$r=$______,脉动循环时,$r=$______,静应力时,$r=$______。

【题 6.10】 轴的直径由 40 mm 加大至 45 mm(为原来的 1.13 倍),如果其他条件不变,轴的扭角减少到原来的______,当轴的直径由 40 mm 减少至 35 mm(为原来的 87%)时,轴的扭角增加到原来的______。

【题 6.11】 受弯矩作用的轴,力作用于轴的中点,当其跨度减少到原来跨度的 1/2 时,如果其他条件不变,其挠度为原来挠度的______。

【题 6.12】 平键连接工作时,是靠________和________侧面的挤压传递转矩的。

【题 6.13】 平键连接中,静连接时的主要失效形式是________,应校核________强度;动连接时的主要失效形式是________,应校核________。

【题 6.14】 矩形花键连接以________定心,而渐开线形式花键以________定心。

【题 6.15】 为了使轴上零件与轴肩紧密贴合,应保证轴上轴肩处的圆角半径________轴上零件的圆角半径或倒角 c,应保证轴上轴肩的高度 h ________轴上零件的倒角 c。

三、问答题

【题 6.16】 轴受载以后,如果产生了过大的弯曲变形或扭转变形,对轴的正常工作有什么影响?举例说明之。

【题 6.17】 按照承载情况,自行车的前轴、后轴和中轴,各属于哪类轴?各承受哪些载荷作用?

【题 6.18】 轴上零件的轴向固定有哪些方法?各有何特点?轴上零件的周向固定有哪些方法?各有何特点?

【题 6.19】 齿轮减速器中,为什么低速轴的直径要比高速轴的直径粗得多?

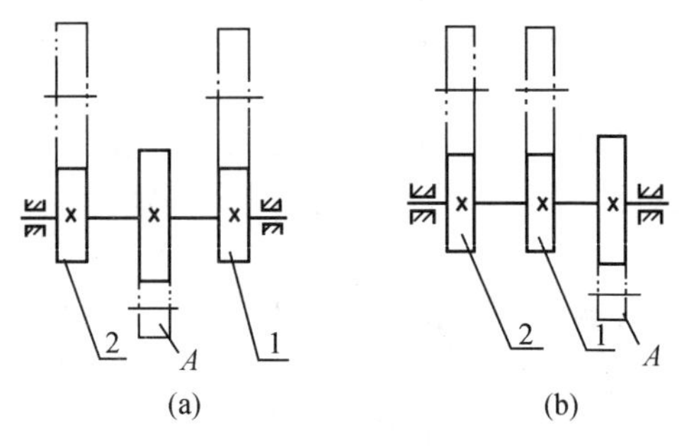

图 6.6

【题 6.20】 图 6.6 为轴上零件的 2 种布置方案,功率由齿轮 A 输入,齿轮 1 输出转矩 T_1,齿轮 2 输出转矩 T_2,且 $T_1>T_2$,试比较两种布置方案各段轴所受的转矩是否相同?

【题 6.21】 图 6.7 为起重机卷筒轴的 4 种结构方案,试比较:

(1) 哪个方案的卷筒轴是心轴?哪个是转轴?

(2) 从轴的应力分析,在相同安全系数条件下哪个方案轴较粗?哪个方案轴可较细?

(3) 从制造工艺看,哪个方案较好?

(4)从安装维护方便看,哪个方案较好?

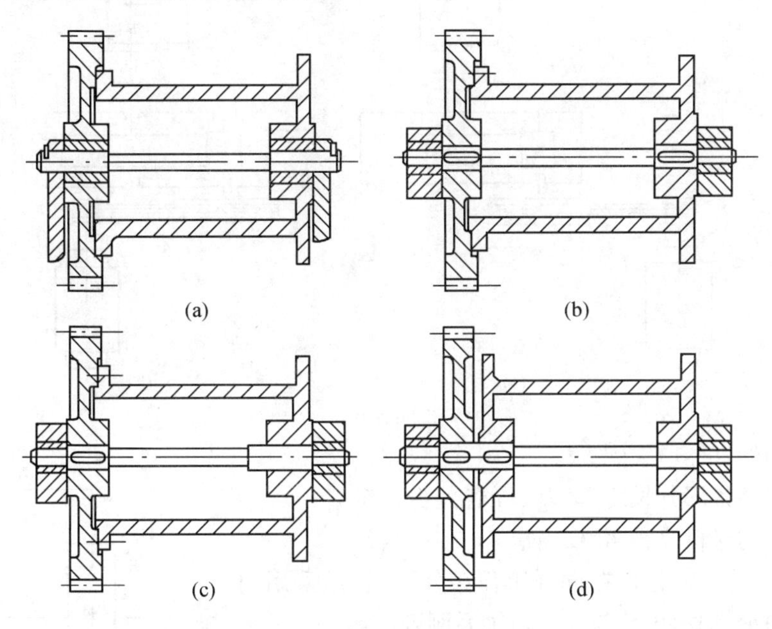

图 6.7

【题 6.22】　图 6.8 的带式运输机有 2 种传动方案,若工作情况相同,传递功率一样,试比较:

(1) 按图 6.8(a)所示方案设计的单级减速器,如果改用图 6.8(b)所示方案,减速器的两根轴的强度要重新核验吗? 为什么?

(2) 两个方案中,电动机轴受力是否相同?(图 6.8(a)所示方案普通 V 带传动传动比 $i_{带}$ 等于图 6.8(b)所示方案开式齿轮传动传动比 $i_{开}$)

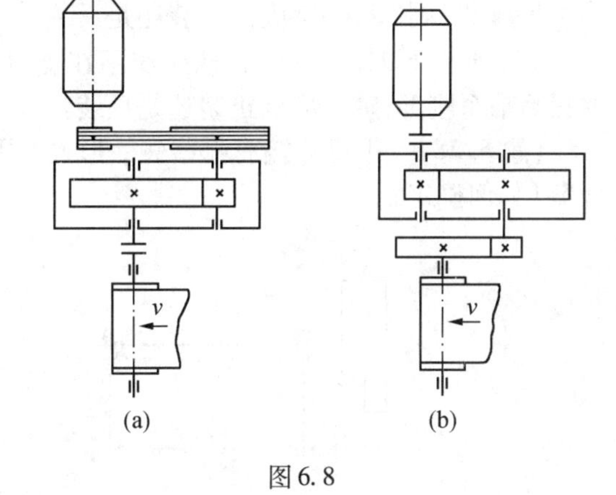

图 6.8

【题 6.23】　在同样受载情况下,为什么轴上有键槽或有紧配合零件的阶梯轴,其最大直径要比等径光轴直径大?

【题 6.24】　轴的强度计算公式 $M_e=\sqrt{M^2+(\alpha T)^2}$ 中,α 的含意是什么? 其大小如何确定?

【题 6.25】　图 6.9 为某传动系统的两种布置方案,若传递功率和各传动件的参数及尺寸完全相同,减速器主动轴受力大小或方向有何不同? 按强度计算两轴的直径是否相同?

【题 6.26】　齿轮轴材料为 40 钢,用一对 6207 轴承支承,如图 6.10 所示,已知装齿轮处轴的直径为 d,此处的挠度和扭角为 y、φ。试问:以下各措施是否均能减小挠度和扭角,从提高轴系刚度角度看,哪个方案效果显著?

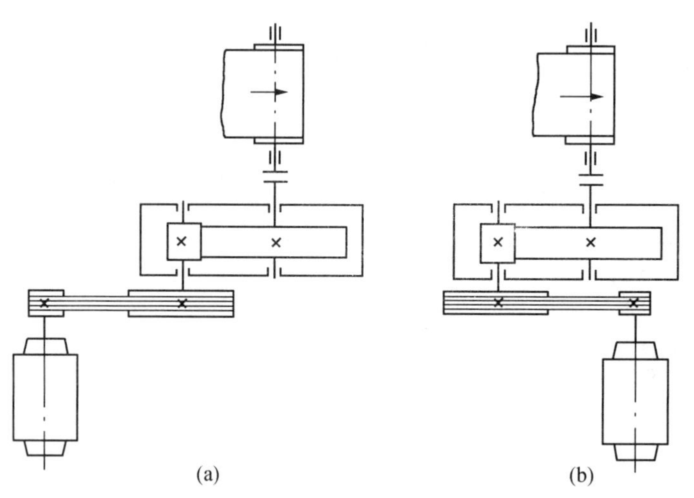

图 6.9

(1) 轴的直径增大到 $2d$。

(2) 将轴各部分长度 L_1、L_2、L_3 各减少 50%。

(3) 轴的材料改为 40 Cr 钢。

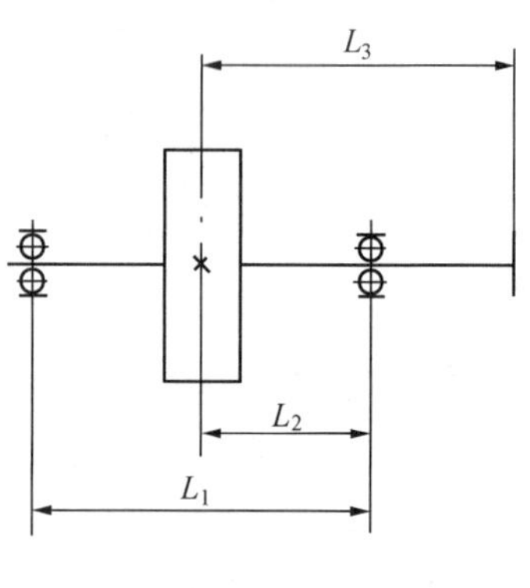

图 6.10

【题 6.27】 试分析在同样工作条件下，轴承采用向心推力球轴承，轴承正装与反装对轴系刚度的影响。

(1) 如图 6.11(a)所示，载荷作用在支点跨距以外，为了提高轴系刚度，轴承应该正装还是反装？

(2) 如图 6.11(b)所示，载荷作用在支点跨距以内，要提高轴系刚度，轴承应该正装还是反装？

【题 6.28】 平键连接有哪些失效形式？平键的尺寸 $b\times h\times l$ 如何确定？

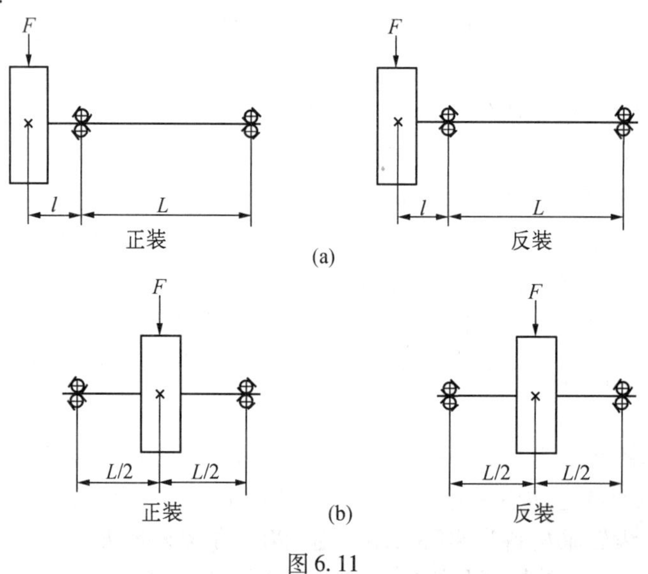

图 6.11

【题 6.29】 圆头、方头和单圆头普通平键各有何优缺点？分别用在什么场合？轴上的键槽是怎样加工的？

【题 6.30】　如图 6.12 所示，为何采用两个平键时，一般设置在同一轴段上相隔 180°的位置，如图 6.12(a)所示，采用两个楔键时相隔 120°左右，如图 6.12(b)所示，采用两个半圆键时，则常设置在轴的同一母线上，如图 6.12(c)所示。

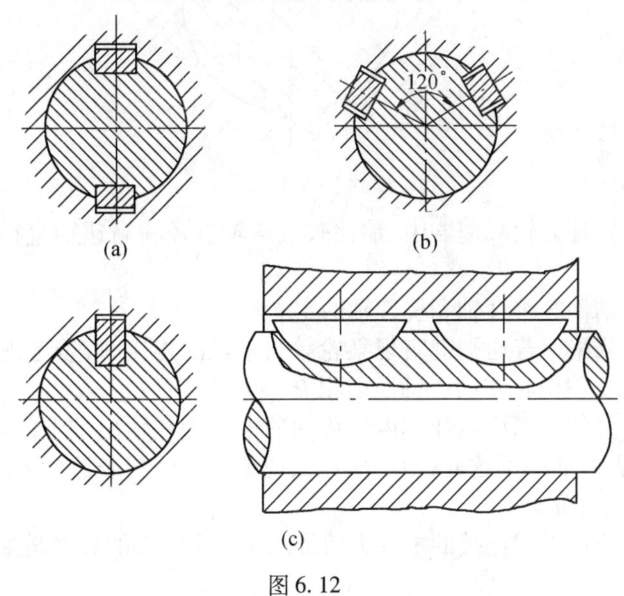

图 6.12

【题 6.31】　一般而言，对轴进行调质处理的目的是什么？

【题 6.32】　变应力循环特性 r 值的变化范围是多少？典型的 r 值是哪几个？各表示何种循环的应力？通常典型的应力变化规律有哪几种？绝大多数转轴中的应力状态属于哪种？

【题 6.33】　轴常用的强度计算方法有哪几种？各适用于何种类型的轴？

【题 6.34】　图 6.13 为二级减速器中齿轮的两种不同布置方案，试问哪种方案合理？为什么？

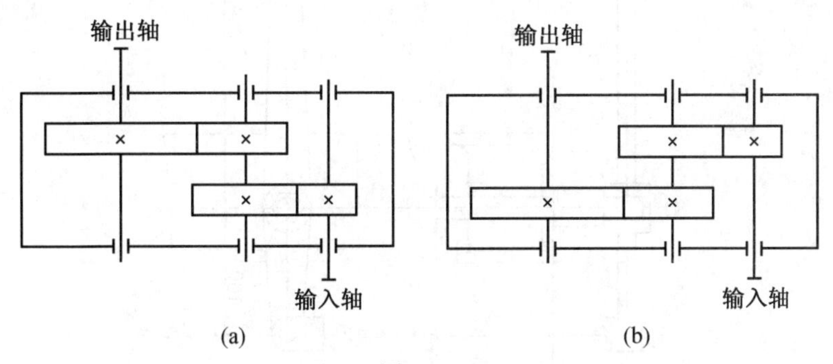

图 6.13

【题 6.35】　转轴的设计主要解决的问题和内容有哪些？

【题 6.36】　如图 6.14 所示，画出轴的转动方向（轴主动）。

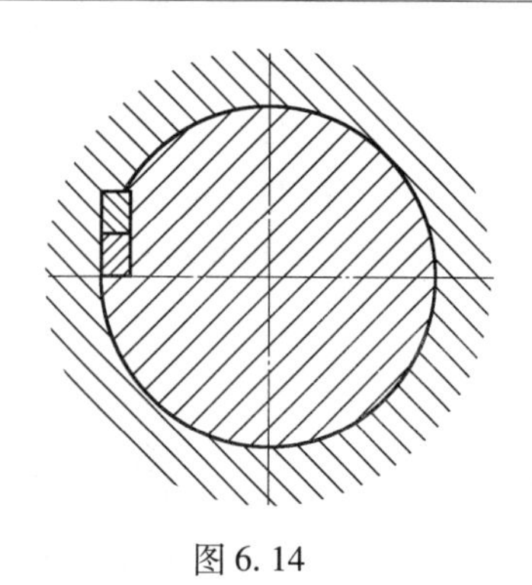

图 6.14

【题 6.37】 圆柱齿轮减速器中,请比较低速轴直径和高速轴直径的大小,为什么有这一区别?

【题 6.38】 请回答刚性轴和挠性轴的定义?

【题 6.39】 当采用普通平键实现某轮毂与轴段的连接时,若考虑强度条件,采用两个平键时,为什么一般设置在同一轴段上相隔 180°的位置?

【题 6.40】 为什么二级展开式齿轮传动的输入轴和输出轴上的齿轮应采取远离输入和输出端的布置? 如果不这样,会产生什么现象? 并画图表达不合理布置情况的高速级大齿轮的最大载荷分布。

【题 6.41】 普通平键连接的主要失效形式是什么? 键的长度是如何确定的?

四、计算题

【题 6.42】 根据图 6.15 所示数据,试确定杠杆心轴的直径 d。已知手柄作用力 F_1 = 250 N,尺寸如图所示,心轴材料用 45 钢,$[\sigma]_{-1b}$ = 60 MPa。

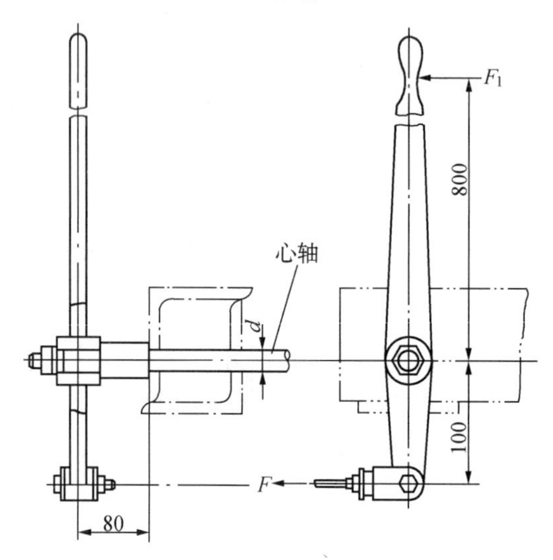

图 6.15

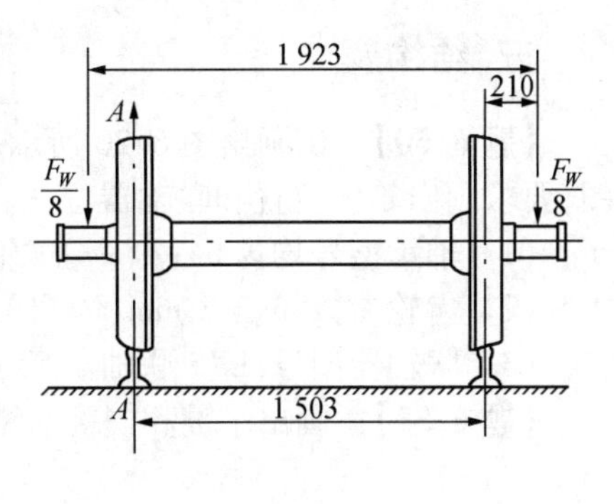

图 6.16

【题 6.43】 某铁路货车，一节车厢及其货物总重力为 $F_W=480$ kN，车厢由 4 根轴 8 个车轮支承，作用于每根轴上的力如图 6.16 所示，该力离钢轨中心线约 210 mm。考虑偏载等因素，计算轴强度时，应将载荷乘以载荷系数 $K=1.3$。车轴材料为 45 钢，$[\sigma]_{-1b}=60$ MPa，试确定车轴 A—A 剖面直径。

【题 6.44】 已知一传动轴，传递功率为 37 kW，轴的转速 $n=960$ r/min，若轴上许用扭应力 $[\tau]_T$ 不能超过 40 MPa，试求传动轴的直径应为多少？要求：

（1）按实心轴计算。

（2）按空心轴计算，内外径之比取 0.8、0.6、0.4 3 种方案。

（3）比较各方案轴质量之比（取实心轴质量为 1）。

【题 6.45】 有一台离心风机，由电动机直接带动，电动机轴传递功率为 5.5 kW，轴的转速 $n=1\,450$ r/min，轴用 45 钢正火，$[\tau]=35$ MPa，$C=112$。试按许用扭剪应力计算轴的直径。

【题 6.46】 图 6.17 所示减速器的低速轴与凸缘联轴器及圆柱齿轮之间分别有键连接。已知轴传递的扭矩 $T=1\,000$ N·m，齿轮材料为锻钢，凸缘联轴器材料为 HT200，工作时，有轻微冲击，连接处轴及轮毂尺寸如图所示。试选择键的类型和尺寸，并校核其连接强度。

【题 6.47】 图 6.18 为在直径 $d=80$ mm 的轴端安装一钢质直齿圆柱齿轮，轮毂长 $L=1.5d$，工作时有轻微冲击。试确定平键连接尺寸，并计算其传递的最大扭矩。

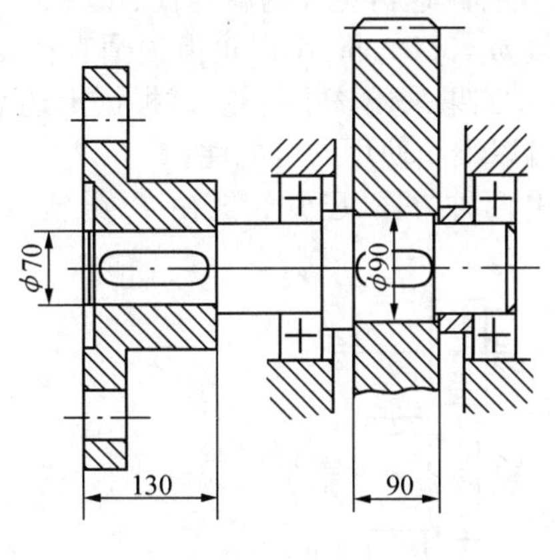

图 6.17

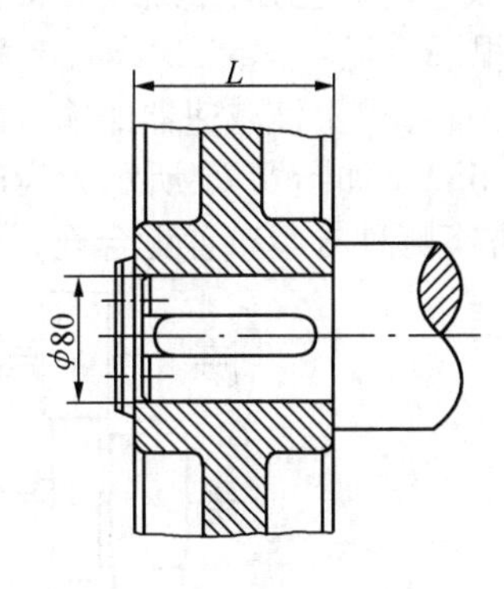

图 6.18

【题 6.48】 图 6.19 为圆锥式摩擦离合器，已知传递功率 $P=2.2$ kW，承受冲击载荷，转速 $n=300$ r/min，离合器材料为铸钢，轴径 $d=50$ mm，右半离合器的轮毂长 $L=70$ mm。试选择右半离合器的键连接类型及尺寸，并做强度校核。

【题 6.49】 有一传动轴，由电机带动，已知传递的功率 $P=10$ kW，转速 $n=120$ r/min，轴的材料为 45 钢，$[\tau_T]=35$ MPa，试估算轴的直径。

五、结构题

【题 6.50】 试画出图 6.20 所示斜齿圆柱齿轮减速器低速级输出轴的轴系结构装配图，要求画出箱体位置和联轴器位置。已知：

（1）轴承型号均为 6412 深沟球轴承。

（2）齿轮参数：$m_n=3$ mm，$z=110$，$\beta=9°22'$，右旋，齿宽 $B=80$ mm。

（3）联轴器型号：LX5 联轴器 55×112 GB/T 5014—2003。

【题 6.51】 画出平键和楔键的结构，并说明工作原理。

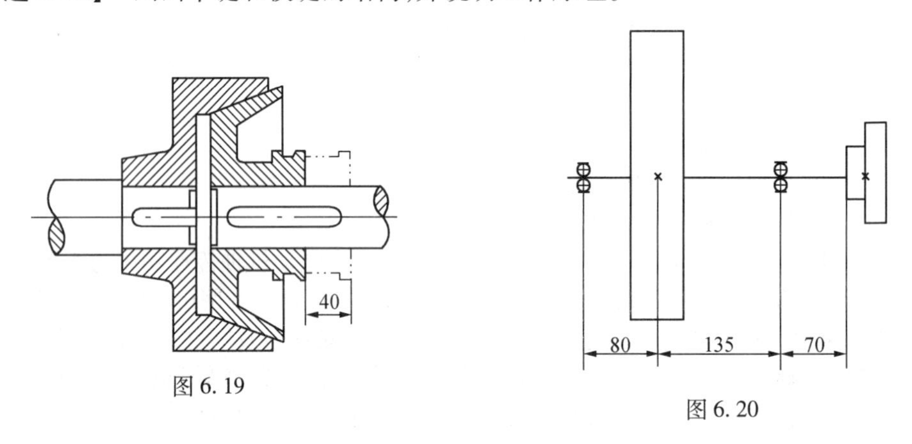

图 6.19

图 6.20

【题 6.52】 现有一级标准直齿圆柱齿轮传动减速器一台，输入轴与小齿轮采用普通平键连接，轴与小齿轮轮毂配合段轴颈直径 $d=40$ mm，该轴段长度 $l=58$ mm，键槽长 $L=50$ mm，小齿轮轮毂键槽深 $t_1=3.3$ mm。为得到比现有减速器更大的减速比，现在需要重新设计、更换齿轮。已知：重新设计得到的齿轮模数 $m=3.0$ mm，小齿轮齿顶圆直径 $d_{a1}=69$ mm，齿根圆直径 $d_{f1}=55.5$ mm，齿宽 $b_1=60$ mm。如果采用该小齿轮，试根据上述数据进行分析和计算得出该减速器的输入轴是否具有可以继续使用的可能性？

【题 6.53】 如图 6.21 所示为齿轮传动布置的两种方案，已知转矩由 T_1 处输入，试分析两种方案哪种方案布置更合理，并给出理由。

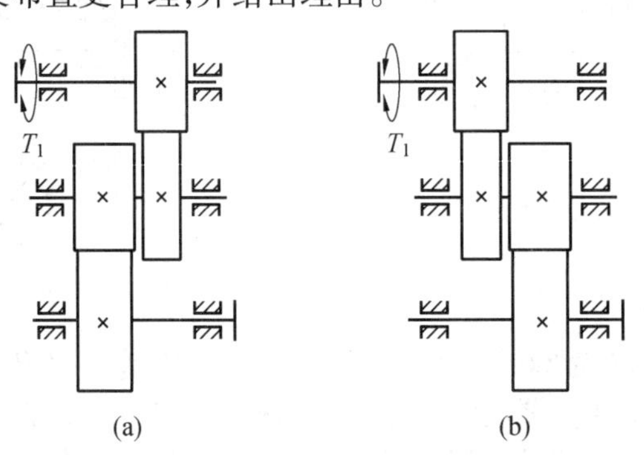

图 6.21

【题 6.54】 图 6.22 所示为一未完成的闭式蜗杆传动中蜗轮轴系的部分结构。轴上零件相对位置已定；蜗轮采用油润滑，轴承采用脂润滑。请完成该轴系的结构设计，并画出所需的附加零件。（说明：请重新画出此结构；倒角、圆角可以省略，且不涉及强度问题）

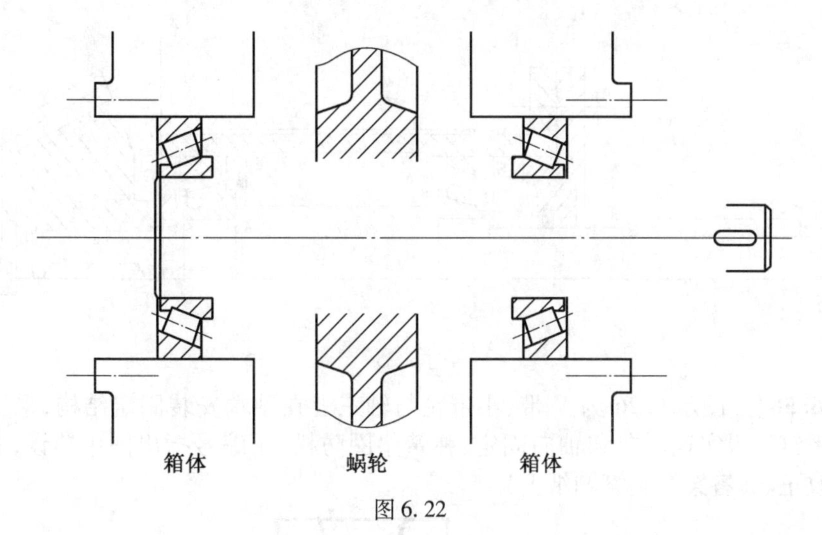

图6.22

【题6.55】　图6.23中某减速器输出轴端安装有V带轮,带轮采用轴端挡板和螺钉连接实现轴向固定,采用C型半圆头普通平键传递转矩,试补充完成该带轮轮毂与轴配合处的轴向和周向定位固定的完整结构剖面图(图中将键布置在轴的上部)。

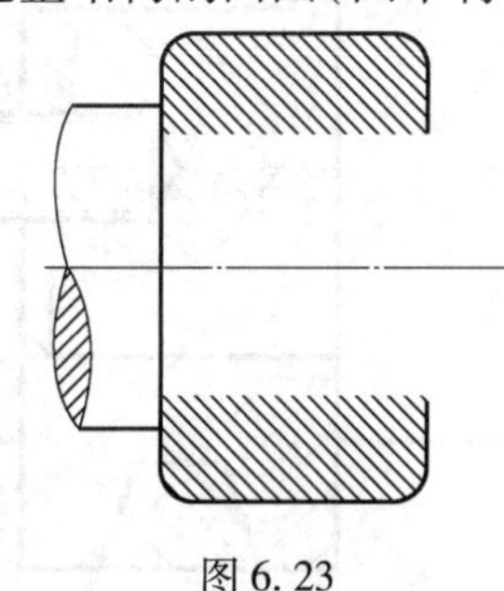

图6.23

【题6.56】　如图6.24所示为一未完成的人字齿轮传动小齿轮轴承部件结构图,使用深沟球轴承支承,采用2端游动支承结构,已知齿轮采用油润滑,轴承采用脂润滑,外伸轴在左侧。请完成该轴系部件的结构设计,并画出所需附加零件。(说明,请重新画出此结构,可采用半剖,倒角、圆角等结构可以省略,且不涉及强度问题)

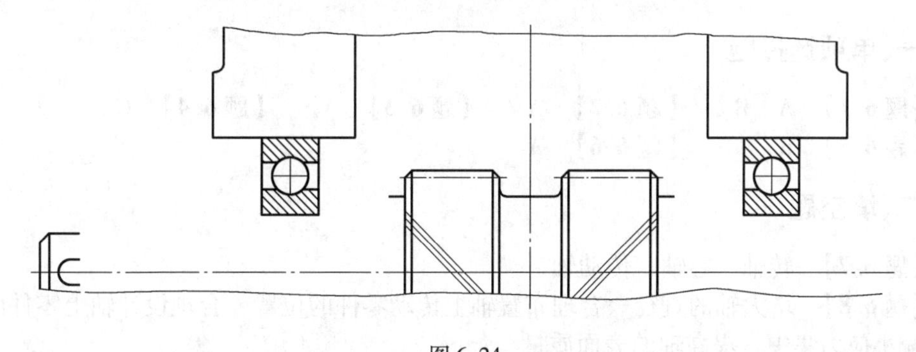

图6.24

【题6.57】　圆锥齿轮传动中输入轴采用齿轮悬臂布置结构,轴承采用脂润滑,在答题纸上,指出轴系结构图6.25中的错误,说明错误原因,并画出正确的结构图。

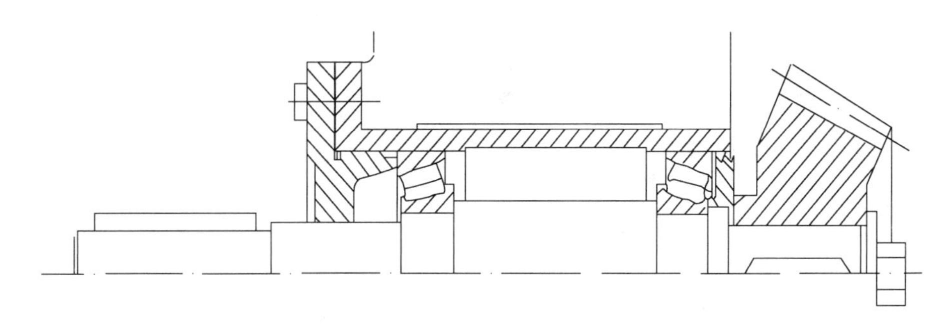

图 6.25

【题 6.58】 图示 6.26 为 V 带、小带轮与轴三者在轴端安装固定结构，采用 A 型普通平键、螺钉压板实现周向和轴向固定，弹簧垫圈防松，用编号指出图中错误，并说明原因，不必改正。(答案写到答题纸上)

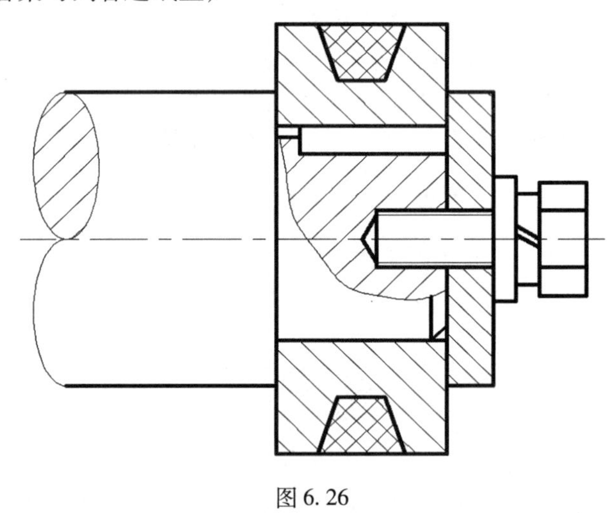

图 6.26

6.4　精选习题答案

一、单项选择题

【题 6.1】 A　B　　**【题 6.2】** A　　**【题 6.3】** A　　**【题 6.4】** C

【题 6.5】 B　　**【题 6.6】** A

二、填空题

【题 6.7】 转轴　心轴　传动轴

【题 6.8】 增大轴的直径　合理布置轴上传动零件的位置　合理设计轴上零件的结构以减小应力集中　提高轴的表面质量

【题 6.9】 −1　0　+1

【题 6.10】 $\frac{1}{1.13^4}$　$\frac{1}{0.87^4}$

【题 6.11】 1/8

【题 6.12】 键　键槽

【题 6.13】 压溃　挤压　磨损　压强

【题 6.14】 小径　齿形

【题 6.15】 小于　等于 2 ~3 倍

三、问答题

【题 6.16】【答】 轴受载以后,如果产生了过大的弯曲变形或扭转变形,将影响轴上零件的正常工作。如安装齿轮的轴弯曲变形,会使齿轮啮合发生偏载,滚动轴承支承的轴弯曲变形,会使轴承的内外环相互倾斜,当超过允许值时,将使轴承寿命显著降低。扭转变形过大,将影响机器的精度及旋转零件上载荷的分布均匀性,对轴的振动也有一定影响。

【题 6.17】【答】 前轴:为固定心轴,只受弯矩;后轴:为固定心轴,只受弯矩;中轴:为转轴,既受弯矩,又受转矩。

【题 6.18】【答】 轴上零件的轴向固定方法:①轴肩:简单可靠,优先选用。②套筒:用作轴上相邻的零件的轴向固定,结构简单,应用较多。③圆螺母:当轴上相邻两零件距离较远,无法用套筒固定时,选用圆螺母,一般用细牙螺纹,以免过多地削弱轴的强度。④轴端挡圈:轴端的轴上零件的固定。⑤弹性挡圈:当轴向力小,或仅为防止零件偶然轴向移动时。⑥紧定螺钉:轴向力较小时采用。

轴上零件的周向固定方法:①键连接(平键、半圆键、楔键、切向键):结构简单,工作可靠,装拆方便,在机械中应用广泛。②花键连接:承载能力高,应力集中较小,对轴和轮毂的强度削弱较小,轴上零件与轴的对中性、导向性好。缺点:加工时需专用设备,成本高。③销连接:传递不大的载荷。还可作为安全装置中的过载剪断元件。④胀紧连接。⑤过盈配合连接。

【题 6.19】【答】 低速轴传递的转矩 T 大。

【题 6.20】【答】 按图 6.27(a),$T_{max}=T_1$;按图 6.27(b),$T_{max}=T_1+T_2$。

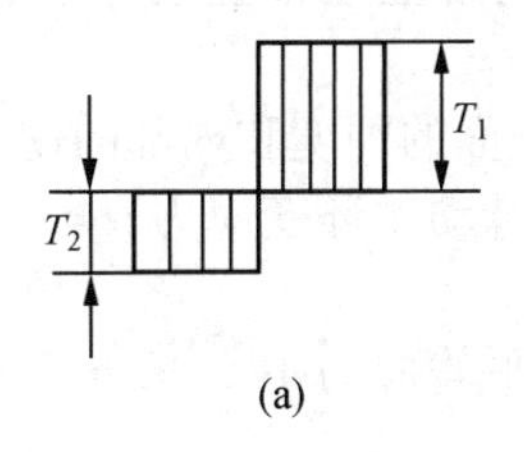

(a)

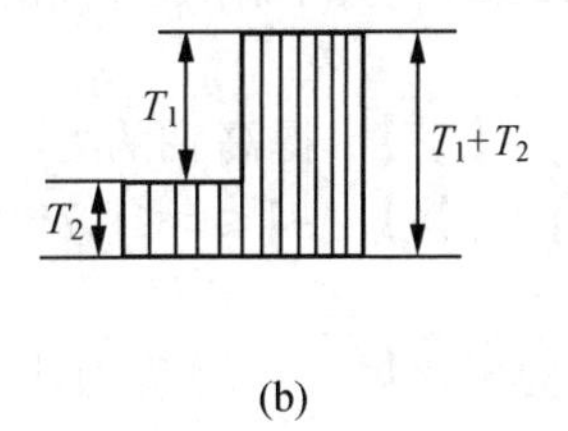

(b)

图 6.27

【题 6.21】【答】 (1) 图 6.7(a)、6.7(b)、6.7(c)是心轴,图 6.7(d)是转轴;(2) 图 6.7(b)、6.7(d)较粗,图 6.7(a)中等、图 6.7(c)较细;(3)图 6.7(c)较好;(4) 图 6.7(b)、6.7(d)方便。

【题 6.22】【答】 (1)减速器的两根轴的强度不需重新校验,因为在传递功率相同的条件下,图 6.8(b)所示方案中两轴的转速较图 6.8(a)所示方案时高,两轴所受的转矩小,齿轮上的作用力也小,轴所受的弯矩也小;(2) 若不计摩擦,应为相同。

【题 6.23】【答】 考虑应力集中和表面质量,以及安装、定位的要求。

【题6.24】【答】 α是根据扭矩性质而定的折算系数：

对于不变的转矩，$\alpha=\frac{[\sigma]_{-1b}}{[\sigma]_{+1b}}\approx0.3$；

当转矩脉动时，$\alpha=\frac{[\sigma]_{-1b}}{[\sigma]_{0b}}\approx0.6$；

当频繁正、反转时，$\alpha=\frac{[\sigma]_{-1b}}{[\sigma]_{-1b}}\approx1$。

若转矩的变化规律不清楚，可按脉动处理。

【题6.25】【答】 减速器主动轴上受有带传动的压轴力 F_Q 和齿轮轮齿上的法向力 F_n，在2种布置方案中 F_Q 及 F_n 的大小均相同，但在图6.9(a)所示方案中 F_Q 与 F_n 中的 F_r 方向相同，而在图6.9(b)所示方案中 F_Q 与 F_n 中的 F_r 方向相反。按强度计算，图6.9(b)直径大。

【题6.26】【答】 (1)挠度减小1/16，扭转角 φ 减小1/16；(2)挠度减小1/8，扭转角 φ 减小1/2；(3)无改变。方案(1)效果显著。

【题6.27】【答】 (1)反装；(2)正装。

【题6.28】【答】 普通平键的失效形式是键、轴槽和毂槽三者中强度最弱的工作面被压溃。

导向平键连接的主要失效形式是工作面的磨损。

b 和 h 按轴径 d 查取。

L 按标准查取，但比轮毂长度略短。

【题6.29】【答】 圆头和半圆头普通平键在槽中固定良好，但轴槽端部的应力集中较大。半圆头适合于轴端。圆头和半圆头普通平键轴上的键槽是用指状铣刀加工的。方头普通平键轴槽端部应力较小，但要用螺钉把键固定在键槽中。其轴槽是用盘形铣刀加工的。

【题6.30】【答】 上述布置图6.12(a)是为了使作用于轴上的径向合力为零，有利于轴对轮毂孔的对中线，图6.12(b)是为了保证轴与轮毂孔间有较大的受力面积，提高承载能力，图6.12(c)是为了减小对轴的强度的削弱，同时上述布置也考虑了各类键的特点。

【题6.31】【答】 提高轴的力学性能，增加轴表面的硬度和内部的韧性。

【题6.32】【答】 $-1\leqslant r\leqslant1$，$r=1$ 静应力；$r=0$ 脉动循环变应力；$r=-1$ 对称循环变应力。

典型的应力变化规律：(1)应力比不变 $r=C$；(2)平均应力不变 $\sigma_m=C$；(3)最小应力不变 $\sigma_{min}=C$。

绝大多数转轴中的应力状态属于应力比不变的情况，且为 $r=-1$ 的对称循环应力状态。

【题6.33】【答】 (1)按扭转条件计算，适用于传动轴的设计和转轴的初步估算轴径。

(2)按弯扭合成强度条件计算，适用于已知轴跨度及受力点的转轴和心轴的轴径校核和设计。

(3)按疲劳强度条件进行精确校核，适用于重要的轴的校核。

(4)按静强度条件进行校核，适用于瞬时过载很大或应力循环的不对称较为严重的轴。

【题 6.34】【答】 图 6.13(b)所示方案合理。将齿轮布置在远离转矩输入端的位置,利用轴的弯曲和扭转变形的综合作用,使载荷分布不均匀状况得到改善。

【题 6.35】【答】 主要解决设计计算和结构设计两方面问题。

设计计算:为保证轴具有足够的承载能力,以防止断裂和过大塑性,要根据轴的工作对轴进行强度计算;对有刚度要求的轴进行刚度计算,以防止工作时产生不允许的弹性变形;对于高速运转的轴,为避免共振,还要进行振动稳定性计算。

结构设计:根据轴上零件装拆、定位和加工等结构设计要求,确定轴形状和各部分尺寸。

【题 6.36】【答】 轴顺时针转动。

【题 6.37】【答】 低速轴的直径要比高速轴的大。

忽略传动效率损失,轴的功率是相同的,而轴的功率与转速和扭矩的乘积成正比,所以转速越低,扭矩越大,而轴的强度与轴径大小有关,因此"低速轴的直径要比高速轴粗"。

【题 6.38】【答】 工作转速低于一阶临界转速的轴称为刚性轴,超过一阶临界转速的轴称为挠性轴。

【题 6.39】【答】 普通平键的侧面为工作面,当承受转矩时,在侧面会产生挤压,两个平键在轴两侧相隔 180°的位置上布置,可以使这两个键所受的挤压作用力相对于轴心抵消,而只产生扭矩作用。

【题 6.40】【答】 远离输入和输出端布置传动件,可以利用轴的弯曲和扭转变形的综合作用,改善啮合区载荷分布不均匀现象。如果不这样,就会增大啮合区载荷分布不均匀程度。如图 6.28(a)和图 6.28(b)所示。

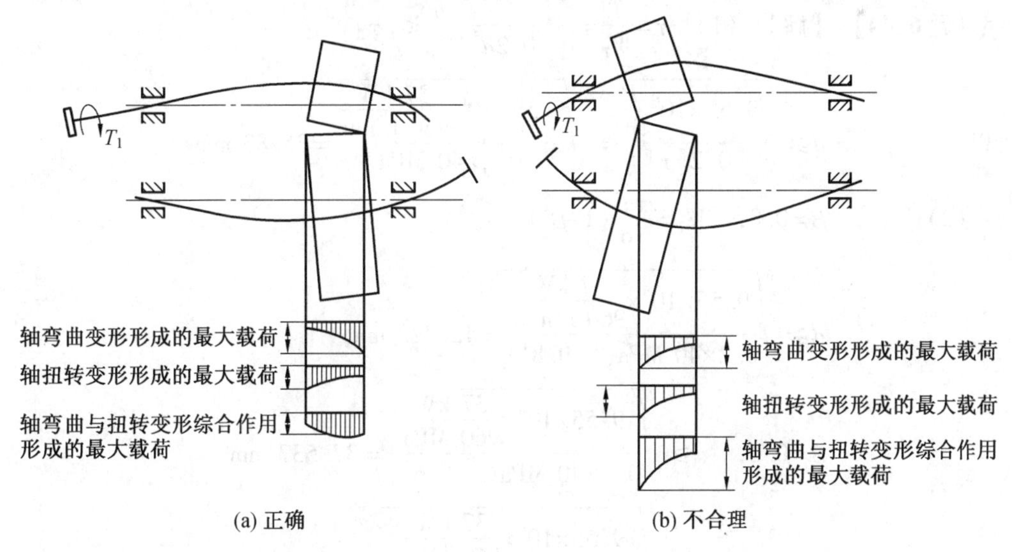

(a) 正确　　(b) 不合理

图 6.28

【题 6.41】 略。

四、计算题

【题 6.42】【解】 $800F_1=100F$，所以 $F=8F_1$。

作用于轴的力为 $F_总=F_1+F=9F_1$

轴上所受的弯矩为 $M=F_总\times 80=9\times 250\times 80\ \text{N}\cdot\text{mm}$

已知 45 钢，$[\sigma]_{-1}=60\ \text{MPa}$，$W=0.1d_3$，所以

$$d\geqslant\sqrt[3]{\frac{M_e}{0.1[\sigma]_{-1b}}}=\sqrt[3]{\frac{9\times 250\times 80\ \text{N}\cdot\text{mm}}{0.1\times 60\ \text{MPa}}}=31.07\ \text{mm}$$

【题 6.43】【解】 先求出未知力

$$F_A=\frac{F_W}{8}=\frac{480\ 000\ \text{N}}{8}=60\ 000\ \text{N}$$

画出弯矩图，则

$$M_A=F_A\times 210\ \text{mm}=60\ 000\ \text{N}\times 210\ \text{mm}=12\ 600\ 000\ \text{N}\cdot\text{mm}$$

$$\sigma_A=\frac{1.3\times M_A}{W}\leqslant[\sigma]$$

因为轴为 45 钢正火，则

$$[\sigma]_{-1b}=60\ \text{MPa},\quad W=\frac{\pi d^3}{32}$$

解得 $$d\geqslant\sqrt[3]{\frac{32\times 1.3\times M_A}{\pi[\sigma]_{-1b}}}=\sqrt[3]{\frac{32\times 1.3\times 12\ 600\ 000\ \text{N}\cdot\text{mm}}{\pi\times 60\ \text{MPa}}}=140.62\ \text{mm}$$

【题 6.44】【解】 (1) $\tau=\dfrac{T}{W_T}=\dfrac{9.55\times 10^6\times\dfrac{P}{n}}{0.2d^3}\leqslant[\tau]$

所以 $$d\geqslant\sqrt[3]{\frac{9.55\times 10^6\ \dfrac{P}{n}}{0.2[\tau]}}=\sqrt[3]{\frac{9.55\times 10^6\ \dfrac{37\ \text{kW}}{960\ \text{r/min}}}{0.2\times 40\ \text{MPa}}}=35.83\ \text{mm}$$

(2) $\beta=0.8$，$W_T=\dfrac{\pi d^3}{16}(1-\beta^4)$

$$d\geqslant\sqrt[3]{\frac{9.55\times 10^6\times\dfrac{37\ \text{kW}}{960\ \text{r/min}}}{0.2\times 40\ \text{MPa}(1-0.8^4)}}=42.722\ \text{mm}$$

$$\beta=0.6,\quad d\geqslant\sqrt[3]{\frac{9.55\times 10^6\times\dfrac{37\ \text{kW}}{960\ \text{MPa}}}{0.2\times 40\ \text{MPa}(1-0.6^4)}}=37.537\ \text{mm}$$

$$\beta=0.4,\quad d\geqslant\sqrt[3]{\frac{9.55\times 10^6\times\dfrac{37\ \text{kW}}{960\ \text{MPa}}}{0.2\times 40\ \text{MPa}(1-0.4^4)}}=36.15\ \text{mm}$$

(3) $\beta=0.8$ 时，设取长度为 L，相对密度为 γ，实心轴 $35.83^2\pi L\gamma=1$

$$G_{0.8}=\frac{\pi\times(0.2\times 42.722\ \text{mm})^2\gamma L}{35.83^2\pi L\gamma}=0.056\ 8$$

$$\beta=0.6,\quad G_{0.8}=\frac{\pi\times(0.4\times37.537\ \text{mm})^2\gamma L}{35.83^2\pi L\gamma}=0.175\ 6$$

$$\beta=0.4,\quad G_{0.8}=\frac{\pi\times(0.6\times36.15\ \text{mm})^2\gamma L}{35.83^2\pi L\gamma}=0.366\ 45$$

从质量上来看,从轻到重的顺序为,内径比为 0.8、0.6、0.4 的实心轴。

【题 6.45】【解】 轴的材料为 45 正火,$[\tau]=35$ MPa,$C=112$,则由公式

$$d\geqslant C\sqrt[3]{\frac{P}{n}}=112\sqrt[3]{\frac{5.5\ \text{kW}}{1\ 450\ \text{r/min}}}=17.467\ \text{mm}$$

考虑轴上有一键槽,直径加大 5%,$d=18.34$ mm,取 $d=20$ mm。

【题 6.46】【解】 齿轮处选用 A 型普通平键。查表取 $b\times h=25\ \text{mm}\times14\ \text{mm}$,$L$ 取 80 mm。

联轴器处:$b\times h=20\ \text{mm}\times12\ \text{mm}$,$L$ 取 125 mm。

齿轮处:$\sigma_p=\frac{2T}{kld}\leqslant[\sigma]_p$,查表$[\sigma]_p=110$ MPa,$l=L-b=80\ \text{mm}-25\ \text{mm}=55$ mm,即

$$\sigma_p=\frac{2\times1\ 000\times10^3\ \text{N}\cdot\text{mm}}{7\ \text{mm}\times55\ \text{mm}\times90\ \text{mm}}=57\ \text{MPa}<[\sigma]_p=110\ \text{MPa}$$

齿轮处键连接的强度足够。

联轴器处:查表$[\sigma]_p=55$ MPa,　$l=L-b=125\ \text{N}\cdot\text{mm}-20\ \text{N}\cdot\text{mm}=105$ mm,即

$$\sigma_p=\frac{2\times1\ 000\times10^3\ \text{N}\cdot\text{mm}}{6\ \text{mm}\times105\ \text{mm}\times70\ \text{mm}}=45<[\sigma]_p=55\ \text{MPa}$$

联轴器处满足键连接的强度要求。

【题 6.47】【解】 查表 $b\times h=22\ \text{mm}\times14\ \text{mm}$,$L=1.5d=120$ mm。设齿轮材料为锻钢,则

$$[\sigma]_p=260\ \text{MPa}$$

$$l=L-b=110\ \text{mm}-22\ \text{mm}=88\ \text{mm},\quad \sigma_p=\frac{4T}{dlh}\leqslant[\sigma]_p$$

所以
$$T\leqslant\frac{dhl}{4}[\sigma]_p=\frac{80\ \text{mm}\times14\ \text{mm}\times88\ \text{mm}}{4\times10^3}\times260\ \text{MPa}=6\ 406.4\ \text{N}\cdot\text{mm}$$

$$T_{max}=6\ 406.4\ \text{N}\cdot\text{mm}$$

【题 6.48】【解】 由 $d=50$ mm,查得键的 $b\times h=16\ \text{mm}\times10\ \text{mm}$,配合轴段长 70 mm+40 mm=110 mm,取键长 $L=100$ mm。

键的计算长度　$l=L-b=100\ \text{mm}-16\ \text{mm}=84\ \text{mm}$

$$T=9.55\times10^6\ \frac{P}{n}=9.55\times10^6\times\frac{2.2\ \text{kW}}{300\ \text{r/min}}=70\ 033.3\ \text{N}\cdot\text{mm}$$

$$\sigma_p=\frac{4T}{dlh}=\frac{4\times70\ 033.3\ \text{N}\cdot\text{mm}}{50\ \text{mm}\times84\ \text{mm}\times10\ \text{mm}}=6.7\ \text{MPa}$$

查表$[\sigma]_p=75$ MPa,$\sigma_p<[\sigma]_p$,故满足要求。

【题 6.49】【解】 轴受转矩作用时,其强度条件为

$$\tau=\frac{T}{W_T}=\frac{9.55\times10^6\dfrac{P}{n}}{0.2\ d^3}\leqslant[\tau]$$

$$d \geqslant \sqrt[3]{\frac{9.55\times10^6\dfrac{P}{n}}{0.2[\tau]}}=\sqrt[3]{\frac{9.55\times10^6\times\dfrac{10\ \text{kW}}{120\ \text{r/min}}}{0.2\times35\ \text{MPa}}}=48.4\ \text{mm}$$

五、结构题

【题 6.50】【解】 结构图如图 6.29 所示。

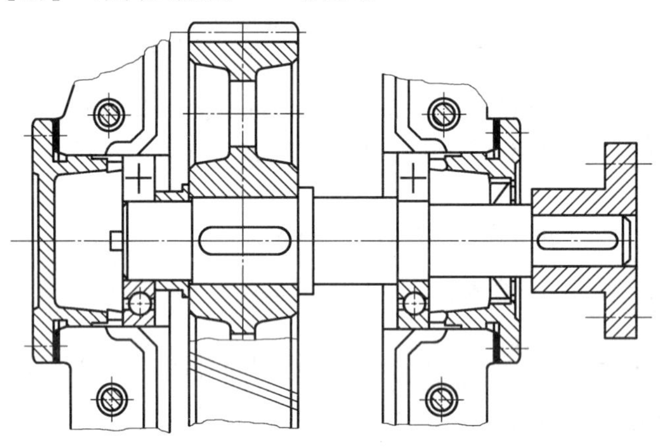

图 6.29　结构图

【题 6.51】【解】 平键的两侧面为工作面,工作时两侧面受到挤压,图略。

楔键的上、下面分别与毂和轴上键槽的底面贴合为工作面,键的上表面及相配的轮毂键槽底面各有 1∶100 的斜度。装配时把楔键打入键槽内,其上、下表面产生很大压力,工作时靠此压力产生的摩擦力传递转矩,还可传递单向轴向力。

【题 6.52】【解】 齿宽条件:$b_1>l>L$ 满足

齿高条件:轮毂的底端到齿根圆的距离

$$e=\frac{d_{f1}-d}{2}-t_1=\frac{55.5\ \text{mm}-40\ \text{mm}}{2}-3.3\ \text{mm}=4.45\ \text{mm}<2.5m=2.5\times3\ \text{mm}=7.5\ \text{mm}$$

齿轮键槽部分强度不够,所以原轴不可用,需重新设计。

【题 6.53】【解】 图 6.21(a)更合理;因为其轴的弯曲变形对轮齿影响和扭转变形的综合结果,可以改善轮齿载荷分布不均匀状况,降低齿向载荷分布系数。

【题 6.54】【解】 如图 6.30 所示。

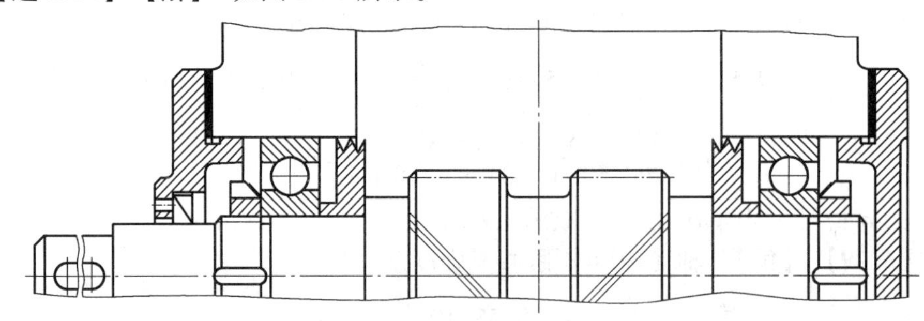

图 6.30

说明:① 圆螺母可改为弹簧挡圈;② 挡油板必须有,没有扣分;③ 透盖密封圈可以用羊毛毡;④ 如果将轴承外圈固定了扣分;⑤ 圆螺母可以不画键槽;⑥ 如果画上箱体连接螺栓,画正确加分,不正确不扣分。

【题 6.55】 略。

【题 6.56】 略。

【题 6.57】 略。

【题 6.58】 略。

第7章　滚动轴承

7.1　必备知识与考试要点

7.1.1　本章的主要内容

本章主要内容有:滚动轴承的类型、特点和代号,滚动轴承的失效形式和选择计算,滚动轴承的润滑、密封及组合设计。

学习本章的基本要求是:

(1) 熟悉滚动轴承的主要类型、特点和代号,能正确选择滚动轴承的类型。

(2) 掌握滚动轴承承载能力的计算方法。

(3) 根据载荷、结构等要求,能进行滚动轴承组合设计;能够从定位、固定、调整、装拆、润滑和密封等方面,分析已有的轴承组合结构。

7.1.2　本章重点与难点

1. 滚动轴承的类型、特点、代号及类型选择

按国家标准,滚动轴承共有10多种基本类型,每种类型的轴承都各自具有不同的结构特点和性能;按其承受载荷的方向或公称接触角 α 的不同,一般可分为向心轴承(只承受径向力或主要承受径向力,$0°<\alpha\leqslant45°$)、推力轴承(只承受或主要承受轴向力,$45°<\alpha\leqslant90°$)两大类;轴承又可根据滚动体的形状,分为球轴承和滚子轴承。

滚动轴承的代号比较繁杂,不易记忆。初学者需掌握基本代号的含义和一般表示方法。轴承后置代号及其排列顺序不要求记忆,某些轴承的特定表示方法也不必记忆,必要时可查阅轴承手册,但应掌握轴承内部结构的常用代号。

滚动轴承类型甚多,其中"6"类深沟球轴承、"N"类圆柱滚子轴承、"7"类角接触球轴承、"3"类圆锥滚子轴承和"5"类推力球轴承,使用最广泛,应为学习重点,并从接触角、承载能力、极限转速和角偏差等方面进行比较,从而加深认识这些轴承的特性。其余几种类型多用于某些特殊场合。如"1"类调心球轴承和"2"类调心滚子轴承用于自动调心,"NA"类滚针轴承用于减小轴承径向尺寸,对其余几类轴承可仅做一般了解。

滚动轴承类型的选择原则:应根据轴承所受载荷大小、方向、转速及轴颈的偏转情况和经济方面等要求,结合不同的轴承类型的特点选用。

2. 滚动轴承的承载能力计算

滚动轴承的承载能力计算是本章的重点内容之一。根据工作条件确定轴承类型后,需进行承载能力的计算,以确定型号。要求能根据主要失效形式引出设计依据,熟练掌握相应的计算方法。

(1) 主要失效形式及相应的计算方法。确定轴承尺寸时,应针对其主要失效形式进行必要的计算。对于转动的滚动轴承,其滚动体和滚道发生疲劳点蚀是其主要失效形式,因而主要是进行寿命计算,必要时再做静强度校核。对于不转动、低速或摆动的轴承,局部塑性变形是其主要失效形式,因而主要是进行静强度计算。对于高速轴承,由发热导致的胶合是其主要失效形式,因而除进行寿命计算外,还应校核极限转速。对于其他失效形式可通过正确的润滑和密封、正确的操作与维护来解决。

(2) 寿命计算。应掌握的基本概念:寿命、寿命的离散、可靠度、基本额定寿命 L、基本额定动载荷 C、当量动载荷 P、内部轴向力 F_S 和基本额定静载荷 C_0。

应掌握的设计计算:

① 寿命计算公式。

$$L_h=\frac{10^6}{60n}\left(\frac{f_t \cdot C}{f_P \cdot P}\right)^{\varepsilon}$$

式中 ε——寿命指数,对于球轴承,$\varepsilon=3$,对于滚子轴承,$\varepsilon=10/3$;

f_t——温度系数,反映轴承工作温度对基本额定动载荷的影响;

f_P—载荷系数,反映冲击与振动对名义载荷的影响。

公式的应用:

a. 校核计算:对于选定的轴承,应满足 $L_h \geqslant L_h'$。L_h'为轴承的预期寿命;

b. 选型号计算:$C'=\frac{f_P P}{f_t}\sqrt[\varepsilon]{\frac{60nL_h'}{10^6}}$,选择的轴承应满足 $C \geqslant C'$(C'为计算的基本额定动载荷)。

② 当量动载荷的计算。

$$P=XF_r+YF_a$$

应掌握 X、Y、e 值的概念,并会查表确定 X、Y。径向系数 X 和轴向系数 Y 分别反映径向载荷 F_r 和轴向载荷 F_a 的影响程度。e 值是一个界限值,用来判断是否考虑轴向载荷 F_a 的影响。

③ 内部轴向力 F_S。角接触轴承当承受径向载荷 F_r 时,由于接触角 α 的影响,作用在各滚动体上的法向力可分解为径向分力和轴向分力,各滚动体上的轴向分力的合力,即为轴承的内部轴向力 F_S。内部轴向力 F_S 的大小按近似公式计算,其方向为从外圈的宽边指向窄边。

④ 角接触轴承的轴向载荷 F_a。在计算角接触轴承的轴向载荷时,必须考虑内部轴向力 F_S 的影响。轴承的轴向载荷与轴承部件的结构,尤其是与固定方式密切相关。轴承的轴向载荷可根据分离体的轴向力平衡条件确定,阻止分离体做轴向移动的轴承的轴向载荷,为轴向外载荷与另一个轴承的内部轴向力的合力,而另一个轴承的轴向载荷为其自身的内部轴向力。

(3) 静载荷计算。主要掌握:在什么情况下进行静载荷计算,主要失效形式,静强度校核计算。静载荷计算的实质是控制塑性变形量。

对于不转动、极低速转动($n \leqslant 10$ r/min)或摆动的轴承,其失效形式为由静载荷或冲击载荷引起的滚动体和内、外圈滚道接触处产生的过大的塑性变形。发生过大的塑性变形,就会产生较大的振动和噪声,则认为轴承失效。

轴承标准中规定,滚动轴承中受载最大的滚动体与滚道的接触中心处引起的计算接触应力达到一定值时的载荷,称为轴承的基本额定静载荷 C_0。它是限制轴承的塑性变形的极限载荷值。基本额定静载荷的方向:对向心轴承为径向载荷;对推力轴承为轴向载荷;对角接触轴承为载荷的径向分量。

为限制滚动轴承中的塑性变形量,应校核轴承承受静载荷的能力。滚动轴承的静强度校核公式为

$$C_0 \geqslant S_0 P_0$$

式中 S_0——静强度安全系数;

P_0——当量静载荷(N)。

当量静载荷 P_0 是一个假想载荷,其作用方向与基本额定静载荷相同,而在当量静载荷作用下,轴承的受载最大滚动体与滚道接触处的塑性变形总量与实际载荷作用下的塑性变形总量相同。

(4) 极限转速。主要掌握:在什么情况下进行极限转速计算,失效形式。极限转速计算的实质是控制摩擦发热。熟练掌握极限转速 $n_{\lim}$、允许极限转速 $n'_{\lim}$的查表和校核计算。

滚动轴承转速过高会因摩擦发热而使温度急剧升高,导致滚动轴承元件胶合而失效,所以当转速较高时,还应校核滚动轴承极限转速,轴承的工作转速应小于其允许的极限转速。

在轴承手册中,列出各类轴承在脂润滑和油润滑(油浴润滑)条件下的极限转速,它仅适用于当量动载荷 $P \leqslant 0.1C$、润滑与冷却条件正常、向心及角接触轴承受纯径向载荷、推力轴承受纯轴向载荷的 P_0 级精度的轴承。

当轴承的当量动载荷 P 超过 $0.1\ C$ 时,由于接触面上接触应力增大,或向心轴承还承受轴向载荷,使参与受载的滚动体数增多,润滑条件恶化,温升较大,故润滑剂性能变坏。轴承允许的极限转速为

$$n'_{\lim} = f_1 f_2 n_{\lim}$$

式中 $n_{\lim}$——轴承手册中列出的极限转速;

f_1——载荷系数;

f_2——载荷分布系数。

提高轴承精度、选用较大的游隙、改用青铜等减摩材料做保持架、改善润滑和冷却措施等,能使极限转速提高 1.5 ~2 倍;还可以从减小滚动体的质量和回转半径两方面采取措施。如选用滚动体直径小的轻系列轴承或空心滚动体轴承等。

3. 滚动轴承的组合设计

滚动轴承的组合设计是本章的重点内容之一,也是本课程在结构设计方面的主要内容,在学习时不仅要掌握有关轴承组合设计的基本知识,而且要加强实践环节,例如,拆装减速器实验对结构设计的学习非常有益。教材中提出了轴承组合设计应考虑的几个原则问题,应结合本章例题和结构改错习题,以深刻掌握轴承组合设计的内容。

(1) 轴承部件的轴向固定。为保证传动件在工作中处于正确位置,轴承部件应准确定位并可靠地固定在机体上。设计合理的轴承部件,应保证把作用于传动件上的轴向力传递到机体上,不允许轴及轴上零件产生轴向移动。轴承部件的轴向固定方式主要有以

下3种:

两端固定支承 轴上每个支承限制轴的一个方向的移动,两个支承合起来限制轴的两个方向的运动。两端固定支承适用于工作温度变化不大、两支点间跨距 $l \leqslant 300 \sim 350$ mm 的短轴。轴工作时会受热伸长,为补偿轴的伸长,在安装时,对于深沟球轴承,在轴承外圈与轴承盖之间留有间隙 C,通常 $C=0.25 \sim 0.35$ mm;对于角接触轴承,则要调整其内、外圈的相对轴向位置,使其留有足够的轴向间隙 C,其数值大小可查手册。

一端固定、一端游动支承 固定支承限制轴的两个方向的移动,而游动支承允许轴做因温度变化引起的热伸缩,即自由游动。当游动支承采用不可分的深沟球轴承时,轴承内圈两端分别用轴肩和弹性卡圈使之固定在轴上,轴承外圈与轴承座孔间为间隙配合,并在外圈与轴承盖之间留有大于轴的热伸长量的间隙,一般为 2 ~ 3 mm。其轴向游动在轴承外圈与轴承座孔间进行。当游动支承采用圆柱滚子轴承时,轴承的内圈固定在轴上,外圈固定在轴承座上,轴向游动在滚动体与外座圈间进行。一端固定、一端游动的支承主要用于工作温度变化大,且两支点间跨距大的长轴。

两端游动支承 对于人字齿轮传动,通常大齿轮轴承部件采用两端固定支承,小齿轮轴承部件采用两端游动支承,便于小齿轮轴承部件沿轴向游动,以防止齿轮卡死或两侧轮齿受力不均。

(2) 轴承部件的调整。

轴承间隙的调整 采用两端固定支承的轴承部件,为补偿轴在工作时的热伸长,在装配时应留有相应的轴向间隙;为了满足工作要求(如刚度、旋转精度等),需要保留一定的间隙;为了补偿零件的累积误差,也需要调整。轴承间隙的调整方法有以下几种:

① 通过加减轴承端盖与轴承座端面间的垫片厚度来实现;

② 通过调整螺钉,经过轴承外圈压盖,移动外圈来实现,并且调整后,应拧紧防松螺母;

③ 修配轴承端盖伸入轴承座孔部分的长度尺寸。

轴上传动件位置的调整 轴上传动件在工作时应处于正确的工作位置。例如,为保证正确啮合,圆锥齿轮的两个节圆锥的顶点应重合。调整方法同上。

(3) 滚动轴承的配合。

滚动轴承是标准件 轴承外圈的外圆柱面为基准轴,与轴承座孔的配合采用基轴制。轴承内圈的孔为基准孔,与轴的配合采用基孔制。但应注意轴承内圈孔的公差带在零线以下,所以同一种配合较标准基孔制配合要紧。

在选择轴承配合种类时,对于转速高、载荷大、温度高、有振动的轴承,应选用较紧的配合,而对于经常拆卸的轴承或游动支承的外圈,则应选用较松的配合。

一般来说,当外载荷方向固定不变时,内圈随轴一起转动,内圈与轴的配合应选紧一些的有过盈的过渡配合;而当装在轴承座孔中的外圈静止不转时,外圈滚道半圈受载,外圈与轴承座孔的配合常选用较松的过渡配合,以使外圈做极缓慢的转动,从而使受载区域有所变动,发挥非承载区的作用,延长轴承的寿命。

(4) 轴承的装拆。

在设计轴承部件时,应考虑轴承的装拆,避免在装拆过程中损坏轴承和其他零件,还应避免无法拆卸轴承的情况。

在安装轴承时,可用热油预热轴承来增大内孔直径,以便安装,但温度不得高于 80 ℃,尤其是不能高于 90 ℃,以免轴承回火;也可用压力机通过套管压装套圈,但应注意,压装内圈时,只能内圈受力,不得使外圈受力,以免损坏滚动体。

拆卸轴承时应使用拆卸工具。为便于拆卸内圈,固定轴肩高度通常不得大于内圈高度的3/4,以便放置拆卸工具的钩头。为了便于拆卸外圈,对于通孔,轴承座孔凸肩高度不得大于外圈厚度的3/4,即留出拆卸高度 h;对于盲孔,可在端部开设专用拆卸螺纹孔。

(5) 滚动轴承的润滑和密封。掌握润滑和密封的目的、润滑方式的选择及润滑剂的填充量、密封原理及选择。

滚动轴承的润滑 润滑的主要目的是减少摩擦和磨损,还有吸收振动、散热、防锈等作用。滚动轴承的润滑方式可根据速度因数 dn 值选择。dn 值间接地反映了轴颈的线速度。当 $dn<(1.5\sim2)\times10^5(\text{mm}\cdot\text{r})/\text{min}$ 时,可选用脂润滑;当超过此值时,宜选用油润滑。润滑脂的填充量一般不超过轴承空间的1/4。油润滑时,油的黏度可按轴承的速度因数 dn 值和工作温度 t 来选择。当浸油润滑时,油面高度不超过最低滚动体的中心,以免因过大的搅油损失,而使温度升高。

滚动轴承的密封 密封的目的是阻止润滑剂的流失和防止灰尘、水分的进入。密封按其原理的不同,可分为接触式密封和非接触式密封两大类。掌握密封的主要类型和适用范围,选择密封方式时,应考虑密封的目的、润滑剂的种类、工作环境、温度、密封表面的线速度等。

7.2 典型范例与答题技巧

【例 7.1】 某轴系部件采用一对 7208AC 滚动轴承支承,如图 7.1 所示。已知:作用于轴承上的径向载荷 $F_{r1}=1\ 000$ N,$F_{r2}=2\ 060$ N,作用于轴上的轴间载荷 $F_A=880$ N,轴承内部轴向力 F_S 与径向载荷 F_r 的关系为 $F_S=0.68F_r$,试求轴承轴向载荷 F_{a1} 和 F_{a2}。

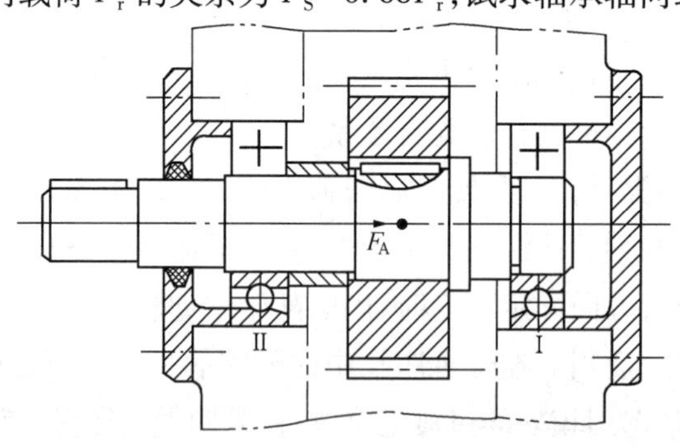

图 7.1

【解】　轴承的内部轴向力

$$F_{S1}=0.68F_{r1}=0.68\times1\ 000\ \text{N}=680\ \text{N}$$

方向如图7.2所示,向左。

$$F_{S2}=0.68F_{r2}=0.68\times2\ 060\ \text{N}=1\ 400\ \text{N}$$

方向如图7.2所示,向右。

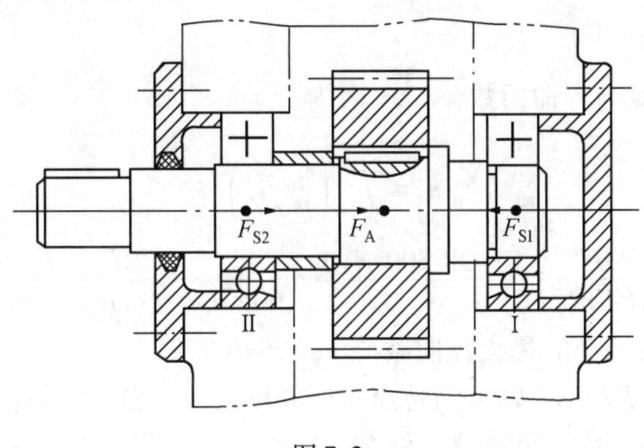

图7.2

因为　$$F_{S2}+F_A=1\ 400\ \text{N}+880\ \text{N}=2\ 280\ \text{N}>F_{S1}$$

所以轴承1为压紧端,轴承2为放松端,故

$$F_{a1}=F_{S2}+F_A=2\ 280\ \text{N}$$

$$F_{a2}=F_{S2}=1\ 400\ \text{N}$$

【例7.2】　有一型号为6207的深沟球轴承,其当量动载荷的X、Y值见表7.1。已知:径向载荷$F_r=2\ 300$ N,轴向载荷$F_a=600$ N,径向基本额定静载荷$C_{0r}=15\ 200$ N,试求该轴承的当量动载荷P。

表7.1　深沟球轴承的当量动载荷的X、Y值

$\frac{12.3F_a}{C_{0r}}$	e	$F_a/F_r>e$		$F_a/F_r\leqslant e$	
		X	Y	S	Y
0.172	0.19	0.56	2.30	1	0
0.345	0.22		1.99		
0.689	0.26		1.71		
1.03	0.28		1.55		

【解】

$$\frac{12.3F_a}{C_{0r}}=\frac{12.3\times600\ \text{N}}{15\ 200\ \text{N}}=0.486$$

查表7.1知,e在0.22~0.26之间,插值

$$e=0.26-\frac{0.689-0.486}{0.689-0.345}\times(0.26-0.22)=0.236$$

$$\frac{F_a}{F_r}=\frac{600\ \text{N}}{2\ 300\ \text{N}}=0.261>e$$

查表7.1得,$X=0.56$,则

$$Y=1.71-\frac{0.689-0.486}{0.689-0.345}\times(1.71-1.99)=1.88$$

当量动载荷　　$P=XF_r+YF_a=0.56\times 2\ 300\ \text{N}+1.88\times 600\ \text{N}=2\ 416\ \text{N}$

【例 7.3】 已知：NF207 圆柱滚子轴承的工作转速 $n=200\ \text{r/min}$，工作温度 $t<100\ ℃$，载荷平稳，预期寿命 $L'_h=10\ 000\ \text{h}$，径向基本额定动载荷 $C_r=28\ 500\ \text{N}$。试求该轴承允许的最大径向载荷。

【解】 由工作温度 $t<100\ ℃$ 得，$f_t=1$。

由载荷平衡得，$f_P=1$。

对于圆柱滚子轴承，寿命指数 $\varepsilon=\dfrac{10}{3}$，因为

$$L_h=\frac{10^6}{60\ n}\left(\frac{C\cdot f_t}{P\cdot f_P}\right)^{\varepsilon}$$

所以　　$$P=\frac{C\cdot f_t}{f_P}\left(\frac{10^6}{60\ nL_h}\right)^{1/\varepsilon}=\frac{28\ 500\ \text{N}\times 1}{1}\times\left(\frac{10^6}{60\times 200\ \text{r/min}\times 10\ 000\ \text{h}}\right)^{3/10}=6\ 778\ \text{N}$$

该 NF207 轴承可承受的最大径向载荷 $F_r=P=6\ 778\ \text{N}$。

【例 7.4】 已知 7208AC 轴承的转速 $n=5\ 000\ \text{r/min}$，当量动载荷 $P=2\ 394\ \text{N}$，载荷平稳，工作温度正常，径向基本额定动载荷 $C_r=35\ 200\ \text{N}$，预期寿命 $L'_h=8\ 000\ \text{h}$，试校核该轴承的寿命。

【解】 因为载荷平稳，所以 $f_P=1$。

因为工作温度正常，所以 $f_t=1$。

轴承寿命　$$L_h=\frac{10^6}{60n}\left(\frac{f_t\cdot C}{f_P\cdot P}\right)^{\varepsilon}=\frac{10^6}{60\times 5\ 000\ \text{r/min}}\times\left(\frac{1\times 35\ 200\ \text{N}}{1\times 2\ 394\ \text{kW}}\right)^{3}=10\ 587\ \text{h}>8\ 000\ \text{h}$$

故满足要求。

【例 7.5】 指出图 7.3 中的结构错误（在有错处画○编号，并分析错误原因），并在轴心线下侧画出其正确结构图。

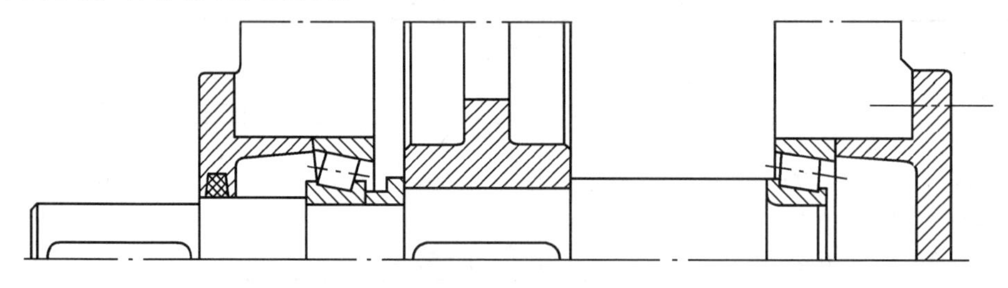

图 7.3

【解】 画出的正确结构图如图 7.4 所示。

① 固定轴肩端面与轴承盖的轴向间距太小。

② 轴承盖与轴之间应有间隙。

③ 轴承内环和套筒装不上，也拆不下来。

④ 轴承安装方向不对。

⑤ 轴承外环内与壳体内壁间应有 5 ~ 8 mm 间距。

⑥ 与轮毂相配的轴段长度应小于轮毂长。

⑦ 轴承内环拆不下来。

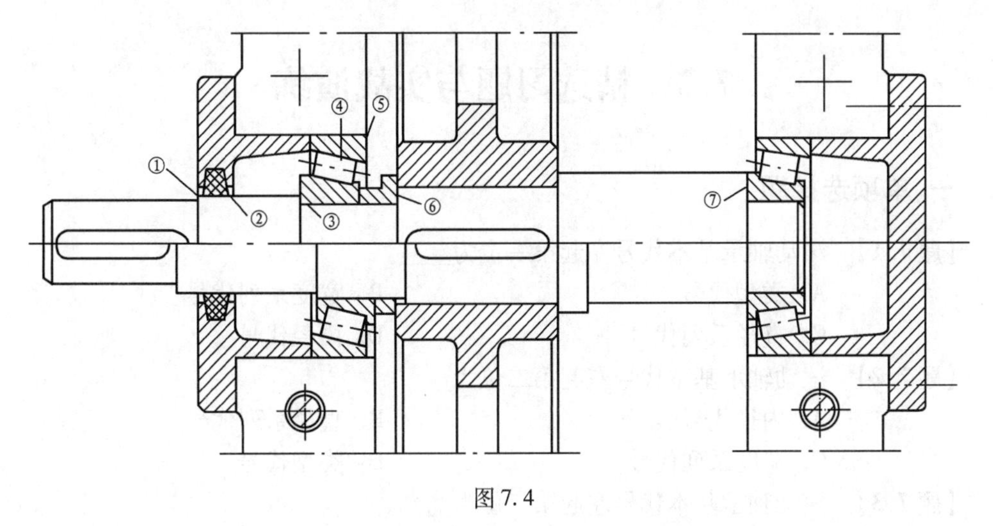

图 7.4

【例 7.6】 指出图 7.5 中的结构错误(在有错处画○编号),并在另一侧画出其正确结构图。(齿轮油润滑,轴承脂润滑)

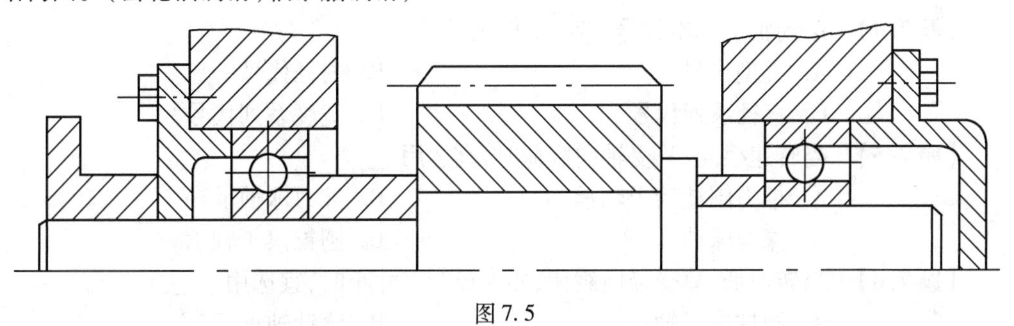

图 7.5

【解】 正确结构如图 7.6 所示。

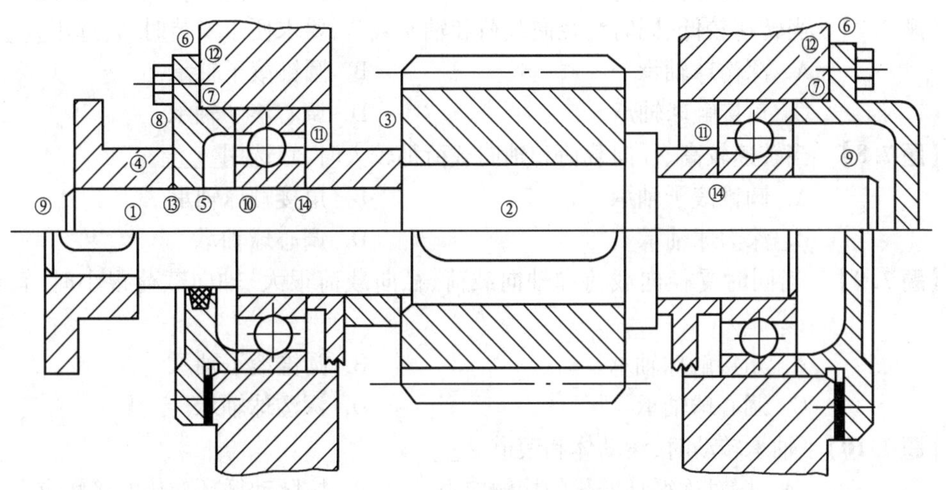

图 7.6

7.3 精选习题与实战演练

一、单项选择题

【题 7.1】 滚动轴承基本代号左起第一位为____。
A. 类型代号 B. 宽度系列代号
C. 直径系列代号 D. 内径代号

【题 7.2】 滚动轴承基本代号左起第二位为____。
A. 内径代号 B. 直径系列代号
C. 宽度系列代号 D. 类型代号

【题 7.3】 滚动轴承基本代号左起第三位为____。
A. 宽度系列代号 B. 直径系列代号
C. 类型代号 D. 内径代号

【题 7.4】 滚动轴承基本代号左起第四、五位为____。
A. 类型代号 B. 内径代号
C. 直径系列代号 D. 宽度系列代号

【题 7.5】 当转速很高、只受轴向载荷时,宜选用____。
A. 推力圆柱滚子轴承 B. 推力球轴承
C. 深沟球轴承 D. 圆锥滚子轴承

【题 7.6】 当转速低、只受径向载荷、要求径向尺寸小时,宜选用____。
A. 圆柱滚子轴承 B. 滚针轴承
C. 深沟球轴承 D. 调心球轴承

【题 7.7】 当转速较低、同时受径向载荷和轴向载荷,要求便于安装时,宜选用____。
A. 深沟球轴承 B. 圆锥滚子轴承
C. 角接触球轴承 D. 调心滚子轴承

【题 7.8】 当转速较高、径向载荷和轴向载荷都较大时,宜选用____。
A. 圆锥滚子轴承 B. 角接触球轴承
C. 深沟球轴承 D. 调心球轴承

【题 7.9】 当同时受径向载荷和轴向载荷、径向载荷很大、轴向载荷很小时,宜选用____。
A. 角接触球轴承 B. 圆锥滚子轴承
C. 调心球轴承 D. 深沟球轴承

【题 7.10】 轴承转动时,滚动体和滚道受____。
A. 按对称循环变化的接触应力 B. 按脉动循环变化的接触应力
C. 按对称循环变化的弯曲应力 D. 按脉动循环变化的弯曲应力

【题 7.11】 中等转速载荷平稳的滚动轴承正常失效形式为____。
A. 磨损 B. 胶合

C. 疲劳点蚀　　D. 永久变形

二、填空题

【题7.12】　滚动轴承内径代号01表示轴承内径 $d=$________mm。

【题7.13】　滚动轴承内径代号04表示轴承内径 $d=$________mm。

【题7.14】　滚动轴承一般由________、________、________和________组成。

【题7.15】　滚动轴承的保持架的作用是________________。

【题7.16】　深沟球轴承因________________,故除主要承受径向载荷外,也能承受一定量的双向轴向载荷。

【题7.17】　我国滚动轴承的代号由________、________和________构成。

【题7.18】　滚动轴承的基本代号由________、________和________构成。

【题7.19】　滚动轴承基本代号左起第一位为________代号,用________或________表示。

【题7.20】　滚动轴承基本代号左起第二位为________代号。

【题7.21】　滚动轴承基本代号左起第三位为________代号。

【题7.22】　滚动轴承基本代号左起第四、五位为________代号,表示________。

【题7.23】　滚动轴承的主要失效形式有________和________。

【题7.24】　向心角接触轴承的结构特点是________________。

【题7.25】　润滑的主要目的是________和________。

【题7.26】　密封的目的是________________,并且________________。

【题7.27】　滚动轴承的密封方法可分为两大类:________和________。

【题7.28】　滚动体与内外圈的材料应具有________、________、________和________。

【题7.29】　轴承接触角越大,承受________________的能力也越大。

【题7.30】　由于转动的滚动轴承的主要失效形式是________________,因而设计时主要是进行________________计算。

【题7.31】　轴承转动时,滚动体和滚道受________循环变化的________应力。

【题7.32】　滚动轴承进行静载荷校核计算的目的是为了________________。

【题7.33】　滚动轴承的某个套圈或滚动体的材料出现________________前,一个套圈相对于另一个套圈的________,或在某一转速下的________________,称为轴承的寿命。

【题7.34】　对于一个具体的滚动轴承,很难预知其________的寿命。

【题7.35】　一组同一型号轴承在同一条件下运转,其可靠度为________时,能够达到或超过的寿命,称为基本额定寿命。

【题7.36】　对单个轴承而言,能够达到或超过基本额定寿命的概率为________。

【题7.37】　一组同一型号滚动轴承在同一条件下运转,有________%的轴承在发生疲劳点蚀前能够达到或超过的寿命,称为基本额定寿命。

【题 7.38】 一组同一型号滚动轴承在同一条件下运转，有 90% 的轴承在__________前能够达到或超过的寿命，称为基本额定寿命。

【题 7.39】 一组同一型号滚动轴承在______条件下运转，有 90% 的轴承在发生疲劳点蚀前能够达到或超过的寿命，称为基本额定寿命。

【题 7.40】 当____________时，轴承所能承受的载荷，称为基本额定动载荷。

【题 7.41】 由于向心轴承的基本额定动载荷是在__________载荷下通过试验得到的，因而称为径向基本额定动载荷。

【题 7.42】 由于推力轴承的基本额定的载荷是在________载荷下通过试验得到的，因而称为轴向基本额定动载荷。

【题 7.43】 考虑到滚动轴承工作中的____________，会使__________，故引入载荷系数。

【题 7.44】 考虑到滚动轴承在温度________工作时，基本额定动载荷会________，故引入温度系数。

【题 7.45】 对于向心轴承，当 $F_a/F_r<e$ 时，可以忽略______________。

【题 7.46】 为了使角接触向心轴承的内部轴向力得到平衡，以免轴向窜动，通常这种轴承要____________。

【题 7.47】 通常向心角接触轴承要成对使用，对称安装，是为了使____________。

【题 7.48】 滚动轴承的润滑剂可以是__________、__________或__________。

【题 7.49】 滚动轴承浸油润滑时，油面高度应__________，以免__________和__________。

【题 7.50】 脂润滑因____________，且____________，故便于密封和维护。

【题 7.51】 油润滑的优点是____________，并能____________，主要用于__________或____________的轴承。

【题 7.52】 轴承部件的固定方式主要有________、________和____________。

【题 7.53】 在滚动轴承的组合设计中，对于工作温度变化不大的短轴，宜采用__________的固定方式。

【题 7.54】 在滚动轴承的组合设计中，两端固定方式适用于______________。

【题 7.55】 当在轴承组合设计中采用深沟球轴承做两端固定方式时，通常在__________留出热补偿间隙 $C=$__________ mm。

【题 7.56】 在滚动轴承组合设计中，对于温度变化较大的长轴，宜采用__________的固定方式。

【题 7.57】 在滚动轴承的组合设计中，一端固定、一端游动的固定方式，适合于______________。

【题 7.58】 选择滚动轴承的密封方法时，应考虑__________、__________、__________、______________等因素。

【题 7.59】 在设计轴承组合时，应考虑__________，以至于进行该工作时不会损坏轴承和其他零件。

【题 7.60】 在进行轴承组合设计时，应考虑有利于轴承装拆，以便在装拆过程中________________。

【题7.61】 在设计轴承组合时，为便于拆卸轴承内圈，固定内圈的轴肩高度应适当，以便放置拆卸工具的____________。

【题7.62】 在设计轴承组合时，为便于拆卸轴承外圈，应留出____________，或在壳体上做出放置____________。

【题7.63】 在轴承部件设计中，应考虑轴承的装拆，避免______________，还应避免__________。

【题7.64】 轴承组合位置调整的目的是______________________________。

【题7.65】 滚动轴承可按速度因数 dn 值来选择润滑，dn 值间接地反映了__________________，当 $dn<$__________________时，一般采用__________润滑，超过这一范围时宜采用__________。

【题7.66】 当 $dn>$__________时，滚动轴承宜采用油润滑。润滑油的黏度可按________和________选取。

三、问答题

【题7.67】 什么是滚动轴承的极限转速？

【题7.68】 简述滚动轴承的组成及各组成元件的作用。

【题7.69】 简述滚动轴承各组成元件的材料和热处理方式。

【题7.70】 什么是滚动轴承的角偏差？

【题7.71】 什么是滚动轴承的寿命？

【题7.72】 什么是滚动轴承寿命的可靠度？

【题7.73】 什么是滚动轴承的接触角？

【题7.74】 当转速很高而轴向载荷不太大时，通常不用推力球轴承而用深沟球轴承来承受纯轴向载荷。为什么？

【题7.75】 调心轴承具有什么特性？为什么？

【题7.76】 试说明轴承是如何生成疲劳破坏的？

【题7.77】 滚动轴承如何形成永久变形的？

【题7.78】 什么是滚动轴承的不正常失效？怎么产生的。

【题7.79】 某深沟球轴承受纯径向载荷 F_r 的作用，试绘制径向载荷的分布图。

【题7.80】 什么是滚动轴承的基本额定寿命？

【题7.81】 什么是滚动轴承的基本额定动载荷？

【题7.82】 试说明基本额定寿命 $L(10^6\mathrm{r})$ 与基本额定动载荷 $C(\mathrm{N})$、当量动载荷 $P(\mathrm{N})$之间的关系。

【题7.83】 什么是当量动载荷？

【题7.84】 为什么要引入当量动载荷？

【题7.85】 如何计算当量动载荷？

【题7.86】 什么是角接触向心轴承的内部轴向力？

【题7.87】 简述计算角接触向心轴承的轴向载荷的原理。

【题7.88】 什么是角接触向心轴承的压力中心？其位置如何度量？简化计算时如何处理？

【题7.89】 在进行轴承的组合设计时，要解决哪些问题？

【题7.90】 什么是轴承的两端固定方式？

【题7.91】 什么是轴承组合设计中的一端固定、一端游动方式？

【题7.92】 轴承组合设计的一端固定、一端游动方式适用于什么场合？为什么？

【题7.93】 轴承的两端固定方式适用于什么场合？为什么？如何保障？

【题7.94】 滚动轴承润滑的目的是什么？

【题7.95】 如何选择滚动轴承的润滑剂？

【题7.96】 滚动轴承浸油润滑时，如何确定油面高度？为什么？

【题7.97】 脂润滑的优点是什么？

【题7.98】 油润滑有哪些优点？

【题7.99】 简述毛毡圈密封的适用场合。

【题7.100】 简述唇形密封圈密封的适用场合。

【题7.101】 简述间隙密封的适用场合。

【题7.102】 简述迷宫式密封的适用场合。

【题7.103】 简述迷宫式密封的工作原理。

【题7.104】 简述毛毡圈密封的工作原理。

【题7.105】 简述间隙密封的工作原理。

【题7.106】 如果滚动轴承极限转速不能满足要求，可采用哪些措施？（要求答出3项）

【题7.107】 与滑动轴承相比，滚动轴承具有哪些优点和缺点？

【题7.108】 试比较深沟球轴承和圆柱滚子轴承（无挡边）的共同点和差异。

【题7.109】 试比较角接触球轴承和圆锥滚子轴承的共同点和差异。

【题7.110】 试比较调心球轴承和调心滚子轴承的共性和差异。

【题7.111】 试说明滚动轴承代号62203的含义。

【题7.112】 试说明滚动轴承代号7312AC/P6的含义。

【题7.113】 试说明滚动轴承代号7210B的含义。

【题7.114】 试说明滚动轴承代号7005C的含义。

【题7.115】 试说明滚动轴承代号32310B的含义。

【题7.116】 试说明滚动轴承代号N207E的含义。

【题7.117】 试说明滚动轴承代号NF207的含义。

【题7.118】 简述有骨架唇形密封圈密封的工作原理。

【题7.119】 在设计轴承组合时，如何考虑轴承的拆卸？

【题7.120】 试回答图7.7中垫片1和垫片2的作用。

【题7.121】 简述调整轴承间隙的方法。

【题7.122】 举例说明什么是轴承组合位置调整。

【题 7.123】　在齿轮减速器中,滚动轴承的润滑选用油润滑还是应该选用脂润滑,选择的依据一般是什么?

【题 7.124】　请问滚动轴承 23208 的内径是多少?

【题 7.125】　简述滚动轴承的主要类型、特性和应用。

【题 7.126】　分别结合轴承工作时:(1)转动;(2)不转动、低速或摆动;(3)高速转动等不同工况,说明滚动轴承的主要失效形式是什么? 针对各种失效形式应进行何种计算?

【题 7.127】　滚动摩擦导轨中,滚动体的直径对滚珠导轨的承载能力和接触刚度方面有什么影响?

【题 7.128】　以下滚动轴承根据工作要求主要进行哪些计算?

(1)用于支承 $n>10\ 000$ r/min 的高速磨头轴的滚动轴承。

(2)$n<10$ r/min 的起重均衡轮轴轴承。

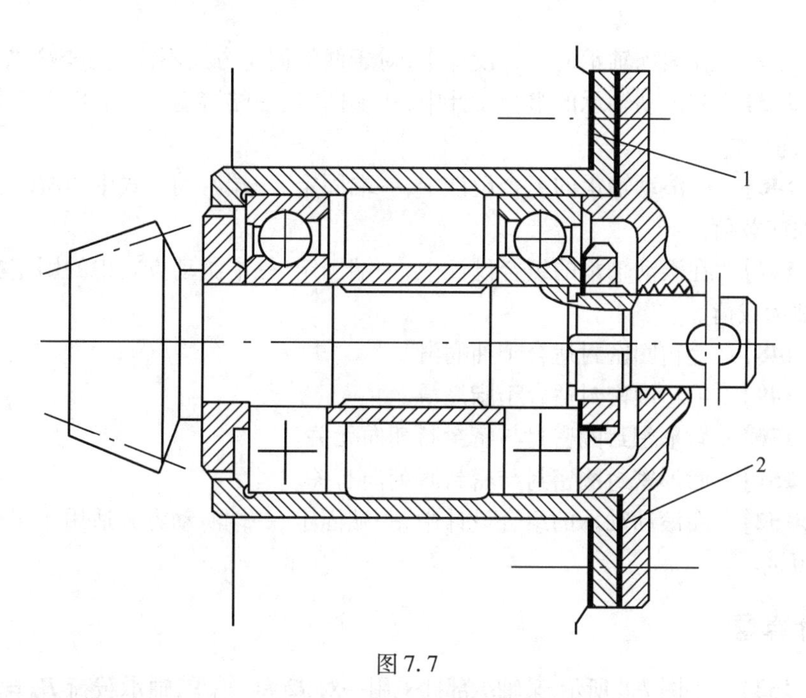

图 7.7

四、判断题

【题 7.129】　接触角越大,轴承承受轴向载荷的能力越大。

【题 7.130】　接触角越大,轴承承受径向载荷的能力越大。

【题 7.131】　滚动轴承类型代号只能用数字表示。

【题 7.132】　滚动轴承 6065 的数字 0 为宽度系列代号。

【题 7.133】　滚动轴承 6203 的轴承内径 $d=3\times5$ mm = 15 mm。

【题 7.134】　正常工作的滚动轴承的主要失效形式有疲劳点蚀、永久变形、早期磨损、胶合等。

【题 7.135】　受纯径向载荷作用的深沟球轴承,其半圈滚动体不承载,而另半圈的各滚动体承受不同的载荷。

【题 7.136】 对于一个具体的滚动轴承,可以预知其确切的寿命。

【题 7.137】 在相同条件下运转的同一型号的一组轴承中的各个轴承的寿命相同。

【题 7.138】 对于一个具体的滚动轴承,很难预知其确切的寿命。

【题 7.139】 轴承寿命曲线表示轴承的寿命与可靠性之间的关系。

【题 7.140】 在计算向心角接触轴承的轴向载荷 F_a 时,还应考虑由径向载荷 F_r 产生的内部轴向力 F_S。

【题 7.141】 在滚动轴承的组合设计中,两端固定方式适用于工作温度变化不大的短轴。

【题 7.142】 在滚动轴承的组合设计中,两端固定方式适用于工作温度变化较大的长轴。

【题 7.143】 在滚动轴承的组合设计中,两端固定方式中的一个支点可限制轴的双向移动。

【题 7.144】 在滚动轴承的组合设计中,对于两端固定方式不需留出热补偿间隙。

【题 7.145】 在滚动轴承的组合设计中,一端固定、一端游动方式适用于工作温度变化较大的长轴。

【题 7.146】 在滚动轴承的组合设计中,一端固定、一端游动方式中的游动支点不能承受双向轴向载荷。

【题 7.147】 在滚动轴承的组合设计中,一端固定、一端游动方式中的固定支点只能承受单向轴承载荷。

【题 7.148】 毛毡圈密封适合于油润滑。

【题 7.149】 毛毡圈密封适合于脂润滑。

【题 7.150】 唇形密封圈密封与密封唇朝向无关。

【题 7.151】 唇形密封圈密封与密封唇朝向有关。

【题 7.152】 在滚动轴承的组合设计中,一端固定、一端游动方式适用于工作温度变化不大的短轴。

五、计算题

【题 7.153】 如图 7.8 所示,某轴承部件采用一对 7208C 轴承,轴承载荷 $F_{r1}=1\ 000$ N,$F_{r2}=2\ 060$ N,轴上轴的载荷 $F_A=880$ N,7208C 轴承的 $C_{0r}=20\ 500$ N,试求轴承内部轴向力和轴向载荷 F_{a1}、F_{a2}。($F_S=0.4F_r$)

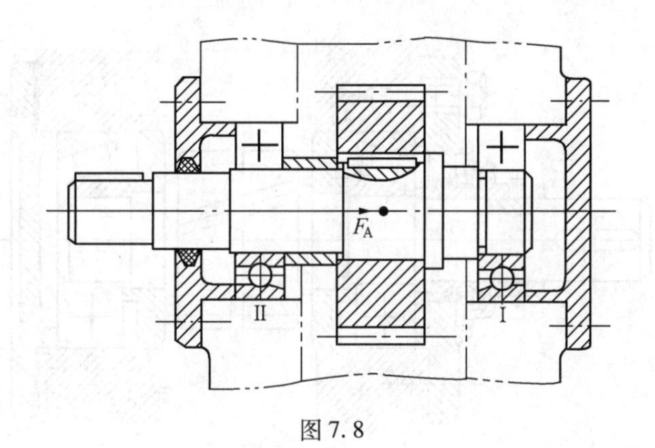

图 7.8

【题 7.154】 角接触球轴承当量动载荷的 X、Y 见表 7.2，已知 7208AC 轴承的径向载荷 $F_r=1\ 000$ N，轴向载荷 $F_a=2\ 280$ N，试求当量动载荷 P。

表 7.2　角接触球轴承当量动载荷的 X、Y

α	e	$\frac{F_a}{F_r}>e$		$\frac{F_a}{F_r}\leq e$	
		X	Y	X	Y
25°	0.68	0.41	0.87	1	0
40°	1.14	0.35	0.57	1	0

【题 7.155】 已知 7208AC 轴承的径向载荷 $F_r=2\ 600$ N，轴向载荷 $F_a=1\ 440$ N，试求当量动载荷 P。

【题 7.156】 深沟球轴承的当量动载荷的 X、Y 值见表 7.3，已知径向载荷 $F_r=2\ 300$ N，轴向载荷 $F_a=425$ N，深沟球轴承 6207 的径向额定静载荷 $C_{0r}=15\ 200$ N，试求当量动载荷 P。

表 7.3　深沟球轴承的当量动载荷的 X、Y 值

$\frac{12.3F_a}{C_{0r}}$	e	$F_a/F_r>e$		$F_a/F_r\leq e$	
		X	Y	X	Y
0.172	0.19	0.56	2.30	1	0
0.345	0.22		1.99		
0.689	0.26		1.71		
1.03	0.28		1.55		

【题 7.157】 已知深沟球轴承 6207 的转速 $n=2\ 900$ r/min，当量动载荷 $P=2\ 413$ N，载荷平稳，工作温度 $t<105$ ℃，要求使用寿命 $L_h=5\ 000$ h，径向基本额定动载荷 $C_r=25\ 500$ N，试校核轴承寿命。

【题 7.158】 图 7.9 所示某轴承部件，采用一对角接触轴承，左边轴承所承受的载荷 $F_{t1}=1\ 000$ N，右边轴承所承受的载荷 $F_{r2}=2\ 060$ N。轴上齿轮为主动齿轮，所受的轴向载荷 $F_A=880$ N。轴承的 $C_{0r}=20\ 500$ N，$F_S=0.4F_t$。试求两轴承所承受的轴向载荷 F_{a1}、F_{a2}。

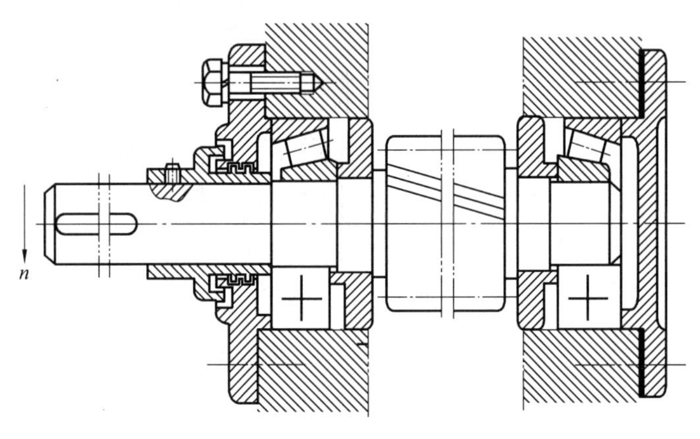

图 7.9

【题 7.159】 某轴由一对7308AC轴承面对面支撑安装,如图7.10所示,轴的正中部作用有径向载荷 $F=6\ 000$ N,轴的右端作用有轴向载荷 $F_A=1\ 000$ N,已知轴承载荷平稳(载荷系数 $f_P=1$),室温下工作($f_t=1$),轴承转速 $n=1\ 000$ r/min,试求:

(1)轴承1、2上的当量动载荷 P_1、P_2 为多少?

(2)轴承1、2的寿命 L_{h1} 和 L_{h2} 各为多少? $\left(L_h=\dfrac{10^6}{60n}\left(\dfrac{f_r C_r}{p}\right)^{\varepsilon}\right)$

附:7308AC 轴承,$C_r=39\ 200$ N,内力 $S=0.7R$,$e=0.7$

$A/R\leqslant e$ 时,$X=1$,$Y=0$

$A/R>e$ 时,$X=0.41$,$Y=0.87$

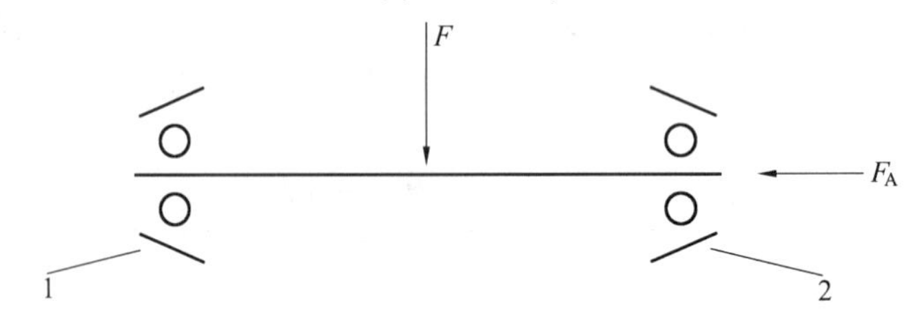

图 7.10

【题 7.160】 根据工作条件,决定在某传动轴上安装一对角接触向心球轴承,如图7.11。已知两个轴承的径向载荷分别为 $F_{r1}=1\ 470$ N、$F_{r2}=2\ 650$ N,外加轴向力 $F_{X1}=1\ 470$ N;轴颈直径 $d=40$ mm,转速 $n=5\ 000$ r/min;常温下运转,载荷中等冲击,$f_P=1.5$;试选择轴承型号,根据表7.4确定轴承寿命为多少小时(要求额定动载荷大于39.2 kN)。

表 7.4　向心轴承当量载荷的 X、Y 值

轴承类型	判断系数 e	$F_a/F_r>e$		$F_a/F_r\leqslant e$		内部轴向力计算公式
		X	Y	X	Y	
70000AC($\alpha=25°$)	0.68	0.41	0.87	1	0	$F_a=0.68F_r$
70000B($\alpha=40°$)	1.14	0.35	0.57	1	0	$F_a=1.14F_r$

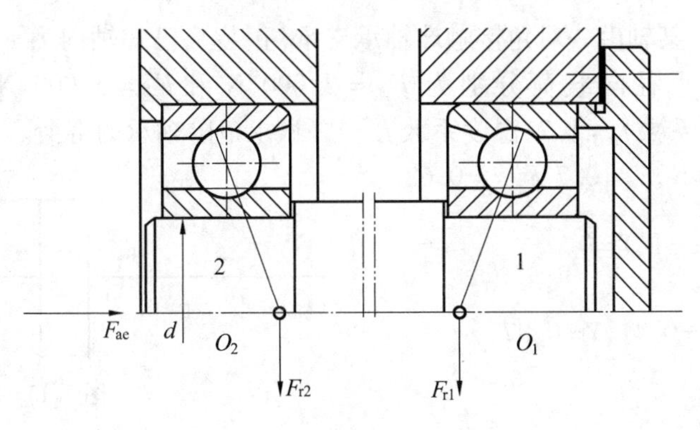

图7.11

【题7.161】　一工程机械传动装置中的锥齿轮轴，采用一对30207圆锥滚子轴承（基本额定动载荷 $C_r=54.2$ kN，基本额定静载荷 $C_{r0}=63.5$ kN 当量动载荷的 X、Y 值如表7.5所示）支承，背靠背的反装（图7.12）。已知作用于锥齿轮上的径向力 $F_R=5\ 000$ N，轴向力 $F_A=1\ 000$ N，其方向和作用位置如图7.12所示。轴的转速 $n=1\ 450$ r/min，运转中受轻微冲击（$f_P=1.2$），常温下工作（$f_t=1$），试求：

（1）轴承所受的径向载荷 F_{t1}、F_{t2}。

（2）轴承1、2附加轴向力 F_{S1}、F_{S2}，并在图中画出其方向。

（3）轴承所受的轴向载荷 F_{a1}、F_{a2}。

（4）轴承所受的当量动载荷 P_1、P_2。

（5）轴承的额定寿命 L_{h1}、L_{h2}。

表7.5　圆锥滚子轴承当量动载荷的 X、Y 值

30207E 轴承当量动载荷的 X、Y 值（GB/T 297—1994）				
$P_2/P_t \leqslant e$		$P_2/P_r > e$		0
$X=1$	$Y=0$	$X=0.4$	$Y=1.6$	0.37
轴承附加轴向力，$F_S=F_r/(2Y)$				

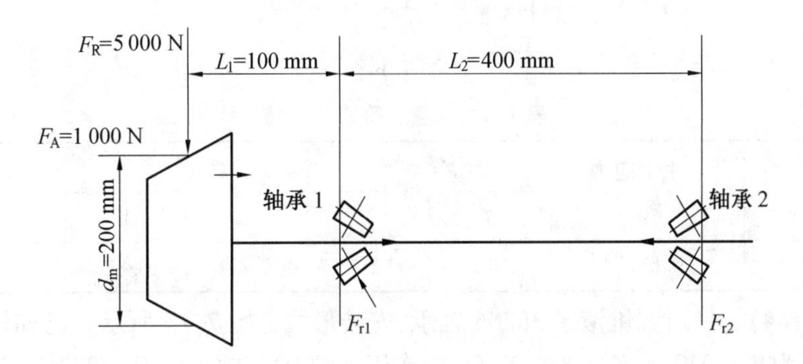

图7.12

【题 7.162】 某轴由一对角接触球轴承支承(正装),已知轴向力 $F_A=1\ 000$ N,如图 7.13 所示,两轴承径向载荷分别为 $F_{r1}=3\ 000$ N 和 $F_{r2}=5\ 000$ N,轴的转速 $n=1\ 450$ r/min,载荷系数 $f_P=1.2$,温度系数 $f_t=1$。试求危险轴承的寿命。

注:$C=25.2$ kN,$F_S=0.7F_r$,$e=0.68$

当 $\dfrac{F_a}{F_r}\leqslant e$ 时,$X=1$,$Y=0$

当 $\dfrac{F_a}{F_r}>e$ 时,$X=0.41$,$Y=0.87$

$$L_h=\frac{10^6}{60n}\left(\frac{f_tC}{P}\right)^{\varepsilon}$$

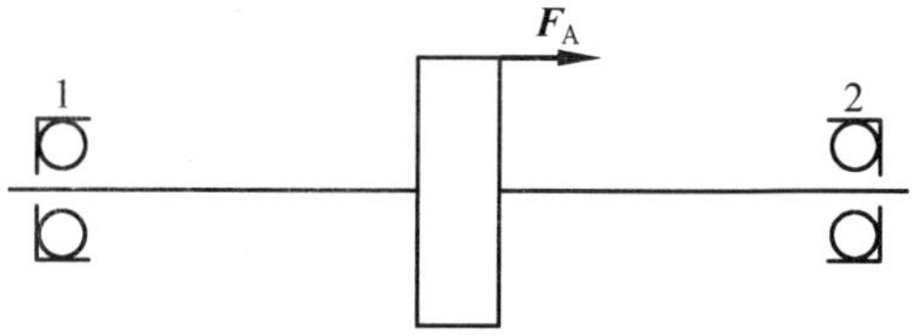

图 7.13

【题 7.163】 如图 7.14 所示,轴上装有一直齿锥齿轮 2 和一斜齿圆柱齿轮 3。轮 2 是从动轮(设力集中作用于 E 点)、轮 3 是主动轮(设力集中作用于 D 点)。在轴承 A、B 两处各用一个角接触球轴承 7208AC 支承。转速 $n=900$ r/min,转动方向如图 7.14 所示。设齿轮各分力的大小为:圆周力 $F_{t2}=2\ 000$ N,$F_{t3}=4\ 000$ N;径向力 $F_{r2}=200$ N,$F_{r3}=1\ 500$ N;轴向力 $F_{a2}=700$ N,$F_{a3}=1\ 000$ N。

(1)试计算轴承 A 和轴承 B 的支承反力;

(2)要求轴承寿命为 $L_{h'}=11\ 000$ h,试根据表 7.6 计算两轴承寿命是否足够?(取动载荷系数 $f_P=1.2$,温度系数 $f_t=1.0$)。

(已知 7208AC 轴承的 $C_r=35.2$ kN,$C_{0r}=24.5$ kN)

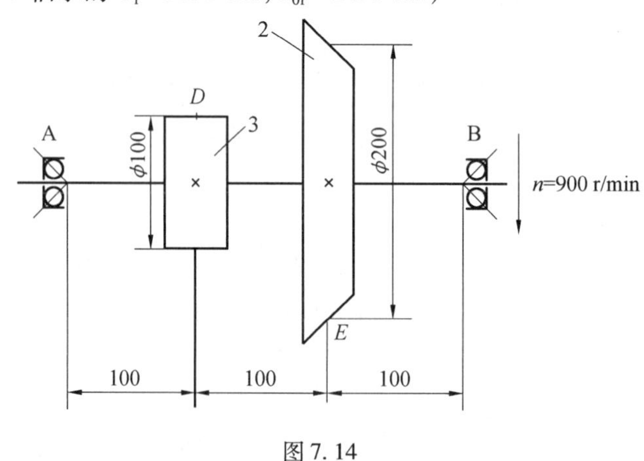

图 7.14

表 7.6　当量载荷的 X、Y 值

轴承类型	派生轴向力 F_d	$F_a/F_r\leqslant e$		$F_a/F_r>e$		判别系数
		X	Y	X	Y	e
7208AC	$0.68F_r$	1	0	0.41	0.87	0.68

【题 7.164】 一对圆锥滚子 30206 轴承,安装形式如图 7.15 所示。已知轴承 1、2 所受径向载荷为 $F_{r1}=970$ N,$F_{r2}=840$ N,F_A 为作用于轴上的轴向力,$F_A=237$ N,常温且载荷平稳,轴承附加轴向力 F_S 的计算式为 $F_S=F_r/2Y$,$Y=1.7$,$e=0.36$,试计算轴承 1、2 的当量

动载荷 P_1 和 P_2。如果已知轴的转速 $n=1\ 200$ r/min 轴承的预期寿命为 $L'_h=24\ 000$ h，$\varepsilon=10/3$，问该轴承能否满足要求？

所需参数如表7.7。

表7.7　当量载荷的 X、Y 值

轴承型号	$\frac{F_a}{F_r}>e$		$\frac{F_a}{F_r}\leq e$		基本额定动载荷 C/N
	X	Y	X	Y	
3206	0.4	1.7	1	0	24 800

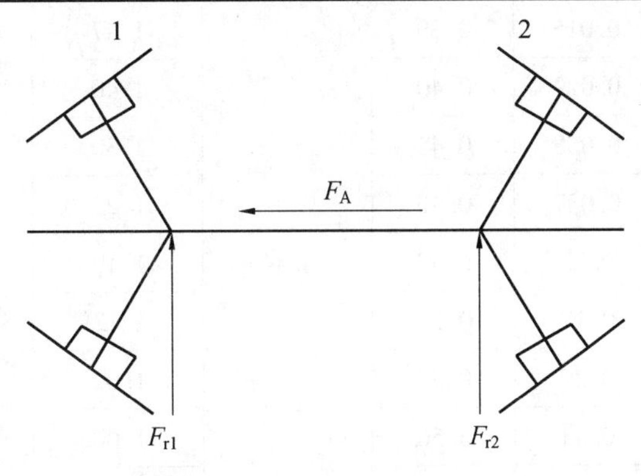

图7.15

【题7.165】　如图7.16所示，某传动轴上安装一对角接触向心球轴承，两个轴承受到的径向载荷分别为 $F_{r1}=1\ 650$ N 和 $F_{r2}=3\ 500$ N，外加轴向力 $F_{ae}=1\ 020$ N，若派生轴向力 $F_d=0.7F_r$，试计算两个轴承实际受到的轴向载荷 F_{a1} 和 F_{a2}。

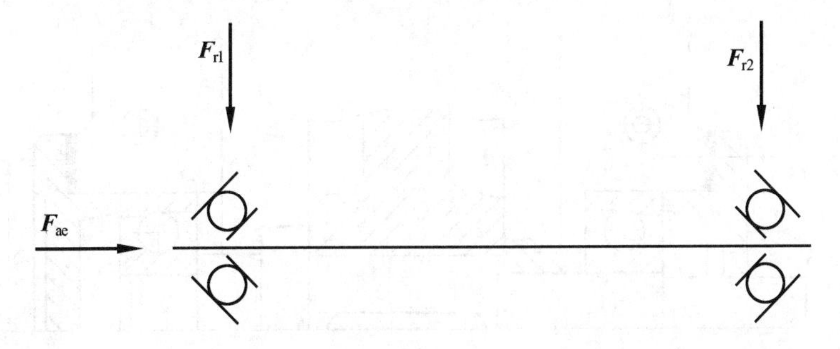

图7.16

【题7.166】　如图7.17所示，某轴系部件由7210AC型轴承支撑，轴承所受径向载荷为 $F_{r1}=3\ 000$ N，$F_{r2}=4\ 000$ N，传动件作用到轴上的轴向载荷为 $F_A=3\ 300$ N。两端轴承端盖均采用M8普通螺栓连接，螺纹小径 $d_1=6.647$，螺栓数量为 $z=6$，连接螺栓中心圆直径为 $D=120$ mm，初始预紧力为 $F'=1\ 500$ N。被连接件刚度为螺栓刚度的2倍，连接螺栓的许用应力为 $[\sigma]=100$ MPa。

(1)根据表7.8计算分析所用连接螺栓强度是否满足要求。

(2)分析说明可否将连接螺栓预紧力降为 $F'=500$ N。

(3)根据表7.9计算滚动轴承1的当量动载荷。

表 7.8 角接触轴承内部轴向力 F_S 的计算公式

轴承类型	角接触球轴承		
	7000 型 （$\alpha=15°$）	7000 型 （$\alpha=15°$）	7000 型 （$\alpha=15°$）
F_S	$0.4F_r$	$0.7F_r$	F_r

表 7.9 向心轴承当量动载荷的 X、Y 值

轴承类型		F_a/C_a	e	$F_a/F_r>c$		$F_a/F_r\leq c$	
				X	Y	X	Y
角接触球轴承	$\alpha=15°$	0.015	0.39	0.44	1.47	1	0
		0.029	0.40		1.40		
		0.058	0.43		1.30		
		0.087	0.46		1.23		
		0.12	0.47		1.19		
		0.17	0.50		1.12		
		0.29	0.55		1.02		
		0.44	0.56		1.00		
		0.58	0.56		1.00		
	$\alpha=25°$	—	0.68	0.41	0.87	1	0
	$\alpha=40°$	—	1.14	0.35	0.57	1	0

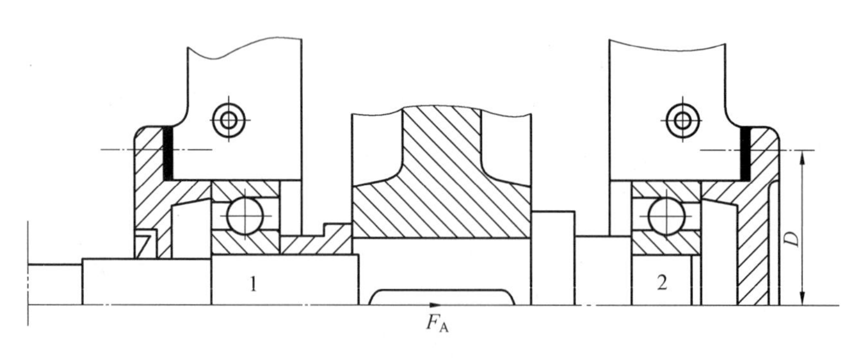

图 7.17

【题 7.167】 在某减速器中的一根轴上，选用两个 6205 型号的深沟球轴承支承。已知：轴承受的径向载荷 $F_{r1}=3\ 000$ N，$F_{r2}=4\ 000$ N，轴上零件的轴向载荷 $F_A=1\ 500$ N，轴承转速为 $n=100$ r/min，由轴承手册查得此轴承的基本额定动载荷 $C=10\ 800$ N，基本额定静载荷 $C_0=6\ 950$ N，载荷系数 $f_P=1.5$，温度系数 $f_T=1.0$，根据表 7.10 试求：

表 7.10　不同当量载荷的 X、Y 值

F_a/C_0	e	X	Y
0.056	0.26		1.71
0.084	0.28		1.55
0.11	0.30	0.56	1.45
0.17	0.34		1.31
0.28	0.38		1.15

(1)若采用图 7.18(a)的固定方式(即一端双向固定、一端游动)时,轴承的寿命是多少?

(2)若采用图 7.18(b)所示的两端单向固定的固定方式时,轴承的寿命是多少?

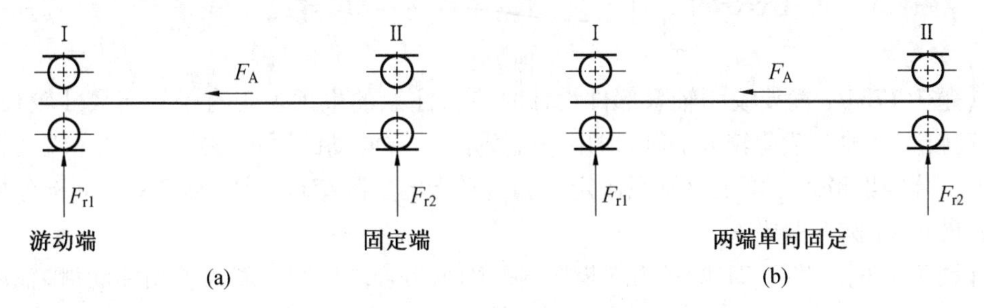

图 7.18

【题 7.168】　图 7.19 所示为一对斜齿轮传动,已知小齿轮的受力:圆周力 $F_T=2\ 920$ N,径向力 $F_R=1\ 110$ N,轴向力 $F_A=870$ N;小齿轮单向回转,转速为 $n_1=384$ r/min,方向如图所示;齿轮的参数为 $m_n=2.5$ mm,$z_1=17$,$\beta=16°35'52''$。高速轴由一对 30206 轴承支承,$l=50$ mm,$l_1=80$ mm,轴端的 V 带带轮压轴力 $F_B=1\ 120$ N。计算分析当该小齿轮的轮齿分别为左、右旋时,该轴左侧轴承的寿命有何不同。(计算中不考虑温度及冲击、振动对轴承寿命的影响)

附:由手册查得 30206 轴承 $C=43.3$ kN,$e=0.37$,当 $F_a/F_r>e$ 时,$X=0.4$,$Y=1.6$;当 $F_a/F_r\leqslant e$ 时,$X=1$,$Y=0$。该类型轴承的内部轴向力计算式为 $F_S=F_r/2Y$,Y 为 $F_a/F_r>e$ 时的值。

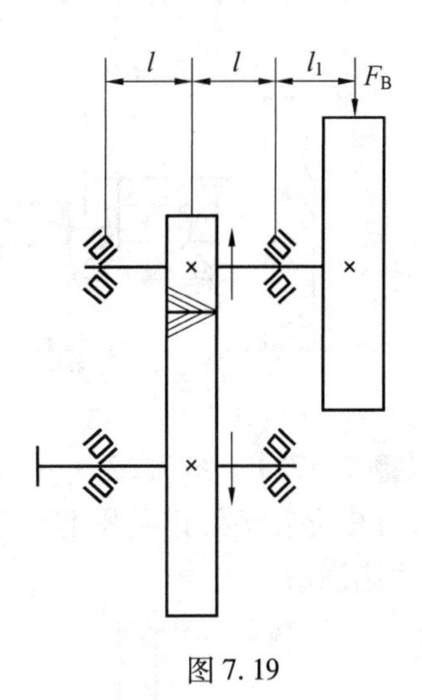

图 7.19

六、结构题

【题 7.169】　完成轴向曲路迷宫式密封结构图。

【题 7.170】　完成径向曲路迷宫式密封结构图。

【题 7.171】　完成间隙密封结构图。

【题 7.172】　完成有骨架密封圈防漏油密封结构图。

【题 7.173】　完成毛毡圈密封结构图。

【题 7.174】 试完成图 7.20 中的轴承组合。

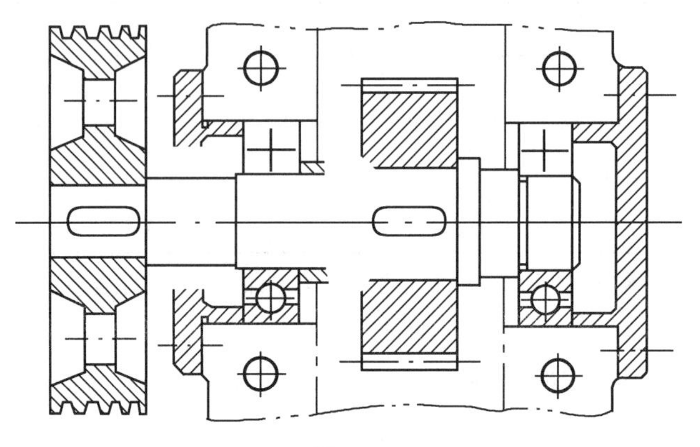

图 7.20

【题 7.175】 简要说明轴系部件设计时应该注意的事项。现有一轴向尺寸较长、工作温度较高且轴向载荷较大的轴,采用一端固定、一端游动的固定方式。该轴一端在箱体内,另一端伸出箱体。画出该轴系固定端和游动端的实际结构草图,轴系的中间部分可以省略,尺寸、比例不做要求。

【题 7.176】 图 7.21 所示为斜齿轮、轴、轴承组合结构图。斜齿轮用油润滑,轴承用脂润滑。试改正图中的错误,并画出正确结构图。

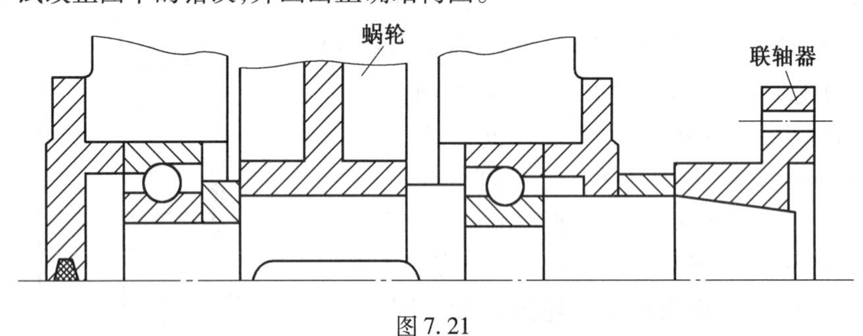

图 7.21

【题 7.177】 图 7.22 为一蜗杆轴、轴承组合设计,采用了一端固定、一端游动的方案,设计中存在多处错误和不合理结构,请指出该轴系的错误结构。(注:蜗杆用油润滑、轴承用脂润滑)。

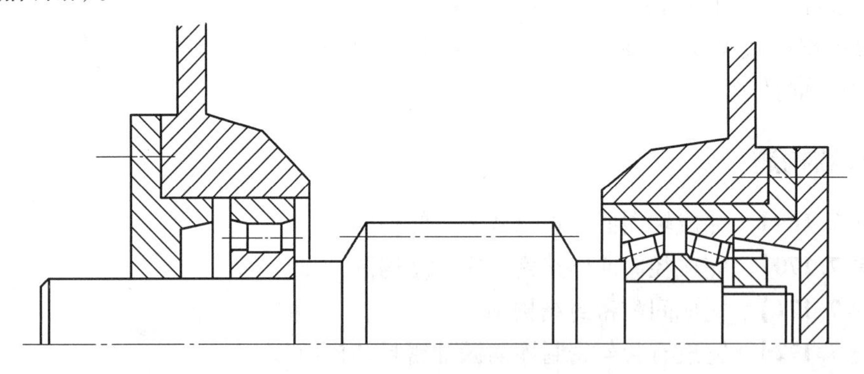

图 7.22 蜗杆轴、轴承组合设计

【题7.178】 试根据图7.23所示轴系部件简图,设计其装配结构图,要求考虑:

(1)斜齿轮在轴上的定位和固定。

(2)半联轴器在轴上的定位和固定。

(3)轴承采用一对角接触球轴承、正装、轴系支承采用两端固定的方式。

(4)轴承的轴向间隙可调整。

(5)轴伸出端需要密封。

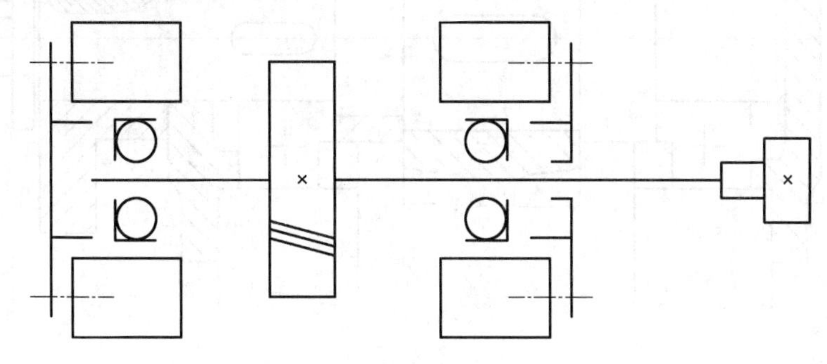

图7.23

【题7.179】 已知一台闭式一级直齿圆柱齿轮减速器,其输入轴设计成小齿轮与轴一体的齿轮轴结构形式,小齿轮齿宽64 mm,支撑该齿轮轴的轴承为一对6209型轴承,两轴承支点间的跨距为130 mm,轴承润滑方式为脂润滑,外部环境清洁,工作温度小于80°;减速器机座和机盖设计成分箱式结构,齿轮传动的中心线位于箱面内。试在图7.24画出该一级直齿圆柱齿轮减速器的输入轴轴系部件结构图。

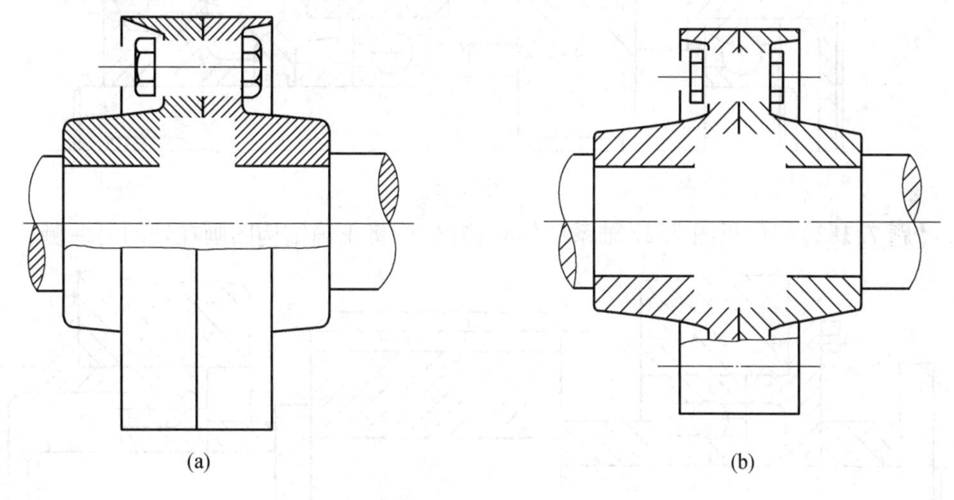

图7.24

【题7.180】 图7.25所示为某蜗杆减速器中蜗轮轴系装配方案图,其中蜗轮用油润滑,轴承用脂润滑。为保证轴上零件得到正确的定位和固定,方便装拆,并且有良好的润滑与密封,试分别用序号①、②、…指出图中结构错误,并说明错误原因。

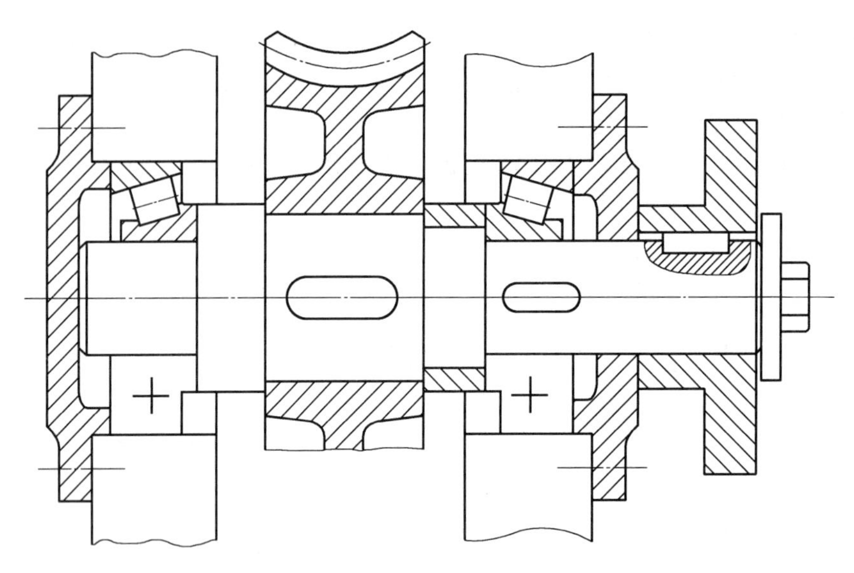

图 7.25

【题 7.181】 指出图 7.26 中轴系结构的 8 处错误,并简要说明其不合理的原因。(注:不考虑轴承的润滑方式,倒角和圆角忽略不计)(画出对应的正确结构图,并用序号表示出改正之处,说明需要改正的理由。)

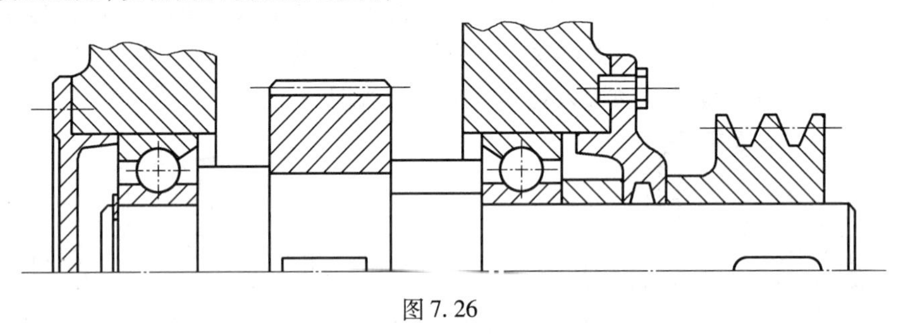

图 7.26

【题 7.182】 如果图 7.27 轴系结构有错误,请将正确结构图画在轴的另一侧。

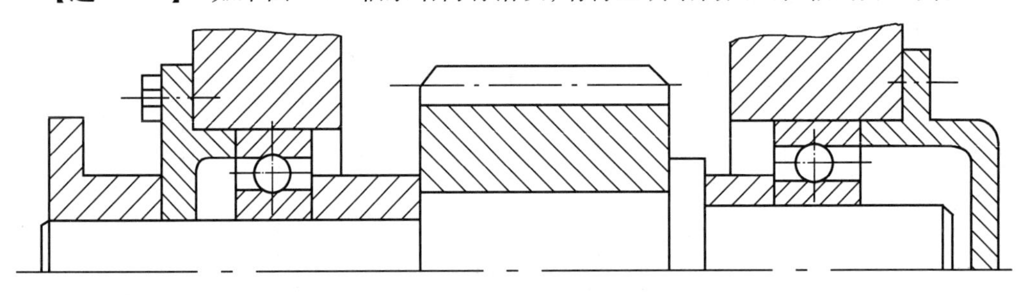

图 7.27

【题 7.183】 以角接触球轴承为例,在下表 7.11 中画出不同安装形式,两种工作零件位置(悬伸端及两轴承间)情况下的轴系布置简图,并在简图上标出支点位置,作用力位置,支点距离,力作用点到支承的距离;分别对工作零件两种位置情况下在不同安装形式时,轴在工作零件处的刚性进行比较。

表7.11　安装形式

安装形式	工作零件(作用力)位置	
	悬伸端	两轴承间
正安装		
反安装		
刚性比较		

【题7.184】　请画出双向推力球轴承的结构简图。

【题7.185】　如图7.28所示轴系结构,按示例所示,编号指出其他错误(不少于7处)。(注:不考虑轴承的润滑方式以及图中的倒角和圆角)。

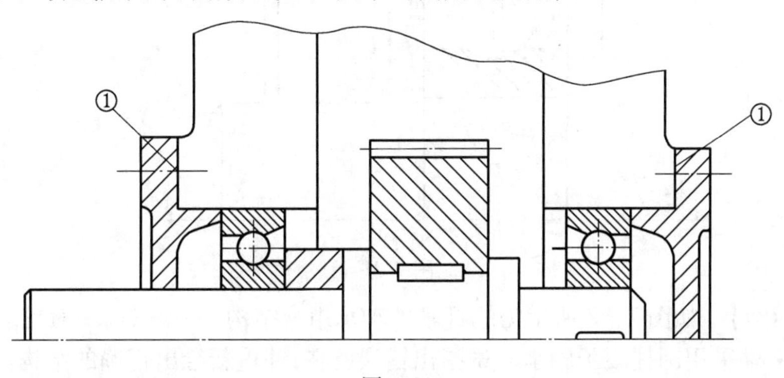

图7.28

示例:① 缺少调整垫片

【题7.186】　如图7.29所示,某传动中间轴系采用一端游动、一段固定结构,已知固定端和游动端支承均采用深沟球轴承,试完成相应轴系结构设计。省略中间传动件结构。

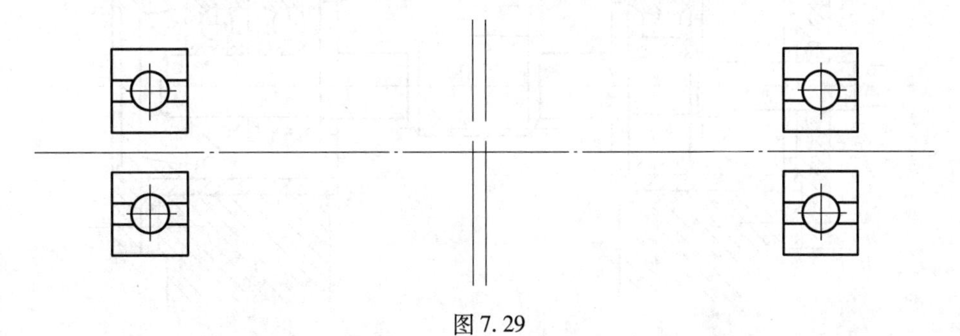

图7.29

【题 7.187】 图 7.30 所示为 6 级精度齿轮轴轴系的结构,轴承和齿轮均采用油润滑。分析说明图中标示处的结构错误,并绘制出正确的结构图(在答题纸上重新绘制)。

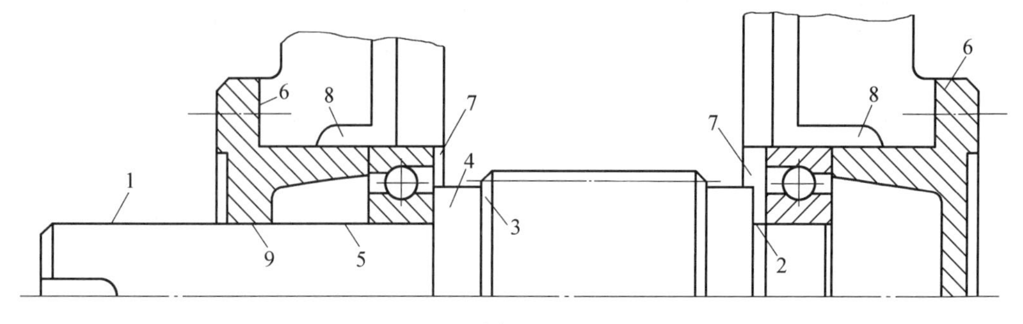

图 7.30

【题 7.188】 如图 7.31 所示,若减速器输出轴端采用有骨架密封圈防漏油密封结构,轴承端盖为凸缘式,请按照上述要求,将密封结构补充完整。

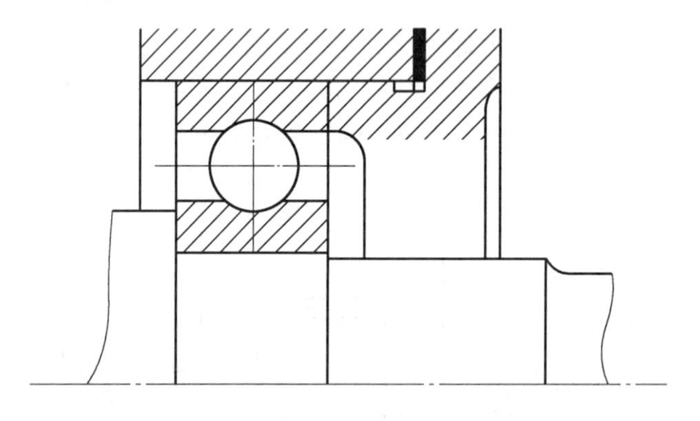

图 7.31

【题 7.189】 如图 7.32 所示为蜗杆轴的轴承组合结构,一端采用一对正装的角接触球轴承,另一端采用圆柱滚子轴承。试指出错误所在,并重新绘出正确的结构。

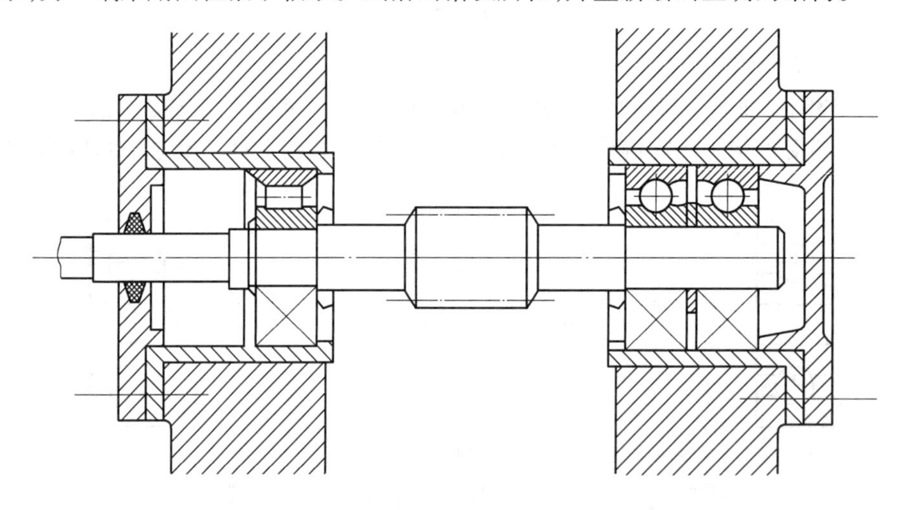

图 7.32

【题 7.190】　已知蜗轮蜗杆减速机的蜗杆下置，采用圆柱滚子和角接触球轴承组合的一端固定一端游动支撑方案，轴承采用浸油润滑，要求环境清洁，如图 7.33 所示。请用编号指出图中结构不合理或错误的地方，指出 5 处即可，同类错误按一处计分，多指不计分，并简要说明原因，然后在答题纸上画出整个轴系部件的正确结构。

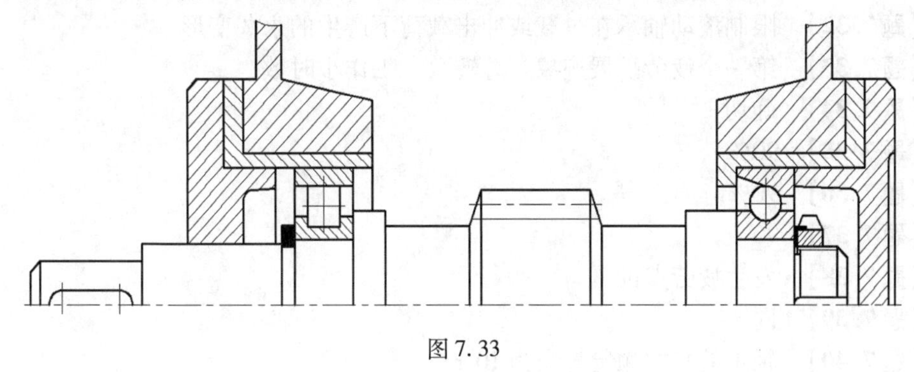

图 7.33

7.4　精选习题答案

一、单项选择题

【题 7.1】 A　【题 7.2】 C　【题 7.3】 B　【题 7.4】 B　【题 7.5】 C　【题 7.6】 B
【题 7.7】 B　【题 7.8】 B　【题 7.9】 D　【题 7.10】 B　【题 7.11】 C

二、填空题

【题 7.12】　12
【题 7.13】　20
【题 7.14】　内圈　外圈　滚动体　保持架
【题 7.15】　把滚动体均匀地隔开
【题 7.16】　内外滚道为较深的沟槽
【题 7.17】　前置代号　基本代号　后置代号
【题 7.18】　类型代号　尺寸系列代号　内径代号
【题 7.19】　类型　数字　字母
【题 7.20】　宽度系列
【题 7.21】　直径系列
【题 7.22】　内径　轴承公称内径尺寸
【题 7.23】　疲劳破坏　永久变形
【题 7.24】　在滚动体与滚道接触处存在着接触角，公称接触角 $0° < \alpha \leq 45°$
【题 7.25】　减小摩擦　减轻磨损
【题 7.26】　防止灰尘、水分等进入轴承　阻止润滑剂的流失
【题 7.27】　接触式密封　非接触式密封

【题 7.28】 高的硬度　高的接触疲劳强度　良好的耐磨性　良好的冲击韧性
【题 7.29】 轴向载荷
【题 7.30】 疲劳点蚀　寿命
【题 7.31】 脉动　接触
【题 7.32】 限制滚动轴承在过载或冲击载荷下产生的永久变形
【题 7.33】 第一个疲劳扩展迹象　总转数　工作小时数
【题 7.34】 确切
【题 7.35】 90%
【题 7.36】 90%
【题 7.37】 90
【题 7.38】 发生疲劳点蚀
【题 7.39】 同一
【题 7.40】 轴承的基本额定寿命为 10^6r
【题 7.41】 纯径向
【题 7.42】 纯轴向
【题 7.43】 冲击和振动　轴承寿命降低
【题 7.44】 高于 105 ℃　有所降低
【题 7.45】 轴向载荷 F_a 的影响
【题 7.46】 成对使用、对称安装
【题 7.47】 轴承的内部轴向力得到平衡,以免轴向窜动
【题 7.48】 润滑脂　润滑油　固体润滑剂
【题 7.49】 不超过最低滚动体的中心　产生过大的搅油损耗　热量
【题 7.50】 脂润滑不易流失　一次充填脂润滑可运转较长时间
【题 7.51】 摩擦阻力小　散热　高速　工作温度较高
【题 7.52】 两端固定　一端固定、一端游动　两端游动
【题 7.53】 两端固定
【题 7.54】 工作温度变化不大的短轴
【题 7.55】 轴承盖与外圈端面之间　0.25 ~ 0.35
【题 7.56】 一端固定、一端游动
【题 7.57】 工作温度变化较大的长轴
【题 7.58】 润滑种类　工作环境　温度　密封表面的圆周速度
【题 7.59】 轴承装拆
【题 7.60】 不至于损坏轴承和其他零件
【题 7.61】 钩头
【题 7.62】 拆卸高度　拆卸螺钉的螺孔
【题 7.63】 在装拆过程中损坏轴承和其他零件　无法拆卸轴承
【题 7.64】 使轴上零件具有准确的工作位置
【题 7.65】 轴颈的圆周速度　$(1.5 \sim 2)\times10^5$(mm · r)/min　脂　油润滑

【题7.66】 $(1.5\sim2)\times10^5(\mathrm{mm\cdot r})/\mathrm{min}$ 轴承的速度因数 dn 工作温度 t

三、问答题

【题7.67】【答】 滚动轴承在一定载荷和润滑的条件下,允许的最高转速,称为极限转速。

【题7.68】【答】 滚动轴承一般是由内圈、外圈、滚动体和保持架组成。内外圈上有滚道,当转动时,滚动体将沿着滚道滚动。保持架的作用是把滚动体均匀地隔开。

【题7.69】【答】 滚动体与内外圈的材料一般用含铬合金钢,热处理硬度为61~65 HRC。保持架一般用低碳钢,而高速轴承的保持架多采用有色金属或塑料。

【题7.70】【答】 当滚动轴承的内外圈中心线发生相对倾斜时,其倾斜角称为角偏差。

【题7.71】【答】 滚动轴承的寿命是指某个套圈或滚动体的材料出现第一个疲劳迹象扩展前,一个套圈相对于另一套圈的总转数,或在某一转速下的工作小时数。

【题7.72】【答】 一组相同的滚动轴承能够达到或超过规定寿命的百分率,称为轴承寿命的可靠度。

【题7.73】【答】 滚动体与外圈滚道接触点的法线与垂直于轴承轴心线的平面之间的夹角,称为接触角。

【题7.74】【答】 对于推力球轴承,因高速时,滚动体离心力大,与保持架摩擦发热严重,寿命较低,而深沟球轴承有较深的滚道,可承受轴向力,故当转速很高、轴承载荷不太大时,不用推力球轴承,而用深沟球轴承。

【题7.75】【答】 调心轴承具有调心性能。因调心轴承的外圈滚道表面是以轴承中点为中心的球面,故能调心。

【题7.76】【答】 轴承转动时,滚动体与滚道接触表面受到按脉动循环变化的接触应力的反复作用,首先在滚动体或滚道的表面下一定深度处产生疲劳裂纹,继而进行扩展到表面,形成疲劳点蚀。

【题7.77】【答】 当轴承转速很低或间歇摆动时,在很大的静载荷或冲击载荷作用下,使滚动体和滚道接触处产生永久变形,滚道表面形成凹坑,滚动体表面变平。

【题7.78】【答】 由于使用维护和保养不当,或密封润滑不良等因素,而引起轴承早期磨损、胶合、内外圈和保持架损坏等不正常失效。

【题7.79】【答】 径向载荷的分布图如图7.34所示。

【题7.80】【答】 一组同一型号滚动轴承在同一条件下运转,其可靠度为90%时,能达到或超过的寿命,称为基本额定寿命。

【题7.81】【答】 当一套轴承进入运转、工作温度在100 ℃以下,并且基本额定寿命为10^6r时,轴承所能承受的最大载荷,称之为基本额定动载荷。

【题7.82】【答】 三者之间的关系为$L=\left(\frac{C}{P}\right)^{\varepsilon}$,其中$\varepsilon$为寿命指数,对于球轴承,$\varepsilon=3$,对于滚子轴承,$\varepsilon=10/3$。

【题7.83】【答】 当量动载荷为与试验条件相同的假想载荷,在该载荷作用下,轴承具有与实际载荷作用下相同的寿命。

【题7.84】【答】 基本额定动载荷是在纯径向或纯轴向载荷下确定的,而实际载荷通常是既有径向载荷又有轴向载荷,因此,只有将实际载荷换算成与试验条件相同的载荷后,才能和基本额定动载荷进行比较。

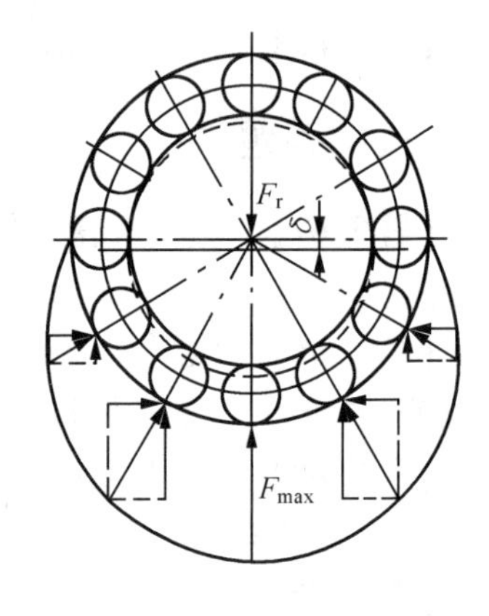

图7.34

【题7.85】【答】 当量动载荷的计算公式为 $P=XF_r+YF_a$,式中 F_r、F_a 分别为径向载荷和轴向载荷,X、Y 分别为径向载荷系数和轴向载荷系数。

【题7.86】【答】 由于向心角接触轴承滚动体与外圈滚道间存在接触角,当它承受径向载荷时,受载滚动体将产生轴向分力,各滚动体的轴向分力之和,即为轴承的内部轴向力。

【题7.87】【答】 把轴和内圈视为一体,并以它为分离体,依照轴承部件的固定方式,考虑轴系的轴向力平衡,即可确定各轴承的轴向载荷。

【题7.88】【答】 角接触向心轴承的支反力作用点即为轴承的压力中心。用轴承外圈宽边端面到压力中心的距离 a 来度量,a 可由轴承样本查得。简化计算时,通常取轴承宽度中点为支反力作用点。

【题7.89】【答】 在进行轴承的组合设计时,要解决的问题有:①轴承的轴向固定;②轴承的配合;③调整;④轴承的装拆;⑤润滑与密封。

【题7.90】【答】 在轴的两个支点中,每个支点各限制轴的单向移动,两个支点合起来能限制轴的双向移动,就是轴承的两端固定方式。

【题7.91】【答】 这种固定方式是对一个支点进行双向固定,以承受双向轴向力,而另一个支点可做轴向自由游动。

【题7.92】【答】 适用于工作温度变化较大的长轴。因工作温度变化较大的长轴的伸长量较大,故需要游动支点。

【题7.93】【答】 适用于工作温度变化不大的短轴。因轴的伸长量较小,可用预留热补偿间隙的方法补偿轴的热伸长。

【题7.94】【答】 滚动轴承润滑的主要目的是减小摩擦与减轻磨损,若在滚动接触处能部分形成油膜,还能吸收振动,降低工作温度和噪声。

【题7.95】【答】 可按速度因数 dn 值来选择润滑剂。当 $dn<(1.5\sim2)\times10^5$ mm · r/min时,通常采用脂润滑;当超过时,宜采用油润滑。润滑油的黏度可按速度因数 dn 和工作温度 t 来确定。

【题7.96】【答】 浸油润滑时,油面高度应不超过最低滚动体的中心,以免产生过大的搅油损耗和热量。

【题7.97】【答】 脂润滑便于密封和维护,因润滑脂不易流失,且一次填充润滑脂可运转较长时间。

【题7.98】【答】 油润滑的优点是比脂润滑摩擦阻力小,并能散热。如滚动接触部分形成油膜,还能吸收振动,降低噪声。

【题7.99】【答】 毛毡圈密封的适用场合:脂润滑、环境清洁、轴颈圆周速度 $v\leqslant$ 4~5 m/s、工作温度 $t\leqslant 90$ ℃。

【题7.100】【答】 唇形密封圈密封的适用场合:脂或油润滑、轴颈圆周速度 $v\leqslant$ 7 m/s、工作温度为-40~100 ℃。

【题7.101】【答】 间隙密封的适用场合:脂润滑、干燥清洁环境。

【题7.102】【答】 迷宫式密封的适用场合:脂润滑或油润滑、工作温度不高于密封用脂的滴点。

【题7.103】【答】 迷宫式密封的工作原理:通过将旋转件与静止件之间的间隙做成迷宫形式,增加间隙的长度,并在间隙中充填润滑油或润滑脂,以加强密封效果。

【题7.104】【答】 毛毡圈密封的工作原理:矩形断面的毛毡圈安装在轴承盖的梯形槽中,毛毡受梯形槽的侧面的压力而压紧在轴上,从而起到密封作用。

【题7.105】【答】 间隙密封的工作原理:靠轴与轴承盖间的间隙密封,间隙越小越长,效果越好。通常采取密封间隙 $\delta=0.1\sim0.3$ mm。

【题7.106】【答】 如果滚动轴承极限转速不能满足要求,可采取的措施有:提高轴承精度,适当加大间隙,改善润滑和冷却条件,选用青铜保持架等。

【题7.107】【答】 与滑动轴承相比,滚动轴承具有摩擦阻力小、起动灵敏、效率高、润滑简便和易于互换等优点。它的缺点是抗冲击能力较差,高速时出现噪声,工作寿命也不及液体摩擦的滑动轴承。

【题7.108】【答】 深沟球轴承:主要承受径向载荷,同时也能承受一定量的轴向载荷,轴承能力较低,极限转速高,允许的角偏差较大,价格较低。

圆柱滚子轴承(无挡边):只能承受径向载荷,不能承受轴向载荷,承载能力较大,极限转速较低,允许角偏差较小,内外圈可分离,价格较高。

【题7.109】【答】 共同点:能同时承受径向、和单方向轴向联合载荷,成对使用。

差异:角接触球轴承的承载能力较小,极限转速较高,允许的角偏差较大,不能分离,价格较低。圆锥滚子轴承的承载能力较大,极限转速较低,允许角偏差较小,内外圈可分离,价格较高。

【题7.110】【答】 共同点:都具有调心性能,都能承受较大的径向载荷和少量的轴向载荷。

【题7.111】【答】

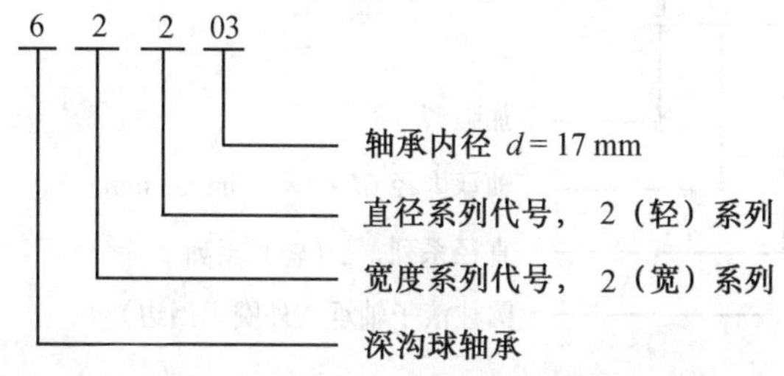

差别:球轴承的承载能力较小,极限转速较高,价格较低。

【题 7. 112】【答】

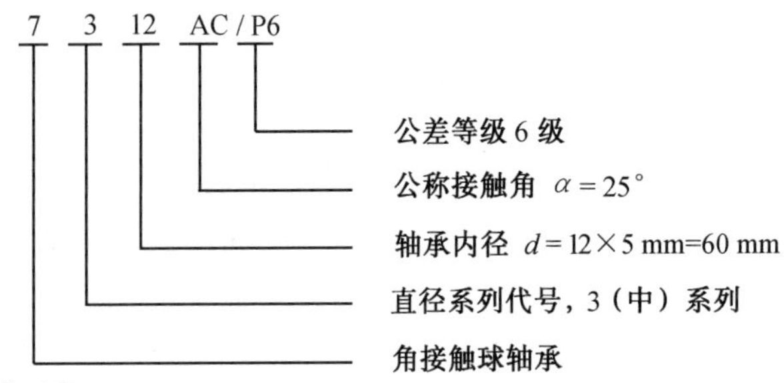

【题 7. 113】【答】

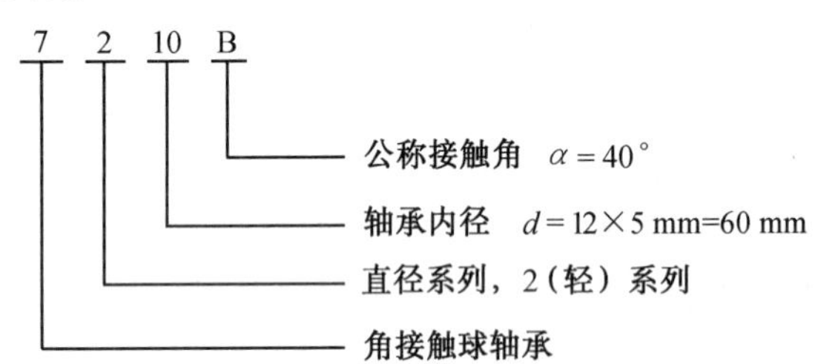

【题 7. 114】【答】

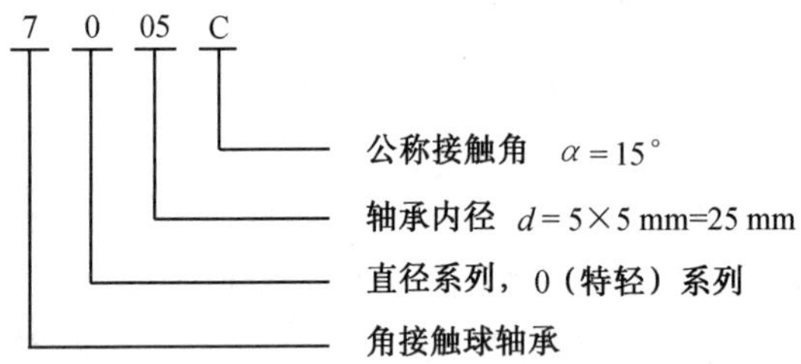

【题 7. 115】【答】

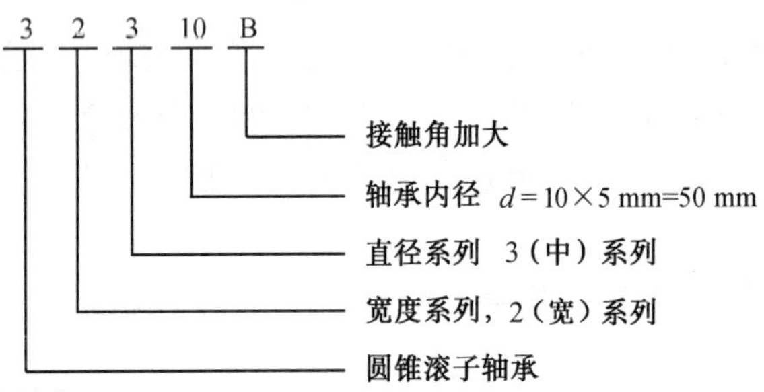

【题 7. 116】【答】

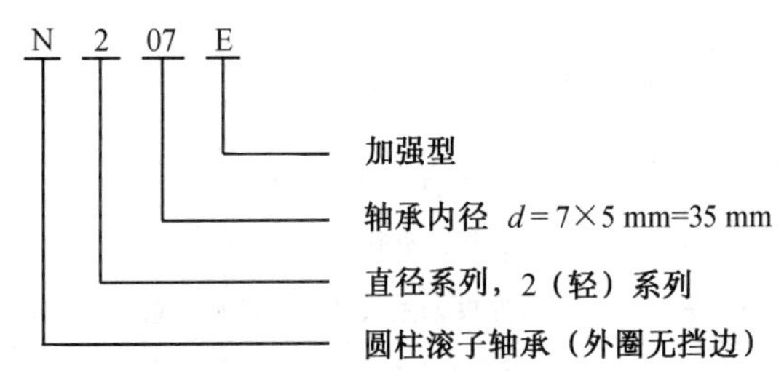

【题 7.117】【答】

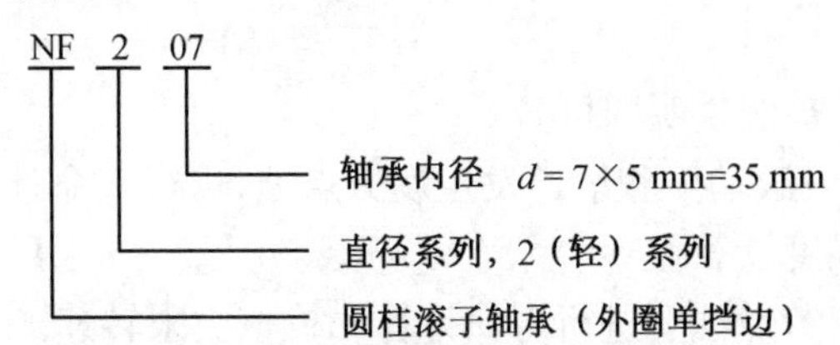

【题 7.118】【答】 有骨架唇形密封圈的密封工作原理:有骨架密封圈与轴承盖为紧配合,并因其唇部孔径比轴径小,靠弹性紧套在轴上,从而起到密封作用。安装时密封唇朝壳体内,可防漏油;朝壳体外,可防尘。

【题 7.119】【答】 在设计轴承组合时,用于固定轴承内圈的轴肩高度应适当,以便放下拆卸工具的钩头。对于外圈,应留出拆卸高度,或在壳体上做出放置拆卸螺钉的螺纹孔。

【题 7.120】【答】 垫片 1 用于调整锥齿轮的轴向位置;垫片 2 用于调整轴承游隙。

【题 7.121】【答】 轴承间隙的调整方法:① 用加减轴承盖与轴承座之间垫片的厚度进行调整;② 用螺钉通过轴承外圈压盖推动外圈进行调整。

【题 7.122】【答】 例如,采用套杯与轴承座间的垫片,调整圆锥齿轮的轴向位置,以保证两个节锥顶点重合。

【题 7.123】【答】 滚动轴承的润滑方式可根据速度因数 dn 值来选择。d 为轴承内径(mm),n 为轴承转速(r/min)。dn 值间接反映了轴颈的线速度。当 $dn<(1.5\sim2)\times10^5$ mm·r/min 时,可选用脂润滑。当超过时,宜选用油润滑。

【题 7.124】【答】 滚动轴承 23208 的内径为 40 mm。

【题 7.125】【答】 滚动轴承类型繁多,国标中按照轴承所受载荷的方向及结构的不同进行分类。其主要类型、特性及应用如下:

调心球轴承:主要承受径向载荷,同时也能承受少量的轴向载荷;应用于受力不大,且允许有少量偏角的场合。

调心滚子轴承:能承受很大的径向载荷和少量轴向载荷,承载能力较大;适用于要求调心功能的场合。

推力调心滚子轴承:能承受很大的轴向载荷和不大径向载荷;应用于承受较大的轴向载荷并要求调心的场合。

圆锥滚子轴承:线接触,能承受较大的径向、轴向联合载荷;通常,配对使用于承载较大的场合。

推力球轴承:只能承受轴向载荷,而且载荷作用线必须和轴线相重合,不允许有角偏差;适用于轴向载荷大、转速不高的场合。

深沟球轴承:主要承受径向载荷,同时也承受一定量的轴向载荷;主要适用于转速很高且轴向载荷不太大时。

角接触球轴承:能同时承受径向、轴向联合载荷,公称接触角越大,轴向承载能力也越大。

圆柱滚子轴承:能承受较大的径向载荷,不能承受轴向载荷。

滚针轴承：只能承受径向载荷，承载能力大，径向尺寸很小，一般无保持架，因而滚针间有摩擦，轴承极限转速低。

（写出任意6种类型，并举例说明即可）

【题7.126】【答】（1）滚动体和滚道发生疲劳点蚀，进行寿命计算。

（2）局部塑性变形，静强度计算。

（3）元件退火、胶合和疲劳点蚀要进行寿命计算和校核极限转速。

【题7.127】【答】 滚动体的直径越大，越能提高滚珠导轨的承载能力和接触刚度。

【题7.128】【答】（1）进行疲劳寿命计算，并校核极限转速；（2）静强度计算。

四、判断题

【题7.129】 √　**【题7.130】** ×　**【题7.131】** ×　**【题7.132】** ×
【题7.133】 ×　**【题7.134】** ×　**【题7.135】** √　**【题7.136】** ×
【题7.137】 ×　**【题7.138】** √　**【题7.139】** √　**【题7.140】** √
【题7.141】 √　**【题7.142】** ×　**【题7.143】** ×　**【题7.144】** ×
【题7.145】 √　**【题7.146】** √　**【题7.147】** ×　**【题7.148】** ×
【题7.149】 √　**【题7.150】** ×　**【题7.151】** √　**【题7.152】** ×

五、计算题

【题7.153】【解】 7208C轴承的$\alpha=15°$，内部轴向力$F_S=0.4F_r$，则

$$F_{S1}=0.4F_{r1}=0.4\times1\ 000\ \mathrm{N}=400\ \mathrm{N}$$

方向如图7.35所示向左。

$$F_{S2}=0.4F_{r2}=0.4\times2\ 060\ \mathrm{N}=824\ \mathrm{N}$$

方向如图7.35所示向右。

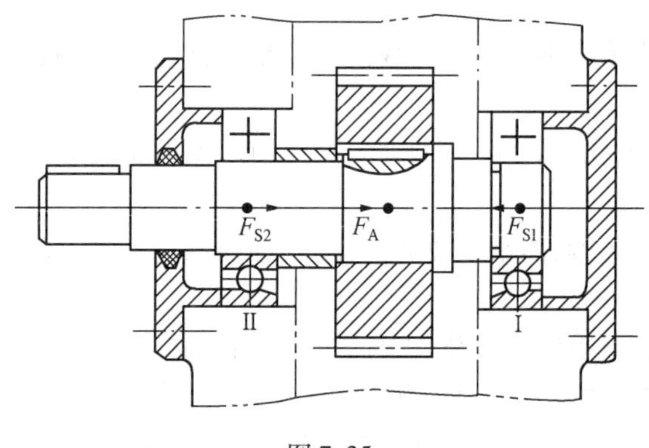

图7.35

$$F_{S2}+F_A=824\ \mathrm{N}+880\ \mathrm{N}=1\ 704\ \mathrm{N}>F_{S1}$$

故轴承1为压紧端，轴承2为放松端。

$$F_{a1}=F_{S2}+F_A=1\ 704\ \mathrm{N}$$

$$F_{a2}=F_{S2}=824\ \text{N}$$

【题 7.154】【解】 7208AC 轴承的接触角 $\alpha=25°$，查表得 $e=0.68$，则

$$F_a/F_r=2\ 280\ \text{N}/1\ 000\ \text{N}=2.28>0.68$$

查表 7.2 得，$X=0.41$，$Y=0.87$，则

$$P=XF_r+YF_a=0.41\times1\ 000\ \text{N}+0.87\times2\ 280\ \text{N}=2\ 394\ \text{N}$$

【题 7.155】【解】 7208AC 轴承的接触角 $\alpha=25°$，查表得 $e=0.68$，则

$$F_a/F_r=1\ 440\ \text{N}/2\ 600\ \text{N}=0.55<e$$

查表 7.2 得 $X=1$，$Y=0$，则

$$P=XF_r+YF_a=1\times2\ 600\ \text{N}+0=2\ 600\ \text{N}$$

【题 7.156】【解】

$$\frac{12.3F_a}{C_{0r}}=\frac{12.3\times425\ \text{N}}{15\ 200\ \text{N}}=0.344$$

查表 7.3 得，$e=0.22$，则

$$\frac{F_a}{F_r}=\frac{425\ \text{N}}{2\ 300\ \text{N}}=0.185<e$$

查表 7.3 得，$X=1$，$Y=0$，则

$$P=XF_r+YF_a=1\times2\ 300\ \text{N}+0=2\ 300\ \text{N}$$

【题 7.157】【解】 因载荷平稳，故

$$f_P=1$$

因 $t<105$ ℃，故

$$f_t=1$$

对于球轴承，寿命指数 $\varepsilon=3$，轴承寿命

$$L_N=\frac{10^6}{60n}\left(\frac{f_t\cdot C}{f_P\cdot P}\right)^{\varepsilon}=\frac{10^6}{60\times2\ 900\ \text{r/min}}\times\left(\frac{1\times25\ 500\ \text{N}}{1\times2\ 413\ \text{N}}\right)^3=67\ 827\ \text{h}>5\ 000\ \text{h}$$

故满足要求。

【题 7.158】【解】 分离体简图如图 7.36 所示。

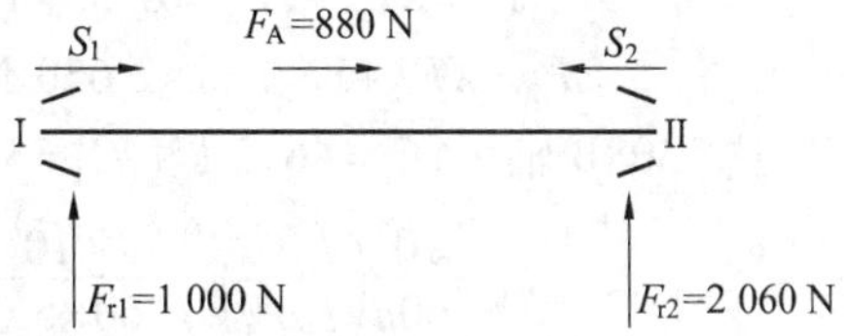

$$F_{r1}=1\ 000\ \text{N},F_{r2}=2\ 060\ \text{N}$$

由齿轮旋向、转向决定齿轮轴向力 $F_A=880$ N，方向如图。

$$F_{S1}=0.4F_{r1}=0.4\times1\ 000\ \text{N}=400\ \text{N}$$

$$F_{S2}=0.4F_{r2}=0.4\times2\ 060\ \text{N}=824\ \text{N}$$

S_1　$F_A=880$ N　S_2

Ⅰ　Ⅱ

$F_{r1}=1\ 000$ N　$F_{r2}=2\ 060$ N

图 7.36

$$F_A+F_{S1}=880\ \text{N}+400\ \text{N}=1\ 280\ \text{N}>F_{S2}=824\ \text{N}$$

Ⅱ轴承被压紧

$$F_{a2}=F_A+F_{S1}=1\ 080\ \text{N}$$

$$F_{a1}=F_{S1}=400\ \text{N}$$

【题 7.159】【解】 如图 7.37 所示。

$$F_{r1}=F_{r2}=F/2=6\ 000\ \text{N}/2=3\ 000\ \text{N}$$

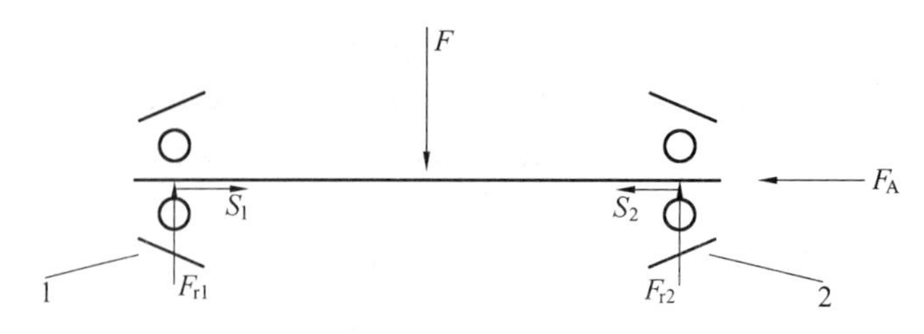

图 7.37

$$S_1=0.7F_{r1}=2\ 100\ \text{N},\quad S_2=0.7F_{r2}=2\ 100\ \text{N}$$

$$S_1<S_2+F_A\qquad \text{轴承 1 被压紧}$$

$$F_{a1}=S_2+F_A=3\ 100\ \text{N},\quad F_{a2}=S_2=2\ 100\ \text{N}$$

$$F_{a1}/F_{r1}=3\ 100\ \text{N}/3\ 000\ \text{N}=1.03>e,\quad F_{a2}/F_{r2}=2\ 100\ \text{N}/3\ 000\ \text{N}=0.7=e$$

$$P_1=f_P(XF_{r1}+YF_{a1})=0.41\times 3\ 000\ \text{N}+0.87\times 3\ 100\ \text{N}=3\ 927\ \text{N}$$

$$P_2=f_P(XF_{r2}+YF_{a2})=F_{r2}=3\ 000\ \text{N}$$

(2)
$$L_{h1}=\frac{10^6}{60n}\left(\frac{f_tC_r}{P_1}\right)^3=\frac{10^6}{60\times 1\ 000\ \text{r/min}}\left(\frac{1\times 39\ 200\ \text{N}}{3\ 927\ \text{kW}}\right)^3=16\ 578\ \text{h}$$

$$L_{h2}=\frac{10^6}{60n}\left(\frac{f_tC_r}{P_1}\right)^3=37\ 183\ \text{h}$$

【题 7.160】 **【解】** 考虑轴向载荷较大,选用 70000B 系列轴承,如图 7.38 所示。

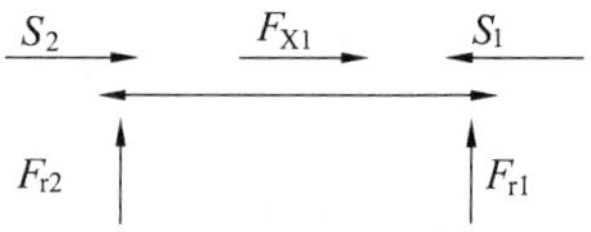

S_2　F_{X1}　S_1　F_{r2}　F_{r1}

图 7.38

$$S_1=1.14F_{r1}=1.14\times 1\ 470\ \text{N}=1\ 675.8\ \text{N}$$

$$S_2=1.14F_{r2}=1.14\times 2\ 650\ \text{N}=3\ 021\ \text{N}$$

$$S_2+F_{X1}=3\ 021\ \text{N}+1\ 470\ \text{N}=4\ 490\ \text{N}>S_1$$

1 轴承受压　$F_{a1}=S_2+F_{X1}=4\ 490\ \text{N}$,　$F_{a2}=S_2=3\ 021\ \text{N}$

1 轴承　　$F_{a1}/F_{r1}=4\ 490\ \text{N}/1\ 470\ \text{N}=3.05>e=1.14$,　$X=0.35$,　$Y=0.57$

2 轴承　　$F_{a2}/F_{r2}=3\ 021\ \text{N}/2\ 650\ \text{N}=1.14=e$,　$X=1$,　$Y=0$

$$P_1=XF_{r1}+YF_{a1}=0.35\times 1\ 470\ \text{N}+0.57\times 4\ 490\ \text{N}=3\ 073.8\ \text{N}$$

$P_2=XF_{r2}+YF_{a2}=1\times 2\ 650\ \text{N}=2\ 650\ \text{N}$,轴承危险,按 1 轴承计算

选 7308B 轴承,$C_r=46.2\ \text{kN}$,$C_0=30.5\ \text{kN}$,$n_{lim}=6\ 300\ \text{r/min}$

$$L_h=\frac{10^6}{60n}\left(\frac{f_r C_r}{f_P P_1}\right)^\varepsilon=\frac{10^6}{60\times 5\ 000}\left(\frac{1}{1.5}\times\frac{46.2\ \text{N}}{3.037\ 8\ \text{kW}}\right)^3=3\ 474.2\ \text{h}$$

【题 7.161】 **【解】** 如图 7.39 所示。

(1)
$$F_{r1}L_1=F_r(L_1+L_2)-F_A\frac{d}{2}=6\ 000\ \text{N}\quad \text{向上}$$

$$F_{r1}+F_{r2}=F_R,\quad F_{r2}=1\ 000\ \text{N 向下}$$

(2)
$$F_{S1}=\frac{F_{r1}}{2Y}=\frac{6\ 000\ \text{N}}{2\times 1.6}=1\ 875\ \text{N}$$

$$F_{S2}=\frac{F_{r2}}{2Y}=\frac{1\ 000\ \text{N}}{2\times 1.6}=312.5\ \text{N}$$

(3)因为 $F_A+F_{S1}>F_{S2}$,所以

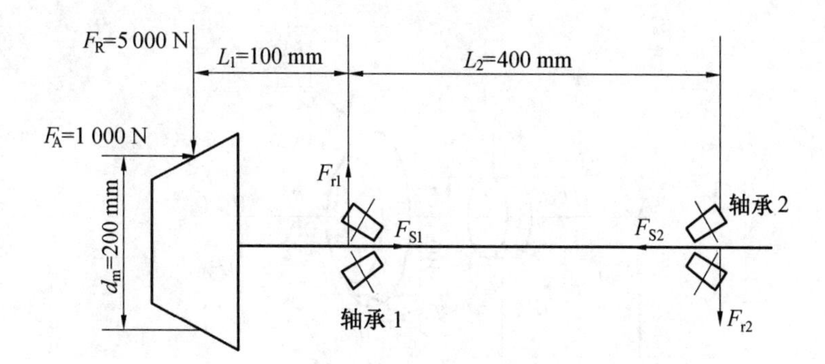

图 7.39

$$F_{A2}=F_A+F_{S1}=2\ 875\ \mathrm{N}$$

$$F_{A1}=F_{S1}=1\ 875\ \mathrm{N}$$

（4）
$$F_{a1}/F_{r1}=0.312\ 5<e,\quad X=1,\quad Y=0,\quad P_1=7\ 200\ \mathrm{N}$$

$$F_{a2}/F_{r2}=2.875>e,\quad X=0.4,\quad Y=1.6,\quad P_2=6\ 000\ \mathrm{N}$$

（5）
$$L_{h1}=\frac{10^6}{60n}\left(\frac{f_tC_r}{f_PP_1}\right)^{\varepsilon}=\frac{10^6}{60\times1\ 450\ \mathrm{r/min}}\left(\frac{1\times54.2\ \mathrm{kN}}{1.2\times6.25\ \mathrm{kW}}\right)^{10/3}=5\ 233\ \mathrm{h}$$

$$L_{h2}=\frac{10^6}{60n}\left(\frac{f_tC_r}{f_PP_2}\right)^{\varepsilon}=\frac{10^6}{60\times1\ 450\ \mathrm{r/min}}\left(\frac{1\times54.2\ \mathrm{kN}}{1.2\times6\ \mathrm{kW}}\right)^{10/3}=9\ 609.5\ \mathrm{h}$$

【题 7.162】【解】 由题可知，此角接触球轴承为 25°倾角，由径向力对轴承 1、2 产生的内部轴向力为

$$F_{S1}=0.7F_{r1}=0.7\times3\ 000=2\ 100\ \mathrm{N},\qquad F_{S2}=0.7F_{r2}=0.7\times5\ 000=3\ 500\ \mathrm{N}$$

因为 $F_{S1}+F_A<F_{S2}$，故有向左运动趋势，则轴承受轴向力为

$$F_{a1}=F_{S2}-F_A=2\ 500\ \mathrm{N},\quad F_{a2}=3\ 500\ \mathrm{N}$$

因为 $F_{a2}>F_{a1}$，$F_{r2}>F_{r1}$，故只需校核轴承 2 寿命。

因为$\frac{F_{a2}}{F_{r2}}>e$，所以

$$F_P=0.41\times5\ 000\ \mathrm{N}+0.87\times3\ 500\ \mathrm{N}=5.095\ \mathrm{kN}$$

所以
$$L_h=\frac{10^6}{60n}\left(\frac{f_tC}{f_P\cdot F_P}\right)^{\varepsilon}$$

其中，$n=1\ 450\ \mathrm{r/min}$，$f_t=1$，$f_P=1.2$，$F_P=5.095\ \mathrm{kN}$，$C=25.2\ \mathrm{kN}$，$\varepsilon=3$，所以

$$L_h=\frac{10^6}{60\times1\ 450}\mathrm{r/min}\left(\frac{25.2\ \mathrm{kN}}{1.2\times5.095\ \mathrm{kN}}\right)^3=804.8\ \mathrm{h}$$

【题 7.163】【解】 （1）求 A、B 轴承的支反力，如图 7.40 所示。

在 YOZ 平面内

$$\sum M_A=0$$

$$F_{rBY}\times300\ \mathrm{mm}+F_{r2}\times200\ \mathrm{mm}-F_{a2}\times100\ \mathrm{mm}-F_{r3}\times100\ \mathrm{mm}-F_{a3}\times50\ \mathrm{mm}=0$$

$$F_{rBY}=\frac{F_{a2}\times100\ \mathrm{mm}+F_{r3}\times100\ \mathrm{mm}+F_{a3}\times50\ \mathrm{mm}-F_{r2}\times200\ \mathrm{mm}}{300\ \mathrm{mm}}=$$

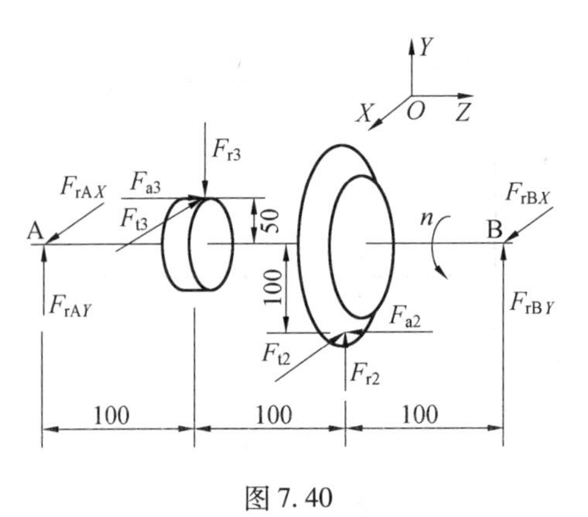

图 7.40

$$\frac{700\ \text{N}\times100\ \text{mm}+1\ 500\ \text{N}\times100\ \text{mm}+1\ 000\ \text{N}\times50\ \text{mm}-200\ \text{N}\times200\ \text{mm}}{300\ \text{mm}}=767\ \text{N}$$

$$\sum F_r=0$$

$$F_{rAY}=F_{r3}-F_{r2}-F_{rBY}=1\ 500\ \text{N}-200\ \text{N}-767\ \text{N}=533\ \text{N}$$

在 XOZ 平面内

$$\sum M_A=0$$

$$F_{rBX}\times300\ \text{mm}-F_{t2}\times200\ \text{mm}-F_{t3}\times100\ \text{mm}=0$$

$$F_{rBX}=\frac{F_{t2}\times200\ \text{mm}+F_{t3}\times100\ \text{mm}}{300\ \text{mm}}=\frac{2\ 000\ \text{N}\times200\ \text{N}+4\ 000\ \text{N}\times100\ \text{mm}}{300\ \text{mm}}=2\ 667\ \text{N}$$

$$F_{rAX}=F_{t2}+F_{t3}-F_{rBX}=3\ 333\ \text{N}$$

$$F_{rA}=\sqrt{F_{rAX}^2+F_{rAY}^2}=\sqrt{(3\ 333\ \text{mm})^2+(533\ \text{mm})^2}=3\ 375\ \text{N}$$

$$F_{rB}=\sqrt{F_{rBX}^2+F_{rBY}^2}=\sqrt{(2\ 667\ \text{mm})^2+(767\ \text{mm})^2}=2\ 775\ \text{N}$$

(2)求内部轴向力和当量动载荷。

$$F_A=F_{a3}-F_{a2}=1\ 000\ \text{N}-700\ \text{N}=300\ \text{N}$$

$$F_{SA}=0.68\times F_{rA}=0.68\times3\ 375\ \text{N}=2\ 295\ \text{N}$$

$$F_{SB}=0.68\times F_{rB}=0.68\times2\ 775\ \text{N}=1\ 887\ \text{N}$$

$$F_A+F_{SA}=300\ \text{N}+2\ 295\ \text{N}=2\ 595\ \text{N}>F_{SB}=1\ 887\ \text{N}$$

轴承 B 被“压紧”、轴承 A 被“放松”,两轴承轴向载荷。

$$F_{aB}=F_A+F_{SA}=300\ \text{N}+2\ 295\ \text{N}=2\ 595\ \text{N}$$

$$F_{aA}=F_{SA}=2\ 295\ \text{N}$$

对 A 轴承

$$F_{aA}/F_{rA}=2\ 295\ \text{N}/3\ 375\ \text{N}=0.68=e,\quad X=1,\quad Y=0$$

$$P_A=F_{rA}=3\ 375\ \text{N}$$

对 B 轴承

$$F_{aB}/F_{rB}=2\ 595\ \text{N}/2\ 775\ \text{N}=0.94>0.68=e$$

【题 7.164】 **【解】** 如图 7.41 所示。

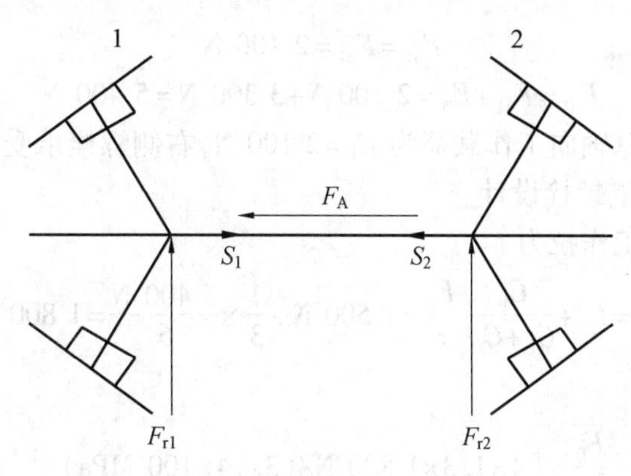

图7.41

(1)
$$F_{S1}=\frac{F_{r1}}{2Y}=970\ \text{N}/(2\times1.7)=285\ \text{N}$$
$$F_{S2}=\frac{F_{r2}}{2Y}=840\ \text{N}/(2\times1.7)=247\ \text{N}$$

(2)判断　$F_{S2}+F_A=247\ \text{N}+237\ \text{N}=484\ \text{N}>F_{S1}=285\ \text{N}$

(3)轴承Ⅰ压紧,轴承Ⅱ放松。

$$F_{a1}=F_{S2}+F_A=484\ \text{N},\quad F_{a2}=F_{S2}=247\ \text{N}$$

(4)
$$\frac{F_{a1}}{F_{r1}}=\frac{484\ \text{N}}{970\ \text{N}}=0.50>e=0.36,\quad X_1=0.4,\quad Y_1=1.7$$
$$\frac{F_{a2}}{F_{r2}}=\frac{247\ \text{N}}{840\ \text{N}}=0.29<e=0.36,\quad X_2=1,\quad Y_2=0$$

(5)
$$P_1=X_1F_{r1}+Y_1F_{a1}=0.4\times970\ \text{N}+1.7\times484\ \text{N}=1\ 210.8\ \text{N}$$
$$P_2=X_2F_{r2}=1\times840\ \text{N}=840\ \text{N}$$

(6)因为 $P_1>P_2$,取 $P=P_1=1\ 210.8\ \text{N}$,计算轴承寿命 L_h。

$L_h=\frac{10^6}{60}\left(\frac{f_tC}{f_PP}\right)$,　$\varepsilon=10/3$,　$f_t=1.0$,　$f_P=1.0$,　$n=1\ 200\ \text{r/min}$

$$L_h=\frac{10^6}{1\ 200}\left(\frac{1.0\times24\ 800\ \text{N}}{1.0\times1\ 298.1\ \text{N}}\right)^{10/3}=326\ 536\ \text{h}$$

因为 $L_h>L_h'=24\ 000\ \text{h}$,所以该轴承满足要求。

【题7.165】 **【解】** $F_{S1}=0.7F_{r1}=0.7\times1\ 650\ \text{N}=1\ 155\ \text{N}$

$$F_{S2}=0.7F_{r2}=0.7\times3\ 500\ \text{N}=2\ 450\ \text{N}$$

$F_{S1}+F_{ae}=1\ 155\ \text{N}+1\ 020\ \text{N}=2\ 175\ \text{N}<F_{S2}=2\ 450\ \text{N}$,则轴承1“压紧”

所以
$$F_{a1}=F_{S2}-F_{ae}=2\ 450\ \text{N}-1\ 020\ \text{N}=1\ 430\ \text{N}$$
$$F_{a2}=F_{S2}=2\ 450\ \text{N}$$

【题7.166】 **【解】** (1)轴承内部轴向力。

$F_{a1}=0.7\times F_{r1}=0.7\times3\ 000\ \text{N}=2\ 100\ \text{N}$　方向向右

$F_{a2}=0.7\times F_{r2}=0.7\times4\ 000\ \text{N}=2\ 800\ \text{N}$　方向向左

轴承承受的轴向力

$$F_{a1}=F_{S1}=2\ 100\ \text{N}$$

$$F_{a2}=F_{S1}+F_A=2\ 100\ \text{N}+3\ 300\ \text{N}=5\ 400\ \text{N}$$

左侧螺栓承受的总轴向工作载荷为 $F_1=2\ 100\ \text{N}$，右侧螺栓承受的总轴向工作载荷为 $F_2=5\ 400\ \text{N}$。按照右侧螺栓设计。

右侧螺栓承受总工作拉力

$$F_0=F'+\frac{C_b}{C_b+C_m}\frac{F_2}{z}=1\ 500\ \text{N}+\frac{1}{3}\times\frac{5\ 400\ \text{N}}{6}=1\ 800\ \text{N}$$

螺栓小径为

$$d_1\geqslant\sqrt{\frac{4\times1.3F_0}{\pi[\sigma]}}=[4\times1.3\times1\ 800\ \text{N}/(3.14\times100\ \text{MPa})]^{1/2}=5.46\ \text{mm}$$

故采用 M8 螺栓连接强度能够满足要求。

(2) $$F''=F'-\frac{C_b}{C_b+C_m}\cdot\frac{F_2}{Z}=500-\frac{2}{3}\times\frac{5\ 400\ \text{MPa}}{6}=-100\ \text{N}$$

不能将连接螺栓预紧力降到 500 N。

(3) $$F_{a1}/F_{r1}=2\ 100\ \text{N}/3\ 000\ \text{N}=0.7>e=0.68$$

$$P_1=XF_{r1}+YF_{a1}=0.41\times3\ 000\ \text{N}+0.87\times2\ 100\ \text{N}=3\ 057\ \text{N}$$

【题 7.167】 略。

【题 7.168】 **【解】** 比较方案一（小轮右旋，大轮左旋）和方案二（小轮左旋，大轮右旋）里的方向，如图 7.42 和图 7.43 所示。

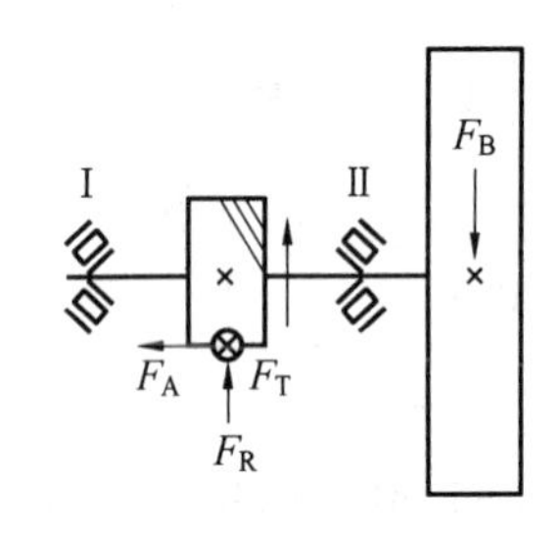

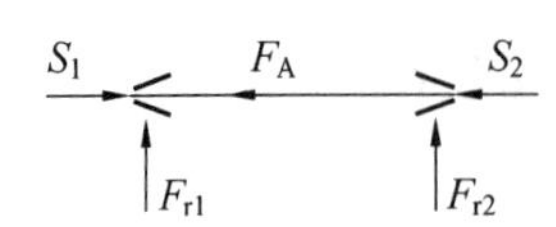

图 7.42

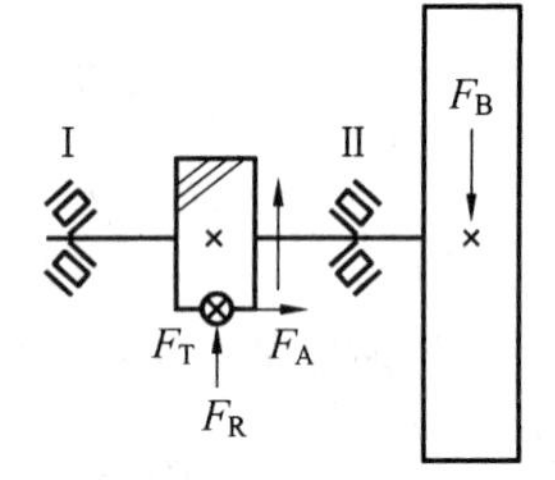

图 7.43

对于方案一：

轴承径向反力

$$F_{r1}=2\ 200\ \text{N},\quad F_{r2}=2\ 210\ \text{N}$$

内部轴向力

$$F_{S1}=\frac{F_{r1}}{2Y}=\frac{2\ 200\ \text{N}}{2\times1.6}=687.5\ \text{N}$$

$$F_{S2}=\frac{F_{r2}}{2Y}=\frac{2\ 210\ \text{N}}{2\times1.6}=690.6\ \text{N}$$

轴承轴向力为

$$F_A + F_{S2} > F_{S1}$$

$$F_{a1} = F_A + F_{S2} = 870\ \text{N} + 690.6\ \text{N} = 1\ 560.6\ \text{N}$$

$$F_{a2} = F_{S2} = 690.6\ \text{N}$$

当量动载荷为

$$F_{S1} = \frac{F_{a1}}{F_{r1}} = \frac{1\ 560.6\ \text{N}}{2\ 200\ \text{N}} = 0.709 > e,\quad X_1 = 0.4,\quad Y_1 = 1.6$$

$$P_1 = X_1 F_r + Y_1 F_a = 0.4 \times 2\ 200\ \text{N} + 1.6 \times 1\ 560.6\ \text{N} = 3\ 377\ \text{N}$$

$$L_{h1} = \frac{10^6}{60n}\left(\frac{C}{P}\right)^{\varepsilon} = \frac{1\ 501}{60 \times 384\ \text{r/min}}\left(\frac{43\ 300\ \text{kN}}{3\ 377\ \text{N}}\right)^{10/3} = 3.214 \times 10^{12}\ \text{h}$$

同理,另一个方案中轴承的寿命计算,也采用这种方法。

六、结构题

【题 7.169】　【解】　轴向曲路迷宫式密封结构图(图 7.44)。

【题 7.170】　【解】　径向曲路迷宫式密封结构图(图 7.45)。

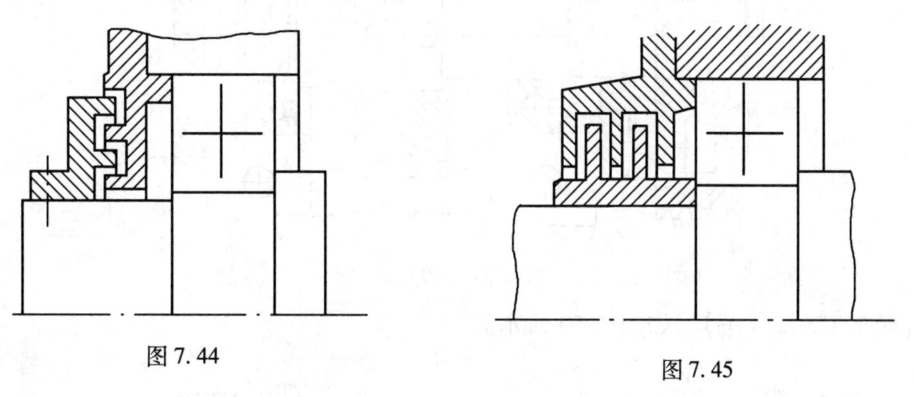

图 7.44　　　　图 7.45

【题 7.171】　【解】　间隙密封结构图(图 7.46)。

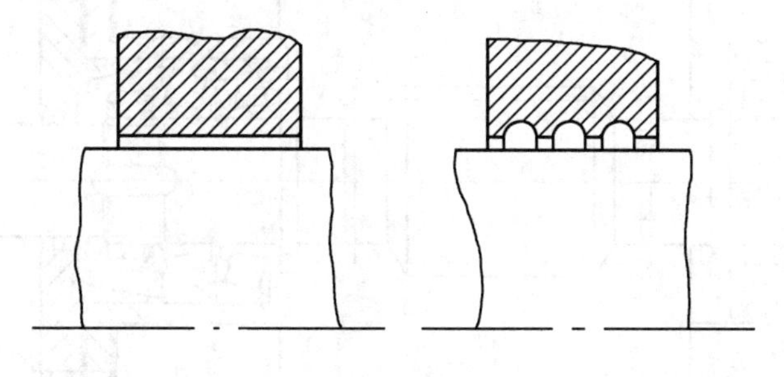

图 7.46

【题 7.172】　【解】　有骨架密封圈防漏油密封结构图(图 7.47)。

【题 7.173】　【解】　毛毡圈密封结构图(图 7.48)。

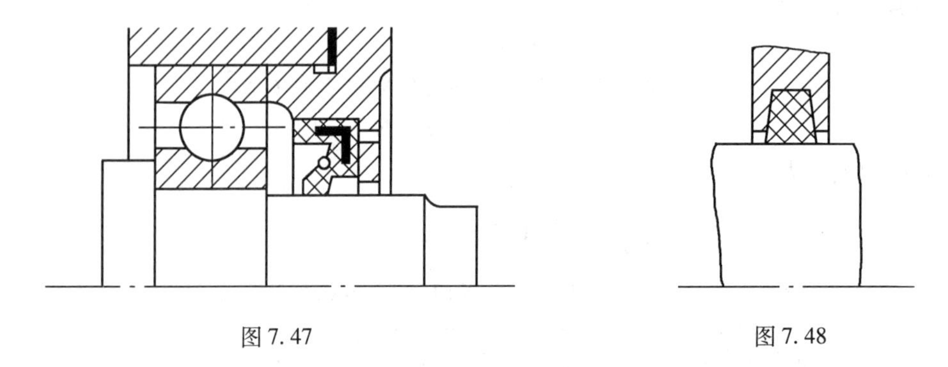

图 7.47　　图 7.48

【题 7.174】 **【解】** 完成的轴承组合(图 7.49)。

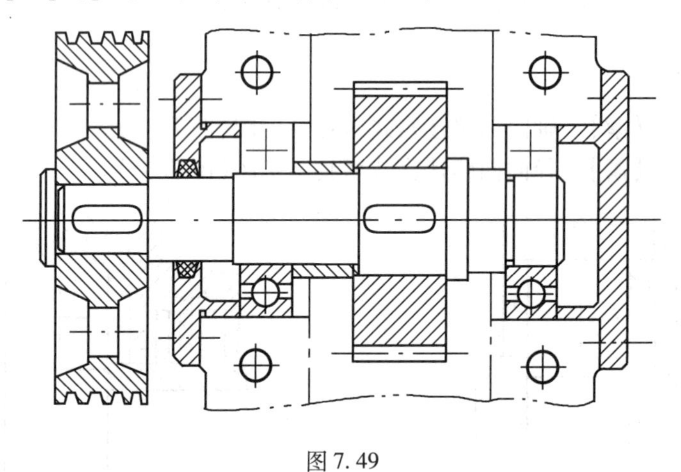

图 7.49

【题 7.175】 **【解】** 如图 7.50 所示。

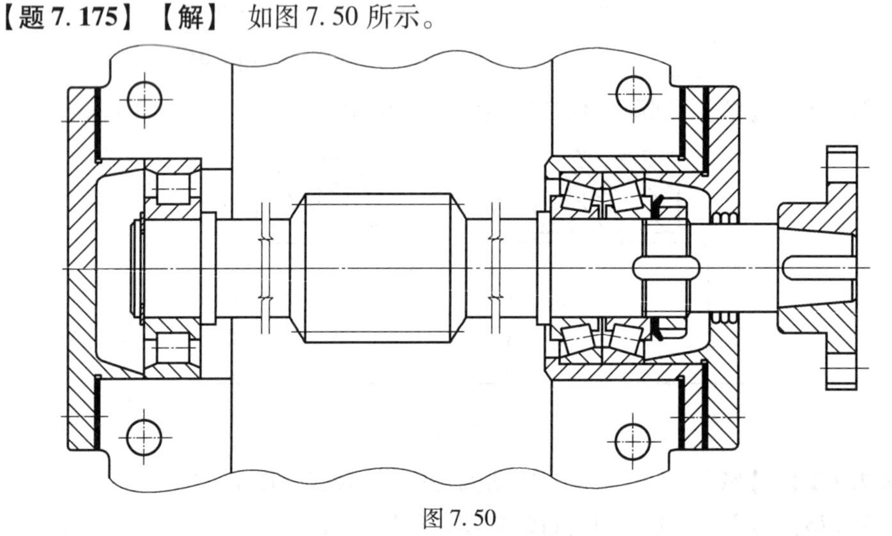

图 7.50

(1)轴上零件要能装配与拆卸;

(2)轴上零件的轴向和周向固定、定位可靠,传动零件上的力能传递到机座上;

(3)各零件与孔轴间有恰当的配合;

(4)有调整轴承游隙大小和传动零件位置(锥齿轮顶点、蜗轮中间平面)的环节；

(5)润滑充分密封可靠；

(6)运动部件不能被干涉；

(7)若在轴向有多个键,尽量要成一条线布置。

【题7.176】【解】　如图7.51所示。

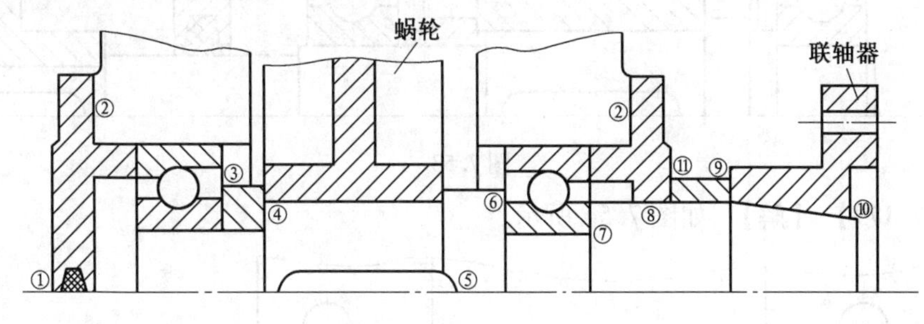

图7.51

①端盖无轴,不用密封;②缺调整垫片;③套筒太厚,无法拆轴承;④套筒同时顶齿轮与轴肩;⑤键槽过长;⑥轴肩太高,无法拆轴承;⑦轴径小于前端轴径,无法装轴承;⑧轴承盖缺间隙和密封;⑨联轴器顶住套筒,锥轴配合不可靠;⑩联轴器无轴向固定;⑪套筒顶在不动的端盖上,无法随轴转。

【题7.177】【解】　正确结构设计如图7.52所示。

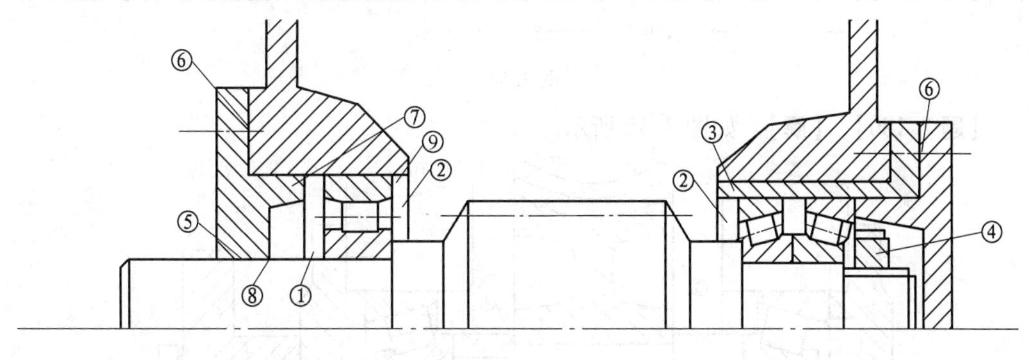

图7.52

①该轴段过长,应加弹性挡圈,固定轴承内环;②应加挡油板;③套杯有钩头,固定外环;④圆螺母应有止退垫片,应顶住轴承内环,轴上有槽;⑤应加密封圈,该处轴承盖与轴之间应有间隙;⑥应加调整垫片;⑦端盖应固定轴承外环;⑧该段轴应有阶梯,便于轴承装拆;⑨应有固定轴承外环的钩头或卡圈。

【题7.178】【解】　如图7.53所示。

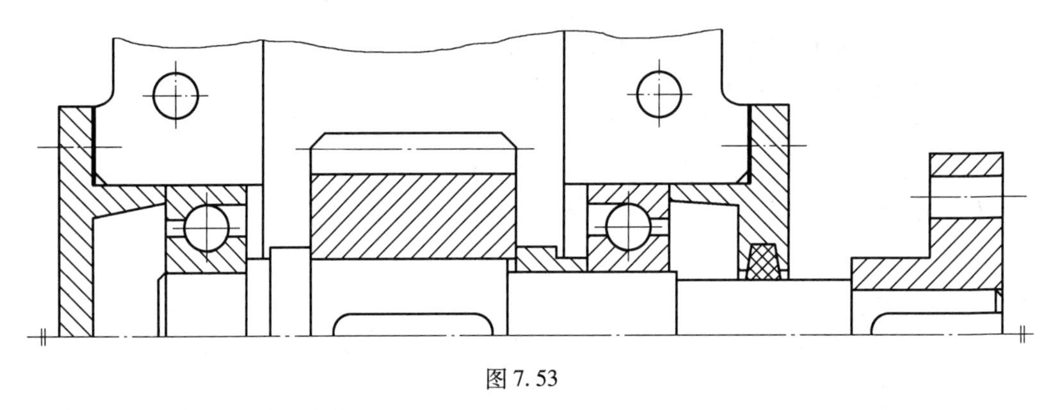

图 7.53

【题 7.179】【解】 如图 7.54 所示。

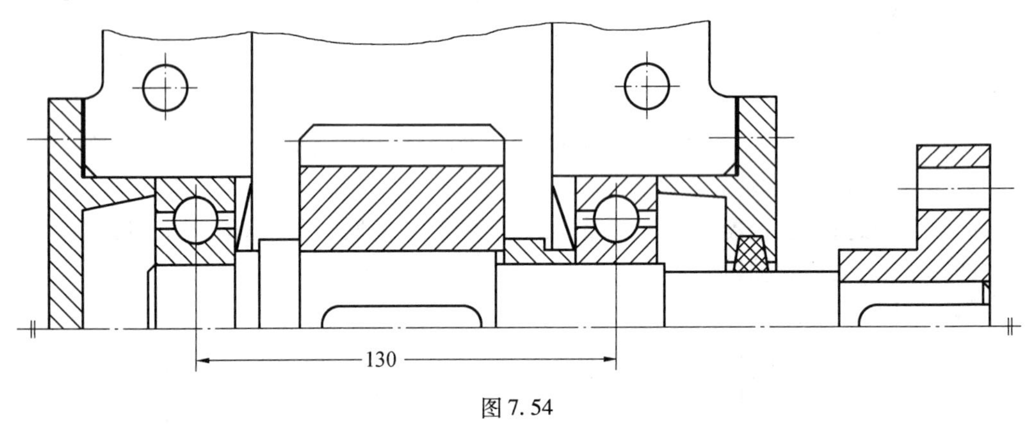

图 7.54

【题 7.180】【解】 如图 7.55 所示。

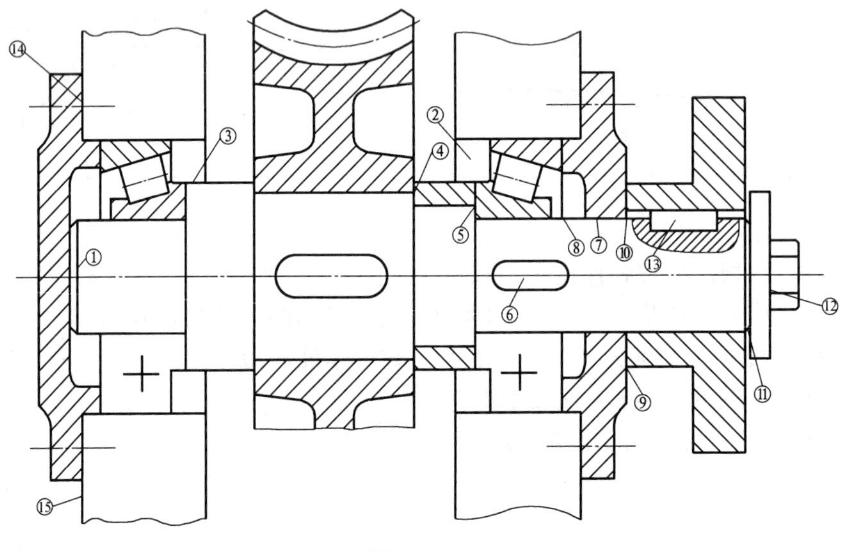

图 7.55

①轴伸太长并磨盖；②缺挡油板并轴承不好拆；③加挡油板和固定挡油板的轴肩；④套筒压不紧轮毂；⑤轴承顶不靠；⑥不能有键；⑦缺密封并盖孔无隙，磨轴；⑧做阶梯轴，

便于装配；⑨再做阶梯，以便定位轴端零件；⑩轴端零件磨轴承盖；⑪挡板压不住轴端零件；⑫无防松；⑬两键槽应同母线；⑭无调整垫片；⑮应区分加工、非加工面。

【题7.181】 **【解】** 如图7.56所示。

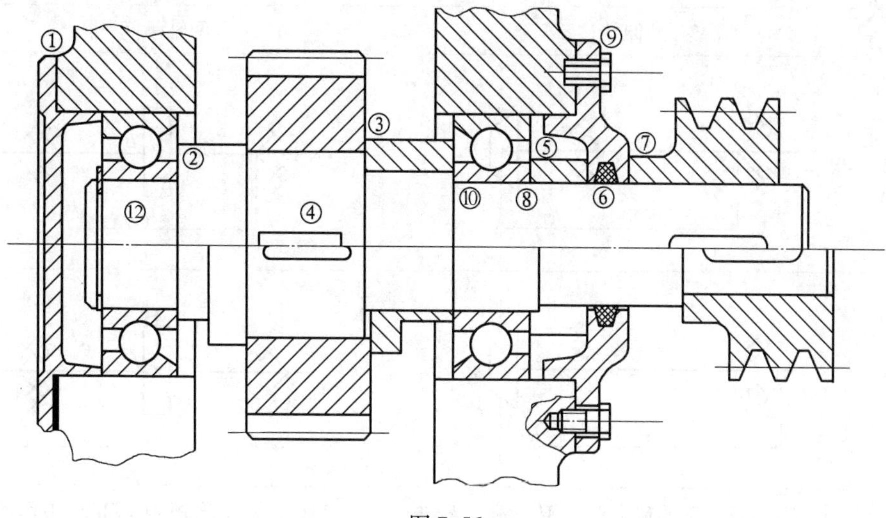

图7.56

①缺少调整垫片；②轴肩太高，不好拆轴承；③齿轮定位不可靠，套筒同时顶轴肩；④键结构错误，如为*B*型键，则键槽长不够；⑤套筒多余；⑥轴承端盖与轴之间缺少间隙；⑦带轮左侧无轴向定位，并顶在轴承盖上，磨双方端面；⑧应做成阶梯轴，便于装配；⑨螺钉结构错误；⑩滚动轴承内外圈剖面线方向应一致；⑪轴承盖应顶住轴承外圈，不然轴系轴向没固定住；⑫弹簧卡圈多余。

【题7.182】 **【解】** 如图7.57所示。

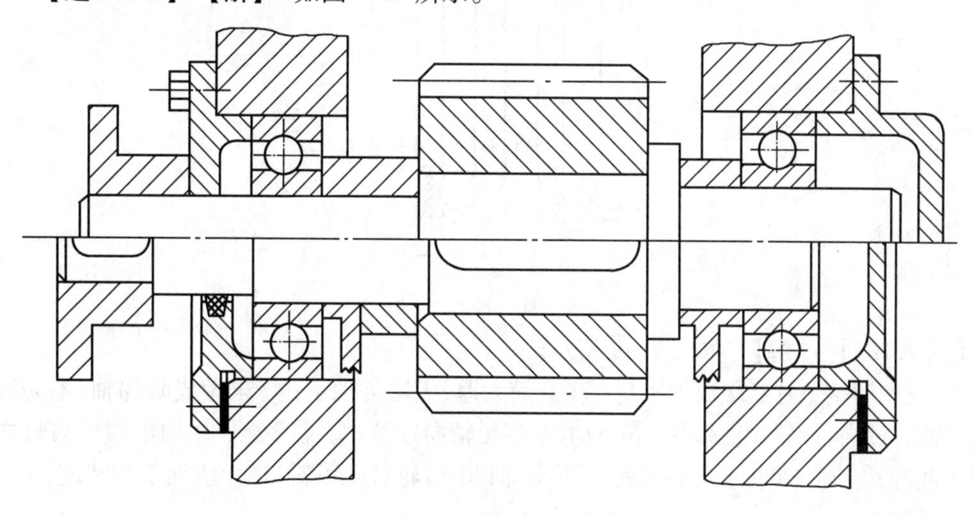

图7.57

【题 7.183】【解】 见表 7.12。

表 7.12　安装形式答案

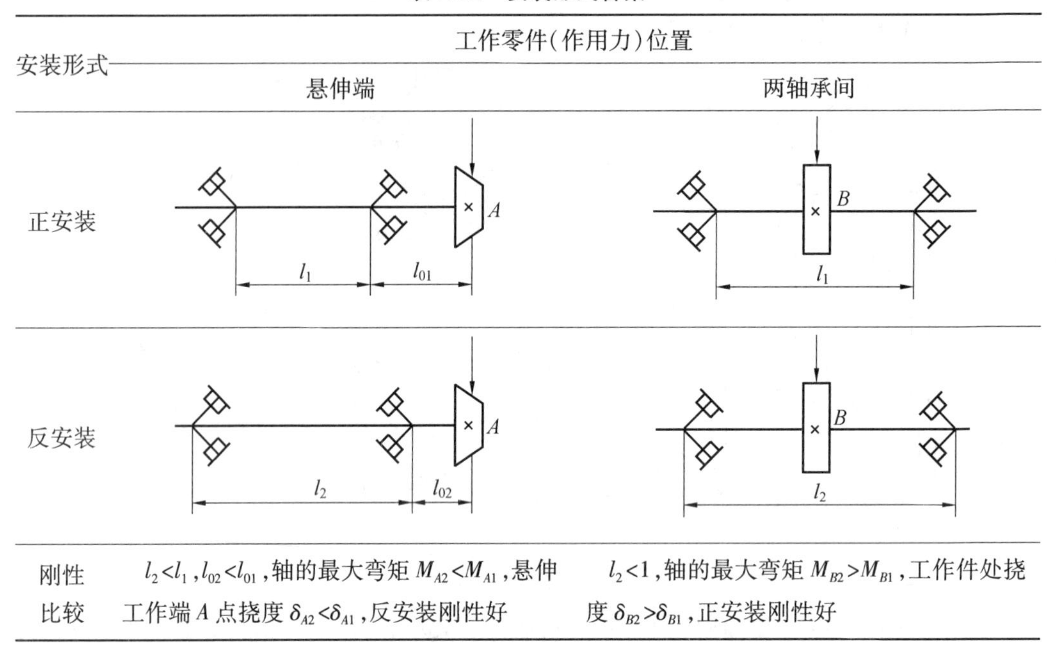

安装形式	工作零件(作用力)位置：悬伸端	工作零件(作用力)位置：两轴承间
正安装		
反安装		
刚性比较	$l_2<l_1$，$l_{02}<l_{01}$，轴的最大弯矩 $M_{A2}<M_{A1}$，悬伸工作端 A 点挠度 $\delta_{A2}<\delta_{A1}$，反安装刚性好	$l_2<1$，轴的最大弯矩 $M_{B2}>M_{B1}$，工作件处挠度 $\delta_{B2}>\delta_{B1}$，正安装刚性好

【题 7.184】【解】 双向推力球轴承的结构简图如图 7.58 所示。

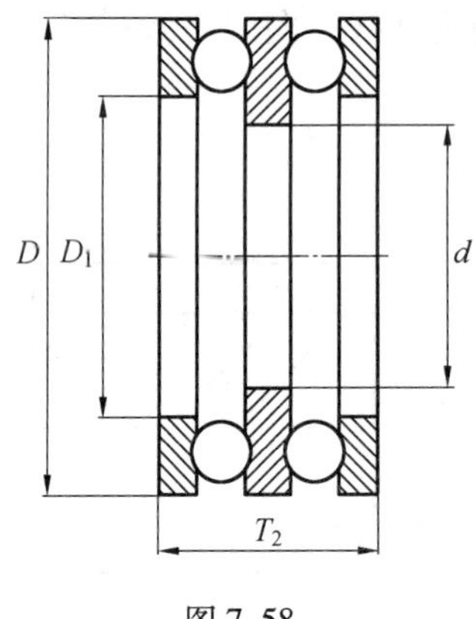

图 7.58

【题 7.185】【解】 如图 7.59 所示。

① 缺少调整垫片；② 缺少密封；③ 套筒太厚，无法拆轴承；④ 未做成阶梯轴，不易装配；⑤ 轴肩过高，齿轮无法装拆；⑥ 轴承左侧无轴向定位；⑦ 键多余；⑧ 轴承端盖与轴之间缺少间隙；⑨ 轴未剖，不应看见键的下半部；⑩ 齿轮毂孔不对，现无法加工和装配。

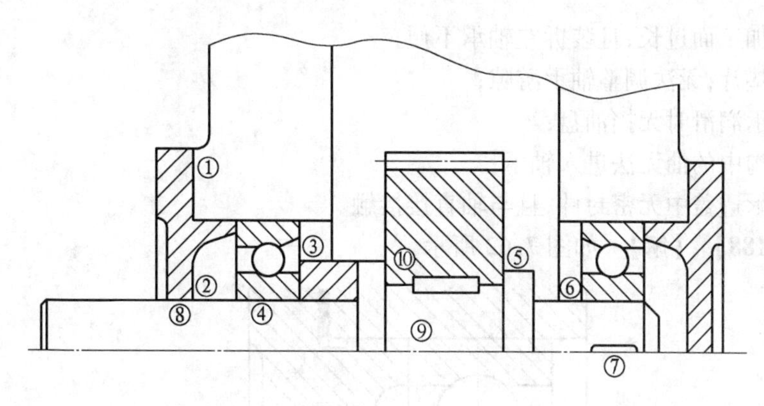

图 7.59

【题 7.186】 **【解】** 如图 7.60 所示。

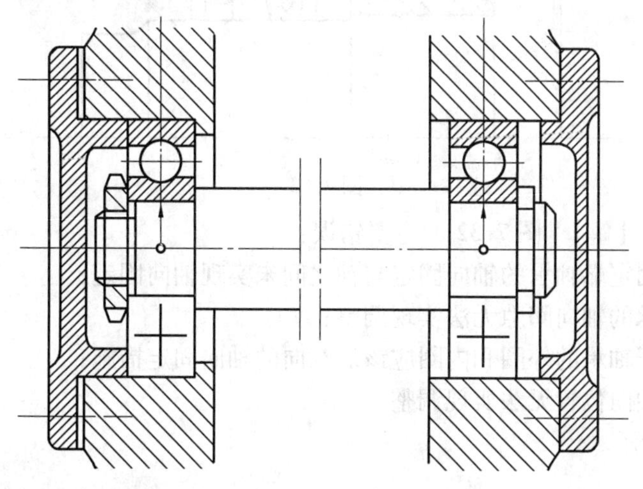

图 7.60

【题 7.187】 **【解】** 错误分析说明,如图 7.61 所示。

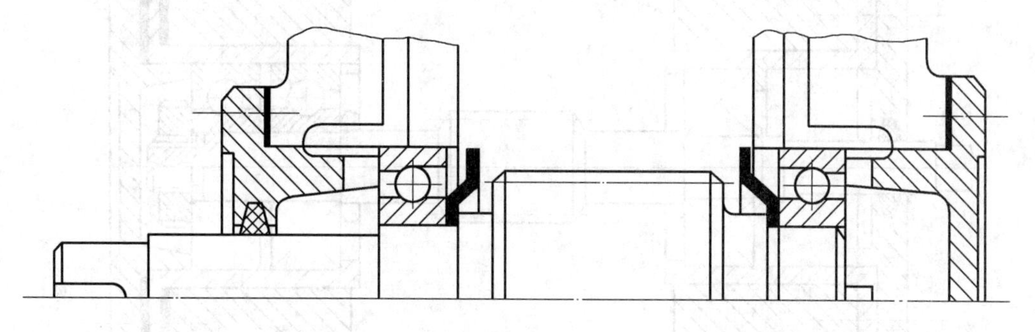

图 7.61

(1)未考虑轴端零件的轴向定位问题;

(2)右轴承的轴向没有定位;

(3)齿根圆小于两端轴肩直径,未考虑 6 级精度齿轮须滚齿加工问题;

(4)定位轴肩过高,影响左轴承的拆卸;

(5)精加工面过长,且装拆左轴承不便;
(6)无垫片,无法调整轴承游隙;
(7)轴承润滑时无挡油盘;
(8)油沟中的油无法进入轴承;
(9)轴承透盖中无密封件,且与轴直接接触。

【题7.188】 **【解】** 如图7.62所示。

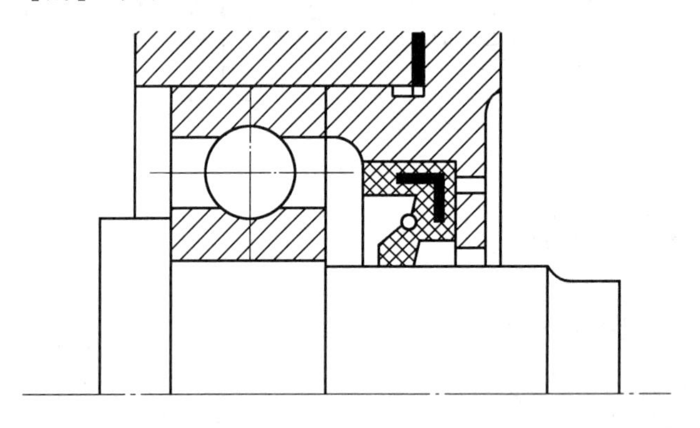

图7.62

【题7.189】 **【解】** 图7.32的主要错误:
(1)结构中固定端轴承的轴向固定与轴之间未实现轴向固定;
(2)右侧轴承的轴向间隙无法实现调整;
(3)圆柱滚子轴承的外圈和内圈应该加双向的轴向固定措施;
(4)轴系的轴向位置无法实现调整。
如图7.63所示。

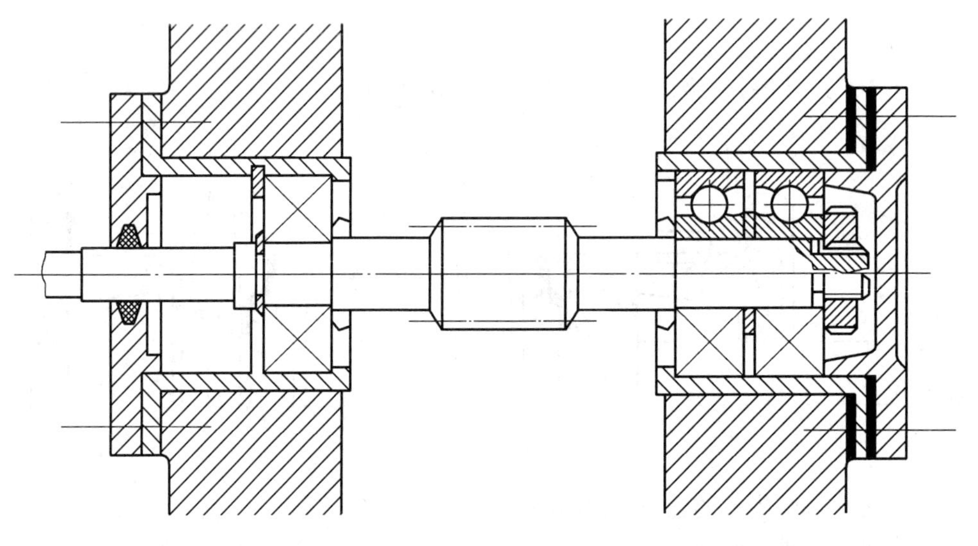

图7.63

【题7.190】 略。

第8章 滑动轴承

8.1 必备知识与考试要点

8.1.1 主要内容

1. 摩擦及润滑的基本知识

(1) 摩擦的类型。包括干摩擦、边界摩擦、流体(液体或气体)摩擦和混合摩擦。

(2) 润滑的分类。

① 按流体成压方式分:

流体动压润滑,包括一般流体动压润滑(低副间)和弹性流体动压润滑(高副间)。

② 按成膜状态分:全膜润滑与部分膜润滑。

③ 按润滑剂分:包括液体润滑、气体润滑、半固体润滑和固体润滑。

2. 滑动轴承的特点及适用场合

3. 滑动轴承的结构

(1) 径向滑动轴承。

① 整体式滑动轴承;

② 剖分式滑动轴承;

③ 单油楔液体摩擦滑动轴承;

④ 多油楔(固定或摆动瓦)滑动轴承。

(2) 推力滑动轴承。

① 空心式或单环式推力轴承;

② 多环式推力轴承;

③ 固定瓦多油楔推力轴承;

④ 摆动瓦多油楔推力轴承。

(3) 轴瓦。

① 材料;

② 结构。

4. 轴承的润滑

(1) 润滑剂。

① 润滑油;

② 润滑脂;

③ 其他润滑剂。

(2) 润滑方式。

① 间歇性给油;

② 连续性给油。

(3) 润滑油的黏度。

① 牛顿黏度定律;

② 黏度的几种表示方法:动力黏度、运动黏度、相对黏度;

③ 黏温与黏压的关系。

5. 流体动力润滑的基本方程(Reynolds 方程)

(1) 基本假设。

(2) 方程的推导。

6. 形成液体摩擦的必要条件

(1) 油楔。

(2) 速度。

(3) 充分供给一定黏度的润滑油。

7. 非液体摩擦滑动轴承的计算

(1) 磨损(限制压强 p)计算。

(2) 发热(限制 pv 值)计算。

(3) 验算速度 v。

8. 液体动压径向滑动轴承的成膜过程和性能参数

(1) 成膜过程。

(2) 设定参数 n;(d、l、C、α);p;η。

(3) 性能参数。

9. 液体动压径向滑动轴承的承载能力和最小油膜厚度

(1) 承载量系数 C_F 和索氏数 S。

(2) 承载量。

(3) 形成全膜润滑的保证($h_{min} \geqslant K(\delta_1+\delta_2)$)。

10. 摩擦系数和摩擦特性曲线

(1) 摩擦系数。

(2) 摩擦特性曲线。

11. 液体动压径向滑动轴承的油耗量和温升

(1) 油耗量 Q。

(2) 温升。

12. 液体动压径向滑动轴承的计算步骤和方法

13. 静压轴承简介

8.1.2 重点与难点

(1) 润滑和滑动轴承的基本知识(主要包括 8.1.1 小节中的 1、2、4、8、9、12 项)。

(2) 滑动轴承的基本结构(主要包括 8.1.1 小节中的第 3、4(2)项),每个结构的特点、作用要搞清楚,特别是常用的典型结构,如整体式及剖分式径向滑动轴承。

(3) Reynolds 方程是流体动力润滑的基本方程,应熟练掌握它的推导、意义和用途。

(4) 形成液体摩擦和必要条件,并能用 Reynolds 方程来解释每一条。

(5) 非液体摩擦滑动轴承的计算方法。

(6) 液体动压径向滑动轴承的计算方法。

8.2 典型范例与答题技巧

下面给出有代表性的关于滑动轴承的题目及其答案。

【例 8.1】 滑动轴承有何特点,它适用于何种场合?

【解】 滑动轴承按运动情况分两类,应分别介绍:

① 非液体摩擦滑动轴承的特点是:结构简单、成本低、摩擦因数大、磨损大、效率低,适用于低速、轻载、不重要的机械,如手动机械、农业机械等。

② 液体摩擦滑动轴承的特点是:摩擦因数小、效率高、工作平稳、可减振缓冲,适用于高速、重载、高精度的机械,如水轮机、汽轮机、大中型发电机、内燃机、轧钢机等;但设计、制造、调整和维护要求高,成本高。

【讨论】 这里必须强调,滑动轴承分两类,它们的特点和应用场合是完全不同的。

【例 8.2】 试介绍剖分式径向滑动轴承的典型结构、特点和应用。

【解】 剖分式径向滑动轴承是最常用的基本结构形式,如图 8.1 所示,它由轴瓦、轴承盖、轴承座、螺柱和螺母组成。由于瓦为两半,装卸轴较方便。增、减剖分面间的调整垫片厚度,可调整轴承的间隙,以利于形成油膜;轴瓦上的止口是为了对中。润滑油从盖上的油孔注入,此种轴承不易形成完全的液体摩擦。

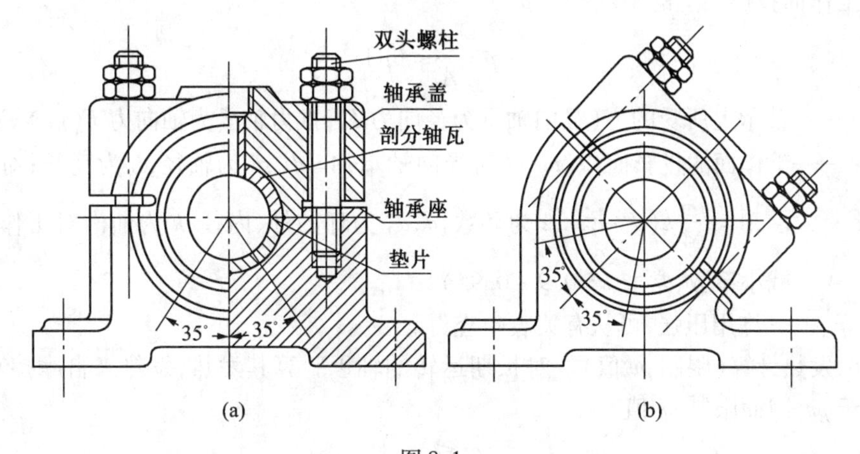

图 8.1

【讨论】 要重视结构问题。剖分轴瓦的目的在于装卸轴方便,且可调整间隙。瓦上的止口又保证了对中。

【例 8.3】 写出 Reynolds 方程,并由此解释形成液体摩擦的必要条件。

【解】 一维的 Reynolds 方程是流体动力润滑的基本方程

$$\frac{dp}{dx}=6\eta v\frac{h-h_0}{h^3}$$

式中 p——任一点的压力(Pa);

x——运动方向的坐标(m);

η——润滑油的动力黏度(Pa·s);

v——两面的相对速度(m/s);

h、h_0——任一点和最大压力处的油膜厚度(m)。

形成液体摩擦的必要条件是:

(1) 两面要构成油楔,若两面为平行(曲)面,即处处 $h=h_0$,由 Reynolds 方程可知,$\frac{dp}{dx}\equiv 0$。这表明处处不能产生压力,即大气压。

(2) 两面要有相当大的带油速度,由 Reynolds 方程看出,$\frac{dp}{dx}$与 v 成正比,若 v 太小或 $v=0$,都难以或不能产生足够的油膜压力,以形成全膜润滑。

(3) 两面间要不断供给一定黏度的润滑油,与速度 v 类似,在 Reynolds 方程中,$\frac{dp}{dx}$也与 η 成正比,η 不够大,不能连续供油,都难以形成全膜润滑。

【讨论】 这是形成动压润滑必不可少的条件,从理论上要搞清楚。

【例 8.4】 非液体摩擦滑动轴承怎样计算?

【解】 非液体摩擦滑动轴承目前尚没有精确的算法。当前只能按条件性的算法进行计算。

(1) 磨损计算(限制压强 p)。为防止轴承工作面上的油膜被过度破坏,以减轻磨损,常限制工作面投影面上的平均压强 p

$$p=\frac{F}{A}\leqslant[p]$$

式中 F——轴承上所受的力(径向轴承为径向力 F_r;推力轴承为轴向力 F_a)(N);

A——工作面的投影面积(m^2)(对径向轴承,$A=dL$,d 为轴径,L 为瓦长;对推力轴承,$A=z\frac{\pi}{4}k(d^2-d_0^2)$,$z$ 为环数,d、d_0 为环的外、内径,k 为油沟对工作面积的减小系数,常取 $k=0.9\sim0.95$);

$[p]$——许用压强,可从有关表中查得。

(2) 发热计算(限制 pv 值)。对长期运转的轴承验算其发热,发热来自摩擦功 $fpvA$,它正比于 pv,因而限制 pv 值

$$pv\leqslant[pv]$$

式中 v——工作面的速度(对于径向轴承,$v=\frac{\pi dn}{60\times1\ 000}$;对于推力轴承,$v$ 按环形面积的平均速度 v_m 来取,$v=v_m=\frac{\pi(d+d_0)}{2\times60\times1\ 000}$m/s);

$[pv]$——许用 pv 值,查有关表。

(3) 验算速度 v。对于长跨距的轴,p 和 pv 可能较小,但轴的误差和挠曲可造成轴与瓦边的接触,局部发热和磨损较大,因而要限制 v,使 $v\leqslant[v]$,$[v]$值可查有关数值表。

【讨论】 要弄清每种计算的实际意义，即计算的目的是针对不同的失效形式。

【例 8.5】 说明液体摩擦径向滑动轴承的成膜过程，轴承设计时的设定参数和性能参数（设计要素）。

【解】 径向滑动轴承的成膜过程如图 8.2 所示。图 8.2(a) 为静止状态；图 8.2(b) 为启动中；图 8.2(c) 为形成液体摩擦后的平衡状态。油膜压力将轴推向滚动的相反方向。它具备形成液体摩擦的必要条件，油楔形状为余弦曲线状。

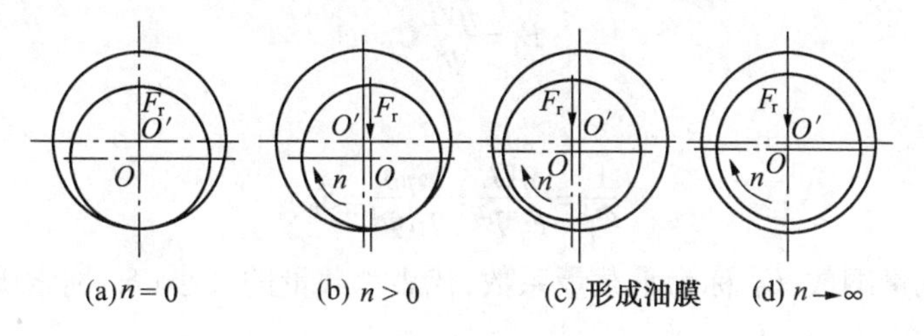

图 8.2

滑动轴承通常有多个未知参数，一般根据工作要求和经验先设定一些参数，然后验算性能参数。这些设定参数有：

(1) 转数 n。通常是已知的。

(2) 几何参数。轴径 d（已知）；瓦长 L，按长径比 L/d 来选，L/d 大时，易成膜，承载大，但温升大，通常取 $L/d=0.5\sim1.5$，或查表；轴承承载包角 α，常用 $\alpha=120°$、$180°$、$360°$；半径间隙，$C=R-r$ 或直径间隙 $\Delta=2C=D-d$，相对间隙 $\Psi=\dfrac{C}{R}=\dfrac{\Delta}{d}$，$\Psi$ 小时，易成膜，承载大，但温升大，通常取 $\Psi=0.000\,3\sim0.003$，或查表。

(3) 压强 $p=F_r/dL$。径向力 F_r 通常是已知的。

(4) 黏度 η。当 n 大、p 小、C 小时，可选较大的 η，否则选小的 η。可查有关的表。

轴承的性能参数或称为轴承的设计要素，它反映了轴承的工作性能，具体有：

(1) 最小油膜厚度 h_{min}。

(2) 摩擦因数 f。

(3) 温升 Δt。

(4) 耗油量 Q。

轴承设计的任务就是使这些性能参数满足许用条件。

【讨论】 本题是要说明液体动压油膜是怎样形成的？在轴承设计时，哪些参数往往是已知或设定的？支配轴承性能的参数有哪些？

【例 8.6】 液体摩擦径向滑动轴承的最小油膜厚度是怎样求出的，它与承载量有何关系？

【解】 径向滑动轴承中最小油膜厚度是由 Reynolds 方程导出的。极坐标下的 Reynolds 方程为

$$\frac{\mathrm{d}p}{\mathrm{d}\phi}=6\,\frac{\eta V}{r\Psi^2}\cdot\frac{\varepsilon(\cos\phi-\cos\phi_0)}{(1+\varepsilon\cos\phi)^3}$$

式中　ε——偏心率，$\varepsilon=e/C=1-h_{min}/C$；

ϕ——极角;其他参数同前。

将上式积分,可得油膜任一点 ϕ 处的压力 p_ϕ。然后,将 p_ϕ 的垂直分置 $p_{\phi r}$ 在 ϕ_1 至 ϕ_2 间积分,可得油膜力的垂直分量

$$F_r = \int_{\phi_1}^{\phi_2} p_{\phi r} r \mathrm{d}\phi$$

上式数值积分后,可写为

$$F_r = \frac{\eta VL}{\Psi^2} C_F$$

或写为

$$\frac{1}{C_F} = \frac{\eta VL}{F_r \Psi^2} = \frac{\eta \omega}{2p\Psi^2} = S_0$$

C_F 和 S_0 都是无量纲数,C_F 称为承载量系数,代表承载量的大小(S_0 称索氏数),是 ε、L/d 和 α 的函数,通常将 $C_F(\frac{1}{S_0})$ 值制成图表待查。在$\frac{L}{d}$和 α 给定后,C_F(或 S_0)是随 ε 而变化的,即随 $h_{\min} = [C(1-\varepsilon)]$而变,即承载量随 $h_{\min}$ 而变。$h_{\min}$越小,C_F 越大。从数值计算结果(即从图表上)可以看出,最小油膜厚度 $h_{\min}$近似地与 $S_0(\frac{1}{C_F})$成正比,准确值可查图表。

【讨论】 $h_{\min}$是形成全膜的最重要的一个参数,与承载量基本成反比,与索氏数基本成正比。

【例 8.7】 绘出径向滑动轴承的摩擦特性曲线,并介绍摩擦因数变化的规律。

【解】 滑动轴承中的摩擦力 F_f 是轴面与油粘剪应力的积分和,可由数值积分而得。轴承中的摩擦系数 f 是摩擦力与径向力之比。f 也与 ε、L/d 和 α 有关,可查有关图表。

将摩擦因数 f 与 $\eta v/p$(称摩擦特性数,实际上就是索氏数 $S_0 = \frac{\eta v L}{F\Psi^2}$,因轴承尺寸一定,则 d、L 和 Ψ 均一定)绘成曲线,可得轴承摩擦特性曲线,如图 8.3 所示。它由实验而得,它分边界润滑、混合润滑和液体润滑,这个顺序是启动过程,逆向则是停车过程。

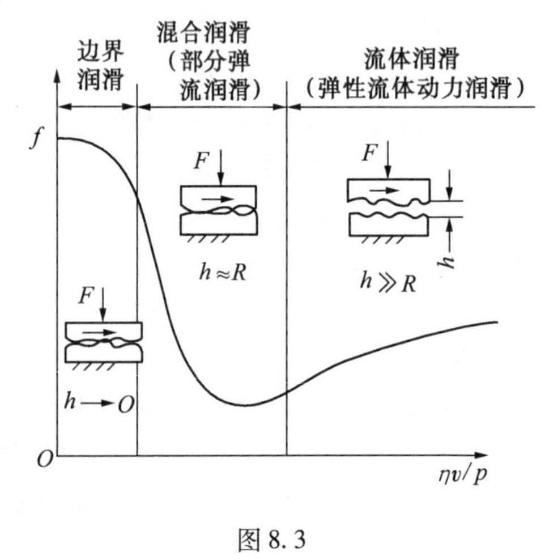

图 8.3

在液体润滑状态下轴承运行是稳定的。如 p 突然增大,则$\frac{\eta v}{p}$减小,f 沿曲线下滑而减小,温升减少,η 增大,则$\frac{\eta v}{p}$又回升。如果在曲线左边部分的非液体摩擦区,则很不稳定。如 p 突然增大,则$\frac{\eta v}{p}$减小,f 沿曲线上升而增大,温升便增大,η 减小,则$\frac{\eta v}{p}$将继续减小,使摩擦磨损加大,直至失效。

【讨论】 要能按摩擦特性曲线说明在液体摩擦状态下,轴承运行是稳定的;而在非液体摩擦状态下,轴承运行是不稳定的。

【例 8.8】 液体动压径向滑动轴承怎样设计计算?

【解】 液体动压径向滑动轴承的设计计算应包括以下内容:

(1) 确定轴承的设定参数。

① 转数 n。

② 几何参数:轴径 d,瓦长 L,半径间隙 C,承载包角 α。

③ 压强 p。

④ 润滑油黏度 η。

(2) 计算最小油膜厚度 $h_{\min}$。按设定参数求出承载量系数,即

$$C_F=\frac{F_r\Psi^2}{\eta vL}$$

式中
$$F_r=pdL,v=\frac{\pi dn}{60\ 000}$$

然后按 α 和 L/d 在 $C_F-\varepsilon$ 曲线上查出 ε,求出 $h_{\min}=C(1-\varepsilon)$,为保证形成液体摩擦,应使

$$h_{\min}\geqslant[h_{\min}]=K(\delta_1+\delta_2)$$

式中　δ_1、δ_2——轴和孔表面的不平度,可按其加工方法,在有关表中查得;

K——可靠性系数,考虑轴的弯曲变形、几何形状误差、安装误差的影响,常取 $K\geqslant 2$。

如果不满足 $h_{\min}\geqslant[h_{\min}]$ 的条件,可改善轴和瓦的表面光洁度或改变设定参数(如 η、Ψ 等)。

(3) 计算温升 Δt。首先应由有关图表按 α、L/d 和 ε 查出轴承摩擦数 $C_F=\frac{f}{\Psi}$ 和流量系数 C_Q;然后计算温升 Δt。

$$\Delta t=\frac{C_F\,p}{c\rho C_Q}-\frac{\pi K_S}{\Psi v}$$

式中　c、ρ——润滑油的比热容和密度;

K_S——轴承的散热系数。

设 t_i 和 t_0 为轴承进、出油温度,则应使 $t_0=t_i+\Delta t\leqslant 60\sim 70$ ℃。

若不满足此条件,可改善散热条件或加大油流量等,以确保温升不能太大。

【讨论】 要学会设计计算液体动压滑动轴承,掌握计算内容及参数选择和验算,确保轴承稳定运行。

以上这些典型例题是滑动轴承最基本的内容,应熟练掌握。答案仅供参考,可根据个人的体会充分发挥。

8.3　精选习题与实战演练

滑动轴承一章的考试复习题,除上节的几个典型范例外,再补充如下:

一、单项选择题

【题 8.1】 双向运转的液体润滑推力轴承中，止推盘工作面应做成图 8.4 ____所示的形状。

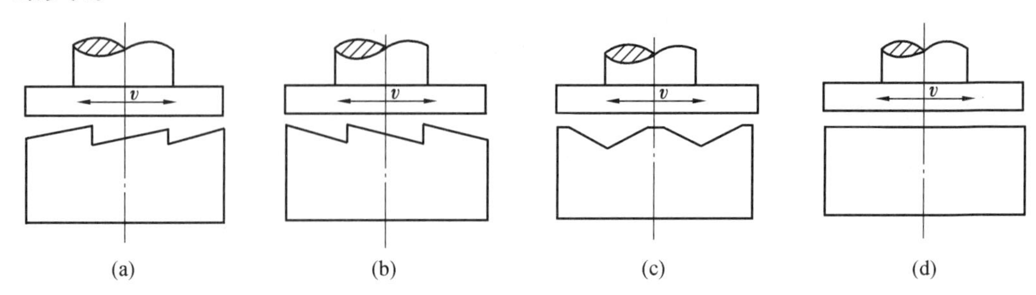

图 8.4

【题 8.2】 滑动轴承计算中限制 pv 值是考虑限制轴承的____。

A. 磨损　B. 发热　C. 胶合　D. 塑性变形

【题 8.3】 润滑油在温度升高时，内摩擦力是____的。

A. 增加　B. 始终不变　C. 减少　D. 随压力增加而减小

【题 8.4】 当计算滑动轴承时，若 h_{min} 太小，不能满足 $h_{min}>[h_{min}]$ 时，____可满足此条件。

A. 提高轴瓦和轴颈的光洁程度　B. 减小长径比 L/d　C. 减小相对间隙 Ψ

二、填空题

【题 8.5】 滑动轴承的润滑剂通常有：________，________，________和________。

【题 8.6】 计算液体动压滑动轴承的两个主要性能指标是：________和________。

【题 8.7】 轴瓦常用的材料有：________，________，________，________和______。

【题 8.8】 黏度常用的表示方法和单位是：____，____；______，______；____，____。

三、问答题（主要问答题见 8.2 节典型范例，再补充如下）

【题 8.9】 比较滑动轴承与滚动轴承的特点和应用场合。

【题 8.10】 试介绍滑动轴承的润滑方法。

【题 8.11】 当计算滑动轴承时，若温升过高，可采取什么措施使温升降低？

【题 8.12】 在一些中低速、中轻载荷、润滑不变的场合，请问此时的滑动轴承应该选用轴承合金还是陶瓷合金，为什么？

【题 8.13】 滑动轴承的润滑状态（或称摩擦状态）有哪几种？它们是如何界定的？

【题 8.14】 何谓摩擦、磨损和润滑？它们之间的相互关系如何？

【题 8.15】 非液体摩擦滑动轴承设计中验算 $p\leqslant[p]$、$pv\leqslant[pv]$、$v\leqslant[v]$ 的目的是什么？

【题 8.16】 说出几种轴瓦材料的名称，并说明如何选用？

【题 8.17】 简要说明滑动轴承流体动压润滑动压油膜形成的条件？

【题 8.18】　根据液体动压润滑的一维雷诺方程式：$\frac{\partial p}{\partial x}=6\eta v(h-h_0)/h^3$，指出形成能够承载外载荷的液体动压油膜的基本条件。

【题 8.19】　滑动轴承采用间歇润滑的供油装置常用的有哪些？简述该种供油方法用于何种工况轴承。

【题 8.20】　简述两相对运动表面间形成液体动压润滑的必要条件，并绘图表明稳定工作的液体动压径向滑动轴承的轴心位置与轴的转动方向和载荷方向的关系。

【题 8.21】　判断图 8.5 所示两组推力轴承中，均充入了具有某种黏度的润滑油。如果运行过程中，润滑油可以不断补充，请分别说明在这两种轴承结构中，是否可以建立动压润滑油膜？为什么？

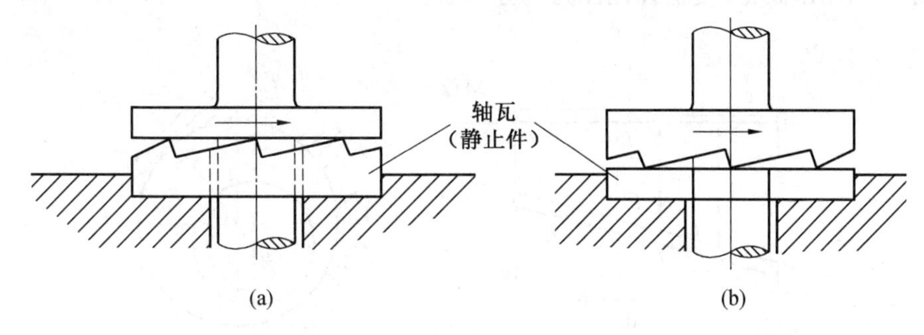

图 8.5

【题 8.22】　分析润滑油黏度对滑动轴承工作性能的影响，应如何选择润滑油的黏度？

【题 8.23】　液体动压滑动轴承轴瓦油沟设计应注意什么问题？

【题 8.24】　非液体摩擦滑动轴承设计计算时，有时为什么还要限制滑动速度？

四、计算题

【题 8.25】　有一滑动轴承，$d=120$ mm，$L=120$ mm，$n=1\ 440$ r/min，$F_r=20$ kN，$C=0.05$ mm，$\alpha=180°$，$\eta_{50°C}=0.026$ Pa · s，瓦面粗糙度为 $\delta_1=0.006\ 3$ mm，轴面为 $\delta_2=0.003\ 2$ mm，试计算其能否形成全膜流体动压润滑？

【题 8.26】　有一个非液体摩擦滑动轴承，其轴径 $d=200$ mm，设计的长径比为 $L/d=2$，选择的轴瓦材料为铸锡青铜 ZCuSn10P1，其最大许用参数分别为 $[p]=15$ MPa，$[v]=10$ m/s，$[pv]=15$ MPa · m · s^{-1}，拟使此轴承工作在 80 r/min，600 r/min，1 200 r/min 三种转速下，试分析轴承工作情况，并给出允许承受的最大载荷。

五、结构题

【题 8.27】　整体式径向滑动轴承的典型结构。

【题 8.28】　多油楔径向滑动轴承的几种典型结构示意图。

【题 8.29】　推力滑动轴承的几种典型结构（非液体摩擦及液体摩擦-固定瓦及摆动瓦）。

【题 8.30】　图 8.6 为一液体润滑滑动轴承，请分析并在图中标明：(1)轴的旋转方向转向；(2)偏心距 e；(3)最小油膜厚度 h_{min}；(4)油膜压力分布。

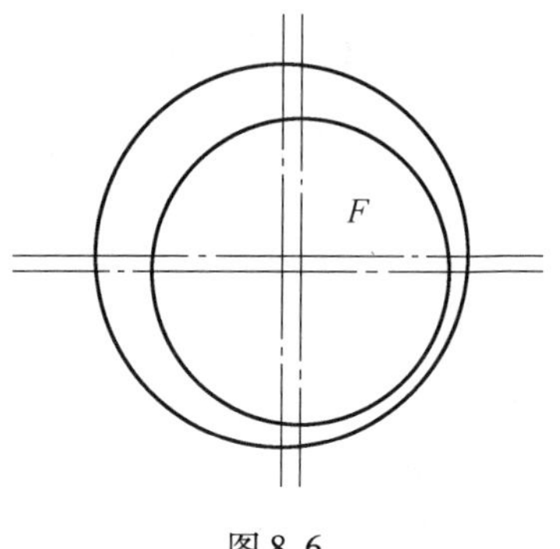

图 8.6

【题 8.31】　如图 8.7 所示，已知图 8.7(a)、(b)均能形成流体动压润滑。图 8.7(a)为流体动压形成原理图，图 8.7(b)为动压径向滑动轴承示意图。要求：(1)请在图 8.7(a)上的 $A—A'$、$B—B'$、$C—C'$ 截面处分别画出层流流体流速 u 沿 y 方向变化曲线，并在 M 板上画出油膜压力分布曲线；(2)请在图 8.7(b)的轴瓦圆周上画出轴颈反受流体动压力的分布曲线。

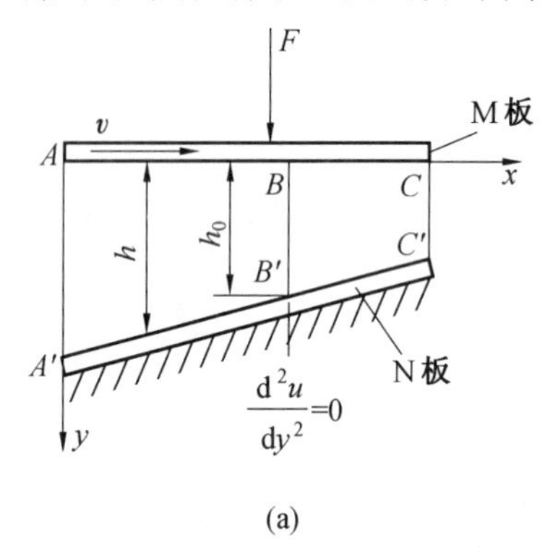

(a)

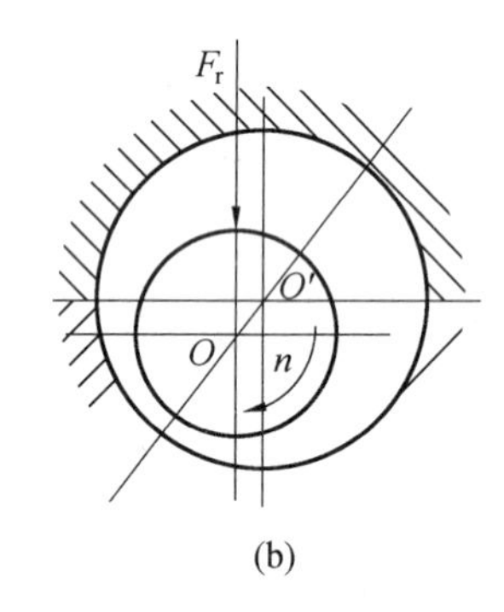

(b)

图 8.7

8.4　精选习题答案

一、单项选择题

【题 8.1】　(c)　【题 8.2】　B　【题 8.3】　C　【题 8.4】　A

二、填空题

【题 8.5】　润滑油　润滑脂　气体润滑剂　固体润滑剂

【题 8.6】　$h_{min} \geqslant [h_{min}]$　Δt ℃ $\leqslant [\Delta t$ ℃$]$

【题 8.7】　轴承合金　青铜　黄铜　铸铁　非金属材料

【题 8.8】　动力黏度　Pa · s　运动黏度　St　恩氏黏度　Et

三、问答题

【题 8.9】【答】　笼统地说，滑动轴承多用于两种极端情况：一是不常运转或低速、轻载、不重要的情况，如手动机械和简单的农业机械等，可用非液体滑动轴承，因为它结构简单、成本低、摩擦大、效率低。另一种情况是高速、重载、高精度的重要机械，如水轮机、汽轮机、内燃机、轧钢机、电机等，常采用液体摩擦滑动轴承，因为它摩擦小、效率高、承载能力大、工作平稳、能减振缓冲,但设计、制造、调整、维护要求高、成本高。滚动轴承多用于一般机械。

【题 8.10】【答】 滑动轴承的润滑方法分两类:① 间歇性给油。定期用油枪或油壶向轴承上的各种油嘴、油杯和注油器注油。② 连续性给油。用针阀式油杯、油绳式(或灯芯式)油杯、油环式等只能小量连续供油;采用油泵、浸入油池等方式,可大量供油,不仅保证了润滑,而且还能靠油带走热量,实现降温。

【题 8.11】【答】 可采取以下措施使温升降低:增加散热面积;使轴承周围通风良好;采用水冷油或水冷瓦;采用压力供油,增大油流量;改大相对间隙;换用黏度小的油;减少瓦长等。

【题 8.12】【答】 应选用轴承合金,其价格较低,嵌藏性好,对轴的磨损小,且能满足要求的工作条件。

【题 8.13】【答】 液体润滑、非液体润滑。按滑动轴承工作时轴瓦和轴颈表面间呈现的摩擦状态来分。

【题 8.14】【答】 摩擦:外力作用下,两相互接触的物体有相对运动或相对运动趋势时,在滑动表面产生摩擦力的现象。

磨损:运动副表面材料不断损失的现象。

润滑:在摩擦面间加入润滑剂,减轻或防止磨损,减小摩擦的措施。

【题 8.15】【答】 限制 p 来保证摩擦面之间保留一定的润滑剂,边界膜不至于破坏,避免轴承过度磨损而缩短寿命;

限制 pv 值来防止轴承过热而使边界膜破坏;

对于跨距较大的轴,限制轴径圆周速度值 v,以免因轴的挠曲变形使轴瓦边缘加速磨损而使轴承报废。

【题 8.16】【答】 铸铁只宜用于轻载低速和不受冲击的场合;

轴承合金适用于高速重载的场合,一般只做轴承衬的材料;

铜合金宜用于中速重载和低速重载的轴承。

【题 8.17】【答】 ① 流体必须流经收敛形间隙,而且间隙倾角越大,产生的油膜压力越大;② 液体必须有足够的速度;③ 液体必须是黏性液体。

【题 8.18】【答】 为使油膜能承载,应使$\frac{\partial p}{\partial x}>0$,由方程可知,必须:

① $h-h_0>0$,相对滑动的两表面间必须形成收敛的楔形间隙;

② $v>0$,被油膜分开的两表面必须有足够的相对滑动速度,其运动方向必须使润滑油从大口流进,从小口流出;

③ $\eta>0$,润滑油必须有一定的黏度,供油要充分。

【题 8.19】【答】 手工油壶注油、手提针阀油杯注油;适用于低速、轻载、间歇运转的机械。

【题 8.20】【答】 液体动压润滑的必要条件:

(1)相对运动表面之间必须形成收敛形间隙;

(2)要有一定的相对运动速度,并使润滑油从大口流入小口流出;

(3)间隙间要充满具有一定黏度的润滑油。

图 8.8 表明稳定工作的液体动压径向滑动轴承的轴心位置与轴的转动方向和载荷方向的关系。

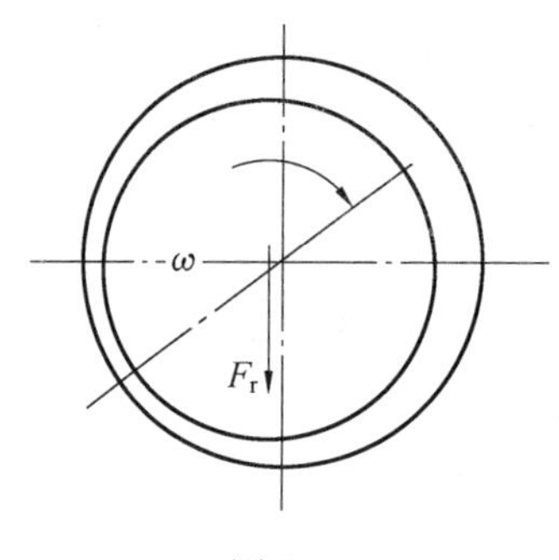

图 8.8

【题 8.21】【答】 这两种结构中均可实现建立动压润滑油膜,因为在结构中,轴瓦和轴颈之间形成多个楔形间隙,轴颈转动,带动润滑油由大口进入,小口流出,油膜受挤压,具备了形成动压润滑的必要条件。

【题 8.22】【答】 黏度大,最小油膜厚度大,有较高的承载能力,但是黏度大,液体内摩擦大,易发热,轴承温升高。载荷大时,应选大黏度的油,速度高时,应选小黏度的润滑油。

【题 8.23】 略。

【题 8.24】 略。

四、计算题

【题 8.25】【解】 (1) 求承载量系数 C_F。

长径比
$$\frac{L}{d}=\frac{120\ \text{mm}}{120\ \text{mm}}=1$$

相对间隙
$$\Psi=\frac{2C}{d}=\frac{2\times0.05\ \text{mm}}{120\ \text{mm}}=0.000\ 83$$

速度
$$v=\frac{\pi dn}{60\times1\ 000}=\frac{\pi\times120\ \text{mm}\times1\ 440\ \text{r/min}}{60\times1\ 000}=9.05\ \text{m/s}$$

$$C_F=\frac{F_r\Psi^2}{L\eta v}=\frac{20\ 000\ \text{N}\times0.000\ 83^2}{0.12\ \text{mm}\times0.026\times9.05\ \text{m/s}}=0.488$$

(2) 求最小膜厚 $h_{\min}$。由图 8.9 查得

当 $L/d=1$、$C_F=0.488$ 时,$\varepsilon=0.2$,则

$$h_{\min}=\frac{d}{2}\Psi(1-\varepsilon)=\frac{120\ \text{mm}}{2}\times0.000\ 83(1-0.2)=0.04\ \text{mm}$$

(3) 判断成膜情况,取 $K=2$,许用最小膜厚

$$[h_{\min}]=K(\delta_1+\delta_2)=2\times(0.006\ 3\ \text{mm}+0.003\ 2\ \text{mm})=0.019\ \text{mm}$$

则 $h_{\min}>[h_{\min}]$,故可形成全膜。

【题 8.26】 略。

五、结构题

【题 8.27】【解】 整体式径向滑动轴承的典型结构如图 8.10 所示。在轴承孔中可压配以铜瓦，在轴承顶部开有油孔，可定期注油。一般此种轴承只能形成非液体摩擦。

【题 8.28】【解】 多油楔径向滑动轴承的几种典型结构示意图如图 8.11 ~ 8.13 所示。图8.11 为椭圆轴承；图 8.12 为固定瓦三油楔轴承；图 8.13 为摆动瓦三油楔轴承。

【题 8.29】【解】 推力滑动轴承的几种典型结构示意图如图 8.14 ~ 8.16 所示。图 8.14(a)为实心式、(b)为空心式、(c)为单环式、(d)为多环式，这些轴承一般只能实现非液体摩擦。图 8.15 为固定瓦多油楔推力轴承，图 8.16 为摆动瓦多油楔推力轴承，它们可形成液体摩擦。

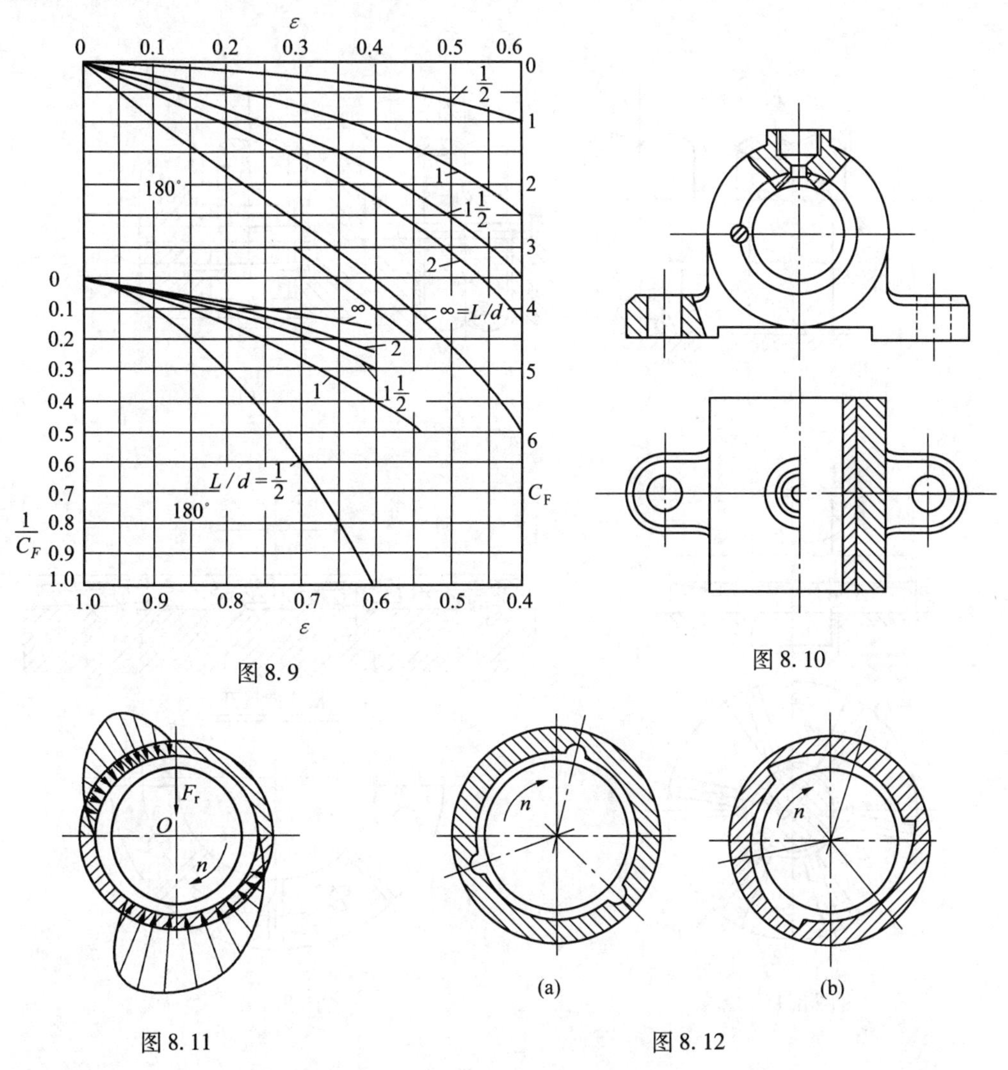

图 8.9

图 8.10

图 8.11

图 8.12

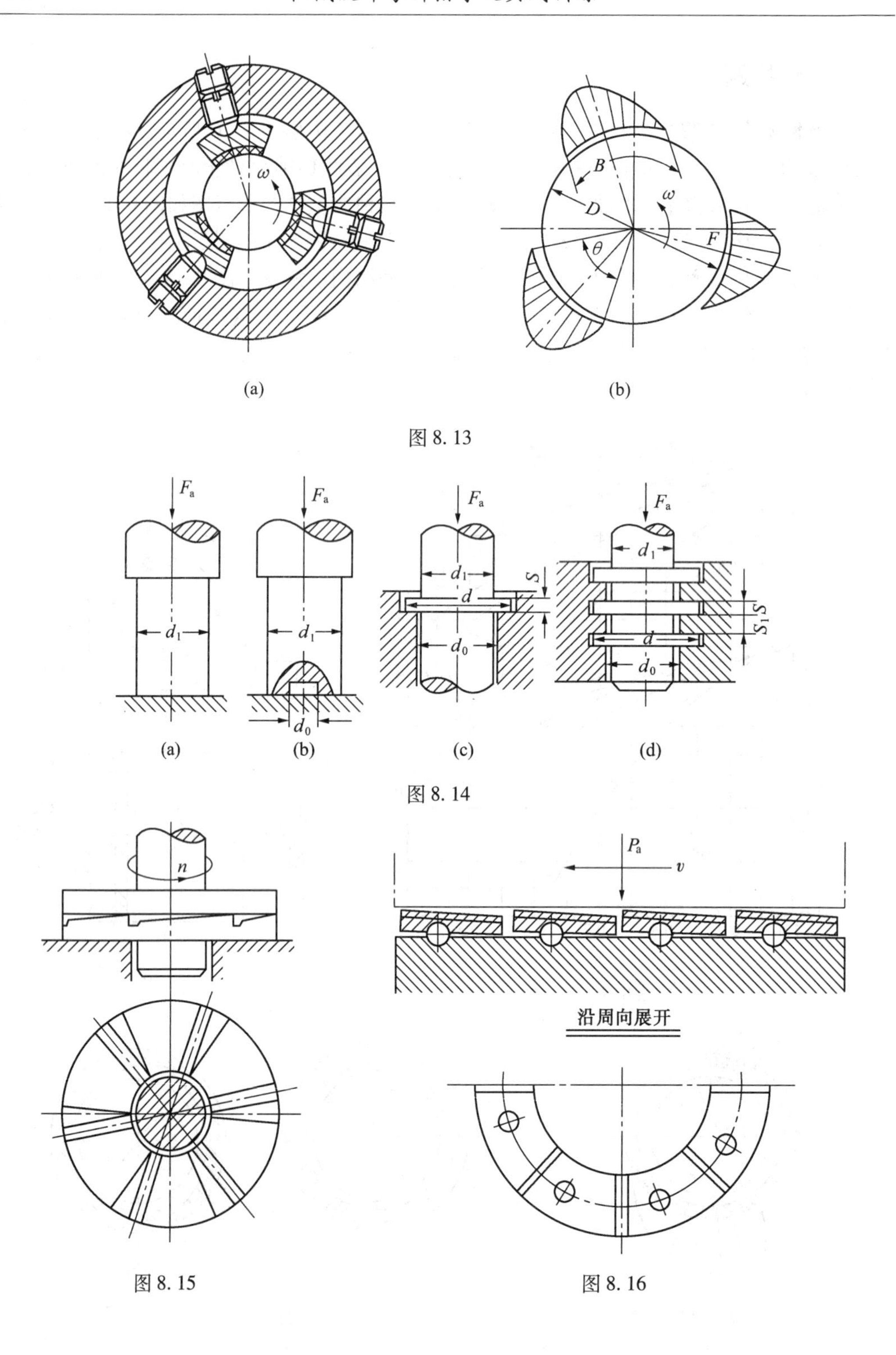

图 8. 15

图 8. 16

【题 8.30】 **【解】** 如图 8.17 所示。

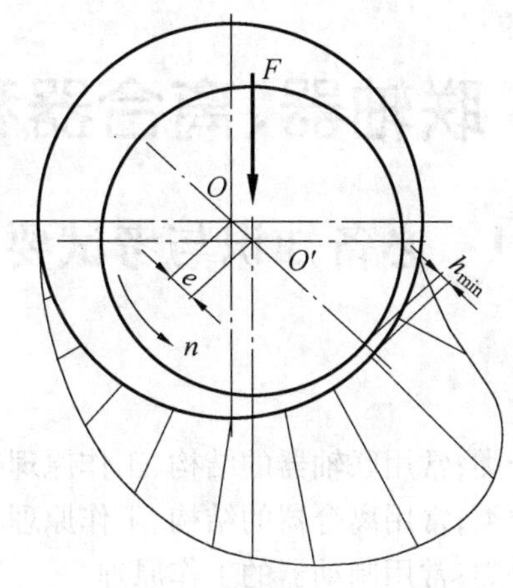

图 8.17

【题 8.31】 **【解】** 如图 8.18 所示。

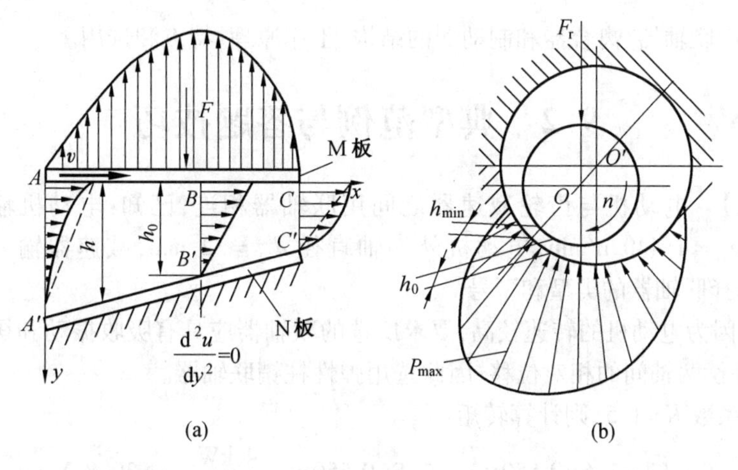

图 8.18

第9章　联轴器、离合器和制动器

9.1　必备知识与考试要点

9.1.1　主要内容

（1）联轴器的功用与分类；常用联轴器的结构、工作原理、特点、选择与计算方法。

（2）离合器的功用与分类；常用离合器的结构、工作原理、特点、选择与计算方法。

（3）制动器的功用与分类；常用制动器的工作原理。

9.1.2　重点与难点

各类常用联轴器、离合器和制动器的结构、工作原理、特点和选用。

9.2　典型范例与答题技巧

【例9.1】　电动机与齿轮减速器之间用联轴器相连，已知：电动机输出功率 $P=4\ \mathrm{kW}$，转速 $n_m=1\ 440\ \mathrm{r/min}$，电动机外伸轴直径 $d_{电}=32\ \mathrm{mm}$，减速器输入轴直径 $d=28\ \mathrm{mm}$，试选择联轴器的类型和型号。

【解】　因为电动机的转速较高，要求所选的联轴器应具有吸收振动和缓解冲击的能力，而且能补偿两轴间的相对位移，因此选用弹性柱销联轴器。

选载荷系数 $K=1.5$，则计算转矩

$$T_c=KT=1.5\times 9\ 550\times\frac{P}{n_m}=1.5\times 9\ 550\times\frac{4\ \mathrm{kW}}{1\ 440\ \mathrm{r/min}}=39.8\ \mathrm{N\cdot m}$$

又因 $d_{电}=32\ \mathrm{mm}$，$d=28\ \mathrm{mm}$，查设计手册，选用 LX2 型弹性柱销联轴器。

【例9.2】　有一圆锥摩擦离合器如图9.1所示，已知：圆锥摩擦面的摩擦因数为 f，接触母线长为 b，平均直径为 D_m，锥顶半角为 α，载荷系数为 K。

（1）设所传递的转矩为 T，求所需加的操纵力 F_Q。

（2）若 $f=0.12$，求 α 角的选用范围。

（3）若摩擦面的许用压强为 $[p]$，求该圆锥摩擦离合器所能传递的最大转矩 T_{max}。

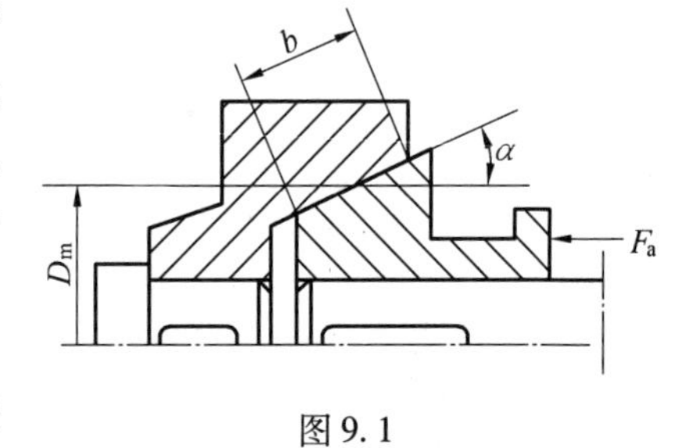

图9.1

【解】　（1）在半离合器上施加轴向操纵力 F_Q 后，使圆锥摩擦面上产生正压力 N 和沿圆锥接触母线方向的摩擦力 fN，由轴向力的平衡关系可得

$$F_Q=N\sin\alpha+fN\cos\alpha \tag{9.1}$$

当主动轴回转时，则在圆锥摩擦面的圆周方向又有摩擦力 fN，即圆周力。为了能够正常工作，应使摩擦力矩大于或等于所传递的计算转矩，即

$$fN\cdot\frac{D_m}{2}\geqslant KT$$

故

$$N\geqslant\frac{2KT}{fD_m} \tag{9.2}$$

将式(9.2)代入式(9.1)，则得操纵力

$$F_Q=\frac{2KT}{D_m}\left(\frac{\sin\alpha}{f}+\cos\alpha\right) \tag{9.3}$$

(2) 因为 $f<1$，从式(9.3)中可以看出，α 减小时所需的操纵力 F_Q 也减小。离合器分离时，沿圆锥接触母线方向的摩擦力成为阻力，为使分离容易，锥面不应自锁，即

$$N\sin\alpha>fN\cos\alpha$$

$$\tan\alpha>f$$

当 $f=0.12$ 时，则 $\alpha>6.84°$。

(3) 离合器摩擦面上的压强为

$$p=\frac{2KT}{\pi fD_m^2b}\leqslant[p]$$

$$T_{max}=\frac{\pi fD_m^2b}{2K}[p]$$

9.3　精选习题与实践演练

一、填空题

【题9.1】　联轴器可分为________、________和________三大类。

【题9.2】　联轴器根据________、________和________从标准中选择联轴器的型号和尺寸。

【题9.3】　凸缘联轴器是________联轴器，适用于________。

【题9.4】　角位移最大的联轴器是________，允许两轴发生较大综合位移的联轴器是________。

【题9.5】　牙嵌离合器的牙形有________、________和________，其中应用最广泛的是________牙形。

【题9.6】　常用的自动离合器有________、________和________。

【题9.7】　按照工作状态制动器分为________和________两大类。

【题9.8】　制动器通常安装在________轴上，以减小________。

二、问答题

【题9.9】　联轴器和离合器的工作原理有何异同？

【题9.10】　如何选择联轴器的类型和型号？

【题 9.11】 齿式联轴器为什么能补偿综合位移?

【题 9.12】 自动离合器有几类,试述它们的工作原理。

【题 9.13】 试述设计离合器的基本要求。

【题 9.14】 牙嵌离合器的主要失效形式是什么? 设计计算准则是什么?

【题 9.15】 当传递载荷比较大时,如果要求双向传递力矩,牙嵌式离合器的牙型和牙数通常应该如何选择?

【题 9.16】 当传递力矩较大时,如果采用凸缘联轴器,应该选用凸缘联轴器的哪种形式? 为什么?

【题 9.17】 简单说明选择联轴器的原则,刚性联轴器有哪几种? 分别适用于什么场合?

【题 9.18】 图 9.2(a)(b)分别为用两种螺栓连接形式将凸缘联轴器的两个半联轴器与两根轴的圆柱形轴端连接起来的部分结构,请将未画出的其余部分补全,成为完整的结构。

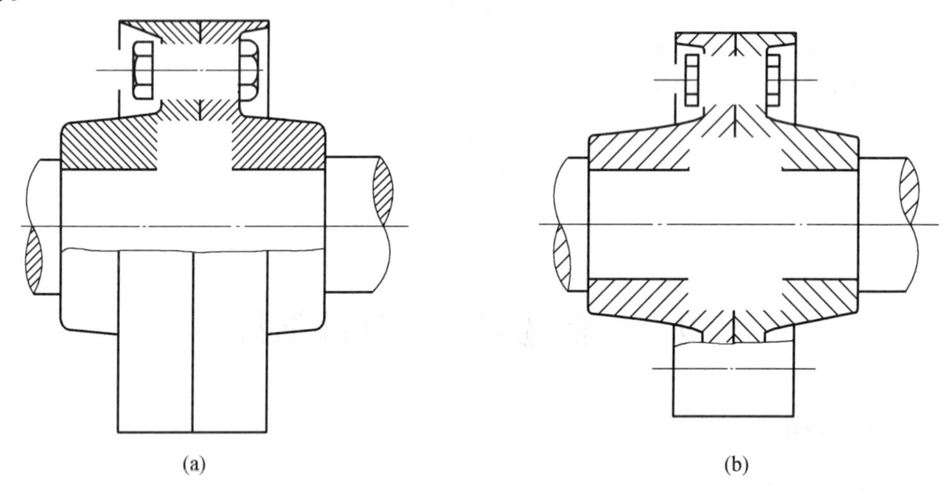

图 9.2

【题 9.19】 一台卷扬机,由电机、卷筒、减速器、联轴器和离合器构成,请画出它们的连接次序,并回答联轴器和离合器的主要功能及主要功能的区别。

【题 9.20】 某凸缘联轴器分别采用普通螺栓和铰制孔用螺栓连接两个半联轴器,试选择螺栓类型补充完成螺栓连接处结构图(图 9.3)。

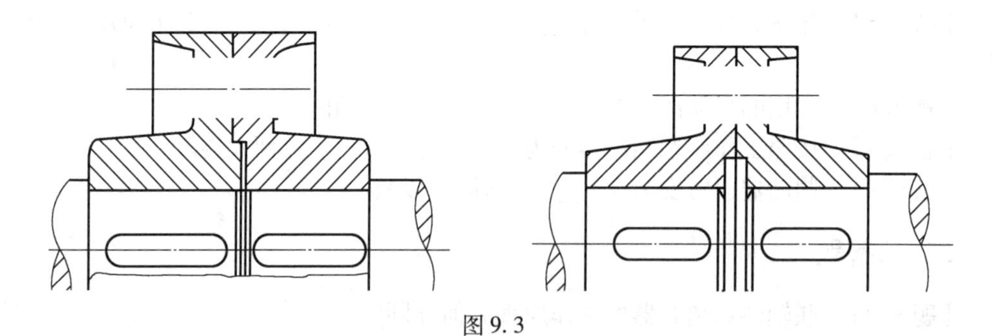

图 9.3

9.4 精选习题答案

一、填空题

【题9.1】 刚性联轴器　无弹性元件的挠性联轴器　有弹性元件的挠性联轴器

【题9.2】 轴的直径 d　轴的转速 n　计算转矩 $T_c = KT$

【题9.3】 刚性　两轴对中性较高的场合

【题9.4】 万向联轴器　齿式联轴器

【题9.5】 三角形　梯形　锯齿形　梯形

【题9.6】 安全离合器　离心式离合器　定向离合器

【题9.7】 常闭式制动器　常开式制动器

【题9.8】 高速　制动力矩

二、问答题

【题9.9】【答】 联轴器和离合器都能实现两轴的连接与分离,并进行运动和动力的传递,但是联轴器必须在停机状态通过拆或装才能使被连接的两轴实现分离或结合;而离合器则可在工作状态使两轴随时实现结合或分离。

【题9.10】【答】 选择联轴器的类型主要考虑两轴的工作条件,如转速、载荷的大小和性质;两轴的对称情况,以及各类联轴器的特点与应用。而联轴器的类型确定后,便可根据轴的直径 d、轴的转速 n 和计算转矩 $T_c = KT$ 从标准中选择所需的型号和尺寸。

【题9.11】【答】 齿式联轴器由两个具有外齿的半联轴器和两个具有内齿的外壳通过螺栓连接固连起来,由于外齿轮的齿顶制成球面(球面中心位于轴线上),齿侧又制成鼓形,而且齿侧间隙较大,所以齿式联轴器能补偿两轴间的综合位移,即径向位移、轴向位移和角位移。

【题9.12】【答】 自动离合器分为安全离合器、离心离合器和定向离合器三类。安全离合器是当转矩超过允许数值时能自动分离;离心离合器是当主动轴的转速达到某一定值时就自动接合或分离;而定向离合器是当按某一个方向转动时,离合器处于接合状态,反向时则自动分离。

【题9.13】【答】 设计离合器时的基本要求是:接合与分离要迅速可靠;接合要平稳;操纵要方便、省力;调节维护方便;尺寸小,质量小;耐磨性、散热性好等。

【题9.14】【答】 牙嵌离合器的主要失效形式是牙根的弯断和牙齿面磨损。针对这两种失效形式,其设计计算准则是:为防止牙根弯断,应限制牙根弯曲强度,即 $\sigma_b \leqslant [\sigma]_b$;为防止牙齿面发生严重磨损,应限制牙齿面的压强,即 $p \leqslant [p]$。

【题9.15】【答】 应该选择梯形齿,因为其强度高,并且可以双向工作;牙数一般取3~60个。要求传递转矩大时,应取较少牙数。

【题9.16】【答】 应选用铰制孔用螺栓凸缘联轴器,同种情况下可以传递更大的转矩。

【题 9.17】【答】 联轴器选择原则：

(1) 转矩 T:$T\uparrow$,选刚性联轴器、无弹性元件或有金属弹性元件的挠性联轴器；T 有冲击振动,选有弹性元件的挠性联轴器。

(2) 转速 n:$n\uparrow$,非金属弹性元件的挠性联轴器。

(3) 对中性:对中性好,选刚性联轴器,需补偿时选挠性联轴器。

(4) 装拆:考虑装拆方便,选可直接径向移动的联轴器。

(5) 环境:若在高温下工作,不可选有非金属元件的联轴器。

(6) 成本:同等条件下,尽量选择价格低、维护简单的联轴器。

刚性联轴器分为：

凸缘联轴器——常用于载荷平稳、两轴中间对中性良好的场合。

套筒联轴器——常适用于两轴间对中性良好、工作平稳、传递转矩不大、转速低、径向尺寸受限制的场合。

夹壳联轴器——主要用于低速的场合。

【题 9.18】【答】 如图 9.4 所示。

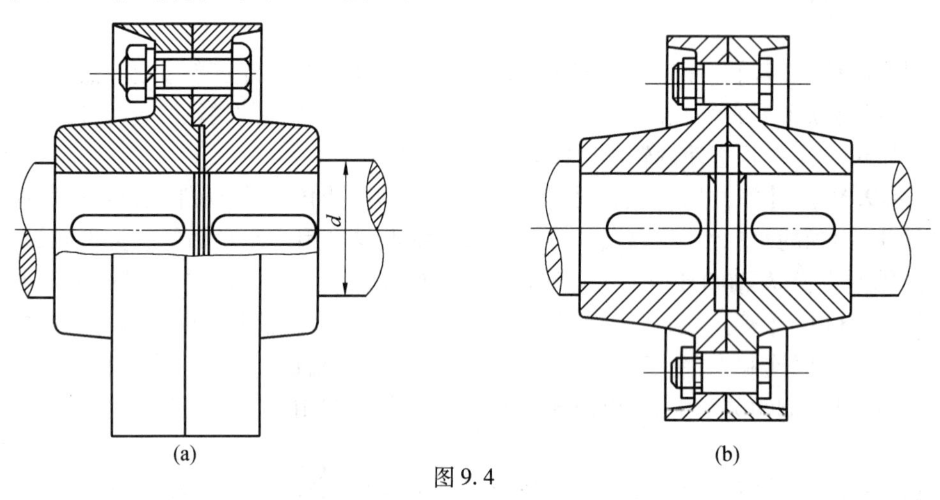

图 9.4

【题 9.19】【答】 电动机 → 联轴器 → 减速器 → 离合器 → 卷筒

联轴器和离合器都是用来实现轴与轴之间的连接,进行运动和动力的传递的。联轴器和离合器的主要区别在于:联轴器必须在机器停车后,经过拆卸才能使被连接两轴结合或分离;而离合器通常可使在工作中的两轴随时实现结合或分离。

【题 9.20】【答】 如图 9.5 所示。

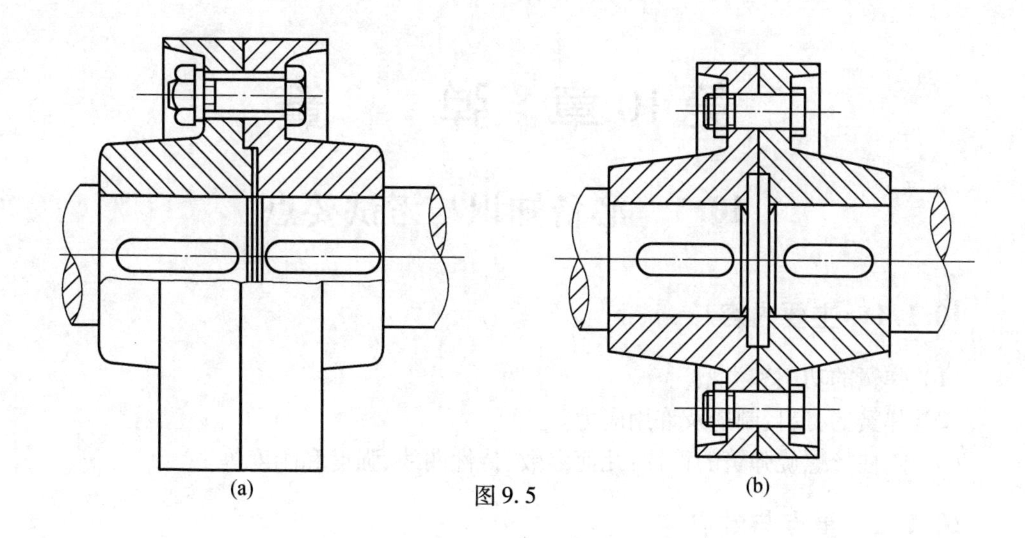

图9.5

第10章　弹　　簧

10.1　必备知识与考试要点

10.1.1　主要内容

(1) 弹簧的功用和类型。

(2) 弹簧的材料、制造及许用应力。

(3) 圆柱形螺旋弹簧的设计:几何参数、特性曲线、强度和刚度等。

10.1.2　重点与难点

圆柱形压缩(拉伸)螺旋弹簧的设计计算。

10.2　典型范例与答题技巧

【例 10.1】 举例说明弹簧的主要功用。

【解】 弹簧的主要功用有:

(1) 控制机构的运动,如离心式离合器中的控制弹簧、内燃机气缸的阀门弹簧等。

(2) 减振缓冲,如汽车、火车车厢下的减振弹簧及自行车车座下的减振弹簧等。

(3) 储存和输出能量,如钟表弹簧和枪闩弹簧等。

(4) 测力的大小,如弹簧秤、测力器等。

【例 10.2】 有一圆柱螺旋压缩弹簧,已知:受压力 $F_1=100$ N 时,弹簧高度 $H_1=80$ mm;受压力 $F_2=150$ N 时,弹簧高度 $H_2=60$ mm。试求此弹簧的刚度,并画出该弹簧的特性曲线。

【解】 (1) 弹簧的刚度为

$$K_F=\frac{F_2-F_1}{H_1-H_2}=\frac{150\ \text{N}-100\ \text{N}}{80\ \text{mm}-60\ \text{mm}}=2.5\ \text{N/mm}$$

弹簧变形量为

$$h=H_1-H_2=80\ \text{mm}-60\ \text{mm}=20\ \text{mm}$$

(2) 弹簧受压力 $F_1=100$ N 时的变形量为

$$\lambda_1=F_1/K_F=100\ \text{mm}/2.5=40\ \text{mm}$$

(3) 弹簧在外载荷为零时的自由高度为

$$H_0=H_1+\lambda_1=80\ \text{mm}+40\ \text{mm}=120\ \text{mm}$$

此弹簧的特性曲线如图 10.1 所示。

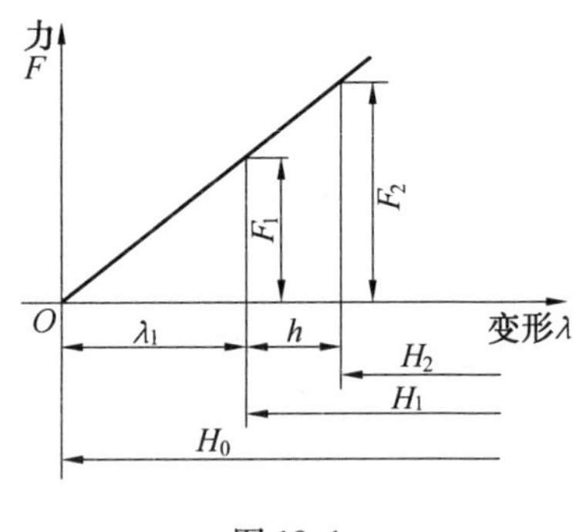

图 10.1

10.3 精选习题与实践演练

一、选择题

【题10.1】 圆柱螺旋拉伸弹簧所受的主要是________应力。

A. 弯曲　B. 扭转　C. 压缩　D. 拉伸

【题10.2】 在下列材料中,不宜用于制造弹簧的是________。

A. Q235　B. 65Mn

C. 60Si2Mn　D. 碳素弹簧钢丝

【题10.3】 圆柱螺旋弹簧的旋绕比(弹簧指数)C=________。

A. D/d(D—弹簧中径,d—弹簧丝直径)　B. d/D

C. D_1/d(D_1—弹簧内径)　D. D_2/d(D_2—弹簧外径)

【题10.4】 弹簧的直径 d 是根据弹簧的________计算确定的,弹簧的工作圈数是根据弹簧的________计算确定的。

A. 强度　B. 稳定性　C. 刚度　D. 旋绕比

【题10.5】 圆柱螺旋压缩弹簧的工作圈数增加1倍,外载荷和弹簧的其他参数不变时,则其变形量为原来的________。

A. 1/2　B. 2倍　C. 4倍　D. 8倍

【题10.6】 汽车内燃机阀门弹簧的功用是________。

A. 吸振缓冲　B. 储能　C. 控制运动　D. 测力

【题10.7】 有两个弹簧,其刚度分别为 K_{FA} 和 K_{FB},如果将两弹簧串联使用,则联合使用的弹簧刚度为________;如果两弹簧并联使用,则联合使用的弹簧刚度为________。

A. K_{FA}　B. K_{FB}

C. $K_{FA}+K_{FB}$　D. $K_{FA}K_{FB}/(K_{FA}+K_{FB})$

【题10.8】 有些弹簧采用喷丸处理,其目的是为了提高弹簧的________。

A. 疲劳强度　B. 刚度

C. 静强度　D. 抗腐蚀性

二、填空题

【题10.9】 弹簧的主要功用是________、________、________和________。

【题10.10】 按弹簧所受的载荷分类,弹簧可分为________、________、________和________四种。

【题10.11】 用冷卷法制造的弹簧,弹簧丝的直径________,其热处理方法常采用________,并安排在弹簧绕制之________(前?后?)。

【题10.12】 用热卷法制造的弹簧,弹簧丝的直径________,其热处理方法常采用________,并安排在弹簧绕制之________(前?后?)。

【题10.13】 圆柱螺旋弹簧的直径 d 是根据弹簧的________计算确定的,而弹簧的

工作圈数 n 是根据弹簧的________计算确定的。

【题 10.14】 圆柱螺旋弹簧的旋绕比 C=________,其常用的取值范围是________。

【题 10.15】 若载荷和弹簧的其他参数不变,弹簧的中径 D 越大,则弹簧的剪切应力 τ 越________,而变形越________。

【题 10.16】 圆柱螺旋压缩弹簧的刚度不足时,在设计中可以修改的参数有________、________和________(举出 3 个即可)。

【题 10.17】 对弹簧丝直径较大的圆柱螺旋压缩弹簧,其端部结构应采用________,其目的是________。

【题 10.18】 常用的弹簧材料有________、________、________和________(举出 4 种即可)。

【题 10.19】 圆柱螺旋压缩弹簧受力 $F_1=100$ N 时,弹簧长度 $L_1=40$ mm,受力 $F_2=200$ N,弹簧长度 $L_2=20$ mm,则弹簧的刚度 K_F=________。

【题 10.20】 圆柱螺旋压缩弹簧的工作圈数 n、支承圈数 n_2 和总圈数 n_1 之间的关系式是________。

三、问答题

【题 10.21】 影响圆柱螺旋弹簧强度、刚度及稳定性的主要因素是什么?为提高弹簧的强度、刚度和稳定性可采用哪些措施?

【题 10.22】 现有两个圆柱螺旋压缩弹簧 A、B,设它们的弹簧丝直径、材料及工作圈数均相同,仅中径 $D_A>D_B$,试问:

(1) 当承受的载荷 F 相同时,哪个弹簧的变形大?哪个弹簧所受的剪切应力大?

(2) 当载荷 F 以相同的大小连续增加时,哪个弹簧先断?为什么?

【题 10.23】 何谓弹簧的特性曲线?有何作用?

【题 10.24】 在螺旋弹簧的强度计算中为什么要引入曲度系数 K?其值如何计算?

10.4 精选习题答案

一、选择题

【题 10.1】 B **【题 10.2】** A **【题 10.3】** A **【题 10.4】** A C

【题 10.5】 B **【题 10.6】** C **【题 10.7】** D C **【题 10.8】** A

二、填空题

【题 10.9】 控制运动 吸振缓冲 储存能量 测力

【题 10.10】 拉伸 压缩 扭转 弯曲

【题 10.11】 较小(d<8 mm) 低温回火处理 后

【题 10.12】 较大($d\geqslant$8 mm) 淬火及回火处理 后

【题 10.13】 强度 刚度(或变形)

【题10.14】 D/d 4~16

【题10.15】 大 大

【题10.16】 加大弹簧丝直径 d 减少工作圈数 减小旋绕比

【题10.17】 端部并紧并磨平 使两端支承面与轴线垂直,避免受载时发生歪斜

【题10.18】 碳素弹簧钢丝 合金弹簧钢丝 不锈钢弹簧钢丝 铜合金弹簧钢丝

【题10.19】 0.2 N/mm

【题10.20】 $n_1=n+n_2$

三、问答题

【题10.21】【答】 影响圆柱螺旋弹簧强度的主要因素有:材料及载荷种类(影响$[\tau]$)、载荷F、弹簧丝直径d和旋绕比c。提高弹簧强度的有效措施是:加大弹簧丝直径d,采用强度高的材料,适度减小旋绕比c。

影响弹簧刚度的主要因素有:弹簧丝直径d,旋绕比c,工作圈数n。提高弹簧刚度的有效措施是:加大弹簧丝直径d,减小工作圈数n,适度减小旋绕比。

影响弹簧稳定性的主要因素是高径比$b=H_0/D$和刚度、支承形式,为提高弹簧的稳定性,可增加D,从而减少高径比b,采用两端固定式支承或加导杆或导套。

【题10.22】【答】 (1)由$\lambda=\dfrac{8FD^3n}{Gd^4}$可知,$D_A>D_B$,故$\lambda_A>\lambda_B$。而由$\tau=K\dfrac{8FD}{\pi d^3}$及$(KD)_A>(KD)_B$,故$\tau_A>\tau_B$。

(2)由(1)可知弹簧A先断。

【题10.23】【答】 表示弹簧所受的载荷与相应变形之间关系的曲线称为弹簧的特性曲线。弹簧的特性曲线是检验和试验弹簧时的依据,因此要绘制在弹簧的工作图中。

【题10.24】【答】 在螺旋弹簧的强度计算中引入曲度系数的目的就是要考虑弹簧升角、曲率及切向力引起的切应力τ_F对弹簧丝中扭剪应力的影响。$K=\dfrac{4c-1}{4c-4}+\dfrac{0.615}{c}$,式中$c$为旋绕比。

参 考 文 献

[1] 彭文生,杨家军,王均荣. 机械设计与机械原理考研指南[M]. 3 版. 武汉:华中科技大学出版社,2014.

[2] 吴宗泽,黄纯颖. 机械设计习题集[M]. 3 版. 北京:高等教育出版社,2002.

[3] 杨昂岳. 机械设计(典型题解析与实战模拟)[M]. 长沙:国防科技大学出版社,2002.

[4] 王凤礼,杜立杰. 机械设计习题集[M]. 3 版. 北京:机械工业出版社,2002.

[5] 吕慧英. 机械设计基础(学习与训练指导)[M]. 北京:清华大学出版社,2002.

[6] 王黎钦,陈铁鸣. 机械设计[M]. 6 版. 哈尔滨:哈尔滨工业大学出版社,2015.

[7] 宋宝玉. 机械设计基础[M]. 3 版. 哈尔滨:哈尔滨工业大学出版社,2006.

[8] 于惠力. 机械设计补充教材[M]. 大连:大连出版社,1994.

[9] 濮良贵,纪名刚. 机械设计[M]. 8 版. 北京:高等教育出版社,2006.

[10] 彭文生,黄华梁. 机械设计教学指南[M]. 北京:高等教育出版社,2003.